KB131944

뇌가 지어낸 모든 세계

일러두기

* 이 책에 나오는 환자들은 신원과 사생활 보호를 위해 가명을 썼습니다.
* 본문에서 다루는 두뇌 영역을 표시한 〈뇌지도〉는 원서의 부록면에서 가져온 것입니다.
* 의학 용어는 순우리말 번역을 우선 적용하였고, 이미 쓰이고 있는 다른 용어가 있을 경우 괄호 안에 병기하였습니다.

NeuroLogic

뇌가 지어낸 모든 세계

엘리에저 스턴버그 지음
조성숙 옮김

상처 입은 뇌가 세상을 보는 법

다산사이언스

샤로나에게,
그리고 우리 부부의 아름다운 아들 알렉스에게
이 책을 바친다.

그 모든 혼돈 속에도
우주는 존재하고,
그 모든 질병에도
비밀스러운 질서는 존재한다.

– 카를 융, 『원형과 집단 무의식』

서문

무의식에 숨은 신경 논리

정신에는 나름의 논리가 있지만
대개는 다른 논리가 끼어드는 것을 허용하지 않는다.[1]

—버나드 데보토

월터는 도무지 알 수 없는 행동을 했다. 친구나 가족이 찾아왔을 때 그는 직접 말을 걸어오지 않는 한 그들을 알은척하지 않았다. 심지어 그들이 소리를 내기 전까지 그들을 유령 취급했다. 월터는 거실을 돌아다닐 때에도 탁자로 걸어가다 돌연 벽을 향해 돌진했다. 커피잔을 잡는다며 크게 헛손질을 하다가 꽃병을 넘어뜨리기도 했다. 쉰다섯 살인 월터는 시력에 문제가 있는데도 무슨 이유에서인지 자기 시력에는 전혀 문제가 없다고 말했다. 월터의 가족은 의아했다. 도대체 왜 월터는 자신의 문제를 인정하지 않는가? 왜 그는 전문가의 도움을 받을 생각을 하지 않는 것인가? 혼란스러워진 가족은 월터에게 신경과 의사를 찾아가라고 재촉했다. 월터는 마지못해 승낙했다. 그는 신경과 의사를 찾아가 다음과 같은 대화를 나누었다.[2]

신경과 의사 : 안녕하세요?

월터 : 안녕하세요.

신경과 의사 : 어디가 불편해서 오셨나요?

월터 : 아뇨. 불편한 데 없습니다.

신경과 의사 : 시력에 문제가 있는 게 아니었나요?

월터 : 아뇨. 끄떡없습니다.

신경과 의사 : (펜을 보여주며) 이게 뭔지 말해보시겠어요?

월터 : 선생님, 방이 너무 어둡잖아요. 이런 곳에서는 아무것도 안 보이죠.

창문으로 햇빛이 들어오는 방은 굉장히 밝았다. 하지만 신경과 의사는 월터에게 맞장구를 쳐주었다.

신경과 의사 : 불을 켰습니다. 이제 제가 뭘 들고 있는지 보이시죠?

월터 : 선생님, 저는 선생님이랑 장난치고 싶은 생각이 없습니다.

신경과 의사 : 잘 알겠습니다. 그럼 제 모습을 한번 묘사해보시겠어요?

월터 : 선생님은 작고 살집이 많은 편입니다.

의사는 키가 크고 홀쭉한 편이었다. 그는 월터가 단순히 자신의 실명을 인정하지 못하고 있는 것이 아니라고 판단했다. 월터는 자신의 실명을 아예 깨닫지도 못하고 있는 상태였다. 정신에 이상이 생긴 것일까? 아니면 알츠하이머 초기인가? 어쩌면 월터가 찾아가야 할 사람은 신경과 의사가 아니라 정신과 의사였는지도 모른다.

신경과 의사는 월터가 실명한 것과 시력이 멀쩡하다는 망상 사이에 어떤 연관성이 있다고 생각했다. 그러나 행동 검사로는 그 연관성을 정확히 찾아내기 힘들었다. 월터의 뇌를 살펴보아야 했다. 뇌 CT 촬영 결과 월터가 심각한 뇌중풍을 앓았고, 그로 인해 시각을 처리하는 뒤통수엽(후두엽) 양쪽이 손상되었다는 것이 드러났다. 이로써 실명의 원인이 밝혀졌다. 그러나 CT 촬영 결과에서는 왼쪽 마루엽(두정엽)의 손상도 나타나 있었다. 마루엽은 많은 기능을 하는데, 그 가운데에서도 특히 시각을 비롯해 감각 신호 해석을 도와준다.[3] 마루엽은 뒤통수엽이 보낸 기본 시각 정보를 모아서 합치고 해석해 세상을 여러 선이 매끄럽게 이어진 그림으로 구성하게 도와준다. 마루엽은 시각계가 어떻게 작동하는지 관찰하는 데 관여한다. 이 모니터 기능이 손상되면 어떤 일이 일어나는가?

월터는 안톤증후군(Anton's syndrome)을 진단받았다. 이는 실명한 사람이 자신이 앞을 보지 못한다는 사실을 인식하지 못하는 희귀질환이다. 안톤증후군 환자는 지각과 관련된 실수를 하면 "안경을 안 써서 그래", "햇빛에 눈이 부셔서 그래"와 같은 변명을 한다. 한 이론에서는 시각계와 그것을 관찰하는 뇌 영역 사이에 연결이 끊어져서[4] 그런 현상이 일어난다고 설명한다. 그로 인해 뇌에는 시각에 문제가 있다는 메시지가 전달되지 않는다. 그것이 월터가 자신이 실명한 사실을 인식하지 못하는 이유다.

하지만 월터의 사례는 좀더 자세히 살펴볼 필요가 있다. 월터는 자신이 실명했다는 사실을 인정하지 못했을 뿐 아니라 앞을 보지 못하는 이유에 대해서도 다른 원인을 가져다 대었다("방이 너무 어둡잖아요"). 월터의 뇌는 혼란스러웠다. 그의 뇌는 세상을 지각하는 데 문제가 있었고, 거기에다 시각계가 손상된 것을 인식하지 못했다. 시력을 잃은 사람이 시각계가 손상되지 않았다고 말하려면 어떤 변명을 해야 할까? 방이 너무 어둡다고 말하면 된다. 서로 어긋나는 정보를 받아들인 뇌는 그런 정보를 일치시키는 이야기를 만들어냈다. 꽤 그럴듯한 이야기였다. 심지어 어떤 상황에서는 완벽하게 논리적이라고 해도 지나치지 않을 정도였다.

잠재의식 깊은 곳에는 보고 듣고 느끼고 기억하는 모든 것을 조용히 처리하는 시스템이 있다. 우리가 주변 환경과 상호작용하는 동안 감각 정보는 수없이 뇌로 쏟아져 들어가며 융단폭격을 한다. 영화 편집자가 영상과 녹음 기록을 모으고 정리해 의미 있는 이야기를 만들어내듯이 뇌의 기본 논리 시스템은 우리의 모든 생각과 지각을 조합해 이해 가능한 이야기를 만들어낸다. 그리고 그 이야기는 인생 경험과 자의식으로 발전한다. 이 책은 그런 기본 논리와 함께 가장 기이한 신경질환을 앓는 환자뿐 아니라 우리가 일상적인 감정을 느끼거나 선택할 때 그런 논리가 어떻게 의식 경험을 만들어내는지 설명한다.

이 책은 '우리의 사고방식과 행동방식의 근본적인 이유를 발견할 수 있을까?'라는 주제를 목표로 한다는 점에서는 다른 대중과학이나 심리학 책과 비슷하다. 하지만 접근법이 다르다. 지금껏 뇌를 주제로 한 많은 책은 대부분 행동 연구에 의존했다. 행동 연구는 새롭고 기발하지만 행동의 근원을 밝히기 위해 뇌를 살펴보지는 않는다. 눈앞에 블랙박스 안에 숨겨진 기계가 있고 그 기계의 작동방식을 알아내야 한다고 하자. 단, 블랙박스 안을 들여다보아서는 안 된다. 모든 기어와 도르래, 레버는 어두운 곳에 숨겨져 있다. 기계의 작동방식을 알아내려면 어떻게 해야 하는가? 기본 작동방식조차 모른다면 기껏해야 이런저런 방식으로 기계를 시운전하면서 방법을 찾아보는 것이 고작이다. 이것저것 따져서 기계의 작동방식을 추론할 수 있다 하더라도 여전히 많은 부분은 미루어 짐작할 수밖에 없다. 이는 엔지니어링이나 소프트웨어 개발 분야에서 실제로 겪는 문제이기도 하다. 엔지니어가 기본 코드에 접근하지 못한 채 프로그램 작동 방식을 알아내야 한다고 하자. 소프트웨어 설계자는 다양하게 입력(버튼 누르기)을 하고 출력(눈에 보이는 결과)을 기록하는 등 나름 정보를 바탕으로 추론한다. 이렇게 내부의 실제 구조나 작동 원리를 전혀 모르는 채 소프트웨어를 검사하는 방법을 블랙박스 검사(black box testing)라고 한다.

오늘날 인간의 뇌를 연구할 때도 이 접근법을 사용한다. 예를 들어 널리 알려진 2010년 연구를 살펴보자.[5] 하버드대학과 예일대학, MIT 연구팀은 86명의 피험자를 모집한 뒤 모의 흥정을 시켰다. 1만 6,500달러짜리 자동차 가격을 깎는 것이었다. 피험자들은 한 명씩 순서대로 자리에 앉아 자동차 영업사원 역할을 맡은 실험자를 마주 보았다. 하지만 연구팀은 속임수를 썼다. 피험자의 절반은 딱딱한 나무의자에, 나머지 절반은 쿠션감이 좋은 안락의자에 앉게 했다. 결과는 어땠을까? 딱딱한 나무의자에 앉은 피험자들이 훨씬 흥정을 잘했다. 그들은 흥정할 때 더 완강한 태도를 보였고 안락의자에 앉은 집단보다 평균 347달러나 더 많이 자동차 가격을 깎았다. 안락의자에 앉은 집단에게는 푹신한 의자가 주는 안락함이 더 높은 가격도 받아들이게 만드는 듯했다. 잡지와 책을 비롯해 논평들은 이 연구가 무의식에 대한 새로운 과학에서 획기적인 돌파구를 찾았다고 밝혔다. 2012년 《오드(Ode)》에는 다음과 같은 논평이 실렸다.

> 이 '딱딱한 의자 효과'[6]는 인간 무의식의 신비를 풀고 그것이 얼마나 거대한 힘을 발휘할 수 있는지 밝혀내려는 새로운 연구 흐름의 일부다……
> 신경과학계와 인지심리학계는 지난 10년 동안 무의식 운영 시스템의 암

호를 조금씩 해독해왔고, 이제는 피험자도 모르게 무의식을 건드려 그의 청결함, 현명함 등 모든 행동을 이끌어낼 수 있는 수준에 이르렀다.

이 연구는 의자의 안락함과 협상력 사이에 연관성이 있다는 사실을 알려주기는 하지만 그 두 가지가 왜 상호작용을 하는지는 설명하지 못한다. 이 연구는 어떤 암호를 '해독'했는가? 딱딱함이라는 감각은 의사결정에 어떤 영향을 미치는가? 어떤 시스템이 작동하는 것인가? 여기서 발견한 작동 모델을 다른 현상에 적용하거나 연결시킬 수 있는가?

이 연구는 블랙박스 검사의 한 예다. 소프트웨어 설계자처럼 이 연구의 실험자도 기본 '코드'에는 전혀 접근하지 못한다. 그들은 입력과 출력의 추이만 관찰했을 뿐 결정적으로 기계가 어떻게 작동하여 그런 추론이 나왔는지는 알지 못한다.

이 책에서는 인간의식에 대한 여러 질문을 연구하기 위해 뇌라는 블랙박스를 균열시킨 뒤 내부의 작동방식을 관찰할 것이다. 그 과정에서 인간이 경험하는 가장 신비한 현상은 물론, 아주 일상적으로 내리는 결정의 밑바탕에도 뚜렷한 신경학적 회로가 존재하고 있음을 발견하게 될 것이다. 그리고 그 회로가 전혀 연관성이 없어 보이는 단편적 경험들을 하나의 원인으로 통합해 설명해주고 있다는 사실도 알게 될 것이다.

이 책은 질문을 던지는 방식으로 구성되어 있다. 그래서 질문이 조금 많은 편이다. 미니밴의 뒷자리에 앉아 부모에게 질문을 하고 그 대답을 듣자마자 부모가 울화통이 터지기 일보 직전까지 계속해서 "그런데 왜요?"라고 묻는 꼬마 아이의 성인 버전이라 할 수 있다. 이런 경향은 나로 하여금 대학 시절에 질문을 미학으로 삼는 학문인 철학을 공부하게 이끌었다. 철학은 정확한 질문을 던지는 방법과 문제 전체를 통합하는 핵심 원칙에 이를 때까지 끊임없이 문제를 파헤치는 방법을 가르친다. 철학에서 신경과학으로, 의학으로, 그리고 결국에는 이들 학문과 의학적인 신경학의 접점까지 공부하는 동안 나는 똑같은 엄밀함을 적용해 새로운 질문을 제기하려 노력했다. 결정을 내리는 작동방식은 무엇인가? 정신질환은 사고방식에 영향을 미치는가? 우리와 뇌 사이에 벌어지는 상호작용은 무엇이며, 뇌는 어떻게 해서 우리라는 사람을 만들어내는가?

이런 질문을 하다보면 지각, 습관, 학습, 기억, 언어, 그리고 자아와 정체성의 존재가 지니는 신비에 이르게 된다. 외계인 납치, 거짓 미소 간파, 조현병(정신분열증) 환자의 실화에서 몽유병 살인자, 스포츠팬의 뇌, 간지럼의 비밀에 이르기까지 모든 것을 다룰 것이다. 블랙박스를 열고 이런 행동을 하게 만드는 뇌의 기본 메커니즘에 최대한 가까이 접근하기 위해 신경과학의 연구 결과를 활용할 것이다. 질문에 답을 얻으면 곧바로 다음 질문을 제기할 것이다. 하나의 문답을 바탕 삼아 다음 문답으로 나아갈수록 현대 신경과학이 직면한 가장 중요한 질문을 이해하는 데 조금은 근접할 수 있을 것이다.

이 책에서는 뇌의 의식계와 무의식계의 작동방식을 모두 추적하고, 이 두 시스템이 어떤 식으로 동시에 작동하는지, 더 중요하게는 어떻게 상호작용해서 우리의 경험을 만들어내고 자아의식을 유지시키는지 살펴볼 것이다. 이 책을 다 읽은 뒤에는 뇌의 무의식 메커니즘이 행동을 이끄는 방식에도 별개의 양식이 있다는 것을 이해하게 되기를 바란다. 뇌에는 근본적으로 우리가 세상을 경험하는 방식을 이끄는 '신경 논리(neuro-logic)'가 존재한다. 이 신경 논리를 소프트웨어라고 생각해도 좋을 것이다. 우리가 해야 할 일은 그 논리 시스템의 암호를 해독하는 것이다. 그러기 위해서는 입력과 출력을 관찰해야 하는 것은 물론, 그 논리 시스템을 만드는 뇌의 시스템이 무엇인지도 찾아보아야 한다. 우리 내부에 있는 소프트웨어의 암호를 해독하는 것은 신경학과 정신의학 연구에, 인간관계와 상호작용 연구에, 그리고 인간을 이해하는 데 커다란 영향을 미친다.

그렇다면 우리는 어디서부터 시작해야 하는가? 월터의 사례를 이야기하면서 그가 실명한 사실을 인식하지 못하는 이유를 시각 하드웨어와 그 하드웨어를 관찰해야 할 뇌 시스템 사이의 연결 장치가 고장났기 때문이라고 말했다. 그러나 다른 이유로도 설명할 수 있다. 안톤증후군 환자들은 외부세계는 보지 못하지만 마음속에서 사물을 시각화하는 데는 아무 문제 없다. 그들은 태어날 때부터 앞을 보지 못한 것이 아니었기 때문에 상상으로 시각 이미지를 만들어낼 수 있다. 대다수 연구자는 이 두 번째 이유 때문에 안톤증후군 환자가 자신이 눈이 멀었다는 사실을 깨닫지 못하는 것이라고 생각한다. 다시 말해 이 환자는 상상으로 그려낸 시각 이미지를 실제 눈으로 본 광경으로 착각하는 것이다.[7] 따라서 신경과 의사를 "작고 살집이 많다"라고 묘사한 월터의 표현은 단순히 그렇게 추측했기 때문이 아닐 수 있다. 어쩌면 월터는 그 의사를 그런 모습으로 상상했을지도 모른다.

월터가 시각적 이미지를 만들 수 있었던 이유는 그가 선천성 시각장애인이 아니었기 때문이다. 하지만 그가 태어날 때부터 앞을 보지 못했다면? 선천성 시각장애인도 사물의 생김새에 대해 나름대로 만들어놓은 이미지가 있는가? 선천성 시각장애인은 어떤 방법으로 머릿속에서 사물이나 사람을 '시각화'하는가? 시각장애인은 꿈에서 무엇을 '보는가?'

차례

3

상상만으로도 운동 실력이 좋아질 수 있는가?

운동 통제, 학습, 심상 시뮬레이션의 힘

4

일어나지도 않은 일을 기억할 수 있을까?

기억, 감정, 자기중심적인 뇌

5

왜 사람들은 외계인 납치설을 믿는가?

초자연적 경험담과 기이한 믿음이 생겨나는 이유

6

조현병 환자에게 환청이 들리는 이유는?

언어, 환각, 자아/비자아의 구분

7 최면 살인은 가능한가?

주의집중, 영향, 잠재의식 메시지의 힘

8 다중인격은 똑같은 안경을 공유하지 못한다?

인격, 트라우마, 자기방어

뇌지도

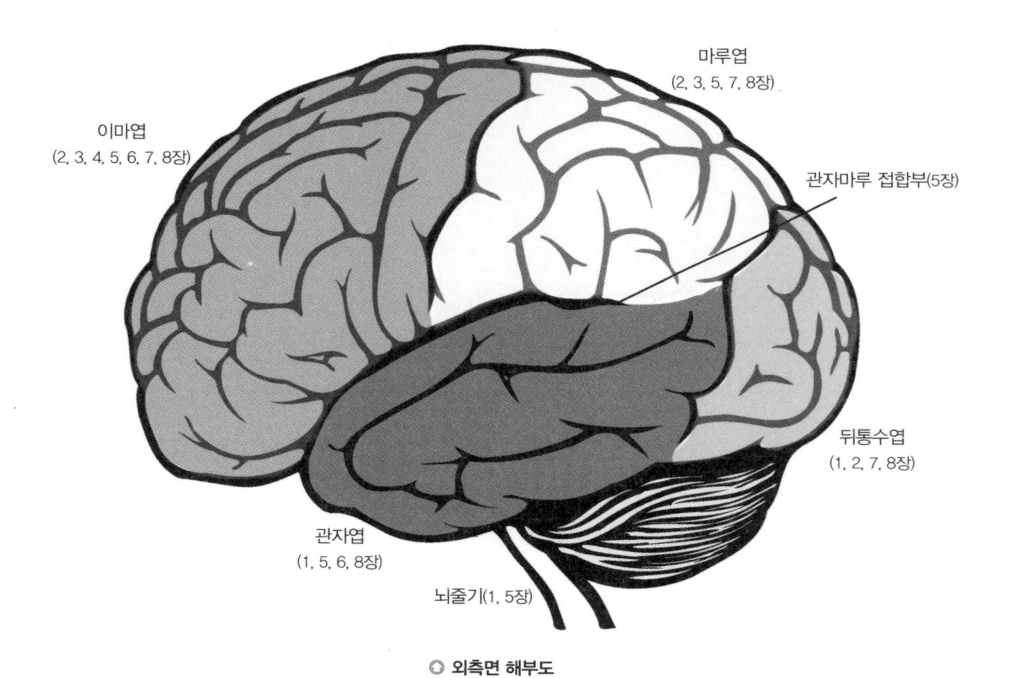

마루엽
(2, 3, 5, 7, 8장)
이마엽
(2, 3, 4, 5, 6, 7, 8장)
관자마루 접합부(5장)
뒤통수엽
(1, 2, 7, 8장)
관자엽
(1, 5, 6, 8장)
뇌줄기(1, 5장)

외측면 해부도

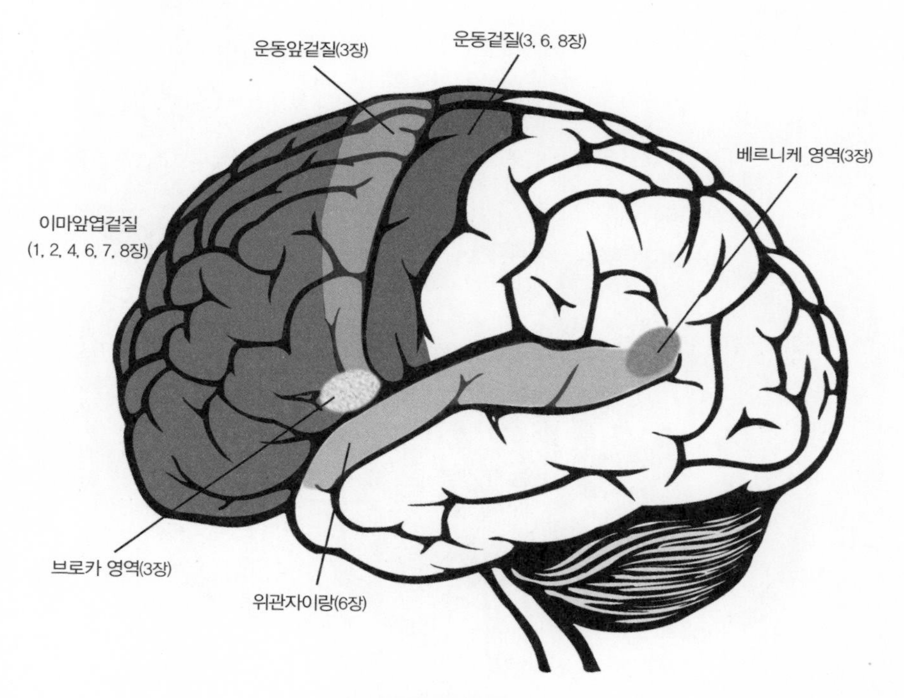
운동앞겉질(3장)
운동겉질(3, 6, 8장)
베르니케 영역(3장)
이마앞엽겉질
(1, 2, 4, 6, 7, 8장)
브로카 영역(3장)
위관자이랑(6장)

외측면 세부 해부도

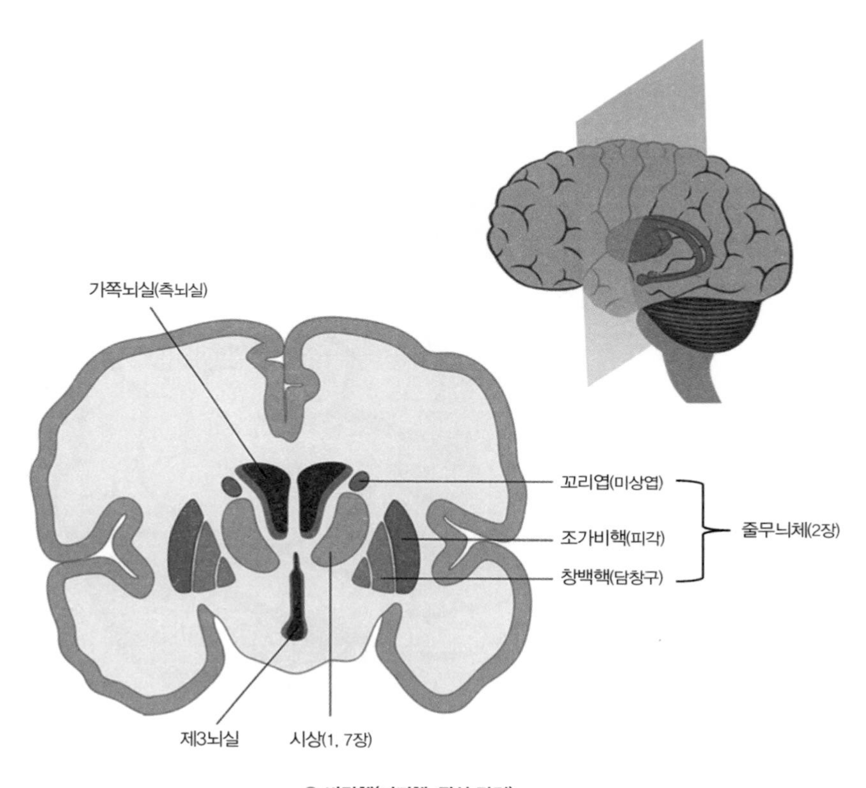

바닥핵(기저핵, 관상 단면)

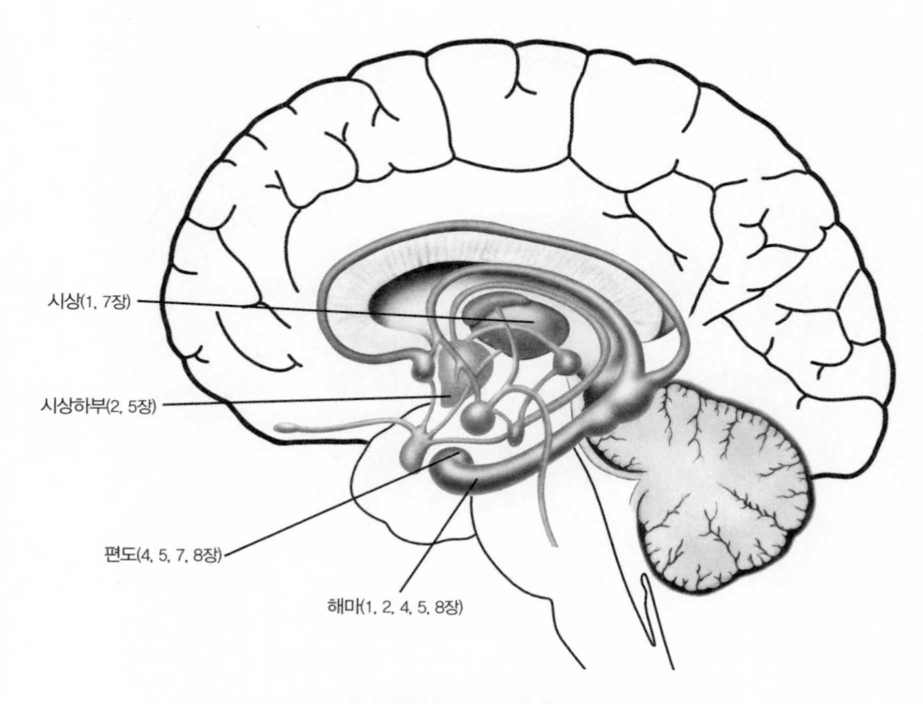

◐ 둘레 계통(변연계) – 부분 해부도(시상 단면)

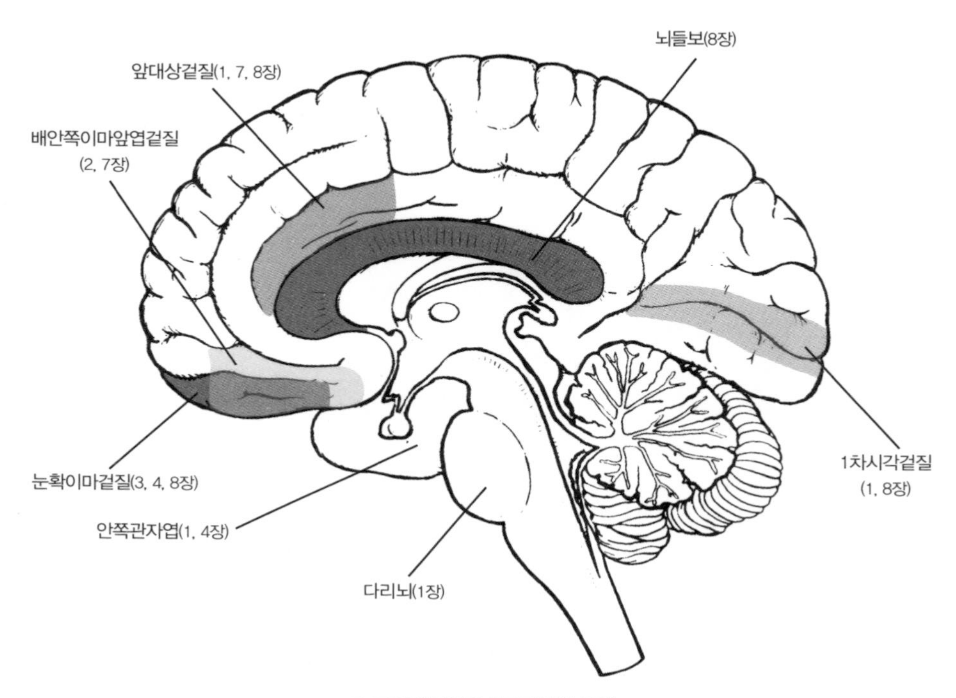

그 밖의 내측면 해부도(시상 단면)

1

지각,

꿈,

외부세계의 창조

시각장애인은 꿈속에서 무엇을 보는가?

보이는 것이든 보이지 않는 것이든
가장 근접하기 힘든 영역을 보기 위해
눈을 감아야 하는 사람에게,
벽을 뚫거나 꿈속에서
모든 행성의 바그다드가 먼지를 일으키며 솟아오르는 장면을
오직 상상으로만 떠올릴 수 있는 사람에게
텔레비전이라는 기계는 무엇인가?[1]

– 살바도르 달리

지금 나와 통화하고 있는 사람은 어밀리아다. 마흔네 살의 보험중개인인 어밀리아는 태어날 때부터 앞이 보이지 않았다. 지금 나는 우리가 똑같은 의미로 이해할 수 있는 묘사어를 찾기 위해 내 머릿속 사전을 뒷면까지 샅샅이 훑고 있다.

"그런데 사물은…… 어떤 방식으로 지각합니까?" 내가 묻는다.

"어떻게 지각하기는요? 그냥 보는 거죠."

"본다고요?"

"물론 시각적으로 보는 건 아니죠."

"그렇군요." 질문을 좀더 구체적으로 해야 할 것 같다. "빨간색을 묘사해보시겠어요?"

"빨간색은 뜨겁죠. 그건 불이랑 비슷해요."

"그럼 파란색은요?"

"파란색은 바다처럼 차갑죠."

대다수 사람에게 시각은 세상을 안내하는 가장 중요한 수단이다. 시각장애인들이 시력을 잃은 상태에서도 어떻게 잘 살아갈 수 있는지 이해하기 힘들다. 그들에게 어떻게 그럴 수 있는지 물어보면 결손된 시력을 보완하기 위해 다른 감각을 활용하는 것이 그 비결이라고 답한다. 시각장애인은 앞을 볼 수 있는 사람보다 청력이 더 좋다는 연구 결과도 있다.[2]

대다수 시각장애인은 사물의 생김새를 기억한다. 그들은 처음부터 다시 세상에 대한 정신적 그림을 그릴 필요가 없다. 그들은 사람, 자동차, 보도 연석, 에스컬레이터 등을 기억하고 있다. 그들이 안타깝게 실명했을 때 그들은 자신들이 알고 있던 모습 그대로 기억할 수 있다.

어밀리아는 그런 사치조차 누리지 못했다. 태아 발달과정에 문제가 생기면서 그녀는 태어날 때부터 양쪽 눈의 시각 신경이 없었기에 눈으로는 본 적이 없다…… 아무것도. 색깔을 본 적도 없고 거울에 비친 자기 모습을 본 적도 없다. 어밀리아는 세상에 대한 자신만의 정신적 이미지를 만들어야 했다.

"사람들은 어떻게 구분하죠?" 내가 어밀리아에게 물었다.

"상황에 따라 다르죠. 포옹을 해보았거나 감촉을 아는 사람은 그런 특징으로 기억해요. 그렇지 않으면 목소리로 추측해서 기억하는 거죠. 사람들에 대한 나만의 인식이 있어요. 그들이 누군지, 그러니까 내가 좋아하는 사람인지, 싫어하는 사람인지 알아요."

"싫어하는 사람에 대한 설명을 듣고 싶군요."

"음, 일 때문에 아는 여자인데요. 참기 힘든 사람이에요. 그 여자는 자기가 대단한 사람이라고 생각해요."

"그걸 어떻게 알죠?"

"옷 입는 것에서 알 수 있죠. 커다란 귀걸이를 하고 다니고 긴 손톱을 갖고 있어요. 향수 냄새도 엄청 진하고요. 목소리도 그렇고요."

나는 어밀리아가 무의식으로 보내는 시간 동안 그녀의 머릿속에서 무슨 일이 일어나는지 알고 싶었다. 그녀도 꿈을 꾸는가? 꿈을 꾼다면 어떤 꿈일까?

"당연히 꿈을 꾸죠. 어젯밤에도 꾼걸요. 아주 생생한 꿈이었어요."

"어떤 꿈이었는지 말해줄 수 있나요?" 나는 강한 호기심이 일었다.

"설명하기 조금 민망하네요. 어젯밤 꿈에 나는 해변에서 한 남자와 사랑에 빠졌어요. 섹시하고 키도 크고 아주 잘생긴 남자였어요! 멋진 금발이었어요. 사방이 온통 모래였고……."

"잠깐만요, 정말요?" 그녀가 꿈을 더 생생하게 묘사하려는 찰나에 내가 끼어들어 말을 잘랐다. "그 남자가 보였어요? 그러니까 그 남자의 생김새가 정말로 보였나요?"

"봤죠. 아주 잘 보였어요. 진짜로 보였어요. 내 생각에는 그래요."

나는 어밀리아와 대화를 나누면서 꿈속의 정신과 깨어 있을 때의 정신을 제대로 비교할 만한 질문을 생각해내느라 무지 애를 먹었다. 두 정신 상태에서 우리는 어느 정도 의식을 갖고 있다. 이미지를 지각하면서 경험하는 것은 똑같다. 그러나 꿈속의 정신에는 다른 무언가가, 특별한 무언가가 있다. 그것은 무엇인가? 꿈속의 정신은 어떤 특별한 것이 있기에 시각장애인에게도 시력을 제공하는가?

빈틈을 메우는 메커니즘

다음 그림을 살펴보자.

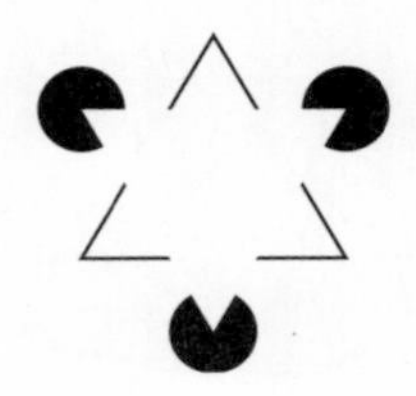

그림에서 흰색 삼각형이 보이는가? 윤곽선이 없는 흰색 삼각형이 뒤의 삼각형과 검은 원을 부분적으로 가리고 있다. 하지만 엄밀히 따지면 그림에서 흰색 삼각형은 없다. 이와 같은 착시 그림을 한 번쯤은 본 적이 있을 것이다. 이를 카니자 삼각형(Kanizsa Triangle)이라고 하는데, 인간의 시각이 세상으로 향한 단순한 창이 아니라 세상에 대한 해석이라는 사실을 보여주는 대표적인 그림이다.

시각장애인이 꿈속에서는 앞을 볼 수 있는지에 대한 문제를 따져보기 전에 본다는 것과 꿈이라는 것에 대해 조금은 알 필요가 있다. 인간의 시각은 뇌가 바깥세상을 고도로 가공하여 처리한 '표현'이다. 왜 그럴까? 왜 시각계는 비디오카메라처럼 사물을 있는 그대로 보여주는 단순한 시스템이 아닌 것일까? 페덱스 로고에 숨은 흰색 화살표(E와 x 사이에 있다)를 알아볼 수 있다는 사실은 한층 더 흥미롭다. 그러나 그런 숨은 표시를 알아보는 근본적인 이유는 따로 있다. 우리의 시각계는 생존을 위해 설계되었기 때문이다.

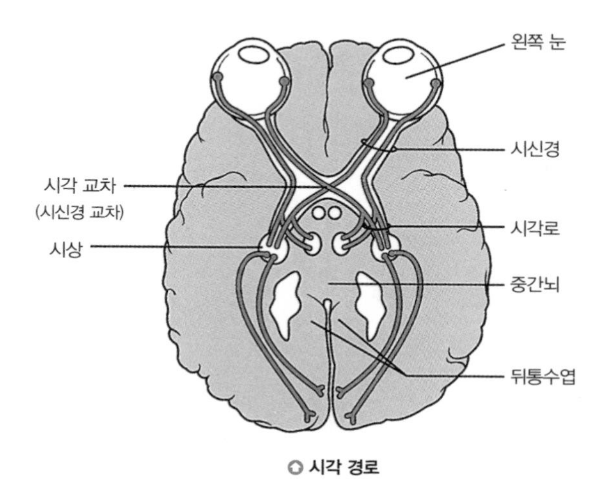

시각 경로

빛을 구성하는 입자인 광자가 눈에서 전기화학 신호로 바뀌는 순간부터 감각의 원재료는 우리가 본 세상을 체계적으로 건설하는 프로세스 엔진의 조립라인을 통과한다.

이 모든 과정은 시각 경로(visual pathway)라고 알려진 신경 회로에서 일어난다. 이는 눈의 뒷부분인 망막에서 시작된다. 빛은 망막에서 전기 신호로 바뀐 뒤 시신경을 통해 뇌까지 전해진다. 이 신호는 뇌의 감각 배전반인 시상(thalamus)에까지 이른다. 그리고 시상에서 출발한 시각 정보는 뇌의 뒷부분인 뒤통수엽에 위치한 시각겉질(시각피질)로 보내진다.

시각겉질은 정보 처리과정을 두 요소로 나누어 정보를 해석한 다음 거리, 형태, 색, 크기, 속도 등을 계산한다. 이 과정에서 조금만 방해를 받아도 시각 왜곡이 현저하게 일어날 수 있다. 예를 들어 리독증후군(Riddoch syndrome) 환자는 정지된 물체는 지각하지 못하고 움직이는 물체만 볼 수 있다. 1916년 신경학자들은 제1차 세계대전 동안 전투에서 진격을 하다 머리에 총을 맞은 중령을 진찰하면서 이 증상을 처음 발견했다. 중령은 오른쪽 뒤통수엽에 총알이 박히면서 시각겉질이 상당 부분 손상되었지만 움직임을 감지하는 MT 영역은 손상되지 않았다. 중령은 물체의 시각적 특징은 대부분 인식하지 못했지만[3] 움직임은 지각할 수 있었다. 중령의 말에 따르면 "'움직이는 물체'에는 뚜렷한 형태가 없으며,[4] 그 물체에 생기는 가장 가까운 색은 어슴푸레한 회색이다." 공이 눈앞으로 휙 지나갈 때의 흐릿한 형체를 떠올리면 알 수 있다. 리독증후군 환자가 볼 수 있는 것은 그것이 전부다.

반대로 MT 영역만 손상되면[5] 운동 지각 능력은 선택적으로 상실된다. 길모퉁이에 서서 지나가는 자동차를 바라본다고 가정해보자. 자동차가 부드럽게 달리는 모습 대신에[6] 여기에 있던 차가 갑자기 저기에 있는 연속적인 스냅숏이 눈앞에 펼쳐진다. 다시 말해 왼쪽에 있던 자동차가 갑자기 오른쪽으로 이동했지만 자동차의 움직임은 전혀 보지 못했다고 생각하면 된다. 이런 사람에겐 길을 건너는 일이 목숨을 거는 모험이나 다름없다. 시각에서 가장 먼저 처리되는 요소는 움직임이다. 뇌는 눈앞을 스쳐 지나가는 물체의 외관상 특징 대부분을 두루뭉술하게 처리하지만 그 물체의 움직임은 확실히 보게 한다. 이는 진화적인 데 이유가 있을 것이다. 초원에서 맹수가 달려온다면 가장 먼저 인지해야 할 것은 맹수의 털색이나 꼬리 길이가 아니라 맹수가 나를 향해 달려오고 있다는 사실이다.

시각계는 빛의 패턴을 그냥 보여주는 것이 아니다. 시각계는 수십억 개의 신경을 계산한 결과를 바탕으로 해석을 보여준다. 뇌는 과거 우리가 보았던 것을 바탕으로 앞으로 보게 될 사물의 형태를 예상한다. 심지어 카니자 삼각형을 볼 때처럼 뇌는 장면에 빈틈이 있으면 환경 신호를 이용해 그 빈틈을 메우기도 한다. 뇌는 옆에 있는 형상이 보내는 신호를 이용해 존재하지도 않는 형태의 모서리를 알아서 그려 넣고 위치까지 추측한다. 또 다른 예로 다음 글을 읽어보자.

> 이 단어이들 뒤박죽죽으로 적혀 지있만 읽데는는 아무 문도제 없을 것이다. 처음 글들자과 마지막 글들자만 제대로 적혀 으있면 뇌는 그 신호을들 통해 상대의 말을 이할해 수 있다.

인터넷을 돌아다니다 이런 글을 본 적이 있을지도 모른다. 인간은 하나하나의 단어가 아니라 '통으로' 글을 읽는 습성이 있기 때문에 문장을 이해하는 데는 무리가 없다. 하지만 연구는 이런 주장을 입증한 것이 아니다. 앞의 단락을 읽는 능력에서 흥미로운 사실은 문장의 의미와 제대로 적힌 첫 글자와 마지막 글자만으로도 문맥의 단어를 유추할 수 있다는 것이다. 뇌영상 연구를 통해 밝혀졌다시피 뇌는 단어의 의미뿐 아니라 글자 패턴과 문장 내 단어 배열도 처리한다.[7]

글을 읽을 때 뇌는 문장 의미에 크게 중요하지 않은 연결어나 단어는 건너뛰고 종종 손쉬운 방법을 쓰기도 한다.[8] 더 효율적으로 읽을 수 있기 때문이다. 그러나 가끔은 역효과를 가져오기도 한다. 이를테면 다음과 같은 질문이 있다. "모세는 방주에 같은 종류의 동물을 몇 마리씩 실었는가?" 연구의 일환으로 이 질문에 답한 사람들과 별반 다르지 않다면[9] 아마도 '두 마리'라고 답할 것이다. 그러나 질문을 좀더 주의 깊게 읽으면 답은 확실히 '0'이다. 방주를 만들어 동물을 태운 사람은 노아이지 모세가 아니기 때문이다. 사람들이 이런 실수를 하는 이유는 질문이 노아에 대해 흔히 알고 있는 이야기와 일치하는 부분이 많기 때문이다. "같은 종류의 동물을 몇 마리씩"이라는 문구만 보고 섣불리 질문을 짐작하고[10] 곧바로 답한다.

신경학자는 뇌에서 일어나는 이런 과정을 기능성자기공명영상법, 이른바 fMRI를 이용해 직접 관찰한다. fMRI는 혈액이 뇌 조직으로 산소를 보내 볼드(BOLD, 혈중 산소치 의존) 신호를 만들어내는 속도를 실시간으로 측정한다. 산소를 가장 많이 내보내는 신경세포가 가장 활발하게 움직이는 신경세포라는 원칙에 따라 측정 수치를 해석하기 때문에 볼드 신호는 신경세포의 활동을 측정하는 것이나 다름없다. 2013년 fMRI 연구에서 피험자들은 160개의 문장을 읽었고 그 가운데 절반은 사실이었다. 나머지 80개의 문장 가운데 절반은 명백한 거짓이었고, 나머지 절반은 언뜻 보기에만 사실일 뿐 교묘하게 왜곡된 문장이었다. 그 가운데 하나가 앞에서 이야기한 모세와 방주에 대한 질문이었다. 신경학자들이 fMRI로 피험자들의 뇌 활동을 관찰하는 동안 그들은 문장을 읽고 참인지 거짓인지 표시했다.

그 결과 피험자들이 참 문장과 거짓 문장을 읽는 동안 그들의 뇌 활동에는 큰 차이가 없는 것으로 나타났다. 하지만 모세와 방주가 나온 질문처럼 교묘하게 왜곡된 문장을 읽을 때는 어떨까? 결과는 피험자들이 문장 왜곡을 알아차리는지 여부에 따라 달라졌다. 피험자들은 속임수를 알아채지 못하면 문장이 참이라고 답했는데, fMRI 촬영에 나타난 뇌 활성화 패턴은 참이나 거짓 문장을 읽을 때와 비슷했다. 하지만 속임수를 눈치챈 피험자들은 모세가 이집트에서 도망치는 데 정신이 없어서 방주를 만들 시간조차 없었다는 것을 알았다. 그리고 그들의 fMRI 촬영에서도 전혀 다른 종류의 신경계가 작동한다는 것이 밝혀졌다. 문장을 해석하는 데는 뇌의 더 넓은 영역이 쓰였다.[11] 오차를 가려낼 경우에는 앞대상겉질(전측대상피질) 영역이 활성화되었지만 가장 활성화된 영역은 이마앞엽겉질(전전두엽피질)이었다. 이 영역은 습관에 기대려는 성향을 이겨내려는 의지를 비롯해 고차적인 인지 과제를 풀 때 가장 주된 역할을 한다.

뇌는 익숙한 패턴을 인식하고 그것을 예상함으로써 사고의 효율성을 극대화하려고 노력한다. 모세의 방주를 비롯해 다른 왜곡된 문장은 기대한 의미와 실제 의미가 서로 어긋나기 때문에 제대로 해석하려면 집중력을 최대한 발휘해야 한다. 뇌영상 촬영 결과가 보여주듯이 왜곡 여부를 제대로 알아내는 유일한 방법은 예측하려는 성향을 이마앞엽겉질이 지닌 고차적인 인지 능력으로 막고 사실에만 초점을 맞추는 것밖에 없다. 의식적인 자기숙고(self-reflective) 능력은 뇌가 평상시처럼 무의식적이고 자동적인 정보 처리로 들어가 빈틈을 메우려는 것을 중단시킨다.

우리가 세상을 볼 때 뇌의 두 시스템은 우리의 지각을 만들어낸다. 한편으로는 무의식계가 패턴을 인식하고 그 패턴을 바탕으로 예측한 다음 지각한 조각들을 끼워 맞출 방법을 추론하고, 다른 한편으로는 의식계가 무의식의 계산을 받아들이고(필요할 때는 계산 내용에 의문을 던진다) 자신이 접근할 수 있는 풍부한 배경지식을 바탕으로 결정을 내린다. 무의식계와 의식계는 쓰임새가 다르다. 뇌의 자동 처리과정이 글자가 뒤섞인 단어도 읽게 해준다는 사실은 무의식계가 다양한 방법으로 패턴을 예측하고 불완전한 정보로도 그림을 완성할 수 있다는 것을 보여준다. 하지만 모세와 방주 질문에서 보았듯이 무의식계의 예측이 믿을 만한지 판단할 때는, 특히 주위의 무언가가 우리를 속이거나 조종하려는 것은 아닌지 판단할 때는 의식계도 못지않게 중요한 역할을 한다.

2013년 심리학자와 스포츠과학자 연구팀[12]은 공동 발표 연구에서 상대팀 선수가 달려올 때 경험 많은 축구선수 뇌의 활성 영역을 관찰했다. 연구팀은 참가자를 두 집단으로 나누어 모집했다. 한 집단은 현역 프로 축구선수들이었고, 다른 집단은 가끔씩 여가시간에 취미로 축구를 즐기는 사람들이었다. 연구팀은 두 집단의 선수들에게 경기 중에 수비를 하고 있는 상황을 상상해보라고 했다. 두 집단의 선수들은 상대팀 공격수가 공을 드리블하며 달려오는 동영상을 보았다. 그리고 질문을 받았다. 이후 공격수는 평범한 크로스오버를 할 것 같은가, 속임수를 쓰는 스텝오버를 할 것 같은가? 연구팀은 참가자의 뇌 활동 상태를 fMRI로 관찰했다.

예상대로 프로 축구선수들은 훨씬 능숙하게 상대팀 선수의 동작을 읽었다. 하지만 실력과 상관없이 상대팀의 스텝오버를 정확히 알아챈 선수는 솔직한 기술인 크로스오버를 알아차릴 때보다 이마앞엽겉질이 더 활성화된다는 것이 fMRI 관찰 결과에서 밝혀졌다. 모세의 방주와 같은 문장 왜곡을 알아내는 실험에서 참가자들이 사용한 뇌 영역도 바로 그 부분이었다. 축구선수들도 일반적으로 패턴을 인식하려는 성향을 무시하고 속임수를 읽을 때에는 이마앞엽겉질의 고차적인 인지 능력을 사용한 것이다. 문장 읽기든, 스포츠든, 다른 상황이든 무의식적으로 성급히 결론을 내리고 속아 넘어가는 것을 막기 위해서는 이마앞엽겉질의 분별력이 필요하다. 의식적 분석을 이용해 일반적 패턴과 조작되거나 왜곡된 패턴을 구분할 수 있다.

이마앞엽겉질이 차단되면 지각 능력은 어떻게 될까? 가장 먼저 지금 하는 경험이 일반적인지, 정상에서 벗어나는지 판단하는 능력을 잃는다. 이는 뇌 손상 사례에서 찾아볼 수 있다. 2010년 신경학자와 심리학자 연구팀은 17명의 환자를 모집해 노아를 모세로 바꾼 문장(그리고 비슷한 형식의 여러 문장)을 보여주었다. 이 환자들은 뇌의 다른 부분은 멀쩡하지만 이마앞엽겉질에 혈액을 공급하는 핵심 혈관이 파열되어 그 부분만 심하게 손상된 상태였다. 결과는 예측한 대로였다. 이마앞엽겉질이 심하게 손상된 환자들은 대조군의 건강한 참가자들에 비해 문장에 숨은 왜곡을 알아차리는 능력이 훨씬 떨어졌다.[13]

뇌의 무의식계는 인식한 조각을 모두 모아 패턴을 예상하고 필요할 때는 빈틈도 알아서 메운다. 그렇게 해서 하나의 의미 있는 해석을 하게 된다. 무의식계는 나름의 이야기를 만들어낸다. 의식계도 같은 이야기를 경험하되 곰곰이 되풀이해 생각해보고, 심지어는 맞는지 의문을 던지기도 한다. 그러나 뇌의 다른 영역은 멀쩡히 작동하지만 이마앞엽겉질만 손상된 환자들이 만들어내는 시나리오에서는 자기숙고라는 이마앞엽겉질의 인지 능력이 발휘되지 못한다. 의식의 감독을 받지 않기 때문에 무의식의 빈틈 메우기 과정은 중간 점검 없이 예측하고, 경험 조각을 모으며, 심하면 말도 안 되는 해석과 기괴한 이야기를 만들어내기도 한다. 하지만 뇌가 손상되었을 때에만 이런 시나리오를 만들어내는 것이 아니다. 뇌가 완벽하게 건강한 사람에게도 그런 현상이 일어날 수 있다. 그것도 아주 자주 일어날 수 있다. 심지어 어젯밤 우리가 꾼 꿈에서도 그런 일이 일어났을지도 모른다.

꿈의 재료

에스파냐 화가 살바도르 달리(Salvador Dalí)의 유명한 1944년작 〈석류 주변을 날아다니는 꿀벌 한 마리에 의해 깨어나기 직전의 꿈(Dream Caused by the Flight of a Bee Around a Pomegranate a Second Before Awakening)〉은 그의 아내가 낮잠에서 깨기 직전에 꾸었다는 꿈을 상상하여 그린 것이다. 살바도르 달리는 그림에서 꿈의 진짜 속성을 꿰뚫어 보는 통찰력을 드러낸다. 그는 꿈의 생생함, 감정의 강도, 그리고 기이하거나 몽환적인 성향을 보여준다. 이 특별한 그림은 다양하게 해석되었다. 그 가운데에서도 폭력적 이미지와 남근의 상징으로 라이플총을 이용했을지도 모른다는 점에서 금방이라도 벌어질 듯한 강간 장면을 묘사했다는 해석이 가장 유명하다. 그림 제목을 참고해 더 직접적으로 접근한 해석도 있다. 그림을 자세히 보면 아랫부분에 작은 석류가 있고 그 주위로 꿀벌이 윙윙거리며 날고 있다. 어쩌면 살바도르 달리는 낮잠을 자는 아내 주변에서 윙윙대며 날아다니는 꿀벌 소리가 무슨 이유에서인지 그녀의 무의식으로 들어가 이런 내용의 꿈을 꾸게 만들었을지도 모른다고 생각했을 수 있다. 아내의 정신은 벌에 쏘일지도 모른다는 갑작스러운 두려움을 폭력적 이미지로 번역했고, 침을 쏜 벌은 뾰족한 끝을 팔에 세게

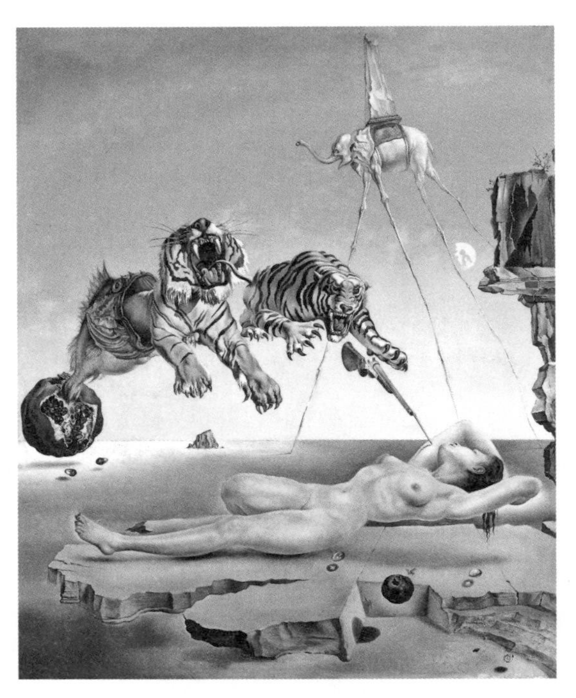

살바로드 달리, 〈석류 주변을 날아다니는 꿀벌 한 마리에 의해 깨어나기 직전의 꿈〉, 1944.

누르고 있는 라이플총으로 묘사했다. 그런데 어떻게 윙윙거리는 소리의 단순한 자극이 그림과 같은 정신적 신기루를 만들어낼 수 있었는가?

살바도르 달리는 대부분 우리가 이미 짐작하는 것을 그림으로 묘사했다. 기이한 꿈을 꿀 때도 있지만, 꿈은 우리가 일상에서 겪는 여러 요소를 새롭고, 터무니없고, 심지어 은유적이기까지 한 방법으로 얽어매 하나의 이야기를 탄생시킨다. 잠자고 있는 뇌는 능숙한 이야기꾼인데, 그 능력은 독특한 주위 환경에서 비롯된다. 잠든 순간 눈은 감겨 있고 소리는 무음 상태가 된다. 특히 외부 감각으로 느끼는 잡음은 모두 차단되고 내부에서 생겨난 온갖 이미지가 정신을 가득 채우기 시작한다.

하지만 꿈을 꿀 때 외부와 완전히 차단되는 것은 아니다. 윙윙거리는 곤충 소리처럼 일부 자극이 꿈속 이미지와 합쳐지기도 한다. 언제라도 외부 감각이 꿈에 스며들 수 있는 것이다. 외부 감각이 가장 강력한 영향을 미치는 것 가운데 하나는 잠자는 사람에게 물을 뿌릴 때다. 이럴 경우 물세례로 인한 자극의 40퍼센트 이상은 그 사람의 꿈과 직접 합쳐진다.[14] 잠에서 깬 피험자는 비가 왔다거나 물총 세례를 받았다거나 비가 새는 지붕을 고쳤다는 등 여러 가지가 합쳐진 장면을 묘사한다.

그러나 우리가 꾸는 꿈은 대개 기억과 생각, 감정으로 누빈 퀼트 이불이다. 꿈에는 흔히 낮 동안에 있었던 일과 고민, 걱정, 바람이 추상적으로 반영된다. 대다수의 꿈은 꿈을 꾸는 장본인에게 익숙한 여러 가지가 하나로 합쳐진 것이다.[15] 2004년 벨기에 연구팀은 피험자가 1인칭 슈팅게임을 하는 동안 양전자단층촬영(PET 스캔이라고 하며, 활동 영역으로 옮겨가는 방사성 추적자를 따라가면서 뇌 활동을 추적한다)을 이용해 피험자의 뇌 활동을 관찰했다. 연구팀은 피험자가 가상현실 속 도심 거리를 돌아다닐 때 뇌의 어느 영역이 활성화되는지 주의 깊게 살펴보았다. 두 번째 실험에서는 피험자가 머리에 뇌전도(EEG) 전극을 붙이고 잠을 자는 동안 그의 뇌파를 측정했다. 다음 날 아침 EEG 기록과 PET 스캔을 비교한 결과 피험자가 비디오게임을 하는 동안 환하게 빛난 해마 영역은 피험자가 꿈을 꾸기 시작하면서 자극을 받는 영역과 일치하는 것으로 밝혀졌다.[16]

이미 알고 있듯이 시각 경로에 의해 앞을 볼 수 있는 것이며 이 경로의 어느 한 부분이라도 방해를 받으면 앞을 볼 수 없다. 뇌에는 꿈의 경로도 있다. 눈을 감고 있어 바깥세상을 보지 못하는 상태일지라도 꿈에서는 마치 눈에 보이는 것처럼 이미지를 지각할 수 있다. '눈을 감고 있어도' 이미지를 지각할 수 있다는 것은 꿈의 회로와 시각 회로가 분리되어 있음을 뜻한다. 만약 시각장애인이 꿈속에서 사물을 볼 수 있다면 그 비결은 분명 꿈의 경로일 것이다. 이제 무엇을 물어보아야 할지 확실해졌다. 무엇이 꿈의 회로를 구성하는가? 뇌는 어떤 방식으로 우리의 꿈을 만드는가?

렘수면에 빠지면 감은 눈을 대신해 꿈 시스템이 시상과 시각겉질을 지배한다. 꿈 시스템은 이미지 처리 센터뿐 아니라 내부의 감각 배전반도 통제하지만 이미지는 어딘가 다른 곳에서 가져올 수밖에 없다.

신경학자들이 발견한 바에 따르면 우리가 꿈을 꿀 때에는 시상의 행동이 달라진다.[17] 시상은 눈에서 보내오는 신호(어차피 그런 신호는 오지 않는다)에 반응하는 대신에 뇌와 척수를 연결하는 중심 줄기인 뇌줄기(뇌간)의 지배를 받는다. 뇌줄기의 중요한 기능은 렘수면을 유지하는 것이고 대개 꿈은 렘수면 상태에서 꾼다. 대다수 신경학자는 렘수면 상태에서 이루어지는 뇌줄기와 시상의 연결이 꿈속 이미지의 바탕이 된다고 생각한다.

신경학자들은 꿈을 꾸고 있는 뇌파를 관찰하면서 PGO(교뇌-무릎-후두)파라는 특이한 파형을 발견했다.[18] PGO파는 형태와 크기가 눈에 쉽게 띈다. 이 파형은 꿈을 꾸는 동안 뇌의 세 영역, 즉 뇌줄기의 다리뇌(교뇌), 시상의 시각 부분인 가쪽무릎핵(외측슬상핵), 시각겉질이 있는 뒤통수엽에서 발견된다. 따라서 세 영역은 함께 작동한다고 추측할 수 있다.[19] 뇌줄기, 시상, 시각겉질은 자기만의 시각 경로를 형성하지만[20] 어쩌면 시각은 그 과정에서 차단되는 것일지도 모른다. 꿈의 경로는 시각 경로와 비슷하지만 뇌줄기가 눈을 대신해 이미지의 공급원 역할을 한다는 점은 다르다. 꿈의 이미지는 내부에서 만들어진다.

꿈 연구자로 널리 알려진 하버드 의대 정신과 교수 존 앨런 홉슨(John Allan Hobson)은 뇌줄기가 신경세포를 무작위로 만들어내기 때문에 꿈을 꾸는 것이라는 이론을 세웠다. 뇌줄기에서 아무렇게나 내보낸 신호는 시상으로 전해지고 시상은 이 신호를 여느 시각 신호와 똑같이 처리한다. 시상은 배전반에 불과하다. 수신하는 신호가 눈에서 오는 것인지, 뇌줄기에서 오는 것인지는 상관하지 않는다. 시상은 신호를 보내야 할 곳으로 전달하는 역할만 한다. 다시 말해 시각겉질로 보내는 역할만 할 뿐이다.

이제 시각겉질이 무슨 일을 해야 할지 생각해보자. 지금은 새벽 2시이고, 시상에서 보낸 신호가 무더기로 도착한다. 게다가 이 신호들은 질서도, 체계도 없이 뒤죽박죽이다. 뇌줄기가 무작위로 만들어낸 신호들이라 어쩔 수 없다. 하지만 시각겉질은 그런 사실을 알지 못한다. 시각겉질은 시상이 보내는 정보는 전부 눈을 통해 들어온 것이라고 생각한다. 이때 시각겉질은 어떻게 반응하는가? 시각겉질은 우리가 깨어 있을 때와 똑같이 정보를 이해하려고 노력한다. 시각겉질은 저장된 지식과 기억을 이용해 서로 다른 신호 조각들을 하나의 이야기로 연결해[21] 통일된 시각적 장면을 만들려고 애쓴다. 그 시각적 장면은 우리가 경험하는 꿈이다.

뇌는 최선을 다해 이야기를 만든다. 뇌의 무의식계는 패턴을 찾아내고, 다음 패턴을 예측하며, 맥락의 실마리를 이용해 불완전한 그림의 빈틈을 메우는 뛰어난 재주가 있다. 어쩌면 이런 활동이 총체적으로 작용해 무의식이 수신한 누더기 신호를 바느질해 꿈속 풍경으로 엮어내는 것일 수도 있다. 이렇게 해서 사고, 기억, 두려움, 바람으로 맞춰 이은 조각보가 우리의 정신을 차지하고 가끔은 은유적인 이야기까지 탄생하게 된다. 그렇다고는 해도 우리의 꿈은 대체적으로 꽤 기괴한 편이다.

아무리 꿈이 기괴해도 우리가 꿈속에 있는 동안에는 꿈이 기이하다는 사실을 절대 깨닫지 못한다. 꿈에서 깬 뒤에야 그 상상 속 시나리오가 얼마나 이상한지 깨닫는다. 왜 그럴까? 신경학자들은 꿈과 연관된 뇌 영역을 연구하면서 밤에 휴면 상태에 빠지는 영역을 발견했다. 확연히 잠잠해지는 영역은[22] 고차적인 의사결정을 하게 만드는 이마앞엽겉질이다. 이미 앞에서 이야기했듯이 이마앞엽겉질은 모세/노아의 왜곡 질문을 알아채거나 축구의 속임수 발놀림을 읽는 데 관여하는 영역이다. 또한 이 영역은 자기숙고에도 개입한다.

우리는 꿈을 꿀 때 적극적으로 계획을 짜거나 전략을 세우지 않으며 생각을 되새겨보지도 않는다. 이 능력을 중재하는 이마앞엽겉질이 렘수면 동안 차단되기 때문이다. 우리가 꿈을 꾸고 있다는 것을 인식하지 못하는 이유가 바로 여기에 있다. 이는 기괴한 꿈을 꾸어도 "잠깐만, 이건 말이 안 돼"라고 생각하지 못하는 이유이기도 하다. 만약 꿈의 기괴함을 알아차린다면 잠에서 깨어 이마앞엽겉질이 활성화되기 시작했다는 뜻일 것이다.

꿈을 꾸는 동안 꿈속의 화신(化身)을 통제하거나 결정을 내리지 못하는 것처럼 느껴지는 이유도 이마앞엽겉질이 활성화되지 않기 때문일 수 있다. 꿈이라는 것은 한 편의 영화와 비슷하다. 우리는 꿈속 모험을 자의적으로 선택할 수 없다. 대부분은 그렇다. 다만 자각몽(lucid dream)은 예외다. 자각몽을 꾸는 사람은 자신이 꿈을 꾸고 있다는 것을 인식하고, 심지어는 자기 의지대로 꿈속 세상을 탐험하기도 한다.

자각몽이 가능한 이유는 무엇인가? 방금 전까지만 해도 렘수면에서는 이마앞엽겉질이 활성화되지 않는다고 말했다. 그런데 꿈을 능동적으로 통제하는 것이 어떻게 가능한가? 2012년 독일의 연구팀도 똑같은 질문을 했다. 그들은 자각몽을 꾸는 사람들을 모집한 뒤 fMRI 기계 옆에서 잠을 자게 했다. 피험자들이 렘수면에 빠지자 fMRI는 흥미로운 뇌 활성화의 패턴을 보여주었다. 꿈을 꿀 때 활발히 움직이는 뇌 영역에서뿐 아니라 이마앞엽겉질 영역에서도 혈중 산호치 의존, 즉 볼드 신호가 두드러지게 나타났다. 이마앞엽겉질이 '활성화' 상태라는 뜻이었다. 이유는 알 수 없지만 대다수 사람과 달리 몇몇 사람의 이마앞엽겉질은 잠을 잘 때도 차단되는 것을 거부한다. 자각몽을 꾸는 사람은 꿈속에서도 자기숙고, 자기통제, 의사결정 능력에 접근할 수 있기 때문에[23] 매번 꿈을 짜릿한 가상현실 연습게임으로 바꾼다. 게다가 자각몽은 훈련을 받으면 습득이 가능한 기술이고, 성공적인 악몽 치료방법으로 이미 쓰이고 있다.[24] 연습만 하면 우리도 귀신과 도끼 살인마에게 꺼져달라고 정중하게 부탁할 수 있다.

대부분의 꿈은 단순히 일상을 재생시키는 것이 아니다.[25] 그런 꿈은 1퍼센트에서 2퍼센트 정도에 불과하며 나머지는 혼란스러운 생각과 시각적 상상이 새롭고 독창적인 방식으로 합쳐진 것이다. 뇌의 무의식계는 낮 동안의 모든 방햇거리를 차단한 채 개념을 연관시키는 대안을 꿈을 통해 제시한다.

우리가 잠이 든 동안 새롭고 위대한 아이디어를 생각해내는 이유도 여기에 있을지 모른다. 잠에서 깨어나자마자 한순간 떠오른 영감을 적기 위해 허둥거리며 펜과 종이를 찾은 적이 얼마나 자주 있었는가? 두 집단에게 수학 문제를 냈다. 첫 번째 집단에게는 문제를 받은 즉시 풀게 했고, 두 번째 집단에게는 잠을 푹 자게 한 뒤에 풀게 했다. 그 결과 잠을 자고 문제를 푼 두 번째 집단이 창의적인 해법을 찾아낼 가능성이 더 큰 것으로 나타났다.[26]

꿈을 꾸고 있는 동안 뇌에서는 무슨 일이 일어나기에 생각과 경험이 독특한 방식으로 조합되는 것인가? 다양하게 해석할 수 있는데, 먼저 잠이 우리를 외부 자극으로부터 보호하고, 간섭을 막아주며, 상상력을 발휘할 수 있게 한다. 둘째, 대부분의 이마앞엽겉질이 비활성화 상태이기 때문에 일상적인 판단과 분석적 엄밀함에 구애받지 않고 더 추상적이고 기괴하기까지 한 생각을 마음껏 하게 할 수도 있다. 셋째, 꿈이 그토록 창의적인 이유를 설명하는 더 근본적인 해석이 있다. 몇몇 신경과학자의 이론에 따르면 잠을 자는 동안 뇌에서는 미리 형성되어 있던 시냅스(신경세포의 신호가 다른 신경세포에 전달되는 공간)가 느슨해지면서 기억과 학습된 개념 사이의 관계가 완화된다. 이론적으로 이 상태에서는 신경세포의 가변성이 늘어나 뇌에 새로운 경로가 형성되고 새롭고 창의적인 아이디어가 떠오를 수 있다. 사실 일부 연구에서 낮에 가장 활발하게 활동한 신경세포가[27] 잠자는 동안에는 가장 잠잠해진다는 것이 밝혀졌다. 이 이론은 느슨해진 시냅스가 꿈으로 향하는 문을 연다고 주장한다. 다양한 생각을 참신하게 조합할 기회가 생기면서 뇌는 독창적인 이야기를 만들어낼 수 있는 것이다.

꿈이 어떻게 만들어지든 꿈은 깨어 있을 때 지각하는 세상과 완전히 다를 수밖에 없다. 뇌에는 근본적으로 다른 두 시스템이 존재하기 때문이다. 한편으로는 깨어 있을 때 사용하는 능동적인 의식계가 존재하고, 다른 한편으로는 의식계가 막을 내리는 순간 통제권을 이어받는 꿈이라는 수동적인 내부세계가 존재한다. 자각몽은 뇌의 두 시스템을 모두 이용하는 중간 상태라고 할 수 있다. 꿈은 대개 잠이 들었을 때 진행되고 잠에서 깨면 끝난다. 꿈을 꾸면서 의식적 결정을 내리기란 일반적으로 불가능하다. 잠에서 깬 순간 의식이 우리를 지배함으로써 내부세계의 몽상에서 벗어난다. 의식계와 무의식계는 통제권을 번갈아 주고받는다. 그러나 살바도르 달리의 그림과 자각몽이 시사하듯이 꿈과 현실의 경계선은 아주 흐릿할 수 있다.

토끼굴 아래로

두통이 심해진 마시는 먼저 의사부터 찾아갔다. 그녀는 평생 두통을 앓아왔고 앞으로도 영원히 계속될 것 같았다. 마시의 아버지와 어머니, 언니도 편두통을 앓았기에 의사가 그녀에게 편두통이라고 했을 때 놀랍지도 않았다. 편두통을 앓는 다른 사람들처럼 마시도 편두통으로 머리가 지끈거리기 전에 '조짐'을 느꼈다. 편두통 환자들은 점, 빛, 지그재그 선 등을 볼 때 지각장애를 일으킨다고 설명한다. 이런 경험은 사람에 따라 다르지만 마시가 느끼는 '조짐'은 특히 눈여겨볼 필요가 있었다.

"문득 내 손이 엄청나게 크다는 느낌이 든다. 그러니까 무지막지할 정도로 크다는 느낌이다. 마치 트리플 복싱 글러브를 끼고 있는 듯하다. 이 느낌이 한동안 이어진다. 그러고 나면 내 몸이 우스꽝스럽게 느껴진다. 내 손이 커져 있는 동안 나는 아주 작디작은 어린 소녀로 움츠러든다."

가끔 마시는 갑자기 덩치가 커져 거인이 된 듯한 느낌이 들기도 한다. "이를테면 1970년대에 즐겨 신었던 높은 통굽 구두를 신고 있는 것 같다. 그때의 느낌은 진짜 묘하다. 내 키는 152센티미터밖에 안 된다. 그런데 갑자기 키가 크다는 느낌이 들면 얼마나 이상하겠는가."[28]

마시의 증상은 루이스 캐럴의 『이상한 나라의 앨리스』의 첫 장 "토끼굴 아래로"에 나오는 아주 유명한 장면을 떠오르게 한다. 환상의 세계로 들어간 앨리스는 "나를 마셔요"라고 적힌 병을 본다.

> 그래서 앨리스는 조심스럽게 살짝 맛보았다. 아주 맛있었다(체리 타르트, 커스터드, 파인애플, 구운 칠면조, 토피 사탕, 버터를 바른 따끈한 토스트를 한데 섞은 듯한 맛이 났다). 앨리스는 단숨에 쭉 들이켰다. "느낌이 이상해! 내 몸이 망원경처럼 차곡차곡 접히는 느낌이야." 정말 그랬다. 이제 앨리스는 키가 줄어 25센티미터밖에 되지 않았다. 앨리스의 얼굴이 환해졌다. 저 예쁜 정원으로 난 작은 문을 통과하기에 딱 알맞은 크기가 된 것이다.[29]

마시의 질병이 무엇이든 그것이 일으키는 환각은 앨리스가 마신 신비로운 물약이 불러일으킨 현상과 매우 비슷했다. 마시의 병명은 이상한

⭘ 케테 콜비츠, 〈씨앗들이 짓이겨져서는 안 된다〉, 1941.

나라의 앨리스 증후군이었다. 이 신경질환을 앓고 있는 사람들은 주변 물체의 크기, 위치, 움직임, 색깔 등을 왜곡해서 인지하는 증상을 보인다.

1952년에 처음 설명된[30] 이상한 나라의 앨리스 증후군의 원인은 감염, 발작 등 여러 가지이지만 보통은 편두통과 관련이 있다. 흔한 질병은 아니다. 하지만 이상한 나라의 앨리스 증후군은 곡예단 거울을 보듯이 세상을 경험하는 유명한 화가들의 작품에 영향을 미쳤을지도 모른다. 예를 들어 20세기 독일 화가 케테 콜비츠(Käthe Kollwitz)는 전시 독일의 정치적 분위기에 영감을 받은 그림으로 알려졌다. 그러나 어느 순간에 그녀의 화풍은 사실주의에서 보다 추상적인 표현주의로 바뀌었고 그림에 등장하는 사람들의 손이나 얼굴은 비대칭적으로 컸다. 케테 콜비츠는 일기에 다음과 같은 증상으로 고통을 받는다며 털어놓았다. "그러다가 사물이 작아지기 시작하는 끔찍한 상태가 찾아왔다. 사물이 커질 때도 충분히 힘들지만 사물이 작아질 때는 몸서리쳐질 정도로 무서웠다."[31]

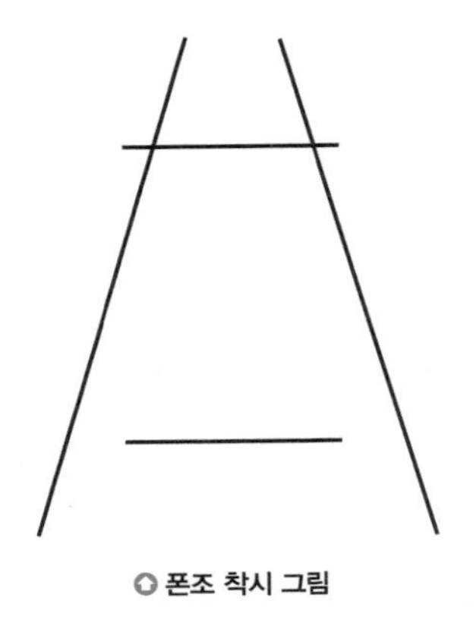

폰조 착시 그림

몇몇 학자는 루이스 캐럴이 편두통을 앓았다는 사실을 근거로 그도 이상한 나라의 앨리스 증후군에 시달렸을지도 모른다고 짐작한다.[32] 어쩌면 루이스 캐럴은 자신의 유명한 문학작품 속 주인공과 비슷하게 시각적으로 변형된 모습을 지각했을지도 모른다.

이상한 나라의 앨리스 증후군은 왜 생기는가? 예비 연구를 살펴보면 시각 처리과정이 방해받을 때 환각을 일으키는 듯하다. 이미 알고 있듯이 시각겉질은 거리, 크기, 방향, 형태 등을 잇따라 계산해 세상을 그림으로 구성한다. 그런 처리가 일어나는 경로의 일부가 차단되거나 방해를 받으면 지각에 왜곡이 생긴다. 2011년 이상한 나라의 앨리스 증후군을 앓고 있는 소년에 대한 연구가 이루어졌다. 소년이 사진의 크기와 방향을 판단하려 애쓰는 동안 fMRI로 소년의 뇌 활동을 관찰했다. 이를테면 연구팀은 소년에게 폰조 착시(Ponzo illusion, 사다리꼴 위에 같은 길이의 선 두 개를 수평으로 놓으면 위의 선이 더 길어 보이는 착시 — 옮긴이) 그림을 여러 버전으로 보여준 뒤 두 수평선의 길이가 일치하는지를 물었다.

눈속임 비슷한 이 문제를 풀려면 그림을 유심히 살펴보아야 하며 시각겉질의 처리과정도 완벽하게 진행되어야 한다. 소년의 fMRI 결과를 건강한 피험자로 구성된 대조군과 비교했을 때 소년의 시각겉질 가운데 일부가 활동량이 줄어들어 있었다. 이론상으로 이런 비교 결과는 시각 신호가 불완전하게 처리된 것을 의미하며,[33] 처리과정에서 어느 부분이 손상되느냐에 따라 크기, 방향성 등 왜곡되는 부분이 달라지기도 한다. 이 가설은 입증되지 않았지만 시각겉질 일부가 선별적으로 손상되어 주위 사물이 축소되어 보이는 증상을 겪는[34] 환자들의 증례와도 일치한다.

어떤 경우 이상한 나라의 앨리스 증후군은 더 광범위한 환각장애의 한 부분일 수도 있다. 그 가운데 하나가 뇌줄기의 손상으로 진짜와 똑같을 정도로 생생하게 환각이 보이는 희귀질환인 레르미트대뇌다리환각증(Lhermitte's peduncular hallucinosis)이다. 대뇌다리환각증을 앓는 사람은 채도나 크기 왜곡(이상한 나라의 앨리스 증후군도 대뇌다리환각증의 하위 질환일 수 있다), 심지어 영화를 보는 듯한 선명한 환각까지 온갖 종류의 환각을 본다. 이 질환은 1922년 프랑스의 신경학자 장 레르미트(Jean Lhermitte)가 처음으로 학계에 보고했다.[35] 장 레르미트는 뇌줄기에 뇌중풍이 생겨 환각을 보기 시작한 한 여성 환자의 사례를 발표했다. 그녀는 날이 어두워지면 밝은색 옷을 입은 어린아이들의 행렬을 보았다. 워낙 희귀질환이기 때문에 대뇌다리환각증에 대해서는 대규모 대조 연구가 이루어진 적이 없다. 장 레르미트가 발견한 첫 사례를 시작으로 지금까지 몇몇 환자에 대한 연구 보고를 통해 알려진 내용이 전부다.

2008년 이탈리아 신경학자들은 열병이 나은 뒤 심각한 환각 증상을 보이는 열한 살 소년의 충격적인 사례를 발표했다.[36] 어느 날 저녁, 어린 베르나르도는 오후 내내 텔레비전을 본 뒤 신경질적으로 울기 시작했다. 그의 부모가 허겁지겁 방으로 달려갔을 때 어린 아들은 두려움에 벌벌 떨고 있었다. 베르나르도는 『해리 포터』에 나오는 사악한 마법사 볼드모트를 보았다고 했다. 어둑어둑해서 착각했을 수도 있지만 소년은 정말로 볼드모트를 보았다고 주장했다. 그는 꿈을 꾸고 있던 것도 아니었다.

다음 날 밤 볼드모트가 돌아왔다. 베르나르도는 스스로 자신을 지켜야 한다고 생각했다. 아래를 내려다보니 어서 사용하라는 듯 전투용 투구와 검이 놓여 있었다. 베르나르도는 투구의 눈구멍으로 상대방을 뚫어질 듯이 쳐다보았다. 그러고는 손에 검을 들고 환각 속에서 장대한 결투를 벌였다.

정밀하게 신경 검사를 한 결과 어린 베르나르도는 뇌줄기에 염증이 생겼고,[37] 그로 인해 고열에 시달렸던 것이다. 염증이 가라앉자 볼드모트도 사라졌다. 이는 대뇌다리환각증에 해당하기는 하지만 일시적인 경우였다. 뇌줄기의 염증으로 환각이 시작되었다가 염증이 나으면서 환각도 함께 사라졌다. 베르나르도와 다른 환자의 사례 보고로 미루어보건대 대뇌다리환각증은 뇌줄기 손상이 원인인 것으로 여겨진다. 이 질환은 대개 뇌줄기 손상에서 시작되고, 가끔은 시상 손상으로 인해 생기며, 회복되기 전까지는 환각 증상도 계속된다.

신경학자들은 대뇌다리환각증 환자들의 공통점 두 가지를 알아냈다. 첫째, 그들은 손에 잡힐 정도로 생생한 꿈을 꾼다고 털어놓는다.[38] 둘째, 그들은 날이 어두워질 때 환각을 경험하는 경향이 있다. 불을 켜면 환각은 사라진다.

왜 환각은 어둠 속에서만 나타나는 것인가? 꿈의 신경과학에서 볼 때 모든 환각은 꿈의 온오프 스위치가 있는 뇌줄기에서 시작된다. 침실을 비추는 달빛 아래 이불 속에서 렘수면에 빠져 있을 때 뇌줄기는 비로소 꿈의 경로를 가동하기 시작한다. 꿈의 온 스위치가 켜진다. 아침이 되어 날이 밝아 잠에서 깨어나 눈을 뜨면 뇌줄기는 꿈의 경로의 가동을 멈춘다.

보통 꿈 스위치는 렘수면일 때에만 켜지지만 뇌줄기의 손상은 꿈을 가동하는 문턱을 낮춘다. 손상된 뇌줄기는 깊은 수면에 빠졌을 때가 아니라 어둠이 감지되는 순간 섣부르게 스위치를 켠다. 그러므로 대뇌다리 환각증 환자는 깨어 있는 상태에서 꿈을 꾸게 된다. 단순히 불을 끈 것만으로도 어둠 속을 상상의 이미지로 가득 채우기 위한 꿈 기계를 가동시키기에는 충분조건이 된다.

하지만 시각장애인의 세상처럼 영원히 불빛이 꺼진 상태가 계속된다면? 그렇다면 무엇을 보게 될까?

시각장애인에게 보이는 것

—

바일러 씨를 보는 이웃들의 걱정은 늘어만 갔다. 혼자 사는 여든일곱 살의 홀아비 바일러 씨는 오랫동안 황반변성을 앓아 시력을 잃은 상태였다. 황반변성은 노화로 생기는 실명의 흔한 원인이었다. 그런데 다시 앞이 보인다는 바일러 씨의 말에 이웃 사람들은 매우 걱정되었다. 보이지 말아야 할 것이 보인다고 하기 때문이었다. 지난 6주 동안 바일러 씨는 집 안에서 사람들을 보았다. 알지도 못하고 말을 섞어본 적도 없는 사람들이었다. 지난주에는 곰 한 마리가 부엌을 어슬렁거렸다. 거실에서 풀을 뜯는 소들도 종종 보았다. 소들은 바일러 씨를 쳐다보며 거실 카펫에 자라난 풀을 조용히 뜯어먹었다. 또한 바일러 씨는 벽과 벽 사이를 재빠르게 오가는 블루피시 떼도 본다고 말했다.

이웃들은 상냥한 이 노신사가 치매에 걸린 것이 아닌지 걱정스러웠다. 하지만 바일러 씨 본인은 태연했다. 그는 자신에게 보이는 것들이 실제가 아니며 별로 해가 되지 않는다는 사실을 알았다. 신경과 의사에게 받은 정밀 검사에서도 치매가 아니라는 결과가 나왔다. 바일러 씨의 증상은 찰스보닛증후군(Charles Bonnet syndrome) 환자들이 보이는 증상과 똑같았다.[39]

'환각'이라고 하면 정신질환, 신경질환, 불법 약물 등을 가장 먼저 떠올린다. 하지만 바일러 씨는 뇌에 아무 문제가 없었다. 찰스보닛증후군 환자에게 시각적 환각 증상이 많이 생기는 이유는 신경학적 문제가 아니라 시각적 문제 때문이다. 이 증후군은 아예 앞을 보지 못하거나 부분적으로 앞을 보지 못하는 사람에게 생긴다. 환각 증상은 몇 초 동안 잠깐 나타나거나 며칠 동안 이어지기도 한다. 심지어는 몇 년 동안 간헐적으로 나타날 수도 있다. 환각 내용은 사람마다 다르지만 대개는 사람, 동물, 건물, 일정한 패턴의 형태가 나타난다. 여러 사람이 환각에서 본 장면을 그림으로 묘사했다. 예를 들면 화가 세실 라일리(Cecil Riley)는 자신의 주변에서 파란색 눈과 초록색 눈이 위협적으로 쳐다보는[40] 환각을 그림으로 그렸다.

위의 그림은 황반변성과 찰스보닛증후군을 앓는 다른 환자(화가는 아니다)가 그린 것이다. 그는 "불균형할 정도로 커다란 치아와 귀가 달린 옆으로 길쭉한 얼굴"[41]을 보았다고 묘사했다.

찰스보닛증후군은 근본적인 원인과 상관없이 시각에 문제가 있는 사람의 10퍼센트 정도에서 나타난다.[42] 이 증후군이 생기는 원인은 무엇인가? 혹시 뇌가 시야의 빈틈을 환각으로 메우는 것인가? 카니자 삼각형에서 알 수 있듯이 뇌는 시야의 빈틈을 메우기 때문에 우리가 지각하는 것이 우리 눈앞에 펼쳐진 것과 똑같지 않을 수도 있다. 그렇더라도 착시로 흰색 삼각형을 보는 것과 거실에서 풀을 뜯는 소가 보이는 것은 조금 다르다. 착시를 본다고 해서 환각에 빠지지는 않는다. 뇌는 시각 신호를 처리하는 과정에서 장면을 추정하고 보완한다. 반면에 환각은 전적으로 우리의 머릿속에서 일어난다.

찰스보닛증후군의 환각 증상이 대부분 시각장애인에게 나타나는 것은 우연이 아니다. 그 핵심은 바로 시각장애다. 런던의 한 연구팀은 찰스보닛증후군 환자들이 환각 증상을 보이는 동안의 뇌 활동을 관찰할 수 있었다. 연구팀은 찰스보닛증후군 진단을 받은 피험자 여섯 명을 대상으로 실험하면서 그들에게 환각이 시작되고 끝날 때마다 알려달라고 했다. 연구팀은 실험이 진행되는 동안 피험자들의 뇌 활동을 기록했다. 자원한 피험자들은 모두 시각장애인이었는데, fMRI 촬영 결과 그들의 시각겉질은 대부분 최소한으로만 활동하는 것으로 밝혀졌다. 그러나 피험자 한 명이 환각이 시작되었다는 신호를 보내자마자 뒤통수엽이 순식간에 활성화되기 시작했다. 환각이 끝났을 때 시각겉질의 빛도 화면에서 사라졌다.

fMRI는 환각에 대해 단순한 시간적 과정보다 훨씬 많은 것을 말해주었다. 볼드 신호가 어떤 시각 처리과정을 활용해 환상을 만들어내는지 알려주었다.

찰스보닛증후군은 눈에서 입력 신호가 들어오지 않아도 시각겉질이 활성화된다. 왜 그런 현상이 일어나는지에 대해서는 두 가지 이론이 있다. 먼저 시각 손상으로 앞쪽에서 신호가 들어오지 않아 할 일이 없어진 시각겉질 신경세포가 변덕을 부리기 시작하는 것이다. 이 이론에 따르면 심심해진 신경세포는 가끔씩 즉흥적으로 전기 신호를 내보낸다. 감각 신호 입력의 규칙에 구속받지 않는 시각겉질은 자체적으로 신호를 만들기 시작한다. 이른바 '방출 환각(release hallucination)'[43]을 이용해 찰스보닛증후군의 증상을 일으킨다.

일시적 시각장애로도 방출 환각이 생길 수 있다. 2004년 9월 3일[44] 젊은 여성이 알프스를 오르다가 번개에 맞았다. 그녀는 충격을 받아 땅으로 굴러떨어졌고 정신을 잃었다. 의식이 돌아왔을 때 그녀는 앞이 보이지 않았다. 항공구조팀이 그녀를 병원으로 이송해 CT 촬영을 한 결과 뒤통수엽 주변에 액체가 고여 시각 처리를 방해하고 있었다. 밤이 되자 그녀는 환각을 보기 시작했다. 가장 먼저 방 모퉁이 라디에이터 위에 오도카니 앉아 있는 노파를 보았다. 노파는 몸이 점점 줄어들더니 마침내

라디에이터 구멍으로 미끄러지듯이 사라졌다. 노파는 잊을 만하면 가끔씩 갑자기 나타났다. 한번은 말을 타고 그녀에게 달려오며 총을 쏴대는 카우보이도 보았다. 나중에는 병실에서 그녀의 피를 뽑으면서 성적 접촉을 시도하는 두 의사의 모습을 보기도 했다. 하지만 뇌 뒤쪽에 고인 액체가 다 빠지고 시력이 회복되면서 환각 증상도 사라졌다.

이 여성 등반가는 앞을 보지 못하는 기간은 짧았지만 아마도 시각 입력 정보가 들어오지 않은 뇌가 자체 시야를 만들어낸 것으로 보인다.[45] 이론상으로는 활용도가 낮은 시각겉질 신경세포가 이유 없이 신호를 내보내기 시작했을 수 있다. 이 즉흥적 방출을 감지한 뇌는 그것을 중요한 시각 신호라고 착각한다. 어쨌든 뇌는 시각 신호가 시각겉질에서 오는 것이라고 생각하기 때문이다. 이런 현상은 꿈을 꿀 때 벌어지는 일과 매우 비슷하다. 다만 꿈의 경로에서는 더 일찍부터 뇌줄기에서 무작위 신호를 내보낸다는 점이 다를 뿐이다. 이 환자의 경우 일시적 실명으로 인해 생긴 빈틈을 꿈과 비슷한 이미지로 메운 것은 시각 회로다. 시각겉질이 만들어낸 이미지는 순식간에 의식에 도착하고 환자는 마치 두 눈으로 직접 보는 듯이 생생하고 사실적인 환각을 경험하게 된다.

찰스보닛증후군이 시각장애인에게 영향을 미치는 이유를 설명하는 두 번째 이론은 방대하고 역동적으로 상호연결된 신경세포 네트워크를 의미하는 뇌 가소성(brain plasticity)과 관련 있다. 우리는 오감을 다섯 개로 분리해 생각하지만 뇌는 그렇지 않다. 오감 신호는 전송되는 경로가 다르지만 뇌는 시각, 청각, 촉각 신호를 구분하지 않는다. 회로가 제대로 연결되어 있기만 하면 정보는 가야 할 곳으로 전달된다. 뇌에서 오감 신호는 전부 전기화학 신호일 뿐이며, 신경세포는 송수신하는 신호가 무엇을 의미하는지 전혀 알지 못한다. 우리가 오감을 각각 따로 경험하는 이유(즉 눈으로 보고 코로 냄새를 맡는 이유)는 신경세포 사슬이 조직된 경로가 서로 다르기 때문이다.

오감의 경로는 각각 따로 정해져 있지만 가끔 교차로에서 만난다. 이렇게 교차하는 신경 경로를 주 고속도로의 교차로라고 생각하면 이해하기 쉽다. 주 고속도로는 대부분 쭉 뻗어 있지만 나들목이 군데군데 연결되어 있다. 당연히 그래야 한다. 어쨌든 우리는 서로 어우러진 오감을 한꺼번에 경험한다. 예를 들어 커피 한 잔을 마신다고 해보자. 프렌치 로스트 커피의 향과 맛을 동시에 느끼고, 입술로는 머그잔의 감촉을 느끼며, 눈으로는 당신 쪽으로 기울어진 머그잔을 보고, 귀로는 홀짝이는 소리를 듣는다. 오감은 서로가 완벽하게 다른 감각과 조화를 이루면서 아침의 카페인 섭취라는 감각 교향곡을 만들어낸다. 오감이 완벽하게 분리되어 있다면 훌륭한 화음의 교향악을 끊임없이 만들어내지는 못할 것이다. 경로 어디에선가 오감이 하나로 어우러지는 것이 분명하다.

따라서 시각겉질이라는 고속도로 지도에는 뇌의 다른 시스템과 연결된 진입 차선과 진출 차선이 존재한다. 이제 시각장애인을 떠올려보자. 뇌 가소성 원칙의 지시에 따라 신경은 활동이 뜸한 영역에서는 슬그머니 줄어들고 활동이 많은 영역에서는 빠르게 늘어난다. 눈이 보이지 않으면 눈에서 뒤통수엽으로 향하는 시각 정보 입력이 중단되면서 시각 경로가 퇴화된다. 도로가 텅 빈다. 갑자기 시각 외의 다른 감각 시스템과 연결된 진입로에서만 차가 들어온다. 이전에는 다른 감각과 연결된 시각겉질의 비중이 굉장히 작았다면 이제는 그 비중이 커진다. 반면에 시각계의 나머지 감각은 줄어든다. 다른 감각과 연결된 신경세포의 성장은 활동이 뜸한 시각 경로와 뇌의 비시각계 사이의 연결을 강화한다.

이처럼 오감의 회로는 서로 교차점에서 만나기 때문에 가끔은 시각이 아닌 다른 신호가 뒤통수엽겉질로 들어와 눈에서 보낸 시각 정보라고 착각하기도 한다. 이미 살펴보았듯이 뇌는 어디서 오는 신호인지 구분하지 못한다. 중요한 것은 신호가 들어온 경로다. 따라서 이전에 별개였던 회로가 연결되면 다른 감각계가 보낸 신호가 진입 나들목을 통해 시각겉질로 들어와 시각이라고 처리될 수도 있다. 그 신호가 정원의 꽃향기이든 지하철 전동차 소리이든 상관없다. 일단 그 신호가 교차로를 통해 시각 회로로 들어서는 순간 그것은 시각적 환각을 불러일으킬 수 있다.[46]

다행히 찰스보닛증후군 환자들은 앞이 보이지 않는다는 사실을 알기 때문에 자신들이 보는 모습이 실제가 아님을 깨닫는다. 꿈을 꿀 때와는 달리 환각 상태에서도 이마앞엽겉질이 활성화되기 때문에 자신들이 지각하는 광경이 얼마나 기이한지 충분히 생각해볼 수 있다. 하지만 자신이 실명했다는 사실조차 모른다면? 이때 나오는 결과가 서문에서 잠깐 소개한 안톤증후군이다. 서문에서 소개한 월터라는 이름의 신사는 자신이 앞을 보지 못한다는 것을 인정하지 않았다. 그리고 그는 키가 크고 마른 체격인 신경과 의사의 외모를 묘사해달라는 말에 아주 자신 있게 의사가 "작고 살집이 많다"고 말했다. 안톤증후군은 시각계와 그것을 감독하는 상위 계층의 감각 영역 사이의 연결이 끊어져 있어 시각겉질이 타협하는 순간을 감지하지 못하기 때문에 안톤증후군 환자는 자신의 시각에 문제가 없다고 착각한다. 따라서 찰스보닛증후군 환자처럼 방출 환각이 생기면 뇌는 진짜 시각이 아니라는 것을 알아채지 못한다. 실제로 안톤증후군 환자 대다수는 머릿속에서 상상으로 만든 이미지를 진짜로 본 것이라고 착각한다.[47] 월터가 신경과 의사를 엉뚱하게 묘사한 것도 그런 이유 때문일 수 있다. 그의 뇌는 그런 사실을 깨닫지 못한 채 시각 지각의 빈틈을 무의식적으로 메우고 있었다.

앞의 모든 사례가 시사하듯이 실명이 환각을 이끌어낼 수 있다면 다른 감각이 상실되어도 증상을 일으킬 수 있지 않을까? 이를테면 청각을 통제하는 회로가 손상되면 환청이 생기지 않을까?

쉰두 살의 파셰 씨는 귓속에서 벨이 울리는 듯한 증상을 오랫동안 느꼈다.[48] 그러다 특이한 증상이 나타나면서 걱정되는 마음에 정신과를 찾았다. 단순히 벨 소리였던 것이 최근 몇 주 동안은 자명종처럼 '삐-삐-' 하는 소리가 날카롭고 반복적으로 울리는 것으로 변했다. 자명종 소리와 정말 똑같아서 밤에 자다가도 일어나야 했다. 어느 정도 시간이 지나자 자명종 소리는 사라지고 대신 음악 소리가 들렸다. 어떤 때는 팝송 여러 곡이 한꺼번에 들렸고, 또 어떤 때는 클래식 교향곡이 들렸다. 그의 뇌가 가상의 라디오 방송국에 주파수를 맞추고 있는 것은 아닌지 의심스러울 정도였다. 지하철 소리처럼 아주 큰 소음이 들리면 이런 환청은 조금 줄어들었다. 반면에 어중간한 소음은 오히려 환청을 키울 뿐이었다. 실제로도 거리의 봉고 연주자 옆을 지나칠 때에는 머릿속 음악이 드럼 박자에 맞추어 리듬을 타기 시작했다.

파셰 씨는 신경과와 정신과 정밀 검사로도 문제의 원인을 찾아내지 못해 이비인후과 의사를 찾아가 청력 검사를 받았다. 그는 청력 상실을 진단받기에 충분할 만큼 청력이 매우 안 좋은 상태였다. 음악 환청은 청력을 상실한 사람에게 나타나는 것으로 알려져 있다. 그리고 파셰 씨 같은 증상에는 '청각찰스보닛증후군'이라는[49] 병명이 붙었다.

파세 씨의 뇌는 청각 회로에서는 최소한으로만 활동하면서 소리의 빈틈은 직접 만들어낸 소리로 채워 넣었다. 파세 씨는 지하철 소리처럼 아주 큰 소리는 잘 들었고 그때에는 청각에 생긴 빈틈이 사라지면서 환청도 멈추었다. 그러나 뇌는 비교적 작은 소리에서는 이런 청각 문제를 극복하지 못했다. 청각 경로가 게으름을 피우기 때문에 뇌의 무의식계는 침묵을 메우기 위해 환청 라디오의 스위치를 켰다.

파세 씨는 환시가 아니라 환청을 겪었지만 증상은 찰스보닛증후군과 똑같은 방식으로 생기는 것으로 여겨진다. 여기에는 두 가지 이유가 있다. 첫째, 정상 기능을 상실한 뇌 조직은 자발적으로 활성화되기 시작해 무작위로 신호를 내보내기도 한다. 그 영역이 청각겉질인지 시각겉질인지에 따라 증상이 다르게 나타난다. 둘째, 활동이 뜸한 뇌 영역은 다른 시스템에서 흘러 들어온 신경이 성장하는 장소로 바뀌면서 새로운 상호작용 패턴이 생겨날 여지를 만든다. 한 감각의 고속도로가 텅 비면 다른 감각의 고속도로와 연결되고 이전에는 중요하지 않던 진입로는 차들이 들어오는 주요 진입로가 된다. 그 결과 뇌는 진입로가 중요한 교차로로 발달할 때까지 차선을 늘린다. 우리가 인식하기도 전에 청각겉질은 다른 경로에서 들어온 차량들로 북적거리게 된다.

신경의 통행을 컴퓨터에 비유하면 이렇게 설명할 수 있다. 친구의 랩톱 회로 기판을 열어 선을 다시 연결하면 어떤 일이 일어날까? 회로의 선을 엇갈리게 연결한 뒤 친구에게 랩톱을 돌려준다. 머지않아 친구는 모음 자판을 치면 사운드 시스템에서 갑자기 쾅쾅대며 랩 음악이 나온다는 사실을 알게 된다. 뇌도 마찬가지다. 뇌는 신경 경로가 발달하고 합쳐지면서 새 기능을 습득할 수 있다. 실명하거나 청력을 잃은 사람은 이런 신경의 변화로 인식의 빈틈을 채워 넣기도 한다. 하지만 교차로에서 감각이 만날 때는 이미 존재하는 교차로를 강화하기만 하면 된다. 사실 오감은 우리가 아는 것보다 훨씬 더 많이 서로 연결되어 있다. 루크 스카이워커(Luke Skywalker)에게서 그 답을 찾아보자.

관자엽에는 루크 스카이워커가 산다

'루크 스카이워커'라는 이름을 들으면 무엇이 생각나는가? 〈스타워즈〉 팬에게 이 이름은 단순히 영화 주인공만을 의미하지 않는다. 그는 루크 스카이워커라는 이름을 보는 순간 공상과학 우주로, 선악의 충돌로, 아이콘이 된 대중문화 세계로 순식간에 들어간다. 하지만 그 이름을 그냥 큰 소리로 듣기만 한다면 어떤 일이 생기는가? 루크 스카이워커를 맡은 배우 마크 해밀의 사진을 보면 어떤 일이 일어나는가?

이미 살펴보았지만 오감의 신경 경로는 서로 교차하며 어느 한 감각이 상실되면 환각이나 환청이 생길 수 있다. 이런 감각의 교차로가 우리 모두에게 있다면 이런 교차로는 뇌가 주위 환경을 인식하고 해석하는 방식에 어떤 영향을 미치는가? 이에 대한 답을 얻기 위해 신경과학자 연구팀은 몇 가지 질문을 던졌다. 우리가 사용하는 감각계의 유형은 뇌의 정보 처리방식에 영향을 미치는가? 정보를 전하는 곳이 눈인지, 코인지, 귀인지 등에 따라 우리의 뇌에도 차이가 생기는가?

연구팀은 EEG 전극을 이용해 피험자들의 뇌에서 일어나는 신경 활동을 기록했다. 피험자들은 유명 인사, 유명한 건물, 자연환경, 동물 등 여러 사진이 연속해서 뜨는 컴퓨터 화면을 집중해서 보았다. 신경과학자들은 EEG 모니터를 보며 한 가지 패턴을 발견했다. 패턴이 나타나는 곳은 안쪽관자엽(내측측두엽)이라는 영역으로 뇌의 기억 형성 허브인 해마 바로 옆이기도 했다. 안쪽관자엽의 신경세포는 사진에 따라 범주별로 정해진 반응을 보였다.[50] 유명 인사의 사진에는 안쪽관자엽의 어느 한 부분이 활성화되었고 유명 건물 사진에는 또 다른 부분이 활성화되었다.

패턴 연구는 여기서 끝나지 않았다. 연구팀은 정밀 전극을 이용해 안쪽관자엽 신경세포 하나하나의 반응을 기록했다. 사진 종류뿐 아니라 특정 개인 사진이나 장소 사진에 따라서도 반응하는 신경세포가 달랐다. 어떤 신경세포는 제니퍼 애니스턴의 사진에만 반응했다. 제니퍼 애니스턴 신경세포는 그녀의 사진을 여러 장 본 후에 반응했지만 줄리아 로버츠나 농구선수 코비 브라이언트의 사진에는 아무 반응도 보이지 않았다. 또 다른 신경세포는 핼리 베리의 사진에만 반응을 보이며 점화되었다. 특히 2004년 영화에서 가면을 쓰고 캣우먼 분장을 한 사진에는 유독 커다란 반응을 보였다. 핼리 베리 신경세포는 종이에 적힌 그녀의 이름에도 반응을 보였다. 다른 사진 범주에도 같은 결과가 나왔다. 예를 들어 한 신경세포는 시드니 오페라하우스 사진이나 그 단어에는 반응을 보였지만 에펠탑이나 피사의 사탑에는 반응하지 않았다.[51]

마지막으로 연구팀은 자극의 범위를 넓혀 단순히 종이에 적은 단어나 사진만을 보여주는 것이 아니라 직접 말로 들려주었다.[52] 한 신경세포는 여러 형태로 표현했을 때, 즉 마크 해밀의 다른 사진 세 장, '루크 스카이워커'라는 단어, 심지어 남자나 여자 목소리로 이 등장인물의 이름을 말했을 때에도 루크 스카이워커라는 개념에 강하게 반응했다.

이 신경세포는 리어나도 디캐프리오 같은 다른 유명인의 사진에도, 종이에 적힌 이름에도, 육성으로 들려준 이름에도 반응하지 않았다. 그러나 흥미로운 점은 이 신경세포가 〈스타워즈〉의 또 다른 등장인물인 '요다' 사진에는 반응을 보여 밝게 빛났다는 것이다.

이 신경세포는 단순히 루크 스카이워커뿐 아니라 초록색의 작은 스승처럼 그와 깊이 관련되어 있는 개념에도 확실히 반응을 보였다. 루크 스카이워커 신경세포는 다스베이더 사진에도 반응했다. 제니퍼 애니스턴 신경세포도 다르지 않았다.[53] 이 세포는 제니퍼 애니스턴과 〈프렌즈〉에서 함께 출연한 리사 쿠드로 사진에도 반응해 밝게 빛났다.

모든 감각은 정보의 흐름이다. 시각 경로든 청각 경로든, 아니면 다른 경로든 정보가 어디에서 들어오는지는 중요하지 않다. 이 정보를 상황적 맥락에 맞게(그리고 지식과 감정, 기억에 맞추어) 해석하고 종합해 세상을 의미 있게 표현하는 것이 뇌의 무의식계에 주어진 과제다. 무의식의 처리과정은 동시에 들어오는 오감의 흐름을 분석하고 비슷한 특징이 없는지 꼼꼼히 조사한 후 〈스타워즈〉 등장인물들을 연관시키는 것과 같이 의식적으로 경험하는 추상적 개념을 만들어낸다.

안쪽관자엽은 모든 감각 고속도로의 중요 교차로다. 영장류 뇌의 해부학 연구도[54] 이 생각을 뒷받침하는데, 여러 감각 경로가 안쪽관자엽에서 교차하는 신경돌기가 있다는 것을 보여주었기 때문이다. 뇌는 감각 경로의 상호 교차를 허용하고, 그럼으로써 다섯 종류의 지각 데이터를 의미 있는 생각과 경험으로 해석한다.

어떤 사람은 뇌의 감각 혼선이 매우 많아서 감각 하나를 사용하면 다른 감각이 동시에 활성화되기도 한다. 감각 경로가 과도하게 연결되어 생기는 증후군인 공감각(synesthesia)에서 이런 현상이 자주 나타난다. 가령 어떤 사람들은 청각-시각이 많이 연결되어 있어 특정 높이의 소리를 들으면 색을 보기도 한다.[55] 게다가 색 하나가 소리 하나와 연관되는 등 두 감각의 연관성은 일관되게 나타난다. 또 다른 어떤 사람들은 후각과 시각이 관련된 증상을 보이기도 한다. 그들은 신선한 레몬향을 맡으면 다각형을 보는 반면에, 산딸기나 바닐라향을 맡으면 원형을 본다.[56] 감각의 결합이 다양하기 때문에 공감각도 여러 형태가 존재한다. 하지만 모든 공감각이 보여주는 통찰은 똑같다. 감각 경로는 서로 연결되어 있다.

감각이 상호 연관되어 있다는 증거는 일상생활에서도 찾아볼 수 있다. 후각을 잃으면 미각도 둔해진다는 사실은 잘 알려져 있다. 시각과 청각도 서로 깊이 연관되어 있다. 저 멀리서 누군가가 말을 걸었을 때 입 모양을 보면 그 사람의 말을 알아듣는 것이 훨씬 더 수월하다. 실제로도 청각과 시각은 상대 감각에 서로 끼어들기도 한다. 이 현상은 맥거크 효과(McGurk effect)에서 가장 잘 나타난다.

소리는 내지 않고 '가-가-가'라고 하는 입 모양을 보면서 '바-바-바'라고 녹음된 음절을 들으면 제3의 소리인 '다-다-다'라고 인식한다. 이것이 맥거크 효과다.[57] 1970년대에 해리 맥거크(Harry McGurk)와 그의 동료는 유아의 언어 인식 실험을 계획하는 중에 우연히 이 효과를 발견했다. 역맥거크 효과[58]도 있는데, 특정 소리가 보는 방식에 영향을 미치는 효과를 말한다. 피험자들에게 크기나 길쭉한 방향이 다양한 여러 타원을 보여주면서 형태를 묘사하게 했다. 그들은 '위이이-' 소리를 듣는 동안에는 실제보다 타원을 위로 더 길쭉하게 그렸고, '우우우-' 소리를 들을 때에는 타원을 옆으로 더 길쭉하게 그렸다.

감각계는 생존에 맞게 설계되어 있다. 감각 신호는 처음에는 병렬 경로에서 처리되다가 마지막에 하나의 개념적 네트워크로 통합되고 해석되고 조직된다. 감각들이 합쳐져 세상을 하나로 유연하게 지각한다. 오감의 협업은 의식적 경험을 강화해줄 뿐 아니라 감각 하나가 제 기능을 하지 못할 경우에는 백업 시스템까지 만들어준다. 실명하면 다른 감각계가 지각의 빈틈을 메우려 작동하기 시작한다. 뇌는 최선을 다해 우리가 지각하는 세상을 재건한다. 다른 감각들끼리 결합해 제 기능을 잃은 감각을 새롭게 재창조하는 것도 그런 노력의 일부다.

소리의 회랑

"나는 다른 수단으로 사물이 어떻게 생겼는지 짐작할 수 있어요." 어밀리아가 나에게 말했다. 나는 어밀리아와 다시 통화 중이다. 선천성 시각장애인 어밀리아는 꿈에서는 앞이 보인다고 말했다. 그녀는 자신이 어떤 방식으로 주위 환경을 머릿속에서 그려내는지 설명하고 있다.

"복도를 걷다보면 복도의 그림을 그릴 수 있어요. 구두굽이 바닥에 부딪히면서 울리는 메아리로 대리석 복도라는 것을 알 수 있죠. 복도의 높이와 폭이 얼마나 되는지도 알 수 있어요. 복도에 사람이 많은지, 텅 비어 있는지도 알 수 있지요. 다른 사람의 발소리도 일일이 감지해요. 누군가 내 옆을 지나갈 때 들리는 쉭 하는 공기 소리도 느낍니다."

건물 로비로 들어서는 순간 구두굽이 대리석 바닥에 부딪히면서 나는 울림에도 변화를 감지한다. "이 건물의 아트리움(건물 내부에 장식으로 꾸민 안뜰 — 옮긴이)이 얼마나 훌륭한지 느껴지네요. 아주 멋진 건물인 것 같아요." 비록 앞은 보이지 않지만 어밀리아는 다른 감각을 통합해 주위 환경을 파악할 수 있다. 그녀의 뇌는 감각 경로의 상호 연관성을 십분 활용해 비시각적 수단으로 시각을 재구성한다. 어밀리아는 시각장애인일지라도 로비의 규모가 얼마나 되는지, 사람들이 얼마나 붐비는지, 주위 어디쯤에 사람들이 서 있는지 가늠할 수 있다. 심지어는 자신이 들어온 건물의 내부가 얼마나 아름다운지도 알 수 있다. 그녀는 비시각적 정신지도를 사용해 주변 환경을 파악할 수 있다.

나는 눈을 감고 어밀리아와 같은 방식으로 세상을 지각하는 것이 어떤 느낌인지 상상해보았다. 그러나 내 머릿속에서는 시각 이미지가 쉴새 없이 튀어 올랐다. 나는 소리가 울리는 회랑을 인식하는 어밀리아의 방식이 박쥐가 반향정위(echolocation)로 주위를 감지하는 방식과 비슷할지도 모른다는 생각이 들었다. 생물학적 음파 탐지 능력인 반향정위는 발사한 음파의 굴절을 감지해 주위를 탐지하는 것을 말한다. 어밀리아의 방식과 박쥐의 반향정위 사이에 유사점이 있다고 생각한 사람은 나만이 아니었다.

갓난아이였을 때 시력을 잃은 대니얼 키시(Daniel Kish)는 시각장애인들이 다른 감각을 발달시켜 실명 상태를 직시하고 극복할 수 있게 도우려는 취지에서 시각장애인의 세상 접촉(World Access for the Blind)이라는 비영리단체를 설립했다. 대니얼 키시는 자신만의 독특한 반향정위를 훌륭하게 사용한다. 아주 빠른 속도로 입천장에 혀를 부딪쳐 소리를 낸 다음 그 소리가 주위의 벽, 자동차, 사람 등과 부딪쳐 어떻게 굴절되어 돌아오는지를 듣는 것이다.

"이 방법은 박쥐가 사용하는 방식과 똑같습니다"[59]라고 대니얼 키시는 말한다. "츳츳 소리를 내고 그 소리가 주위 물건의 표면에 부딪쳐 나는 소리를 들으면 그 표면의 위치가 순식간에 파악이 됩니다." 대니얼 키시는 딸깍 소리의 울림을 주의 깊게 들으면 물건들의 미묘한 차이까지도 구분할 수 있다. "가령 나무로 된 울타리는 금속 울타리에 비해 더 두꺼운 편이죠. 그래서 사방이 조용할 때면 나무는 금속보다 더 포근하고 둔탁하게 소리를 굴절시키는 경향이 있습니다."

캐나다 연구팀은 fMRI를 이용해[60] 반향정위를 사용하는 사람들의 뇌를 관찰할 수 있었다. 반향정위 기법을 훈련받은 시각장애인 두 명과 대조군으로 정상 시력을 가진 두 명이 피험자로 연구에 참여했다. 피험자 네 명은 처음에 소리가 전혀 울리지 않게 특수 설계한 방에 앉았다. 피험자들이 울림 방지 방에서 반향정위 기법을 시도하는 동안 연구팀은 그들의 뇌 활동을 지켜보았다. 이 연구의 목적은 뇌 활동의 기준선을 정하고 피험자가 자신이 내는 츳츳 소리를 듣기만 해도 발산되는 볼드 신호의 지도를 작성해 최종 결과에서 그 수치를 빼는 것이었다. 다음 단계 실험에서 대조군은 눈가리개를 하고 시각장애인 피험자들과 나란히 외부에 앉아 반향정위로 근처 나무, 자동차, 가로등의 위치를 파악했다. 그들의 귀에 꽂힌 마이크로폰은 주위 소리를 녹음했다. 최종 실험으로 피험자들은 fMRI 기계에 한 명씩 들어가 자신들이 반향정위를 시도하며 녹음했던 소리를 들었다.

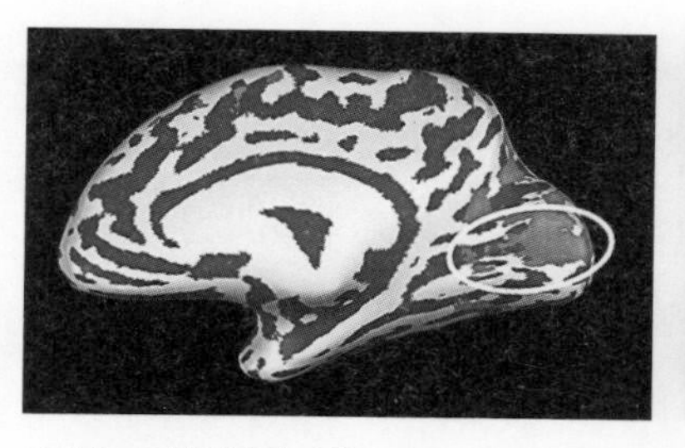
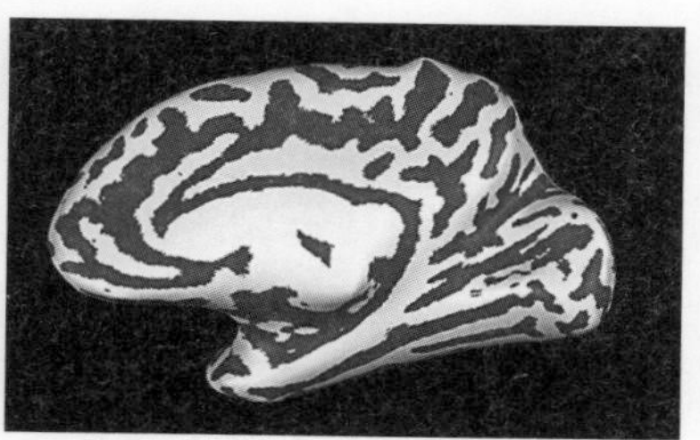

⊙ 츳츳 소리에 반응하여 활성화되고 있는 시각장애인의 시각겉질

연구팀은 결괏값을 얻기 위해 피험자들이 자신들이 낸 츳츳 소리를 들었을 때 받는 영향을 볼드 신호에서 제외하고 메아리에 대한 신경학적 반응만을 남겼다. 정상 시력 피험자들의 뇌는 추가적인 활동을 거의 보이지 않았다. 처음 예상대로 그들은 자신들이 낸 츳츳 소리만을 들었다. 이와 반대로 시각장애인 피험자들의 뇌 활동 측정 결과는 놀라웠다. fMRI 촬영 결과 시각장애인 피험자들이 녹음된 자신들의 츳츳 소리를 듣는 동안 그들의 시각겉질이 활성화되고 있다는 사실이 드러났다.

시각장애인들은 츳츳 소리의 메아리를 듣기만 하는 데 그치지 않았다. 그들의 뇌는 소리를 듣고 그 소리를 환경을 묘사하는 시공간 지도로 바꾸었다.

시각장애인은 앞을 보지 못할지라도 뒤통수엽 사용은 중단하지 않는다. 시각의 목적은 우리를 둘러싼 환경에서 길을 찾는 것이다. 다시 말해 생존이 목적이다. 뒤통수엽은 시각 정보가 더 이상 입력되지 않아도 다른 감각으로 공간 정보를 처리하면서 나침반 역할을 계속하려 한다. 뇌는 어떤 정보가 들어오든 그 조각들을 모아 세상 그림을 구성하며 필요하면 감각의 경계를 뛰어넘기도 한다. 이는 시각과 청각의 경계만 뛰어넘는 것이 아니다.

2013년 덴마크 신경과학자팀은[61] 시각 활동이 멈추었을 때 뇌가 어떤 식으로 방향을 읽는지 관찰한 연구 결과를 발표했다. 이 실험에서 피험자들은 오로지 촉각으로만, 정확히 말하면 혀의 감촉으로만 가상의 미로에서 길을 찾아야 했다. 그들이 사용한 이른바 혀 디스플레이 유닛이라는 기기는 사용자가 미로의 벽에 부딪힐 때마다 혀를 자극해 촉각 지도를 만드는 기기였다. 피험자는 화살표 키를 이용해 미로를 빠져나가야 했으며 출구를 찾기까지 많은 시행착오를 거쳐야 했다. 처음에는 곧장 직진하다가 막다른 길에 이르러 혀에 윙하는 느낌이 감지되면 어느 방향으로 꺾어야 할지 알아서 정해야 했다. 그 과정 내내 그들의 머릿속에는 미로 지도가 만들어지고 있었다.

신경과학자팀은 피험자 두 집단에게 혀 디스플레이 유닛 작동법을 교육했다. 첫 번째는 선천성 시각장애인 집단이었고, 두 번째는 정상 시력이지만 눈가리개를 하고 있는 집단이었다. 여느 신경과학자들처럼 이 연구팀도 시각장애인 집단과 눈가리개를 한 집단이 가상의 미로를 탐험하는 동안 그들의 뇌를 fMRI로 관찰했다.

이 fMRI 결과는 인간의 반향정위에 대한 연구 결과와 매우 비슷했다. 시각장애인 피험자들은 평생 동안 빛의 입자를 눈으로 본 적이 한 번도 없었지만 혀에 자극을 느끼는 과제를 수행하는 내내 시각겉질의 모든 실린더가 점화되었다. 그들의 뇌는 촉각 신호를 시공간 지도로 바꾸고 있었다. 눈가리개를 한 피험자들의 뇌에서는 그런 활동이 감지되지 않았다. 그들의 시각겉질은 실험 내내 조용했다. 정상 시력의 피험자들이 눈가리개를 벗고 눈으로 보면서 미로의 길을 찾기 시작하자 그들의 뇌 활동은 시각장애인 피험자가 혀로 미로를 탐험할 때 활성화된 뇌 활동과 같은 수준으로 반응했다.

감각 정보가 눈으로 들어오든 귀나 혀로 들어오든 뇌는 어떤 종류의 감각 정보도 다 받아들여 주위 세상에 대한 모형을 구성한다. 시각장애인들은 눈으로 세상을 보는 시력은 잃었을지라도 다른 수단을 사용해 세상 그림을 그려낼 수 있다. 시력 상실을 대체하기 위해 감각의 교차에 기대는 시각장애인 집단에게 이런 교차로가 얼마나 많이 존재할지 충분히 짐작된다. 시각장애인의 무의식은 감각 고속도로의 구성 체계를 재모델링해 시각겉질의 프로그램을 다시 짜고 다른 감각을 얼기설기 엮어 세상을 그리는 화소를 만들어낼 수 있다. 시각장애인은 자신만의 감각을 유지하면서 길을 찾고 공간관계를 이해한다. 그들은 다른 감각을 최대한 사용해 시각이라는 감각에 생긴 빈틈을 채워 넣을 수 있다. 그들도 상상하고 꿈을 꾸는 능력은 유지할 수 있다.

꿈 기계

2003년 포르투갈의 수면연구팀은 과감한 발표를 했다. 그들은 선천적 시각장애인을 포함해 모든 시각장애인은 꿈에서는 볼 수 있다고 주장했다. 어밀리아의 말과도 일치하는 주장이었다.

엘데르 베르톨루(Helder Bértolo) 교수가 이끄는 연구팀은 선천성 시각장애인 열 명을 포함해 총 19명의 자원자를 모집해 수면 연구를 했다.[62] 피험자들은 자기 집 침대에서 두피에 EEG 전극을 붙이고 잠을 잤다. 연구팀은 이틀 밤에 걸쳐 피험자들의 뇌파를 기록했다. 피험자들은 매일 밤 네 번씩 자명종 소리에 맞추어 일어나 꿈꾼 내용을 녹음기에 대고 말해야 했다. 선천성 시각장애인과 정상 시력의 피험자들은 다음 날 아침에는 꿈 내용을 종이에 그림으로 그렸다. 연구의 공정성을 기하기 위해 정상 시력의 피험자들은 눈을 감은 채 그림을 그렸다.

엘데르 베르톨루와 연구팀은 그림을 그린 사람이 누구인지 알지 못하는 상태에서 그림 묘사에 1점에서 5점까지 점수를 매겼다. 의미 없는 낙서에 불과한 그림에는 1점, 세세하게 그린 그림에는 5점을 주었다. 연구팀은 꿈이 시각적으로 풍부할수록 그림을 그리기도 더 쉬울 것이라고 생각했다. 물론 참가자 가운데에는 예술적 재능이 뛰어난 사람이 있어 결과를 왜곡시킬 가능성도 있었다. 그런 결과를 막기 위해 연구팀은 두 집단의 피험자들에게 눈을 감고 능력껏 사람을 그려보라고 했다. 다음은 피험자들이 그린 그림이다.

어느 집단이 어떤 그림을 그렸는지 구분할 수 있는가? 왼쪽의 그림 두 개는 정상 시력의 피험자들이 그린 그림이고 오른쪽 두 개는 시각장애인 피험자들이 그린 그림이다. 추측이 맞았는가? 가려내기 아주 힘들다는 데 수면연구팀도 동의했다. 연구팀은 그림에 점수를 매겼고 두 집단의 미술 재능은 평균적으로는 차이가 없었다.

그렇다면 꿈을 묘사한 그림은 어떠했을까? 이번에도 엘데르 베르톨루는 평균 점수에서는 통계적 차이를 찾아내지 못했다. 시각적 표현에서 두 집단의 그림은 같은 수준이었다. 예를 들어 다음 그림을 보자. 이 그림은 해변에서 하루를 보내는 꿈을 묘사한 것이다. 그림이 묘사하는 장면을 실제로도 쉽게 떠올릴 수 있다. 태양이 환하게 빛나고 머리 위로는 새들이 날아다닌다. 당신과 동행인은 야자나무 아래에서 편히 쉬고 있고 바다에는 보트 한 척이 지나간다. 머리로 이 장면을 상상하는 동안 그림에서 '시각적' 장면만을 따로 떼어놓고 상상하기란 거의 불가능하다. 하지만 이 그림을 그린 사람은 햇빛이나 머리 위로 날아다니는 새를 평생 동안 단 한 번도 본 적이 없다. 야자나무와 요트도 본 적이 없다.

결국 시각장애인도 꿈속에서는 볼 수 있다는 뜻인가? 속단하기에는 이르다. 그림을 그릴 수 있다고 해서 시력이 있다는 뜻은 아니다. 당신의 손에 퍼즐 조각이 있다고 생각해보자. 당신은 눈을 감고 그것의 모서리와 곡선, 돌출된 부분을 느낀다. 퍼즐 조각을 두 눈으로 직접 보지는 못했지만 그림으로는 그릴 수 있지 않는가?

따라서 시각장애인의 그림은 매우 놀랍지만 그것으로는 아무것도 입증하지 못한다. 하지만 수면연구팀이 단순히 행동 검사만을 하는 데 그치지 않았다는 사실에 주목하자. 그들은 EEG 전극을 기록했다. 수면연구팀은 뇌파 검사를 통해 이른바 알파파 억제 현상[63]을 찾았다. 눈을 감은 채 긴장을 풀고 머릿속에서 무언가를 적극적으로 그리거나 상상하지 않을 때 EEG 전극에 기록되는 뇌파는 알파파다. EEG 기록상에서 알파파는 '머리가 맑아질 때' 아주 뚜렷하게 나타난다. 명상 중인 사람의 뇌에서도[64] 알파파가 많이 나온다. 반면에 알파파가 사라지는 알파파 억제는 머릿속에서 무언가를 상상하거나 그리고 있을 때 나타난다고 여겨진다. 이런 행동에는 적극적으로 주위를 둘러보며 시각 이미지를 만드는 것뿐 아니라 무언가를 떠올리고 그것을 머릿속으로 그려내는 정신적 이미지도 포함된다. "매사추세츠 주의 주도는 어디인가?"라는 질문처럼 시각적 이미지를 상상하지 않아도 되는 질문을 받을 때에는 알파파 억제가 EEG에 나타나지 않는다. 그러나 "당신의 집 내부는 어떻게 생겼는가?"라는 질문을 받으면 시각겉질에서 알파파가 억제되고 있다는 것이 EEG로 나타난다. 그 이유는 대답하는 사람이 머릿속으로 시각적 이미지를 떠올리고 있기 때문일 것이다.[65] 이런 상관관계는 잠을 자는 동안에도 유지된다. 렘수면에 빠져 한 편의 영화처럼 펼쳐지는 꿈을 꾸는 동안 알파파 억

제는 최고조에 달한다.[66]

이런 사실을 감안하면 시각장애인 피험자들의 EEG 결과는 그들이 꾼 꿈의 시각적 내용에 대해 어떤 의미를 나타내는가? 정상 시력인 피험자들에게 기대한 것과 마찬가지로 시각장애인 피험자들도 알파파 억제와 꿈의 시각적 이미지 사이에 뚜렷한 상관관계가 있었다. 그림이 자세할수록 EEG에 탐지된 시각겉질의 알파파는 적고 알파파 억제는 더 많았다. 이는 뇌가 시각 이미지를 더 많이 처리하고 있었음을 뜻한다.[67] 피험자들은 평생 동안 사물을 눈으로 본 적이 없었지만 엘데르 베르톨루의 실험에서는 그들이 꿈에서만큼은 사물을 시각화하고 있음을 보여주었다.

어떻게 그럴 수 있는가? 평생 보지 못한 사람이 어떻게 꿈에서는 '볼 수' 있는 것인가? 이유조차 가늠하기 어렵다. 짐작하다시피 엘데르 베르톨루의 연구 결과는 많은 논란을 일으켰다. 캘리포니아대학 산타크루스 캠퍼스의 심리학자이자 꿈 연구자인 조지 윌리엄 돔호프(George William Domhoff)는 엘데르 베르톨루의 연구를 대놓고 비판했다.[68] 무엇보다도 비판의 가장 큰 이유는 선천적 시각장애인이 그림 그리기 같은 시각 이미지 과제에서 정상 시력을 지닌 사람 못지않게 잘한다는 것이 여러 연구에서 충분히 입증되었다는 점이었다. 시각장애인의 뇌는 보지 못한다는 단점을 정교하게 보완한다. 따라서 그들이 인체 스케치나 해변 묘사를 훌륭히 잘한다는 것은 어쩌면 놀라운 일이 아닐 수도 있었다. 퍼즐 조각의 예와 마찬가지로 엘데르 베르톨루의 연구 결과로는 시각장애인이 꿈에서 앞을 볼 수 있다고 단정할 수 없었다.

그렇다면 EEG 기록 결과는 어떻게 설명해야 하는가? 뇌파의 의미를 100퍼센트 확신할 수 없기 때문에 뇌파 해석은 언제나 힘든 작업이다. 과거부터 알고 있던 지식을 지금 눈앞에 보이는 현상과 연관시키는 것이 전부다. 알파파는 긴장을 풀어주고 활동이 낮은 상태를 의미한다. 따라서 시각겉질에서 알파파가 감지되지 않는다면 이는 그 사람이 시각 이미지를 경험하고 있다는 뜻이다. 적어도 앞을 볼 수 있는 사람들에게서 발견된 상관관계는 그러했다. 그러나 이제는 시각장애인의 시각겉질도 완전히 놀고만 있지 않다는 사실을 안다. 시간이 흐르면서 시각장애인의 시각겉질은 나머지 다른 감각과 합쳐져 공간 인식과 환경 탐색에서 중심 역할을 유지한다. 따라서 선천성 시각장애인에게 알파파 억제가 나타나면 이 파형은 앞을 볼 수 있는 사람이 경험하는 진짜 시각화와는 다를 가능성이 높다. 그보다는 시각장애인 고유 버전의 시각화를 의미한다고 보아야 한다. 다시 말해 시각장애인이 묘사하는 장면은 다른 나머지 감각과 생생하게 결합되어 나타나는 시각화다. 어밀리아가 '소리의 회랑'을 떠올리는 정신적 경험인 셈이다.

무의식은 강력한 이야기꾼이다. 무의식은 렘수면 동안 뇌줄기가 무작위로 내보내는 신호를 연결하고 얼기설기 엮어 기이한 이야기를 만들어낸다. 시각장애인의 무의식은 다른 감각까지 동원해 공간 지각을 재구성하고, 심지어는 인간방식의 반향정위를 만들어내기도 한다. 하지만 태어날 때부터 앞이 보이지 않는 대부분의 사람들은 꿈에서 앞을 본다고 생각하지 않는다. 다섯 살 이전에 시력을 잃은 사람들을 조사한 결과[69] 그들은 낮은 물론이고 꿈에서도 진짜 시각 이미지를 경험하지 못했다. 하지만 나중에 시력을 잃은 사람들, 특히 일곱 살 이후에 시각장애인이 된 사람들은 사물이 보인다는 것이 어떤 것인지 기억하며 장면을 상상하고 꿈을 꿀 수도 있다. 일곱 살 이후에 시각장애인이 된 사람들은 꿈에서 '진짜로' 앞을 본다.

선천성 시각장애인들의 머릿속에서는 다른 경험이 펼쳐진다. 내가 대화를 나누어본 선천성 시각장애인 가운데 꿈에서 시각 이미지가 펼쳐진다고 말한 사람은 어밀리아가 유일했다. 아마도 그녀가 경험한 느낌은 소리의 회랑과 비슷한 무엇이 아닐까 짐작된다. 그녀는 한번은 해변에서 성행위를 하는, 자신만의 감정과 은밀한 신체적 감흥을 하나의 판타지로 엮어낸 관능적인 꿈을 꾸기도 했다.

이미 살펴보았지만 꿈과 현실을 구분하는 한 가지 결정적 요소는 이마앞엽겉질의 비활성화다. 이마앞엽이 지속적으로 사실 점검을 하지 않기 때문에 뇌의 꿈 회로는 거리낄 것이 없다. 꿈 회로가 만들어내는 공상은 온 정신이 팔릴 정도로 매우 생생하고, 꽤 실감나고, 너무 자세해 어떤 사람은 아주 잠깐이지만 일상적인 감각 지각의 경계를 초월하는 무언가를 경험하고 있다고 생각하기도 한다. 그러고는 잠에서 깬 후에야 그냥 꿈이었다고 생각한다. 어밀리아처럼 말이다.

의식계와 다르게 무의식계가 따르는 규칙은 여러 가지다. 의식과 무의식은 각각의 시스템에 따라 정보를 처리한다. 그래서 낮에는 의식적이고 신중하게 생각할 수 있고 밤에는 오감의 경계가 사라진 탐험을 하게 된다. 하지만 무의식과 의식이 어떻게 기능하고 상호작용하는지에 대해서는 아직 살펴본 것이 거의 없다. 찰스보닛증후군, 이상한 나라의 앨리스 증후군, 대뇌다리환각증의 환각은 의식과 무의식이 서로 겹치면서 생기는 현상이다. 그리고 이런 겹침 현상은 무의식 회로가 만든 꿈이 잠들지 않은 의식에 침입하는 것을 허락함으로써 생겨난다. 그러나 이런 환각 증상은 회로가 고장났기 때문에 나타난다. 뇌의 의식과 무의식은 단순히 잠을 자고 있는가, 깨어 있는가로는 구분되지 않는다. 두 시스템은 환각을 겪을 때가 아니더라도 굉장히 자주 상호작용을 한다.

뇌에 행동을 통제하는 의식계와 무의식계가 있다고 가정하면 우리가 일상생활을 하며 겪는 미묘한 생각과 선택을 설명할 때에도, 인간이 경험하는 여러 방식의 혼란과 왜곡을 설명할 때에도 큰 도움이 된다. 의식과 무의식은 상호작용을 하는 방식도 그렇지만 신호 처리에서 생긴 빈틈이나 결함을 보완하는(반드시 좋은 쪽으로의 보완은 아니다) 방식에서도 기본 논리를 따른다. 시각장애인의 뇌는 지각의 빈틈을 메우기 위해 시각적 환각을 만들어내거나 다른 감각을 동원해 시야를 재건하기도 한다. 꿈을 꿀 때 무의식의 지배를 받는 뇌는 뇌줄기가 활동하면서 내보낸 무작위 신호를 수집하고, 이런 신호들을 최대한 논리적으로 결합해 하나의 이야기를 엮어낸다. 이렇게 해서 우리의 머리는 잠을 자는 동안 터무니없는 판타지에 포위당하게 된다.

2

습관,

자기통제,

자동행동

좀비도 차를 몰고 출퇴근할 수 있는가?

습관은 제2의 천성이다.
우리는 습관 때문에 잔혹함도, 황홀함도 없는
제1의 천성을 깨닫지 못한다.

– 마르셀 프루스트

앨라배마 주 헌츠빌 시의 공무원들은 기가 막혀 말이 안 나올 지경이었다. 2주 동안 여덟 건의 사고가 똑같은 장소, 어드벤티스트 대로와 윈 도로의 교차로에서 일어났기 때문이다. 더 어이없게도, 사고 원인까지 똑같았다. 어드벤티스트 대로를 달리던 차가 윈 도로 쪽으로 좌회전을 하다 맞은편에서 달려오던 차를 그대로 들이박은 것이다. 이 교차로는 아침에 통근하는 사람들이 이용하는 흔하디흔한 길이었고 지금까지는 그런 일이 일어난 적이 없었다. 그런데 갑자기 사고로 생긴 잔해와 부상자가 걷잡을 수 없이 늘어났다. 이런 혼란이 벌어진 이유는 무엇인가? 헌츠빌 시 공무원들은 교통전문가를 투입해 조사했다.

그 결과 교차로 신호등 체계를 조금 바꾼 뒤부터 줄줄이 사고가 나기 시작한 것으로 밝혀졌다. 과거에는 초록색 화살표로 신호가 바뀌어야만 어드벤티스트 대로에서 윈 도로 쪽으로 좌회전을 할 수 있었다. 그런데 어드벤티스트 대로의 교통 혼잡을 줄이기 위해 교통전문가들은 초록색 화살표뿐 아니라 초록색 신호일 때에도 좌회전을 할 수 있게 신호등 체계를 바꾸었다. 대다수 교차로가 그렇듯이 이 교차로에서도 초록색 화살표로 신호가 바뀌면 곧바로 좌회전을 해도 되지만 초록색 신호일 때에는 맞은편 차량이 지나가기를 기다린 다음에 좌회전을 해야 한다. 그동안 이 교차로 이용자들은 초록색 화살표 신호를 받는 데만 익숙해 있었던 탓에 초록색 신호에서도 앞을 확인하지 않은 채 본능적으로 왼쪽으로 차를 돌렸다. 운전자들은 눈앞에 초록색 신호가 보이기만 하면 좌회전을 하는 습관이 몸에 배어 있었기에 바뀐 신호등 체계를 알아차리지 못했던 것이다. 한 교통전문가의 말처럼 "습관적으로 운전을 한다는 것은 위험천만하게 운전을 한다는 뜻이다."[2]

아침에 30분 정도 운전해서 회사에 도착했을 때 운전한 기억이 머릿속에 하나도 남아 있지 않았던 경험이 몇 번이나 있는가? 운전하는 내내 머릿속은 온통 딴생각뿐이다. 이를테면 아침 9시에 해야 할 프레젠테이션 생각으로 가득 차 있다. 회사까지 차를 몰고 왔지만 의식에는 그 경험이 기록되지 않는다. 그날은 회사로 출근하는 것이 아니라 시내 반대편의 약속 장소부터 들러야 한다고 가정해보자. 어쩌면 약속 장소를 향해 운전해야 한다는 사실은 까맣게 잊은 채 습관적으로 사무실까지 차를 몰지도 모른다. 심지어는 회사에 도착한 뒤에야 실수를 깨달을 수도 있다. 다른 생각에 빠져 있는 동안 무의식이 대신해서 차를 운전한 것은 아닐까 싶을 정도다.

이 시나리오에서 놀라운 점은 운전이 믿을 수 없을 정도로 복잡한 행동이라는 사실이다. 발은 누르는 압력의 미묘한 차이에도 민감하게 반응하는 액셀과 브레이크를 오가며 밟았다 떼었다를 해야 한다. 운전자는 핸들을 다루는 손놀림과 발동작의 조화를 생각하며 1톤 무게의 차량을 조작해야 한다. 운전할 때에는 도로교통법을 지켜야 한다. 통행권, 보행자 횡단보도, 속도제한법을 따라야 한다. 정지 신호, 양보 신호, 통행 신호도 따라야 한다. 또한 도로에는 가끔씩 돌발행동을 하는 다른 차량도 수없이 많다. 운전자는 차선을 바꿀 때마다, 속도를 높이거나 낮출 때마다 다른 차량의 브레이크등과 좌우회전 깜빡이등을 살피면서 좌우 전후 차량의 위치와 속도, 의도 등도 고려해야 한다. 이렇듯 감안해야 할 요소가 굉장히 많지만 익숙한 길을 달릴 때 경험 많은 운전자는 크게 집중하지 않아도 별 탈 없이 운전한다. 본인 스스로도 자동운전을 하고 있다는 느낌이 들 정도다.

헌츠빌 시 교차로의 당혹스러운 사태는 이런 자동운전이 원인이었다. 운전자들은 신호등에 새로운 신호가 추가된 것을 알아차리지 못했다. 그들은 아무 생각 없이 무의식적으로 좌회전하면서 맞은편에서 달려오는 차를 향해 돌진했다.

딴생각에 빠진 운전자가 교통신호나 운전에 필요한 행동을 의식하지 않은 채 운전했고, 심지어 운전했다는 것조차 기억하지 못한다면 누가(또는 무엇이) 차를 운전한 것인가? 의식의 기능을 이용하지 않고서도 차를 몰고 출퇴근할 수 있다면 우리 뇌에는 운전할 줄 아는, 의식에 의존하지 않는 '또 다른 시스템'이 존재한다고 보아야 한다. 무의식의 기제가 운전처럼 복잡한 일을 처리할 수 있다면 훨씬 복잡한 일도 해결할 수 있을 것이다. 그 무의식의 기제는 우리가 경험하는 세상에 알게 모르게 얼마나 많은 영향을 미치는가?

우리 안의 좀비

좀비 가족이 오랫동안 사람의 발길이 닿지 않은 지하 공동묘지에서 깨어난다. 좀비 가족이 지상으로 나와 터덕터덕 길을 걷자 사람들이 공포에 떨며 비명을 질러댄다. 좀비 가족은 무턱대고 무서워하는 사람들의 반응에 크게 상처를 받고 성형외과로 가서 전신 성형수술을 받는다. 마침 그 의사는 세계적으로 저명한 성형외과 의사이고 좀비 가족의 성형수술은 그의 평생의 걸작이라고 할 만큼 성공적이다. 수술을 마친 좀비 가족의 모습은 진짜 사람과 다름없이 감쪽같다. 썩어가던 살은 부드럽고 촉촉한 피부로 바뀌었다. 갈비뼈가 드러났던 상체에는 살집이 통통하게 올라 있다. 수술이 아주 잘 되어서 좀비 가족은 모범 시민이 되어 사회에 녹아들기로 결심한다. 더없이 현명한 결정이다. 그런데 아직도 문제가 하나 더 남아 있다. 좀비에게는 의식이 없다는 것이다.

인간도, 온도조절장치도 온도는 감지하지만 따뜻하거나 차갑다는 느낌은 오직 인간만이 갖는다. 모든 경험에 비추어볼 때 수술 후의 좀비 가족은 온도조절장치와 비슷하다. 철학자 데이비드 차머스(David Chalmers)는 좀비를 이렇게 표현한다. "그들은 신체적으로는 [우리와] 똑같지만 의식적 경험은 없다. 내부의 모든 것이 어둡다."[3] 데이비드 차머스를 비롯한 철학자들은 의식이나 감정, 상상 없이 하는 행동을 인간으로서의 행동이라 할 수 있는지에 대한 질문을 던진다. 의식은 인간의 행동에 꼭 필요한가, 아니면 의식 없이도 충분히 성공적으로 행동할 수 있는가?

기장이 잠시 조종실을 비워도 자동조종장치가 비행기를 아무 탈 없이 조종한다. 기장이 없으면 비행기의 방향이나 고도 변경을 의식적으로 결정할 사람은 아무도 없다. 하지만 비행기의 컴퓨터 시스템은 이런 사안들을 자동적으로 처리한다.

좀비도 자동조종장치로 조종 중인 비행기와 비슷하다. 기능성 면에서는 사람과 똑같지만 경험하는 이가 내부에 존재하지 않는다는 면에서는 사람과 다르다. 비행기처럼 사람도 자동조종장치로 움직이는 것이 가능한가? 바꾸어 말해 성형수술 후의 좀비 가족은 비록 인간으로서의 정신은 갖지 못했을지라도 인간사회에 성공적으로 섞여 들어가 사람처럼 똑같이 행동할 수 있는가?

일단 감각 지각에 대한 문제부터 살펴보자. 의식적 경험은 대부분 뇌가 오감에서 받는 정보를 해석하는 방식으로 이루어져 있다. 앞 장에서 설명했듯이 시력을 잃으면 뇌는 최선을 다해 우리가 경험하는 세상을 재건한다. 시야를 이루는 가장 결정적인 요소는 눈을 통한 시각적 탐지가 아니라 그런 시각적 탐지와 관련된 의식적 경험일지도 모른다. 의식하지 않고 행해지는 지각이란 무엇인가? 우리의 감각 탐지, 그리고 그런 탐지와 연관된 의식적 경험은 아주 밀접하게 얽혀 있다. 하지만 이 밀접한 관계를 끊을 수 있는가? 예를 들어 의식으로는 무언가를 보고 있다는 것을 지각하지 않는 상태에서도 우리는 그 무언가를 볼 수 있을까?

보지 않는 상태에서 보이는 시야

—

딴생각에 깊게 빠져 있는 운전자는 운전을 했다는 의식적 경험을 기억하지 못한다. 그는 빨간색 신호에서는 멈추었고 신호를 받아 좌회전했다는 것을 기억하지 못한다. 그는 자동조종장치 상태에서 운전한다. 자칫 사고로 이어질 뻔한 상황에서는 깜짝 놀라 얼른 정신을 차리고 브레이크를 세게 밟는다. 그는 우편트럭을 불과 몇 센티미터 앞에 두고 끼이익 소리를 내며 급정차한다. 운전자는 놀란 가슴부터 가라앉힌 다음 어쩌다 이렇게 되었는지 곰곰이 생각한다. 이런 일이 벌어진 것은 잠시 부주의했기 때문만은 아닐지도 모른다. 잠깐이 아니라 훨씬 심각한 수준으로 멍하니 운전했다는 생각이 든다. 어쩌면 그는 운전하는 내내 자신이 완전히 다른 데 정신을 팔고 있었을지도 모른다고 생각한다. 이렇게 멍한 상태에서 운전하는 것은 시각장애인이 되어 운전한 것이나 다를 바 없다.

운전 중 휴대전화 사용에 대한 연구도 앞의 부주의한 운전자의 생각을 확인시켜준다. 한 연구에서 피험자들은 이어폰을 끼고 통화를 하면서 시뮬레이션 운전을 했다. 시뮬레이션에 입력된 3차원 지도 프로그램은 주택지구, 사무지구, 상가지구가 여덟 블록에 걸쳐 들어서 있는 작은 교외 도시를 보여주었다. 그리고 도시 곳곳에 세워져 있는 옥외광고판에는 한눈에 확 들어오는 대형 광고가 걸려 있었다. 피험자들은 잠시 연습한 후 일반 도로교통법을 따르며 미리 정해진 경로를 운전했다. 운전하는 내내 그들은 이어폰을 끼고 통화를 계속했다. 운전이 끝난 다음 피험자들은 가는 경로에서 보았던 옥외광고판을 찾아내는 다지선답형 문제를 풀었다. 그들의 정답률을 똑같은 길을 운전했지만 통화는 하지 않은 다른 피험자들의 정답률과 비교했다. 짐작하다시피 휴대전화 통화에 정신이 팔렸던 피험자들은 운전에만 집중한 피험자들에 비해 정답률이 형편없이 낮았다. 옥외광고판은 길 위에 우뚝 솟아 있었지만 휴대전화를 한 집단은 옥외광고판이 있다는 사실조차 알아차리지 못했다.[4]

피험자들은 왜 광고판을 보지 못했을까? 어쩌다 보지 못하고 지나친 것은 아닐까? 연구팀은 답을 알아내기 위해 시뮬레이션 자동차를 운전하는 피험자들에게 눈동자 추적기를 달았다. 이 장치를 통해 연구팀은 운전자가 휴대전화로 한창 통화하는 중에도 도로 위의 여러 물체를 보는 시선의 움직임은 전혀 줄어들지 않는다는 사실을 알아냈다. 그들은 도로 표지판이나 다른 차들, 물론 옥외광고판 같은 중요하거나 큼직한 물체에도 여전히 적절히 시선을 주었다. 이상했다. 통화 중인 운전자도 그렇지 않은 운전자도 본 것은 똑같았지만 통화 중인 운전자는 무엇을 보았는지 기억하지 못했다. 왜 그런 것인가? 이론적으로는 운전자가 통화에 몰두해 있는 동안에는 목표물에 시선을 주더라도 의식적 시야가 부분적으로 비활성화되기 때문이라고 여겨진다.

옥외광고판처럼 눈에 확 들어오는 커다란 물체조차 알아차리지 못한 이유가 단지 통화 때문이라면 사고가 더 자주 일어나지 않는 이유는 무엇인가? 통화를 하건 옆 사람과 말을 나누건 운전하는 내내 대화를 나눌 때가 많다. 운전 중 대화가 시야 확보에 방해된다면 우리는 왜 대화를 하면서도 안전운전을 할 수 있는 것인가? 다른 차와 안전거리를 유지하고, 차선을 유지하고, 좌우회전을 하고, 또는 차량이 전파되지 않고 안전하게 집까지 도착하기 위해서는 의식적 시야를 계속 확보하는 것이 매우 중요하다. 이는 이견의 여지가 없는 사실이다. 하지만 부주의한 운전에 대한 연구에 따르면 운전자의 시선은 계속 도로 이곳저곳을 살피지만 그렇게 본 것을 의식적으로 처리하지 않는다는 사실이 밝혀졌다.

의식의 시각 지각 전원이 꺼져 있다면 눈동자의 움직임은 누가 통제하는가? 뇌가 '무의식중에' 그 일을 맡는다. 뇌의 무의식계는 필요할 경우 차와 표지판으로 눈동자를 움직이며 운전자와 보행자가 위험에 처하지 않게 도와준다. 그렇기 때문에 부주의한 운전자 대부분이 사고를 덜 내면서 안전할 수 있는 것이다. 의식적 시야가 제한될지라도 뇌의 무의식 프로세스가 시각계를 인계받아 우리를 목적지까지 안내한다.

이것은 의식과 시야가 어떻게 차단되는지를 보여주는 예다. 차가 제멋대로 굴러가는 것이라기보다는 운전자가 시각 경험을 의식하지 않는 것이므로 시각계는 의식과 차단된 순간에도 작동한다.

나아가 특정 신경계 장애에서는 시야 탐지와 의식적으로 보는 행동이 서로 다른 프로세스를 거친다는 사실을 보여준다. 예를 들어 무시증후군(neglect syndrome) 환자들은 시력은 정상이지만 시야의 절반만 의식하고 나머지 절반은 무시하는 듯하다. 무시증후군을 검사할 때 신경학자들은 환자에게 그림을 똑같이 그려보라고 말한다. 다음은 그들이 그린 그림이다.[5]

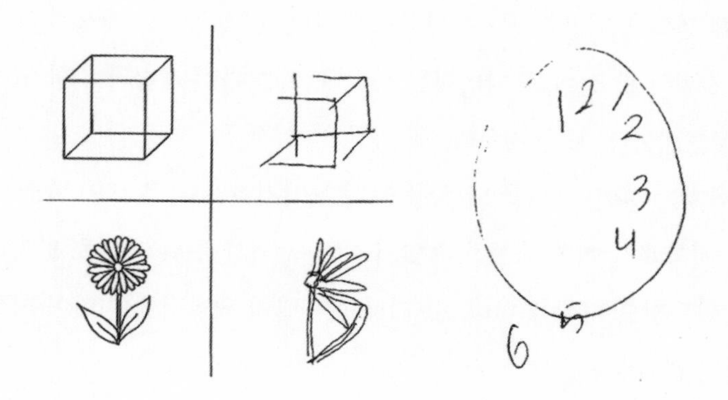

오른쪽 그림은 시력에는 아무 문제 없지만 무슨 이유에서인지 따라 그려야 할 그림의 왼쪽 부분은 제대로 그리지 못한 사람들이 그린 것이다. 무시증후군은 주의집중에 관여하는 오른쪽 마루엽(뇌의 꼭대기에 위치)이 손상되었을 때 나타난다. 비록 시야 자체는 알맞게 처리되더라도 뇌가 특정 장면의 왼쪽에 집중하지 못하기 때문에 그 부분은 의식으로 전해지지 못한다. 하지만 그렇다고 해서 뇌가 무의식에서도 왼쪽을 보지 못했다는 의미는 아니다.

또 다른 무시증후군 검사방법으로는 표적취소과제(target cancellation task)가 있다. 신경학자가 환자에게 짧은 사선이 잔뜩 그려진 화이트보드를 건넨다. 환자는 사선에 반대로 선을 그어 모든 선을 X로 바꾸어야 한다. 다음 페이지의 그림에서처럼(B와 C)[6] 무시증후군 환자는 화이트보드의 오른쪽 절반의 선만을 X자로 만들고 나머지 왼쪽 선은 무시한다. 하지만 이번에는 검사방법을 바꾸어 반대 방향으로 선을 그리는 대신에 모든 선을 지워야 한다(D와 E). 이 검사에서 무시증후군 환자는 모든 선을 지운다. 신경학자들은 아마도 환자들이 화이트보드의 오른쪽 선을 지운 후에는 지울 선이 오른쪽에는 더 이상 남아 있지 않기 때문에 시선이 자연스레 왼쪽으로 집중되는 것이라고 가정한다.[7] 왼쪽으로 시선이 집중되면서 지워야 할 선이 또 나타나는 것이다. 이 흐름이 계속되어 환자는 화이트보드의 선을 모두 지운다.

환자는 화이트보드의 왼쪽을 보지 못하지만 시각 정보는 뇌로 보내진다. 시각계가 계속 작동하고 있기 때문에 뇌가 주위 세상을 탐지하는 것을 아무것도 막지 못한다. 그 회로에서 단지 의식적 인식만이 따돌림을 당할 뿐이다.

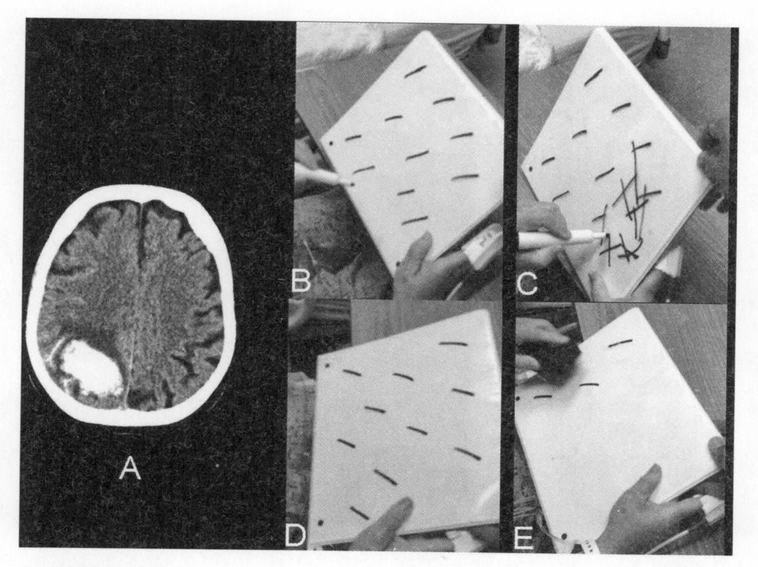

표적취소과제

(A) 오른쪽 마루엽에 출혈이 있는 뇌의 CT 사진
(B, C) 표적취소과제에서 환자는 오른쪽 선들만 반대 사선을 그리고 왼쪽 선들은 무시한다.
(D, E) 수정된 표적취소과제에서 환자는 초점이 점점 왼쪽으로 이동하기 때문에 선을 훨씬 잘 지운다.

무시증후군에 걸리면 의식은 왼쪽 세상을 보지 못하지만 무의식은 아니다. 부주의한 운전자도 마찬가지다. 운전자는 길을 의식적으로 인식하지는 않지만 자동차 사고가 나지 않는 것으로 짐작하건대 무의식의 정보처리가 길을 주시하고 있다는 것을 알 수 있다. 그렇다면 정말 무의식은 우리도 모르게 세상을 보고 있는 것인가?

그렇다. 우리가 보고 있다는 것을 지각하지 못해도 무의식은 사물을 볼 수 있다. 가장 놀라운 의학적 사례로는 맹시(blindsight)라는 신비한 의학 현상이 있다.[8]

서른네 살의 대런은 20년이나 극심한 두통에 시달렸다. 뇌 영상 촬영 결과 그의 오른쪽 뒤통수엽에서 혈관 기형이 발견되었고 외과적 수술 없이는 증상 호전을 기대하기 힘든 상황이었다. 신경외과 의사는 대런의 뇌에서 기형 혈관을 없앴지만 그 과정에서 오른쪽 뒤통수엽의 상당 부분도 함께 잘라내야 했다.

수술하고 몇 주 후, 한결 기분이 좋아진 대런은 두통이 많이 사라졌지만 아직은 수술 부작용에 완전히 적응하지 못한 상태라고 말했다. 왼쪽이 전혀 보이지 않는 부작용이었다. 오른쪽 뒤통수엽은 시야의 왼쪽을 통제하기 때문에 대런의 부분 실명은 예상된 결과였다. 하지만 대런은 전혀 짐작하지 못했던 시각적 증상을 보였다.

대런은 불빛이 희미한 방에서 의자에 앉아 턱을 괴었다. 연구팀은 대런에게 정면을 바라보게 한 다음 그가 보지 못하는 시야에서(왼쪽) 불빛을 깜빡거렸다. 대런은 왼쪽 시야가 전혀 보이지 않았는데도 깜박이는 불빛을 알아채고 눈의 초점을 그곳에 맞추었다. 연구팀은 대런에게 불빛이 보이는지 물었다. 대런은 보이지 않는다고 답했다. 연구팀은 다시 한번 그의 시야 사각에서 불빛을 깜빡이며 어디에서 불빛이 깜빡이는지 추측해보라고 했다. 대런은 어깨를 한번 으쓱하고는 손가락을 뻗었다. 손가락은 정확히 그곳을 가리켰다. 그의 '추측'이 맞기는 했지만 요행일 수 있었다. 신경과학자들은 다시 검사를 했고, 또 하고 또 했다. 매번 시야 사각의 다른 곳에서 불빛을 깜빡였지만 그때마다 대런은 정확하게 위치를 짚어냈다.

연구팀은 곤혹스러워하며 추가적으로 실험에 몇 가지 조치를 취했다. 이어진 실험에서 연구팀은 대런의 시야 사각에서 수직이나 수평으로 불빛을 깜박이며 어느 쪽에서 깜빡이는지 알아맞혀보라고 했다. 대런은 잇따라 답을 맞혔다. 심지어 세 번째 실험에서는 시야 사각에서 비춘 빛의 색까지도 알아맞혔다. 이런 대런의 능력은 맹시라고 알려지게 되었다.

맹시 연구에 따르면 1차 시각겉질만 손상을 입은 환자는 물체의 위치와 색, 심지어 그것이 움직이는지, 멈추어 있는지도 정확하게 맞히는 것으로 밝혀졌다.[9] 정확도는 최대 100퍼센트였다.[10] 그들의 눈동자 움직임을 분석했더니 그들은 눈동자를 적절히 움직이며 목표물의 위치에 집중했다.[11] 그들은 보지 못하지만 눈동자는 물체의 움직임을 따르며 물체의 특징을 정확히 묘사할 수 있게 한다.

2008년에는 뇌중풍을 잇따라 두 번 일으킨 후 시각겉질이 완전히 손상되어 시력을 잃은 태드라는 남성에 대한 집중 연구가 이루어졌다.[12] 태드는 보통 때는 지팡이를 짚고 걸었지만 실험 당일에는 지팡이를 가져오지 말아달라는 부탁을 들었다. 실험자는 태드를 장애물 코스와 비슷하게 만들어놓은 긴 복도 입구로 안내했다. 복도에는 쓰레기통 두 개, 삼각대, 종이더미, 쟁반, 상자 등 여러 가지 물건이 여기저기 널브러져 있었다. 하지만 실험자는 태드에게 복도가 텅 비어 있다고 말하며 복도 끝까지 걸어가보라고 했다. 태드는 그렇게 했다. 첫 번째 쓰레기통이 가까워지자 태드는 옆으로 슬쩍 비껴갔다. …… 다음 쓰레기통에 다가갔을 때에도 마찬가지였다. 그다음에는 삼각대를 돌아갔고, 옆걸음질로 종이더미와 쟁반을 피했으며, 상자도 아무렇지 않게 피해 갔다. 태드는 어떻게 장애물을 그처럼 잘 피할 수 있었느냐는 질문에 자신도 어떻게 했는지 잘 모르겠다고 답했다. 그는 시각장애인이었지만 무슨 이유에서인지 복잡한 환경에서도 길을 잘 헤치고 나갔다.

태드와 대런 모두 본인들은 의식하지 못할지라도 그들에게는 일종의 시각 탐지 능력이 있는 것이 분명했다. 두 사람은 빛을 처리하고 눈이 수신하는 정보를 처리하는 뇌의 시각 회로가 온전했다. 맹시를 가진 사람의 손상 부위는 눈이 아니라 시각 경로의 끝이기 때문에 뇌는 여전히 빛의 패턴을 감지할 수 있다. 다만 그 감지의 회로에서 의식이 제외될 뿐이다. 그 결과로 생기는 것이 무의식적으로 시야를 확보하는 맹시다. 눈의 수용체에서 출발한 시각 정보는 뒤통수엽에 이를 때까지 활 모양의 신경섬유 사슬을 따라 이동한다. 이런 시각 정보는 뒤통수엽에서 분석이 이루어진 뒤 눈의 움직임을 조정하고 프로그램으로 정해진 행동 반응을 만들어내는 관련 운동 영역으로 보내진다. 이 모든 과정은 의식적 인식에 다다르기 전에 이루어진다.

비슷한 일이 부주의한 운전자에게도 일어난다. 뇌는 눈과 귀를 통해 들어오는 도로 상태에 대한 지각 정보를 처리한 다음 핸들과 액셀, 브레이크를 조종하는 움직임을 이끈다. 운전자의 의식적 지각은 딴생각에 빠져 있기 때문에 운전 중의 결정에 영향을 미치지 않는다. 뇌는 맹시를 이용해 길을 운전한다. 바로 그런 이유로 헌츠빌 시의 운전자들은 신호등의 변화를 알아채지 못했다. 맹시는 운전자를 대신해서 운전을 해줄 수는 있지만 초록색 화살표가 초록색 신호로 바뀌는 미묘한 변화를 감지할 정도로 정교하지는 못하다.

부주의한 운전자의 경우 이런 상황은 익숙한 길을 운전할 때 생긴다. 난생처음 가보는 주소를 찾아 주변 지형이 익숙하지 않은 길을 운전할 때 우리는 도로에 온 신경을 집중하며 길을 찾는다. 교통신호도 일일이 집중한다. 그러다 그 길을 2, 30번 정도 운전하고 나면 그 길을 운전하는 것은 제2의 습관이 되고, 정신은 다른 곳을 헤매기 십상이다. 바뀐 점은 무엇인가? 운전이 '습관'이 되었다는 것이다. 습관이 되면 일을 처음 할 때만큼 정신적 노력을 기울이지 않아도 된다. "연습하면 완벽해진다"를 넘어 연습은 무의식적인 행동을 만들어내기도 한다. 우리는 모두 이런 몸에 밴 습관을 경험하기 마련이다. 그리고 당연한 말이겠지만 습관에 물드는 것은 인간만이 아니다.

십자형 미로 속의 생쥐

앨라배마 주 헌츠빌 시의 비극적인 교차로로 다시 돌아가보자. 출퇴근길에 어드벤티스트 대로에서 직진을 하다가 윈 도로가 나오면 좌회전을 해서 운전하기만 하면 된다고 가정하자. 그 길을 수없이 운전하면 그다지 집중하지 않아도 운전할 수 있을 것이다. 습관이 되어서다. 하지만 이런 변화가 뇌에서는 어떻게 일어날까? 연습은 어떻게 해서 출근길 운전 등의 행동을 무의식적으로 하게 만드는가? 신경과학자들은 이 문제를 연구할 목적으로 쥐의 길 찾기 과정을 재창조하는 실험을 설계했다. 지도는 앞의 상황처럼 두 길이 십자 모양으로 교차한다. 남쪽 날개에는 쥐를 놓았고 보상(음식)은 다음 페이지의 그림처럼 서쪽 날개 끝에 두었다.

미로에 처음 들어간 쥐는 조심스럽게 몇 센티미터씩 나아가며 교차점에 이른다. 이 지점에서 앞뒤, 좌우를 살피며 어느 방향으로 갈지 결정하지만 첫 시도는 대개 실패로 끝난다. 그러다 마침내 미로의 서쪽 날개 끝에 보상이 있다는 것을 알게 된다. 두 번째, 세 번째 길 찾기에서도 쥐

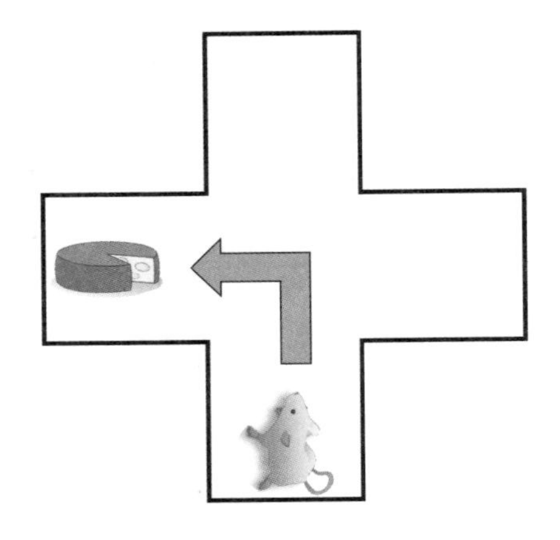

는 여전히 잠시 멈칫하지만 왼쪽으로 꺾어서 목적지에 도착할 가능성이 더 높아진다. 신경과학자들은 쥐를 남쪽 날개에서 출발시키고 보상을 서쪽 날개 끝에 놓아두는 실험을 여러 번 반복한다. 마침내 쥐의 행동이 변한다. 쥐는 교차점에서 더 이상 주춤거리지 않는다. 쥐는 곧장 달려가다 주저 없이 왼쪽으로 방향을 바꾼다.[13] 몇 년 동안 똑같은 길을 운전하는 사람처럼 이 쥐의 행동도 습관이 되었다.

헌츠빌 시의 신호등 체계를 바꿀 때 교통 당국은 운전자들이 신호등 체계의 변화를 알아채고 즉시 행동을 바꿀 것이라고 예상했다. 그러나 그런 일은 생기지 않았다. 많은 운전자가 신호등의 변화를 알아채지 못했다. 수년 동안 교차로에서 좌회전을 해온 운전자들은 계속해서 습관적으로 핸들을 꺾었다. 갑자기 다른 길로 출근하게 된 운전자도 비슷한 결과를 보여준다. 만약 이 쥐가 새로운 환경에 갑자기 적응해야 한다면 어떻게 행동할까? 다른 출발점에서 시작한다면?

쥐로 하여금 미로의 남쪽 날개 끝에서 서쪽 날개 끝까지 가는 연습

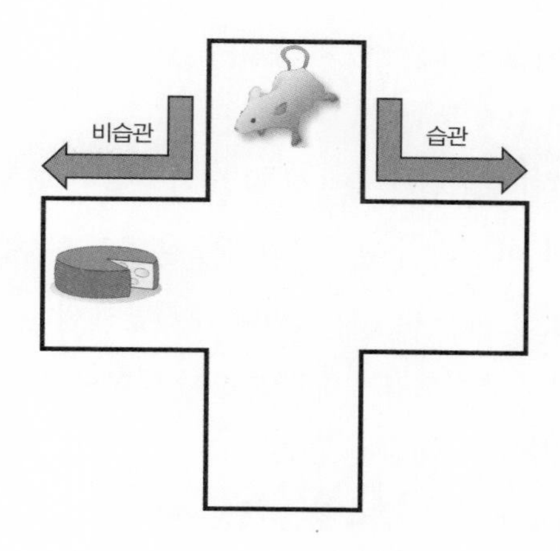

을 수없이 하게 한 뒤에 연구팀은 약간의 변화를 주었다. 그들은 쥐의 출발점을 북쪽 날개 끝으로 바꾸었다. 대신에 음식은 그대로 서쪽 날개 끝에 두었다. 하지만 쥐의 입장에서는 목적지까지 완전히 새로운 경로로 길을 찾아야 하는 셈이었다. 즉 이번에는 좌회전이 아니라 우회전을 해야 했다. 이 상황에서 쥐가 취할 수 있는 방법은 두 가지였다. 습관이 쥐의 길 찾기를 전적으로 담당하고 있다면 쥐는 여전히 좌회전을 할 것이고 막다른 길에 도착해도 맛있는 간식은 없을 것이다. 부주의한 운전자처럼 쥐도 습관적으로 경로를 택했기 때문이다. 반대로 쥐가 습관에 지배되지 않는다면 교차로에서 잠시 머뭇거리다 어느 쪽이 좋을지 따져본 후 오른쪽으로 방향을 틀어서 보상을 얻게 된다. 바뀐 상황은 위의 그림과 같다.

미로의 남쪽에서 출발하는 연습을 여러 번 했던 쥐를 이번에는 북쪽 끝에서 출발시켰더니 쥐는 직진을 하다 교차로에서 좌회전을 했고 결국 막다른 길까지 갔다. 쥐도 부주의한 운전자와 똑같은 실수를 했다. 습관이 길 찾기를 지배했기 때문이다. 쥐는 아무 생각 없이 몸에 밴 대로 좌회전을 했고 보상은 얻지 못했다.

연구팀은 이번에는 남쪽 끝에서 길 찾기 연습을 한 번도 하지 않은 쥐로 실험을 했다. 이론상 이 쥐는 남쪽에서 길 찾기 연습을 해본 적이 없기 때문에 좌회전을 하는 버릇도 없었다. 훈련받지 않은 쥐는 북쪽 날개 끝에서 교차점까지 조심스럽게 움직였고 두 방향을 기웃거리다 음식이 있는 서쪽으로 정확히 우회전을 했다.[14]

습관에 지배된 쥐와 그렇지 않은 쥐는 행동방식도 다른 것처럼 보인다. 하지만 첫 번째 쥐가 습관에 지배당하고 있는지, 그렇지 않은지 어떻게 확신할 수 있는가?

신경과학자들은 줄무늬체라고 알려진 뇌의 가장 움푹한 곳에 위치한 습관 체계 영역을 추적했다.[15] 쥐가 연습을 많이 하면 할수록 바깥줄무늬체의 활동이 강하게 나타났다. 동시에 쥐가 같은 연습을 계속할수록 비습관적 행동에 도움이 된다고 여겨지는 안쪽줄무늬체와 해마(기억 형성 담당)의 활동량은 줄어들었다. 뇌에서 정확히 어떤 영역이 습관을 만드는지 안다면 그 영역을 폐쇄해 습관 형성을 막는 것도 이론상으로는 가능하다.

병변화(lesioning)라는 신경과학 연구법이 있다. 뇌의 한 영역에 활동을 억제하는 화학물질을 주입하거나 전류를 정확히 흘려보내 그 영역을 일시적으로 차단하는 방법이다. 과학자가 쥐의 바깥줄무늬체에 병변을 만들어 습관 체계를 비활성화한 후 미로의 북쪽 날개 끝에 놓으면 어떤 결과가 생길까? 쥐는 오른쪽으로 방향을 꺾었다! 습관 체계에 행동을 맡긴 상태가 아니었기 때문에 미로에 놓인 쥐는 더 이상은 자동 길 찾기

장치를 가동해 무조건 왼쪽으로 방향을 바꾸어 막다른 길까지 가지 않았다. 쥐는 교차점에서 잠시 멈추었다가 양쪽을 살핀 후 서쪽으로 이동해 맛있는 간식을 얻었다.[16]

습관 체계는 비습관 체계보다 훨씬 빨리 작동한다. 습관에 지배된 쥐는 교차점에서 잠시의 머뭇거림도 없이 자동으로 좌회전을 한다. 도로 상황이나 길 찾기에 집중할 필요가 없을 때의 출퇴근길 운전 습관도 마찬가지로 아주 빨리 작동한다. 그러나 북쪽 날개에서 출발한 쥐도 그렇고 새 약속 장소로 가야 하는 상황일 때에도 그렇다시피 습관은 곧잘 실수를 하게 만든다. 이와 대조적으로 비습관 체계는 쥐에게 새로운 상황을 관찰하고 거기에 맞게 행동을 바로잡을 수 있게 해준다.

나란히 존재하는 습관과 비습관은 행동 통제의 업무를 분담하며 어느 쪽이 작동하는지에 따라 행동에 차이가 나타난다. 습관과 비습관은 이론적으로는 동시에 움직일 수 있다. 습관이 무의식적으로 길 안내를 담당해 우리를 사무실로 안내하는 동안, 비습관은 전화 통화에 몰두할 수 있게 한다.

집중하지 않고 집중하기

두 가지 일을 동시에 할 때, 이를테면 운전을 하면서 휴대전화 통화를 할 때 무의식과 의식(즉 습관과 비습관)이 두 가지 일을 분담하는 것이 아니라 어느 한쪽이 관심을 분산해 두 가지 일을 처리한다면 어떤 일이 생길까? 이는 각각의 일에 얼마나 집중하느냐에 따라 결과의 질도 달라질 수 있음을 의미한다. 관심을 많이 쏟고 집중할수록 그 일의 성과도 좋아질 것이다. 그러나 이런 가정은 우리가 경험하는 습관적 행동에는 맞지 않는다. 어떤 행동을 습관이 될 정도로 아주 많이 연습하면 대개는 크게 집중하지 않아도 몸이 자동적으로 그 행동을 하면서 결과도 더 좋아질 때가 많다.

2011년 2월 10일 보스턴 셀틱스팀의 레이 앨런(Ray Allen)은 선수생활 통산 2,561번째 3점 슛을 쏘았다. 그전까지 레지 밀러(Reggie Miller)가 갖고 있던 기록을 갈아치운 신기록이었다. 레이 앨런의 철저한 프로정신은 NBA 선수생활 내내 유명했다. 그는 경기가 시작되기 3시간 전에 경기장에 도착해 슈팅 자세를 연습했다. 한 인터뷰에서 기자는 레이 앨런에게 성공 비결이 무엇이고 신기록을 세울 때 어떤 생각이 들었는지 물었다. "조준을 하면, 조준을 하기 시작하면 그 순간 몸이 왼쪽이나 오른쪽으로 틀어집니다. 이 모든 것이 플레이에 작용합니다. 그냥 어디로든 조준하지 않아도 충분히 몸에 익을 정도로 연습하면 됩니다. …… 공중에서 한 발을 내디디고 손목을 살짝 꺾으면 공이 후프 안으로 들어갑니다."[17]

레이 앨런에게 슈팅은 습관이다. 다른 선수들도 근육의 기억에 대해서 같은 말을 할 것이다. 레이 앨런이 3점 슈팅을 할 때 집중하는 방법은 '집중하지 않는 것'이다. 슈팅을 너무 의식하면 실패하기 십상이다. 습관에 몸을 맡기고 평소 훈련한 대로 몸을 움직일 때 그는 최고의 경기를 펼친다.

다른 선수들도 마찬가지다. 경험 많은 골퍼들을 대상으로 한 연구에서[18] 참가자들은 서로 다른 두 가지 조건에서 클럽을 휘둘렀다. 첫 번째 조건의 골퍼들은 자신의 스윙 메커니즘에 의도적으로 집중해야 했다. 공을 얼마나 세게 치는지, 어느 방향을 조준하는지, 스윙할 때 자세가 얼마나 괜찮은지 주의 깊게 관찰했다. 두 번째 조건의 골퍼들은 스윙을 전혀 의식하지 않았다. 그들은 공을 앞에 두고 두 번째 과제를 치러야 했는데, 정해진 버저 소리가 나올 때까지 녹음기에서 나오는 소리를 들어야 했다. 버저 소리가 들리면 그 소리를 들었다고 크게 말해야 했다. 연구팀은 두 집단 골퍼들의 성적을 비교했다. 스윙 메커니즘을 의식한 골퍼보다 그렇지 않은 골퍼가 친 공이 평균적으로 홀에 더 가깝게 떨어졌다. 레이 앨런의 경우처럼 골퍼들도 자신들의 스윙을 의식하지 않을 때 성적이 더 좋았다.

행동을 지배하는 것이 습관인지, 의식인지에 따라 선수의 성적이 바뀐다는 사실은 뇌에는 행동을 지배하는 두 개의 평행 시스템이 존재한다는 개념을 뒷받침한다. 우리가 어떤 행동을 충분히 많이 연습하면 습관 체계에 통제권이 넘어가 무의식적으로 그 행동을 하게 된다. 그럼으로써 의식의 비습관 체계는 그 행동에서 해방되어 다른 일에 몰두할 수 있게 된다.

의식계와 무의식계의 분업은 농구를 하거나 골프를 칠 때에도 멈추지 않는다. 가장 미묘한 행동을 습관이 지배하기도 하고 뚜렷한 의식이 통제하기도 한다. 그리고 어느 쪽의 지휘를 받느냐에 따라 결과는 다르게 나타날 수 있다.

가짜 미소 알아내기

거짓임을 알 수 있는 가짜 미소의 특징은 무엇인가? 가짜 미소가 어색한 이유는 무엇인가? 1862년 프랑스 신경학자 기욤 뒤센(Guillaume Duchenne)은 진짜 미소와 가짜 미소를 지을 때 사용하는 얼굴 근육이 다르다는 연구 결과를 발표했다. 두 미소 모두 입가 근육을 움직이는 것은 똑같지만 눈가 근육인 눈둘레근의 움직임은 다르다. 진짜로 웃을 때에는 입가 근육과 눈둘레근이 수축하면서 눈 옆의 피부가 당겨진다. 다음의 사진과 같이 왼쪽의 잘생긴 남자를 보면 그 사실을 알 수 있다.

치아가 조금 없지만 그가 정말 행복한 표정으로 당신을 보고 있는 것 같지 않은가? 섬뜩한 느낌도 전혀 들지 않는다. 수축된 눈가 근육을 눈여겨보자. 눈둘레근은 진짜 행복한 감정이 담긴 미소에서만 수축한다. 이에 반해 가짜 미소는 눈둘레근을 쓰지 않는다. 억지로 웃을 때에는 양 볼의 입꼬리당김근(소근)을 이용해 입술을 적당한 형태로 당기지만 눈가 근육은 수축하지 않는다. 기욤 뒤센은 이를 입증하기 위해 치아가 없는 친구의 입꼬리당김근을 전기로 자극했다. 그때 친구는 사진의 오른쪽과 같은 모습으로 웃었다.

주름이 볼에는 생기지만 눈가에는 생기지 않는다. 눈둘레근이 수축하지 않는다. 처음 사진처럼 눈 주위 피부가 세게 당겨지지 않는다. 이것이 가짜 웃음의 특징이다.[19]

진짜로 웃을 때와 가짜로 웃을 때 수축되는 근육의 차이는 뇌의 습관 체계와 비습관 체계의 분리를 보여준다. 자연스럽게 웃을 때에는 어느 한 부분의 근육이 움직인다. 이와 반대로 의식적으로 억지웃음을 지

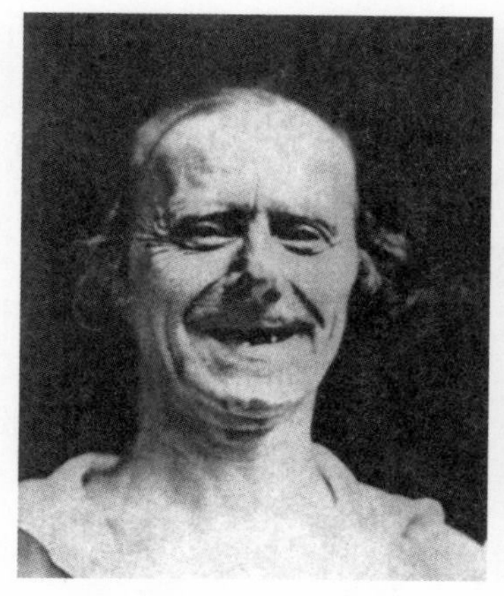
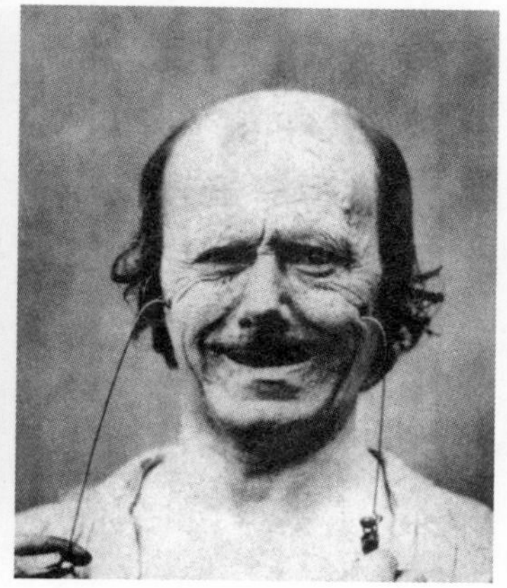

진짜 미소(왼쪽), 가짜 미소(오른쪽)

을 때에는 근육 활동의 형태가 다르므로 주위 사람들도 눈치챌 수 있다.

예를 하나 더 들어보자. 최근에 나는 내가 근무하는 병원 복도에서 동료 한 명과 마주쳤다. 그는 스마트폰에 정신이 팔린 채 복도를 걷고 있었다. 나는 그의 옆을 지나면서 "안녕하세요, 요새 그 환자는 상태가 어떤가요?"라고 물었다. 그는 "저는 잘 지내요. 당신은요?"라고 답했다. 이런 자동적인 반응은 "안녕하세요, 별일 없으시죠?"라고 물어보았을 때 나오는 대답이었지만 내 질문은 그것이 아니었다. 그는 스마트폰에 온통 정신이 팔려 있었기 때문에 습관적으로 대답했다. 나중에 그 일에 대해 물었을 때 그는 자신이 엉뚱한 대답을 했다는 것조차 기억하지 못했다. 나는 다른 일에 정신이 팔린 사람들에게 비슷한 질문을 했고 이번에도 엉뚱한 대답이 돌아오는 경우가 많았다(그리고 나도 그랬다). 흥미진진하게도 앞의 동료를 포함해 내가 질문한 대부분의 사람들은 자신들이 엉뚱한 대답을 했다는 사실을 기억하지 못했다.[20]

뇌의 이중 통제 시스템은 개입 영역이 다르며 운동을 하거나 안부 인사에 답할 때의 행동에도 서로 다른 영향을 미친다. 하지만 내 동료와 겪은 일은 이중 통제 시스템이 또 다른 면에서도 차이가 난다는 사실을 보여준다. 뇌의 이중 통제 시스템은 관련을 맺는 기억의 형태가 다르다.

우유 사오는 것을 잊어버린 이유는 무엇인가

지난 화요일 오후 연구실을 떠날 채비를 하고 있을 때 퇴근길에 우유를 사다 달라는 아내의 전화를 받았다. 나는 알았다고 했다. 나는 승강기를 타는 중에도, 주차장으로 향하는 중에도 머릿속으로 우유를 생각한다. 차에 타서 거울을 조정하고 시동을 걸면서도 다시 한 번 우유를 떠올린다. 나는 평소 다니는 길로 여느 때처럼 집을 향해 운전한다. 하지만 집에 도착해 현관문으로 향할 때 그제야 우유를 사오지 않았다는 것이 생각난다. 하지만 별로 걱정하지 않는다. 아내가 너그러운 마음으로 이해해주기도 하겠지만 강력한 신경생물학적 증거는 내가 아내의 부탁을 기억하지 못한 데 대한 그럴듯한 변명거리가 되어줄 것이기 때문이다.

뇌에 정보를 저장하고 검색하는 방법에는 여러 가지가 있다. 그 가운데 하나는 기억을 절차기억(procedural memory)과 사건기억(episodic memory)으로 나누는 것이다. 절차기억은 방법에 대한 기억으로 자전거 타는 방법, 매듭 묶는 방법, 키보드 치는 방법, 운전하는 방법 등이 해당된다. 행동 절차를 많이 연습할수록 절차기억도 강해진다. 이와 대조적으로 사건기억은 과거의 경험, 감정, 장소, 집에 오는 길에 우유를 사오기로 하는 일과 같은 생각 등에 대한 것이다. 다시 말해 평생 일어난 여러 사건을 기억하는 방법이다.

절차기억과 사건기억은 저장하는 정보 유형도 다르지만[21] 일어나는 뇌의 영역도 서로 다르다. 사건기억은 뇌 안쪽 깊숙이 관자엽 옆에 위치한 해마에 저장된다. 사건기억은 습관화되지 않은 행동을 할 때 활성화되고 십자형 미로 속의 생쥐처럼 습관적 행동을 할 때는 잠잠하다. 반대로 절차기억은 바깥줄무늬체에서 일어난다. 이곳이 습관 형성을 책임지는 영역과 일치하는 것은 우연이 아니다.

쥐의 해마에 전류를 흘려보내 일시적으로 해마를 차단하면 훈련하지 않은 쥐는 미로에서 길을 전혀 찾지 못한다. 어디에 있는지, 어디로 가야 하는지, 미로 속에서 무엇을 해야 하는지 기억하지 못한다. 기억을 저장하고 검색할 해마가 활동하지 못하기 때문에 방향 감각을 잃은 쥐는 아무렇게나 이리저리 뛰어다닌다. 하지만 충분히 훈련한 쥐는 해마가 차단되어도 평소처럼 곧장 직진한 뒤 좌회전한다.[22] 이런 습관적 행동은 바깥줄무늬체의 담당이기 때문이다. 해마는 습관에는 관여하지 않기 때문에 해마를 비활성화시켜도 쥐가 무의식적으로 길을 찾아 움직이는 데는 아무 영향도 미치지 못한다.

그렇다면 이것은 내가 퇴근길에 우유 사오는 것을 잊어버린 이유와 무슨 상관이 있는가? 앞에서 이야기했듯이 부주의한 운전자는 회사에 도착했을 때 자신이 그곳까지 어떻게 운전하고 왔는지 기억하지 못한다. 습관적으로 운전했기 때문이다. 습관적 행동은 오직 절차기억을 검색하고 저장하기만 하면 된다. 습관 체계를 이용해 행동하면 그 행동에 대한 기억은 사건기억을 이용하는 해마에는 저장되지 않는다. 출근길 운전자가 그날 아침 운전을 기억하지 못하는 이유도 여기에 있다. 행동은 사건기억에 저장되지 않으면 그 행동과 관련된 이미지(옥외광고판 등), 소리, 감정도 기억하지 못한다. 이렇게 이루어진 행동은 습관적 절차를 조용히 강화한다. 그것이 전부다.

습관은 사건기억에 정보를 기록하지 못할 뿐 아니라 사건기억에서 정보를 가져오지도 못한다. 사건기억에는 접근조차 불가능하다. 이것이 아내의 부탁을 기억 속에 묻어둔 채 그냥 퇴근해버린 나의 문제다. 나는 멍한 상태에서 절차기억에 운전 통제권을 넘겨준다. 그 결과 나는 사건기억에 접속하지 못해 기억해야 할 중요한 사실을 떠올리지 못한다. 나의 습관 체계는 우유를 사와야 한다는 사실을 전혀 모르고 있고 나는 습관에 운전 통제권을 넘겨주어 임무를 기억하기 어렵게 된 것이다. 그렇다고 내 잘못이 하나도 없다는 뜻은 아니다. 내 스스로가 습관에 운전 통제권을 넘겨주는 경향을 극복하려 더 열심히 노력했다면 아마도 결과는 달라졌을 것이다.

왜 배가 고프지 않은데도 먹는 것일까?

습관이 통제권을 가져가면 사건기억에 저장된 정보를 검색하는 능력은 타협을 한다. 사건기억에 저장된 맥락 관련 지식은 선택과 결정을 하는 데 정보를 제공해 장소를 인식하고 심부름을 기억하게 도와준다. 이런 맥락 관련 지식은 배고프지 않을 때에는 먹는 것을 자제해야 하는 이유도 알려준다. 그 가운데 살이 찔지도 모른다는 걱정, 건강에 대한 염려, 먹을 생각이 들지 않게 하는 포만감 등이 가장 대표적인 이유일 것이다. 하지만 배고프지 않은데도 먹을 것에 손을 뻗는다. 사람들은 그런 행동을 '나쁜 습관'이라고 하지만 진짜로 못된 습관이라거나 과학적으로 나쁜 행동이라는 의미는 아니다. 연구에 따르면 배가 부른데도 먹는 것은 습관 체계에 지배되기 때문일 수도 있다.

32명의 건강한 피험자는 컴퓨터 앞에 앉아 화면에 버튼을 누르라고 알리는 그림이 나올 때마다 버튼을 눌렀다. 피험자들이 버튼을 누를 때 옆에 있는 기계에서는 프리토스 콘칩이나 M&M 초콜릿이 나왔다. 피험자들은 기계에서 나오는 간식을 먹었다. 피험자들의 절반은 8분씩 두 번 과제를 수행했고, 나머지 절반은 8분씩 12번 과제를 수행했다. 두 번째 집단은 첫 번째 집단보다 6배나 많이 버튼을 눌렀고 나중에는 습관적으로 버튼을 누를 가능성이 더 높았다. 연구팀은 첫 번째 집단과 두 번째 집단에서 각각 버튼 누르기의 습관 여부를 확인하기 위해 그들의 뇌 활동을 관찰했다. 연구팀은 훈련 마지막에 두 번째 집단(버튼 누르기 연습을 더 많이 한 집단)의 줄무늬체 활동이 극적으로 늘어난 것을 보고 그들에게 습관이 형성된 것을 확인할 수 있었다. 왜냐하면 습관은 뇌의 줄무늬체에서 발달하기 때문이다. 연구팀은 두 번째 집단을 습관 집단, 첫 번째 집단을 비습관 집단이라 불렀다.

연구팀은 습관 발달이 음식을 먹는 행동에 얼마나 영향을 미치는지 알아보기 위해 이마엽 중간 아랫부분에 위치한 배안쪽이마앞엽겉질(복내측전전두엽피질)이라는 특정 영역의 활동을 관찰했다. 이 영역의 중요 기능은 기대 사건의 가치를 예상하는 것이다. 행동의 긍정적 강화와 부정적 강화를 관리하는 뇌의 보상 경로에서 중요한 역할을 한다. 예를 들어 허기진 상태에서 레스토랑에 앉아 있을 때 종업원이 음식을 들고 테이블로 다가오면 뇌는 식사를 기대하며 신경세포로 불꽃놀이를 한다. 배안쪽이마앞엽겉질은 이런 흥분을 불러일으키는 중요 영역 가운데 하나다. 이 영역은 어떤 특정한 경험이 높은 보상을 가져온다고 예상할 때마다 활성화된다. 이것이 긍정적 강화를 일으켜 그 행동을 계속하라고 부추긴다. 따라서 음식이 놓이기를 들뜬 마음으로 기다릴 때 배안쪽이마앞엽겉질은 높은 보상을 감지하고 신호를 멀리까지 보낸다. 하지만 일단 배가 부르면 이런 반응은 확연히 줄어든다. 종업원이 다른 음식을 가져와도 배안쪽이마앞엽겉질은 거의 반응하지 않는다. 반응이 낮아지면 먹는 행동의 가치도 낮게 평가되기 때문에 무언가를 계속 먹고 싶은 마음도 사라진다. 나아가 과학자들은 이마앞엽겉질 근처의 이 영역이 시상하부체에서 생기는 공복감까지 억제한다고 여긴다.[23] 이처럼 배안쪽이마앞엽겉질은 하나의 피드백 회로에 관여한다. 배안쪽이마앞엽겉질은 배고플 때는 먹는 행위를 긍정적으로 강화하지만 나중에는 먹고 싶은 마음을 없애고 포만감을 느끼게 만든다.

연구팀은 습관 집단과 비습관 집단의 배안쪽이마앞엽겉질 반응을 비교하기로 했다. 비습관 집단의 배안쪽이마앞엽겉질은 버튼을 누르기도 전에 간식을 기대하며 활성화되어 먹고 싶은 마음을 자극했다. 하지만 이런 활성화는 피험자들이 배가 고플 동안만 이어졌다. 배가 부르면 어떻게 될까? 비습관 집단은 연구팀의 요청대로 배가 고프지 않을 때까지 계속 음식을 먹었다. 그러고 나서 그들은 다시 과제를 수행했다. 이번에는 버튼을 누를 때 피험자들의 배안쪽이마앞엽겉질의 활동이 줄어들어 있었다. 배고프지 않은 피험자들에게는 M&M 초콜릿이나 콘칩을 먹어서 얻을 기대 보상이 매우 낮았던 것이다. 배안쪽이마앞엽겉질은 간식의 보상 가치를 이전보다 낮추면서 음식을 먹고 싶다는 마음이 들지 않게 했다.

다음은 습관 집단이 검사를 받았다. 첫 번째 실험 조건에서 피험자들이 배가 고픈 상태에서 버튼을 눌렀을 때 그들의 배안쪽이마앞엽겉질은 기대감에 찬 신호를 보냈다. 그들의 뇌가 음식에 보상 가치를 높게 매겼음을 보여준다. 다음 검사에서 피험자들은 푸짐하게 식사를 했다. 습관 집단은 배가 부른 상태에서 다시 과제를 수행했다. 연구팀은 습관 집단이 버튼을 누르는 동안 그들의 뇌 활동을 관찰했다. fMRI 결과 습관 집단의 배안쪽이마앞엽겉질은 배가 고플 때와 똑같은 수준으로 매우 활성화되었다. 그들의 배안쪽이마앞엽겉질은 식욕이 사라졌을 때에도 식욕이 왕성했을 때만큼이나 강하게 활동했다. 피드백 회로가 고장났다. 피험자들은 버튼을 누르면 간식을 먹는 행위가 습관으로 굳어졌기 때문에 뇌가 식욕을 억제시키는 데 실패했다. 실제로 배안쪽이마앞엽겉질은 보상 신호를 유지하면서 배가 고프지 않아도 먹는 행동을 긍정적으로 강화하고 있었다. 습관이 형성되어 음식 섭취는 영양소를 채우려는 욕구에 좌우되는 행위가 아니라 자동 행위 비슷한 무언가로 바뀌었다.[24]

이 실험 결과는 배고프지 않은데도 자꾸 먹으려고 하는 이유를 설명해준다. 습관 체계에 통제권을 넘기는 순간 자동으로 먹게 된다. 어쩌다가 습관 체계에 통제권을 넘겨주게 되는 것인가? 습관을 통제할 수 있는가? 절차를 따르는 습관 체계와 신중한 의식계가 행동을 지휘한다고 가

정해보자. 이 두 시스템은 따로 움직이기도 하고 함께 작동하기도 하지만 두 가지 일을 동시에 진행하지는 못한다. 의식계는 어떤 때는 운전을 하고 어떤 때는 하루 일과를 곰곰이 생각하지만 두 가지 일을 동시에 하지는 못한다. 의식계가 생각에 잠기면 운전은 습관 체계가 대신 맡는다. 머릿속에 떠오르는 이런저런 생각을 그냥 둔 탓에(이른바 멍한 상태) 의식(비습관 체계)은 행동 권한을 빼앗긴다. 우리는 사건기억에 접속하지 못하고 마음을 괴롭히는 더 큰 문제에 골몰하게 된다. 그리고 지금 하고 있는 일상적인 일의 통제권은 습관 체계가 가져간다.

이런 현상은 텔레비전 앞에서 무언가에 집중하지 못할 때 흔히 일어난다. 의사들은 과식할 수 있기 때문에 텔레비전을 보면서 밥을 먹지 말라고 강조한다. 수동적으로 텔레비전을 보는 순간 텔레비전이 의식계의 독점권을 가져간다. 그러므로 텔레비전을 보면서 포테이토칩을 먹으면 습관 체계가 그 행동을 장악한다. 부주의한 운전자가 습관적으로 도로를 달리는 것과 마찬가지로 식사에 집중하지 못하는 사람도 〈사인펠드(Seinfeld)〉 재방송에만 정신이 팔려 있기 때문에 아무 생각 없이 포테이토칩을 다섯 봉지나 먹을 수 있다. 불행히도 습관 체계는 사건기억에 접속할 수 있는 권한이 없기 때문에 복통, 체중 증가, 심장병에 대해서는 아무것도 모르고, 심지어 적정 한도의 개념도 알지 못한다.

멍한 상태에 있을 때에는 의식적으로 행동을 통제하는 능력이 유예되고 미리 프로그램된 절차에 따라서만 행동한다. 만약 이런 자기통제 능력을 무한정 잃는다면 어떤 일이 일어날까? 영구적인 자기점검 능력 상실은 이마엽이 손상되었을 때 생길 수 있는데, 이 영역에 배안쪽이마앞엽겉질이 위치해 있기 때문이다. 뇌가 중앙에서 행동을 통제하고 점검

하는 능력을 잃으면 생각하고 결정하는 능력도 잃게 된다. 뇌가 습관 모드로 바뀌면서 행동도 습관적인 패턴을 따르게 된다.

집행 기능의 고장

—

인지신경과학에서는 계획 수립, 의사결정, 집중력 통제, 자기감시 등을 비롯해 뇌의 가장 고차적인 기능을 설명할 때 '집행 기능(executive function)'이라는 용어를 쓴다. 뇌와 집행 기능의 관계는 기업과 CEO의 관계와 같다. 집행 기능을 통해 사고방식과 행동방식을 광범위하게 통제할 수 있기 때문이다.

이마엽이 손상되어 집행 기능이 떨어진 사람들은 계획을 짜고 이성적 판단을 내리는 능력뿐 아니라 행동을 조절해 원만한 사회생활을 유지하는 능력도 잃을 수 있다. 더욱이 그들은 습관적 행동과 비슷한 행동을 하는 경향이 있다. 러시아의 20대 공학도 블라디미르는[25] 축구공을 찾으러 철길에 들어갔다가 열차에 치여 이마엽을 다쳤다. 안타깝게도 그는 결정을 내리고 고차적인 사고를 하는 능력을 잃었다. 대부분 그는 가만히 앉아 텅 빈 공간을 멍하니 바라보았다. 간호사들이 말을 걸 때마다 그는 무시하거나 욕설을 퍼부었다. 심지어는 간단한 지시 사항마저도 잘 따르지 못했다. 종이를 주고 원을 그려보라고 했을 때 그는 검사관을 멍하니 쳐다보며 아무것도 하지 않았다. 보다 못한 검사관이 그의 손을 잡고 원을 그리는 것을 도와주었다. 마침내 블라디미르는 스스로 원을 그리는 데 성공했지만 멈추지는 못했다. 그는 검사관이 억지로 종이에서 손을 떼어낼 때까지 계속해서 원을 그리고 또 그렸다. 블라디미르는 절차기억에 따라 성공적으로 원을 그리게 되었지만 이마엽이 손상되어 스스로 알아서 원 그리기를 멈추지는 못했다.

이마엽의 기능 상실을 훨씬 극적으로 생생하게 보여주는 또 다른 예로 외계인손증후군(alien hand syndrome)을 들 수 있다. 이 증후군의 환자는 근처에 있는 물건을 잽싸게 낚아채지만 의도한 손놀림이 아니다. 자동적인 것이다. 때로는 제멋대로 물건으로 손이 나가 다른 손으로 그 움직임을 막아야 할 수도 있다. 이 증후군에 대한 사례 보고서를 살펴보면 어떤 환자는 자신의 '외계인' 팔다리를 보고 비명을 질렀더니 팔다리가 사라졌다고 했고, 또 어떤 환자는 외계인 손이 자신의 목을 조르려 했다고 했다.[26] 외계인 팔다리는 다른 신체 부위의 행위를 툭하면 방해한다. 이를테면 정상 손이 셔츠 단추를 잠그면 외계인 손이 잠긴 단추를 푼다. 또한 환자 자신의 외계인 손이 다른 손에 들린 물건을 악의적으로 낚아챈다고도 말한다.[27] 이마엽의 기능 상실은 그 환자들의 팔이나 다리를 완전히 제멋대로 움직이게 만드는 것이다.

프랑스 신경학자 프랑수아 레르미트(François Lhermitte)는 이마엽이 손상된 환자가 어떤 식으로 주변의 물건이나 도구를 사회적으로 부적절하게 사용하는지에 대한 연구로 알려지게 되었다. 한 실험에서 프랑수아 레르미트는 이마엽이 손상된 환자를 연구실로 불렀다. 프랑수아 레르미트는 문가 탁자 위에 그림 액자를 올려놓고 그 옆에는 망치와 못을 두었다. 연구실에 도착한 환자는 탁자에 있는 그림 액자와 공구를 보고 망설임 없이 벽에 못을 박고 그림을 걸었다.[28] 물론 누가 부탁해서 한 행동은 아니었다. 망치와 못을 보자 평소 그것으로 하던 행동 습관이 본능적으로 튀어나온 것이었다. 이는 부주의한 운전자가 신중하게 운전해야 하는 상황에서도 습관적으로 운전대를 잡고 있는 것과 비슷하다. 집행 기능이 발휘되어 더 나은 판단력으로 막지 않으면 습관 체계가 통제권을 이어받아 평소 몸에 밴 행동을 그대로 한다.

또 다른 실험에서는[29] 이마엽이 손상된 환자 두 명을 불렀는데, 한 사람은 아이를 여러 명 둔 엄마였고, 다른 한 사람은 직장을 다니는 독신 남자였다. 두 사람이 안내받은 곳은 침대가 정리되지 않은 방이었다. 아이를 둔 엄마부터 먼저 방에 들어갔다. 그녀는 방에 들어가자마자 침대로 성큼성큼 걸어가 시트를 걷고 베개를 털고 꼼꼼한 손길로 이불을 판판하게 정리했다. 연구팀은 다시 침대를 어질러놓은 뒤 독신 남자를 방으로 들어가게 했다. 남자는 곧바로 침대로 걸어가 털썩 눕더니 낮잠을 잤다. 처음 실험과 마찬가지로 이번 실험에서도 집행 기능의 손상이 원인이 되어 두 환자는 습관적 행동을 자동으로 보였다. 다만 이번 실험에서는 성 역할의 고정관념까지 보여주었다.

프랑수아 레르미트가 증명한 것처럼 이와 같은 행동은 '사용 행동(utilization behavior)'이라 하며 피험자는 실험에 쓰인 물건이 사용할 줄 아는 익숙한 물건일 때에만 그런 행동을 보였다. 비흡연자와 흡연자(두 사람 모두 이마엽이 손상되었다) 앞에 담배와 라이터를 두었을 때 흡연자만 담배에 불을 붙였고 비흡연자는 아무 행동도 하지 않았다. 비흡연자는 흡연 습관이 없었기 때문에 흡연자와 같은 자동 반응은 보이지 않았다.[30]

이마엽이 손상되었을 때의 이런 자동행동은 습관 반응과 똑같은 것인가? 정확히 똑같지는 않다. 이마엽 손상은 후유증의 범위가 매우 넓기 때문에 100퍼센트 똑같은 증상을 보이지 않는다. 이마엽 손상 환자들의 행동에서는 습관 행동의 요소가 관찰된다. 그들은 이마엽만 손상되고 고장난 것일 뿐 습관 행동을 책임지는 줄무늬체는 멀쩡하다. 뇌는 집행 기능이 고장나면 습관 의존도가 높아지면서 더 자동적이고 정형화된 행동을 많이 한다.

부상 때문이든 다른 일에 정신이 팔려 있기 때문이든 집행 기능이 결손되면 뇌는 다른 수단에 의지해 행동을 하게 만들고, 결국 자동행동을 하게 된다. 잠깐일지라도 자동조종 상태에 빠져 자신은 의식하지도 못하는 사이에 행동하게 된다. 좀비처럼 말이다. 여기서 의문이 생긴다. 뇌의 자동 처리 기능이 우리를 대신해 운전을 하고, 사진 액자를 걸고, 침대까지 정리한다면 또 어떤 일을 할 수 있을까?

자동조종 상태에서의 살인

—

캐나다 토론토에 사는 스물세 살의 케네스 파크스(Kenneth Parks)는 전자회사에서 안정적인 일자리를 갖고 있었다. 결혼한 지는 2년 정도 되었으며 5개월 된 예쁜 딸도 있었다. 케네스 파크스는 친부모보다 가깝게 느낄 정도로 처가와의 사이도 무척 좋았다. 케네스 파크스의 장모는 그를 "우리 상냥한 거인"이라고 불렀다.

1987년 봄, 케네스 파크스는 몇 가지 최악의 선택을 하면서 압박감에 시달렸다. 그는 도박에 빠졌다. 경마를 하면서 승률은 가장 낮지만 우승 배당금은 제일 높은 말에 거액을 걸었다. 그는 도박으로 수없이 돈을 잃고 결국에는 아내에게 그 사실을 감추기 위해 회삿돈에 손을 대기 시작했다. 공금 횡령을 계속 감추어야 했던 탓에 회사생활도 악몽이나 다름없었다. 마침내 횡령 사실이 들통났고 고소를 당했다. 집까지 경매로 넘어가면서 더 이상 아내에게 도박 사실을 숨기기 어려웠다.

케네스 파크스는 그동안 진 많은 빚 때문에 밤에 한숨도 못 잘 때가 많았다. 간신히 잠이 들어도 불안감에 가슴이 벌렁거려 한밤중에도 자주 잠에서 깼다. 익명의 도박자 모임에 다니기 시작한 후 그는 가족과 처가에 자신의 상황을 솔직히 털어놓을 시간이 되었다고 마음먹었다. 케네스 파크스는 식구들이 모이기 전날 밤에도 밤을 꼴딱 샜다. 다음 날 아침 몸과 마음이 엉망이 된 그는 아내에게 가족회의를 다음날로 미루자고 말했다. 5월 23일 토요일 새벽 1시 30분, 케네스 파크스는 소파에서 간신히 잠이 들었다.

이후 케네스 파크스가 기억하는 것은 공포에 물든 채 마룻바닥에 쓰러져 죽어 있는 장모의 얼굴을 내려다보고 있던 순간이었다. 그는 차로 달려갔다. 핸들로 손을 뻗으려는데 피가 뚝뚝 떨어지는 칼이 손에 들려 있었다. 그는 칼을 내던지고 곧장 경찰서로 차를 몰고 달려가 말했다. "제가 사람을 죽인 것 같습니다."

여러 번 심문했지만 케네스 파크스의 대답은 똑같았다. 그는 잠들었을 때부터 장모의 얼굴을 본 순간까지의 일을 기억하지 못했다. 하지만 수사관이 알아낸 사실에 따르면 케네스 파크스는 기억하지 못하는 그 순간 동안 아주 많은 일을 했다. 그는 소파에서 일어나 구두를 신고 재킷을 입은 후 밖으로 나가 차로 23킬로미터를 운전했고, 교통신호에 걸려

세 번 멈추어 섰으며, 처가로 가서 말다툼을 하다 장인은 목 졸라 죽이고 장모는 칼로 찔러 죽였다. 하지만 케네스 파크스는 하나도 기억하지 못했다.

의학적 검사에서도 신체질환이나 약물 남용의 징후가 발견되지 않자 사건의 실마리를 찾기 위해 정신과 의사 네 명으로 구성된 팀이 소집되었다. 케네스 파크스도 자신이 저지른 짓에 경악하고 있었고 사전 모의 증거도 나오지 않았다. 장인과 장모를 죽여도 아무 이득이 없었기 때문에 살해 동기도 불분명했다. 또한 그는 분노조절장애 같은 질병도 없었다. 지능은 평범한 수준이었고 망상이나 환각, 다른 정신병을 앓고 있지도 않았다. 정신과 의사들은 의학적으로 케네스 파크스가 아무 질병도 없다는 사실에 경악하면서 사건의 해결책을 찾지 못했다.

마침내 신경학자가 수면장애와 관련 있을지도 모른다는 의견을 내놓았다. 케네스 파크스는 분절 수면(fragmented sleep, 깊이 자지 못하고 자다 깨다를 반복하는 증상 — 옮긴이)과 몽유병을 앓은 이력이 있었고, 가족 중에도 같은 증상을 겪은 사람이 많았다. 케네스 파크스의 몽유병은 어린 시절까지 거슬러 올라간다. 한번은 잠든 상태로 창에 올라간 그를 형제들이 끌어내려 억지로 침대에 눕힌 적도 있었다. 또 그는 야뇨증, 야경증(밤공포증), 잠꼬대 등의 증상도 보였는데, 이는 모두 몽유병과 관련이 있었다. 사건에 투입된 신경학자는 잠을 잘 때의 뇌파, 눈동자 움직임, 심박수, 호흡수, 근육 움직임 등을 동시에 측정하는 수면다원기록기를 이용해 케네스 파크스의 숙면을 평가했다. 그 결과 그는 서파 수면(slow-wave sleep, 대뇌겉질에서 조금 느린 뇌파가 뇌 전반에 흐르는 수면 상태 — 옮긴이)이 비정상적일 정도로 높게 나타났다. 이는 만성 몽유병 환자가 흔히 보이는 증상이었다. 이런 증거물을 모두 모아 법정에 제출했다. 법정은 케네스 파크스가 몽유병 상태에서 장인을 공격하고 장모를 살해했다는 결론을 내렸다. 케네스 파크스는 두 건의 기소에서 모두 무죄 판결을 받았다.[31] 다음은 판사의 판결문이다.

> '자동행동'이라는 말이 법정에 등장하기 시작한 것은[32] 비교적 최근이지만 자유 의지가 결여된 상태에서 한 관련 행동은 항상 범죄에 대한 변론이 된다는 것이 기본 원칙이다. 행동이 비자발적이라는 변론은 피고인에게 완전하면서도 한정적인 무죄의 자격을 부여한다…… 관습법상 다른 때에는 범죄가 될 수 있는 일일지라도 무의식이나 반의식 상태에서 저지른 범죄 행위는 유죄가 아니었다. 또한 정신질환이나 사고력 결핍 때문에 행동의 본질이나 특성을 제대로 판단하지 못하거나 그런 행위를 하는 것이 잘못되었음을 판단하지 못할 때에도 마찬가지로 책임을 지지 않았다. 인간은 단지 의식적이고 의도적인 행위에 대해서만 책임을 진다는 것이 형법의 기본 규율이다.

그 끔찍한 밤에 케네스 파크스의 뇌에서 벌어졌을지도 모르는 일을 잘 이해하려면 수면의 4단계를 살펴보아야 한다. 1단계는 잠이 들락 말락 하는 상태로 잠에서 쉽게 깨며, 깬 다음에는 자신이 자고 있었다는 것조차 깨닫지 못할 수 있다. 2단계는 근육의 긴장이 풀리는 상태이지만 가끔은 자발적 근육 수축이 일어날 수 있다. 심박수가 느려지고 체온이 낮아지면서 깊은 수면에 들어갈 채비를 마친다. 3단계[33]는 서파 수면이라고도 하는데, 전체 수면 사이클 가운데 가장 깊은 잠에 빠지는 단계다. 야경증이나 야뇨증은 이 서파 수면 단계에서 생기며 몽유병 증상도 이 단계에서 나타난다. 마지막은 근육이 완전히 마비되는 렘수면 단계다. 이 렘수면 단계에 들어갔을 때 생생한 꿈을 꾸게 된다. 근육이 마비되어 있으므로 꿈이 생생해도 실제로는 움직이지 못한다. 그러나 서파 수면 단계에서 꾸는 꿈은 그렇지 않을 수 있다. 그리고 앞에서도 이야기했듯이 케네스 파크스는 이 서파 수면 단계가 비정상적으로 매우 길었다.

몽유병은 자신도 통제하지 못하는 자동 처리과정이 어떻게 한 사람의 행동을 지배해 비극적인 결과를 가져올 수 있는지를 보여주는 불가사의한 사례다. 미국수면의학회는 몽유병이 나타난 상태에서 벌어진 사건은 다음과 같은 공통점을 보인다고[34] 결론내렸다.

1. 진행되는 동안에는 장본인을 잠에서 깨우기 어렵다.
2. 깬 후에는 정신적으로 혼란스러워한다.
3. 상황을 전체 또는 부분적으로 기억하지 못한다.
4. 잠재적으로 위험한 행동을 한다.

몽유병에 대한 보고서를 살펴보면 무거운 물건을 던지고, 침실 창밖으로 뛰어내리며, 심지어 잠들어 있는 상태에서 성행위를 하는 등 온갖 행동이 모두 포함되어 있다. 잠들어 있는 동안의 성행위는 학문 용어로 '수면섹스장애(sexsomnia)'[35]라고 한다. 인간이 잠들어 있는 동안에도 복잡한 행동을 할 수 있다는 것을 보여주는 또 다른 놀라운 사례다.

몽유병 증상을 보이는 상태에서 잠재적으로 위험한 행동을 하는 사람은 대개 자신이 한 행동을 기억하지 못한다. 몽유병 환자들은 배우자나 다른 사람을 통해 자신이 몽유병에 걸린 사실을 알게 된다. 몇몇 사람은 갑자기 잠에서 깨어났을 때 그곳이 잠들었던 장소와 다른 곳임을 깨닫고 자신에게 몽유병이 있음을 알게 된다. 몽유병 환자들은 왜 잠들었을 때 자신이 했던 행동을 기억하지 못하는 것일까? 뇌가 활동을 멈추고 있어서 주변 상황에 대한 정보를 처리할 능력이 없기 때문이라고 생각할 수도 있다. 어쨌거나 그들은 '잠을 자고' 있다. 하지만 뇌는 서파 수면 중에도 꽤 활발히 움직인다. 서파 수면에서는 단순한 꿈을 꾸는데, 이 단계에서는 근육이 아직 마비되지 않았기 때문에 뇌는 근육 수축과 복잡한 움직임까지도 작동시킬 수 있다.

바꾸어 말하면 자신의 몽유병 증상을 기억하지 못하는 이유는 그런 사건이 뇌의 사건기억에 기록되지 않기 때문이다. 몽유병 환자는 부주의한 운전자와 공통점이 있다. 부주의한 운전자도 오전에 있을 프레젠테이션에 정신이 팔려 출근길 운전을 어떻게 했는지 기억하지 못할 수 있다. 운전자는 운전하면서 떠오른 프레젠테이션 아이디어는 기억하지만 운전이라는 복잡한 행동에 대해서는 기억하지 못한다. 그렇다면 몽유병 환자의 정신을 차지하는 것은 무엇일까? 바로 꿈이다.

가끔 꿈 내용을 기억할 때도 있지만 기억하지 못할 때도 많다. 연구 결과에 의하면 꿈을 기억하느냐, 못 하느냐는 어떤 단계에서 꿈을 꾸었는지에 따라 달라진다. 렘수면 동안 꾼 꿈은 75퍼센트 정도 기억한다. 반대로 몽유병 증상이 나타나는 단계인 서파 수면에서 꾼 꿈은 60퍼센트 미만으로 기억한다.[36] 왜 이렇게 차이가 나는지는 알 수 없다. 서파 수면일 때 꾸는 꿈은 렘수면 동안의 꿈보다 짧으며 진짜 꿈이라기보다는 보통 서로 밀접하게 연관된 여러 생각에 가깝다.[37] 정상 서파 수면에서 짧막한 꿈을 꾸고 그 꿈의 절반 이상을 기억한다면 몽유병은 꿈에 어떤 영향을 미치며, 그 꿈은 어떻게 기억되는가? 2009년 몽유병 연구는 이 부분을 집중 탐구했다.

적어도 2년 동안 관찰한 몽유병 환자 46명이 연구에 참여했다. 연구팀은 그들에게 몽유병[38]이 나타난 상태에서 꾼 꿈을 기억하고 묘사할 수 있는지 물었다. 그러고는 피험자들이 꿈을 기억하는지, 기억한다면 어떤 꿈인지에 대해 자료를 수집했다. 그 결과 피험자의 71퍼센트가 기억하는 꿈의 일부는 적어도 몽유병 증상을 보이며 했던 행동과 관련이 있었다. 꿈을 기억하는 대부분의 피험자(84퍼센트)는 꿈이 굉장히 무섭거나 불쾌했다고 말했다. 다음의 표[39]는 피험자들이 설명한 꿈의 내용과 그들이 몽유병 증상을 보이며 했던 행동을 보여준다.

피험자들은 몽유병 증상이 나타났을 때 꾼 꿈의 내용은 기억하면서도 몽유병을 보인 사실이나 몽유병이 나타났을 때 했던 행동은 기억하지

꿈의 내용	방을 같이 쓰는 사람이나 본인이 설명한 몽유병 증상
달려오는 트럭에 치이기 직전	침대 밖으로 나가 베란다 밖으로 뛰어내리려 함
아기가 위험에 처해 있음	아기를 부둥켜안고 방 밖으로 달려나감
거미가 기어오고 있어서 거미를 익사시키려 했음	침대에 침을 뱉기 시작했음
사람들이 뒤를 따라오고 있음	집 지붕으로 기어 올라갔음
여자 친구가 위험에 빠져서 구해야 했음	여자 친구를 잡고 침대 밖으로 휙 밀쳐냈음

못했다. 그들은 사건 직후 일어났던 일들을 한데 모아 짜맞추어보는 것이 전부였다. 의식의 분석력이 훼손되었든 다른 일에 몰두했기 때문이든 의식이 행동을 분석하지 못하게 되면 행동의 통제권은 자동 시스템으로 넘어간다. 표에 나타난 행동을 살펴보면 꿈 내용과 몽유병 행동 사이에는 명백한 유사점이 있다. 몽유병 증상을 보이는 동안 정신은 내적 환상에 사로잡히고 몸은 자동조정장치로 조종된다. 몽유병 환자는 마치 자동인형처럼 꿈에서의 행동을 그대로 한다.

케네스 파크스는 잠을 잘 못 잤고 매우 심한 압박감에 시달렸다. 그는 심리적으로 한계점에 다다른 순간 그동안 가족을 파탄으로 몰아넣은 자신의 거짓말과 신중하지 못했던 행동을 처가에 그대로 털어놓기로 결심했다. 그의 정신 상태는 언제 깨질지 모를 정도로 약해져 있었기 때문에 밤사이에 그의 머릿속에 환상이 슬금슬금 비집고 들어왔을 수 있다. 어쩌면 꿈속에서 장인과 장모를 대면할 순간을 피하는 방법을 찾아 헤맸을지도 모른다. 유일한 방법은 그가 장인과 장모를 만나기 전에 그들이 죽는 것이었다. 잠에 빠진 것이 아니라 자신의 행동을 의식적으로 돌아볼 수 있었다면 케네스 파크스는 살인을 저지르지도 않았을 것이다. 그러나 꿈에서라면 사람은 무엇이든 상상할 수 있다.

케네스 파크스의 정신이 전날 밤 꾼 꿈에서 헤어 나오지 못하고 있었던 것일 수도 있다. 의식계가 행동을 점검하지 못했기 때문에 자동 시스템이 행동의 통제권을 지배했다. 그는 23킬로미터가 넘는 거리를 운전하는 내내 최악의 부주의한 운전자였고 도착한 후에는 살인을 저질렀다. 모두 자동조종장치에 지배되어 저지른 행동이었다. 분명히 좀비는 '실재'하며 어떤 잔혹한 행동도 할 수 있다.

뇌에는 행동을 지배할 수 있는 자동 시스템이 깔려 있다. 미로에서 잘못된 방향으로 쥐를 이끄는 것이든 한 남자를 살인범으로 만드는 것이든 이 자동 시스템이 우리에게 절대로 득이 되지 않을 행동을 하게 만든다는 사실은 한 가지 문제를 분명히 보여준다. 왜 이런 자동 시스템이 존재하는가? 자연선택이 이 자동 시스템을 유지시킨 이유는 무언가 득이 되는 점이 있기 때문일 것이다. 그렇다면 이 자동 시스템이 있음으로써 우리가 얻는 장점은 무엇인가?

멀티태스킹을 위한 두 개의 시스템

빌리 조엘은 1973년에 처음 발표한 〈피아노 맨(Piano Man)〉에서 피아노와 하모니카를 동시에 연주했다. 악보를 따라가며 두 손으로 피아노를 치는 것도 충분히 어렵지만 동시에 다른 악기를 연주하기란 결코 쉬운 일이 아니다. 그는 어떻게 두 가지 악기를 동시에 연주할 수 있을까? 빌리 조엘이 다른 사람은 접근할 수 없는 능력을 갖게 된 것이라고 말하고 싶을 수 있다. 하지만 빌리 조엘의 생각은 다르다. 앨릭 볼드윈이 2012년에 빌리 조엘을 인터뷰했을 때 그는 자신의 피아노 연주 실력에 대해 다음과 같이 말했다.

빌리 조엘 : 피아노를 잘 치는 것에 대해 말하면[40] 나는 잘 치는 편이 아닙니다. 나는 왼손을 잘 움직이지 못합니다. 왼손은 손가락 두 개로만

피아노를 칩니다.

앨릭 볼드윈 : 그 반대가 아니라요?

빌리 조엘 : 왼손을 어떻게 써야 하는지 잘 아는 사람들과는 반대죠. 나는 왼손 손가락 전체를 사용해서 충분히 연습한 적이 없습니다. 그냥 옥타브 몇 개와 베이스 노트만 치는 수준이죠. 대신 오른손이 부족한 왼손을 보완하기 위해 열심히 노력하죠. 그래서 오른손은 연주를 아주 많이 합니다. 제 테크닉은 아주 형편없어요.

왼손은 충분히 연습을 하지 못하기 때문에 복잡한 베이스 노트를 치기 힘들다는 사실을 빌리 조엘은 겸손하게나마 솔직히 말하고 있다. 그렇다면 하모니카도 함께 연주할 수 있었던 비결은 무엇일까? 그는 피아노로는 손이 자동으로 움직일 정도로 충분히 쉬운 패턴의 단순한 옥타브나 단음만 연주한다. 의식하지 않아도 손가락이 간단한 조합을 자동으로 연주하기 때문에 그는 두 번째 악기로 멜로디를 연주하는 데 집중할 수 있다.

인터뷰에서 빌리 조엘은 악보 읽는 능력도 뛰어나지 않다고 시인했다.

앨릭 볼드윈 : 제가 당신이 모를 만한 음악을 가져오면, 그러니까 악보를 가져와서 당신 앞에 놓아드릴게요. "이걸 한번 쳐……."

빌리 조엘 : 그냥 중국어를 들이미세요.

빌리 조엘이 하모니카를 부는 동안 악보의 피아노 부분을 연주한다고 상상해보자. 아마 잘 되지 않을 것이다. 대신에 빌리 조엘은 한 악기는 자동으로 연주가 될 정도로 음악을 아주 쉽고 단순하게 만들었다. 그것이 그가 두 가지 악기를 동시에 연주할 수 있는 비결이다.

차를 운전하거나 음악을 연주하거나 계단을 올라가는 것이 습관이 되면 의식적으로 노력하지 않아도 훨씬 빠르게 잘할 수 있다. 심지어 더 좋은 결과가 나오기도 한다. 일부 특정 행동을 자동적으로 할 수 있다는 것의 진짜 장점은 멀티태스킹이 가능해진다는 점이다.[41] 습관이 알아서 운전을 하기 때문에 정신이 팔린 운전자는 곧 있을 프레젠테이션 생각에 집중할 수 있다. 빌리 조엘이 피아노와 하모니카를 동시에 연주할 수 있었던 이유는 의식적으로 노력하지 않아도 피아노를 칠 수 있기 때문이다. 걷는 행동도 어느 정도까지는 연습이 뒤따른 자동행동이다. 길을 걸으며 전화 통화를 해도 넘어지지 않는 것은 다리를 움직이고 발을 내딛는 데 의식적으로 집중할 필요가 없기 때문이다.

이런 종류의 멀티태스킹이 일어나고 있다는 사실을 입증하려면 어떻게 해야 하는가? 먼저 어떤 행동을 온 힘을 다해 연습해 습관으로 만들고, 그런 다음 그 행동과 다른 두 번째 행동을 같이 하더라도 첫 번째 행동의 효율이나 성과에는 거의 또는 전혀 지장을 주지 않는다는 사실부터 입증할 수 있어야 한다. 일리노이대학 연구팀이 그에 대한 실험을 했다.[42] 연구팀은 39명의 피험자에게 조이스틱으로 우주선을 조종하는 〈스페이스 포트리스〉라는 컴퓨터게임을 알려주었다. 조이스틱 버튼으로 미사일을 발사해 스크린 중앙에 있는 우주 요새를 파괴하는 것이 게임 목표였다. 임무를 수행하는 동안 우주선이 부서지지 않게 가상 환경 여기저기에 배치된 지뢰를 피해야 했다. 요새에 미사일을 정확히 맞히면 점수를 얻고 지뢰에 우주선이 부딪히면 점수를 잃었다. 게임 설정의 복잡성은 실제 도로에서 다른 차량을 피해 목적지까지 안전하게 운전해야 하는 운전자의 상황과 비슷할 수 있었다.

〈스페이스 포트리스〉는 1번 과제였다. 2번 과제는 청취였다. 피험자들은 차례로 들려주는 소리를 들은 후 나머지 소리와 다른 소리를 찾아야 했다. 이 실험은 소리의 주파수가 비슷하면 참가자가 세심한 주의를 기울여야 하는 어려운 과제일 수 있었다.

피험자들은 과제 수행방법을 들은 후 실험을 시작했다. 피험자들이 소리 듣기 과제만 따로 할 때 다른 소리를 찾아내는 정답률은 97퍼센트였다. 피험자들은 이번에는 〈스페이스 포트리스〉 게임을 하면서 소리를 찾아내는 과제를 다시 했다. 정답률은 썩 좋지 않았다. 연습하지 않은 상태에서 〈스페이스 포트리스〉 점수는 마이너스대였다. 다시 말해 요새에 미사일을 성공적으로 맞히기보다는 지뢰에 더 많이 부딪혔다. 게다가 피험자들은 두 과제로 주의를 분산시켜야 했기 때문에 청취 과제의 정답률은 평균 82퍼센트에 불과했다.

다음 실험 단계에서 피험자들은 〈스페이스 포트리스〉 게임만 했다. 총 20시간에 걸쳐 여러 번 반복해서 했다. 연구팀은 어느 정도 게임에 능숙해진 피험자들에게 게임을 하면서 소리 듣기 과제도 함께하게 했다. 이 실험에서 피험자들은 요새에 꽤 정확하게 미사일을 맞혔으며 소리 듣기 과제의 정답률도 91퍼센트로 올랐다. 이 결과를 어떻게 해석해야 할까? 연습하지 않은 상태에서는 두 과제를 하기 위해 의식적으로 주의를 분산시켜야 했고 그로 인해 주의력이 떨어져 전체 성적에 나쁜 영향을 미쳤다. 이와 반대로 충분히 연습한 피험자들은 어느 정도 자동적으로 게임을 할 수 있었던 덕분에 소리 듣기 과제에 좀더 집중할 수 있었고 게임 성적도 아주 조금만 떨어질 수 있었다. 이 같은 결과는 〈지뢰 찾기〉 게임을 하다 상사에게 걸리더라도 변명할 거리가 될 수 있다.

연구팀은 EEG를 이용해 참가자들의 뇌 활동을 관찰했다. 연구팀은 게임 연습 전후의 뇌신경 활동의 분포를 관찰하면 두 가지 과제를 동시에 수행할 때의 뇌가 어떤 식으로 자원을 배분하는지에 대해 단서를 얻을 수 있을지도 모른다고 기대했다. 피험자들이 요새에 미사일을 맞힐 때마다 EEG 기록에는 특유의 파형이 나타났다. 또한 피험자들이 소리를 들을 때에도 비슷한 정도의 신경 활동이 늘어났다. 게임 연습 전에는 미사일을 맞혔을 때와 소리를 들었을 때의 EEG 파형의 크기가 비슷한 수준이었다. 하지만 20시간 동안 연습한 뒤에는 달랐다. 미사일을 맞혔을 때 나타나는 EEG 파형이 크게 잠잠해졌다는 것은 신경 자원이 게임에는 거의 배분되지 않음을 의미했다. 반대로 소리 듣기 과제를 할 때에는 신경 활동이 크게 늘어났다. 참가자들은 어느 정도 자동조종 상태로 게임을 할 수 있게 되었기 때문에 소리 듣기 시험의 정답 맞히기에 처리 능력을 더 많이 집중할 수 있었다. 행동학과 전기생리학 결과 모두 자동으로 첫 번째 과제를 수행할 수 있으면 두 번째 과제에 정신적 자원을 더 많이 할당할 수 있다는 것을 보여주었다. 이렇게 해서 멀티태스킹이 가능해진다.

몇 가지 복잡한 일에 자원을 배분하는 것은 어렵지만 뇌는 우리를 대신해 그 작업을 해준다. 우리는 뇌가 가진 두개의 평행 시스템을 이용해 행동을 통제한다. 이 두 시스템은 기억 형태에 따라 강점도 다르고 접근법도 다르다. 습관 체계는 절차 위주이며 프로그래밍이 가능하고 빠르다. 습관 체계는 익숙한 출근길을 운전하거나 미로에서 망설임 없이 왼쪽으로 방향을 꺾는 것과 같은 일상적인 일을 효율적으로 수행할 수 있게 해준다. 이런 습관 체계의 자동성 덕분에 두 번째 시스템을 동시에 운용할 수 있다. 두 번째 시스템은 의도적이고 의식적인 분석이 필요한 작업을 한다. 습관 체계보다는 느릴지 몰라도 유연성은 더 높다. 뇌의 두 번째 시스템은 평소 다니는 도로가 공사 때문에 막혀 다른 경로를 찾아야 할 때처럼 상황 변화에 대처할 수 있다. 컴퓨터가 알아서 램의 여유 공간을 만들어내듯이 뇌는 나름의 논리를 이용해 자동 처리가 가능한 작업은 알아서 자동으로 처리한다. 그 덕분에 우리가 선택한 다른 일에 의식적으로 노력을 기울일 수 있다.

멀티태스킹의 핵심은 습관적으로 해도 잘할 수 있는 작업이 한 가지 있어야 한다는 것이다. 예를 들어 오렌지 껍질을 까는 일은 좋아하는 텔레비전 프로그램을 보거나 친구와 전화로 수다를 떠는 동안에도 쉽게 할 수 있다. 그러나 텔레비전을 보거나 통화를 하면서 물리학 교과서의 내용을 이해하기는 매우 어렵다. 물리학 공부는 자동 처리가 불가능하고 의식적으로 집중해야 한다. 하지만 오렌지 껍질 까기와 물리학 공부를 동시에 하는 것은 가능하다. 의식계로는 책의 내용을 읽고 습관 체계로는 오렌지 껍질을 까면 되기 때문이다. 바로 이 점이 행동 통제의 이중 시스템이 있을 때 얻는 이득이다.

버락 오바마에 대해 알아보자. 오바마 대통령은 첫 번째 임기 말에 《배너티 페어(Vanity Fair)》와의 인터뷰에서 더 중요한 일에 의식적인 에너지를 집중하기 위해 매일 내려야 하는 사소한 결정을 어떤 식으로 자동 처리하는지 설명했다. "내가 입는 양복은 앞으로도 회색이나 푸른색

계열밖에 없을 겁니다. 나는 내가 내려야 할 결정의 횟수를 줄이려 노력합니다.[43] 나는 무엇을 먹거나 입을지 결정하느라 고민하고 싶지 않습니다. 그것 말고도 해야 할 결정은 굉장히 많으니까요. 어떤 결정에 에너지를 쏟을지 초점을 잘 맞추어야 합니다. 일상적인 작업은 일상적으로 처리해야 합니다. 사소한 일에 온종일 신경이 분산되어서는 안 됩니다."

뇌의 내부 논리는 멀티태스킹을 위한 기반 작업을 만든다. 좀비는 갖지 못한 능력이다. 좀비는 의식 없이 자동조종 상태로만 움직이기 때문에 행동을 통제하는 시스템도 하나밖에 없다. 좀비는 차를 몰고 출퇴근하는 것이 가능하겠지만 안타깝게도 인간이 가진 것과 같은 멀티태스킹은 하지 못한다. 인간은 집행 기능 고장처럼 뇌의 어느 한 시스템이 손상되거나, 몽상이나 몽유병 증상처럼 시스템을 잘못 사용할 때에만 뇌가 제공하는 멀티태스킹 능력을 잃는다.

특정 행동을 충분히 훈련하면 뇌가 그 행동을 자동으로 수행한다는 사실은 연습이 중요한 이유에 대한 신경학적 근거를 제시해준다고 할 수 있다. 연습을 많이 할수록 자동으로 그 행동을 할 수 있게 되고 멀티태스킹도 더 능숙해진다. 하지만 케네스 파크스의 사례는 여전히 몇 가지 의문점이 남는다. 그는 누군가를 목 조르거나 칼로 찌르는 연습은 한 번도 한 적이 없다. 어떤 형태로든 살인을 경험한 적이 없다. 그런데도 그는 잠이 든 상태에서, 즉 몽유병이 나타난 상태에서 그런 잔인한 행동을 저질렀다. 케네스 파크스는 완전히 자동조종 상태에서 살인을 저질렀다. 어쩌면 '물리적' 반복만이 경험을 쌓는 유일한 방법이 아닐지도 모른다. 정신만으로도 뇌를 훈련하는 방법이 있을지 모른다.

3

운동 통제,

학습,

심상 시뮬레이션의 힘

상상만으로도
운동 실력이
좋아질 수 있는가?

골프는 귀와 귀 사이의 거리인
5인치 코스에서 벌어지는 게임이다.

– 보비 존스

얼 우즈는 자신의 아들을 이렇게 표현했다. "타이거가 가장 좋아하는 것은 언제나 메이저 대회에 대비해 만반의 준비를 하는 일입니다. 내 아들은 분석적이고 시스템 지향적입니다. 그리고 그 방식이야말로 아들이 좋아하는 골프 실력 관리방법이죠."

타이거 우즈의 철저한 준비성은 어린 시절부터 널리 알려졌다. 그는 하루도 빠뜨리지 않고[2] 8시간 동안 골프를 연습하고, 1시간 30분 동안 웨이트 리프팅을 하고, 1시간 동안 심장 강화 운동을 했다. 하지만 타이거 우즈의 아버지는 아들이 메이저 대회를 준비하는 방법에 대해 설명할 때 훈련 스케줄에는 적혀 있지 않은 조금 색다른 방식의 일과에 대해서도 즐겨 말한다. "타이거는 메이저 대회를 앞두고 한 주 동안은 정신과 신체를 세심하게 조절했습니다. 골프장에서[3] 라운딩을 연습하고 집으로 돌아오면 타이거는 눈을 꼭 감은 채 침대에 누워 있었죠. 아들은 머릿속에서 자신이 해야 할 샷을 치고 있는 중이라고 설명하더군요."

정신적 준비는 운동선수가 프로 스포츠 세계에서 최고 수준으로 성공하려면 필요한 전제조건이다. 체력 단련만으로는 충분하지 않다. 타이거 우즈에게 정신적 준비는 단순히 큰 대회에 맞추어 스스로의 정신을 가다듬는 것만을 의미하지 않는다. 그는 마음속으로 골프 스윙을 연습했다.

지금까지 타이거 우즈는 14개 메이저 대회에서 우승을 차지했다. 이는 1962년부터 1986년까지 18개 메이저 대회 우승 트로피를 가져간 잭 니클라우스에 이은 두 번째 다승 기록이다. 골프계의 전설이 된 잭 니클라우스도 『골프 실력 늘리기의 모든 것(Play Better Golf)』에서 비슷한 정신적 전략을 설명했다.

> 샷을 치기 전[4] 내 머릿속에서는 영화가 펼쳐진다. 영화 장면은 이렇다. 먼저 나는 내가 끝내길 원하는 곳에 있는 공을 본다. 깨끗하고 하얀 공이 선명한 녹색 잔디밭에 떨어져 있다. 그리고 내 눈에는 그곳으로 향하는 공이 보인다. 공의 경로와 궤도, 심지어 떨어지는 움직임까지도 훤히 보인다. 다음 장면에서는 이런 이미지를 현실로 바꾸려면 내가 어떤 스윙을 해야 하는지를 보여준다. 이 머릿속 영화야말로 내가 모든 샷에 집중하고 긍정적으로 접근하는 비결이다.

골프의 두 대가가 실력 향상을 위해 심적 시연(mental rehearsal)을 한다고 말할 때 골프계는 그 의미에 귀를 기울여야 할 것이다.

심상 훈련을 하는 스포츠 종목은 골프만이 아니다. 1992년 바르셀로나 올림픽 창던지기 종목에서 동메달을 딴 영국 선수 스티브 배클리에 대해 알아보자. 바르셀로나 올림픽이 끝나고 3년 반 후, 그는 1996년 애틀랜타 올림픽을 불과 6개월을 앞두고 발목이 삐는 부상을 당했다. 그는 6주 동안 목발을 짚고 걸어야 했고 훈련도 할 수 없었다. 몸을 쓰는 훈련이 불가능했다. 스티브 배클리는 애틀랜타 올림픽 출전을 포기하고 싶지 않아 혹독한 정신 훈련을 시작했다. 목발은 벽에 기대어놓고 의자에 앉아 눈을 감았다. 그는 창을 손에 쥐고 있는 모습을 상상했고 손가락으로 꽉 움켜쥔 서늘한 금속 손잡이의 감촉을 느꼈다. 그는 완벽한 창던지기 자세를 취했고 던진 창이 높이 아치형을 그리며 날아가는 순간에는 그의 근육도 긴장했다. 창이 저 멀리 날아가는 모습이 펼쳐졌다. 꼭대기까지 치솟은 창은 한순간 핀처럼 보였고 중력의 작용으로 땅을 향해 내리꽂혔다.

발목 부상이 완전히 나았을 때 스티브 배클리는 깜짝 놀랐다. 그동안 천 번도 넘게 심상 훈련을 했지만 대회 준비에 아무런 차질도 없을 줄은 몰랐기 때문이다. 그의 창던지기 실력은 부상 전과 비교해 전혀 뒤떨어지지 않았다. 그는 애틀랜타 올림픽에서 은메달을 땄다.[5]

심상 훈련으로 경기 실력이 더 좋아졌다는 사실은 믿기 힘들지만 마이클 조던과 로저 페더러처럼 역사상 위대한 몇몇 선수도 심상 훈련을 한다고 주장했다.[6] 또 한편으로는 많은 운동선수가 경기 결과에는 아무 영향도 줄 것 같지 않은 징크스에 집착한다. 이를테면 미식축구팀 시카고 베어스의 라인배커였던 브라이언 울라커는 경기 전에 걸스카우트 쿠키 두 개를 먹고 다른 쿠키는 아무것도 먹지 않는다. 2008년 FIFA 선정 올해의 최우수선수로 뽑힌 크리스티아누 호날두는 시합 전에 항상 머리를 자른다. 세리나 윌리엄스는 테니스 토너먼트 대회에서 매 경기마다 똑같은 양말을 신는다.[7]

선수들마다 경기 전 징크스가 있다면 심상 훈련은 어디에 속하는가? 머릿속에서 펼쳐지는 훈련이 실제 경기 성적에 영향을 미치는가, 아니면 더러운 양말을 대회 내내 신는 것처럼 결과와는 상관이 없다고 해야 하는가?

심상 시뮬레이터

—

소파에 편히 앉아 텔레비전을 보고 있는데, 갑자기 냉장고에서 뭔가 꺼내 먹고 싶다고 상상해보자. 냉장고까지 가는 데 시간이 얼마나 걸릴까? 자리에서 일어나 거실 밖으로 나가고 낮잠 자는 고양이를 지나쳐 식탁을 빙 돌아 마침내 냉장고에 도착해 문을 열어 넣어둔 칠리 그릇을 꺼낸다. 상상으로 냉장고까지 왕복하는 데 걸리는 시간은 얼마인가?

이와 같이 냉장고까지 가는 상상을 할 때에는 일종의 시뮬레이션을 만들어 심상을 한다. 믿지 않을지도 모르지만 이 시뮬레이션은 꽤 정확하다. 몇몇 실험은 피험자가 거실과 부엌을 오가는 데 걸리는 실제 시간과 상상으로 똑같은 두 지점을 오가는 데 걸리는 시간을 비교했다. 여러 차례 실험한 결과 심적 왕복과 신체적 왕복에 걸리는 시간은 거의 똑같은 것으로 나타났다. 거리가 짧은 경우 두 왕복의 시간차는 1초 이내다.[8] 이런 밀접한 상관관계는 단순히 두 지점을 오가는 것뿐 아니라 특정한 움직임을 상상할 때에도 나타난다. 이를테면 삼각형을 머릿속으로 그리든 실제로 그리든 소요 시간은 거의 같다.[9]

놀라운 발견이다. 보통 상상하는 것에는 현실성이 없다고 생각하기 십상이다. 무언가에 대한 생각은…… 그저 상상일 뿐이라고, 진짜가 아니라고 여긴다. 하지만 머릿속에서 하는 특정 행동에 걸리는 시간과 신체적으로 그 행동을 하는 데 걸리는 시간이 똑같은 것을 우연의 일치라고 생각하면 안 된다. 상상과 움직임은 뇌에서 어떤 식으로든 연결되어 있다. 그러므로 심상 훈련은 단순한 상상에 그치는 것이 아니라 믿을 만한 연습 시뮬레이션이 될 수 있다.

캘리포니아 신경학자들은 피험자들이 진짜로 몸을 움직일 때와 상상으로 몸을 움직일 때의 뇌 활동을 비교하는 실험을 했다. 피험자들은 네 개의 숫자가 적힌 버튼 앞에 앉아 '4, 2, 3, 1, 3, 4, 2' 순서대로 버튼 누르는 연습을 했다. 피험자들이 손가락으로 버튼을 누를 때 그들의 뇌 활동은 fMRI에 기록되었다. 이후 피험자들은 손을 무릎에 올리고 눈을 감고 '상상으로만' 이전과 똑같은 순서대로 버튼을 눌렀다. fMRI 결과는 어떻게 나왔을까? 활동 패턴이 많이 겹쳤는데, 특히 손가락 움직임을 관장하는 운동겉질 영역이 많이 겹쳤다. 상상으로 손가락을 움직일 때 그려진 fMRI 신호는 실제 손가락을 움직여 버튼을 눌렀을 때 관찰된 신호와 거의 구분되지 않았다.[10]

이는 심상과 신체적 움직임이 뇌의 똑같은 영역을 활성화시킨다는 명백한 증거다. 어떤 행동을 상상할 때 뇌는 과거에 몸을 직접 써서 그 행동을 했던 경험을 바탕으로 시뮬레이션을 한다. 경험이 많을수록 뇌의 내부 모델도 정확성이 높아진다. 냉장고까지 걸어가고 삼각형을 그려본 경험은 수없이 많기 때문에 뇌는 그런 행동을 훌륭하게 시뮬레이션한다. 노 젓기, 카누 타기, 빙상 스케이트 등의 운동을 수없이 연습한 사람들도

정확도가 높은 시뮬레이션을 만들어낸다.[11]

그러나 시뮬레이션만으로는 운동 실력이 좋아진다고 할 수 없다. 질문이 있다. 골프든 테니스든, 아니면 다른 종류의 스포츠든 심상 훈련은 몸을 직접 써서 스윙을 하거나 서브를 할 때와 비슷한 수준으로 실제 실력 향상에 도움이 되는가?

머릿속으로 연습하는 근육 운동

프랑스 신경과학자 연구팀[12]은 40명의 피험자를 대상으로 머릿속으로 운동 과제를 하는 것이 직접 몸을 움직여 하는 것에 어떤 영향을 미치는지 알아보았다. 피험자들이 앉은 의자 앞에 봉이 떠받치고 있는 두 줄의 선반을 놓았다. 그러고는 숫자 카드를 펼쳐놓았다. 선반의 모습은 다음과 같다.

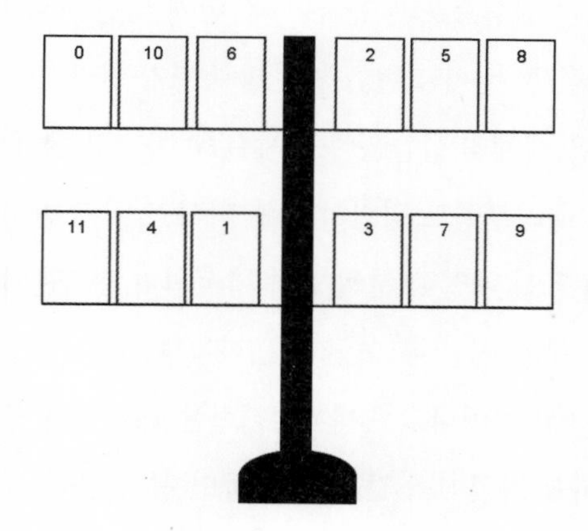

피험자들에게 0에서 11까지 최대한 빠르게 번호 순서대로 카드를 가리키라는 과제가 주어졌는데, 손가락만 움직여서는 안 되었다. 더 정확히 말하면 팔을 최대한 많이 뻗고 복잡하게 움직여 카드를 순서대로 가리켜야 했다. 이를 위해 따로 연습하는 시간을 주었다.

연구팀은 피험자들을 세 집단으로 나누었다. 첫 번째 집단은 지시받은 대로 정확하게 팔 동작을 연습했다. 될 수 있는 한 빠르고 정확하게 팔 동작을 하는 것이 그들의 목표였다. 두 번째 집단의 목표도 첫 번째 집단과 똑같았지만 어떤 근육도 써서는 안 되었다. 그들은 여러 번에 걸쳐 머릿속으로만 어깨를 내밀고 손가락을 뻗는 동작을 연습했다. 세 번째 집단은 대조군으로 팔을 실제로든 상상으로든 움직여서는 안 되었다. 그들은 눈만 움직여서 카드를 순서대로 가리키는 연습을 했다.

세 집단은 정해진 과제를 한 번씩 한 후 지시받은 대로 연습하고 다시 과제를 수행했다. 연구팀은 그들의 속도가 얼마나 빨라졌는지 측정했다. 결과에 따르면 몸을 움직여 연습한 집단은 연습한 후 팔 동작이 눈에 띄게 빨라졌다. 대조군(눈만 움직일 수 있는 집단)의 속도는 전혀 좋아지지 않았다. 그렇다면 심상으로만 연습한 두 번째 집단은 어땠을까? 그들은 신체적 연습을 한 첫 번째 집단 못지않게 속도가 빨라졌다.

심적 시연은 신체의 성능을 향상시킬 뿐 아니라 실제로 근육의 강도도 향상시킨다. 클리블랜드 병원의 광웨 박사가 이끈 연구에서 피험자들은 1주일에 5일 동안 매일 15분씩 한쪽 팔꿈치와 새끼손가락을 구부리는 상상을 했다. 12주가 지난 후 연구팀은 피험자들의 근육 수축 강도가 팔꿈치는 13.5퍼센트 늘어나고[13] 새끼손가락은 35퍼센트 증가했다는 사실을 발견했다. 비교 실험에서 같은 기간 동안 몸을 움직여 연습한 피험자들의 근육 강도는 50퍼센트 정도 늘어났으며 아무 연습도 하지 않은 피험자들의 강도는 전혀 늘어나지 않았다.

광웨의 연구는 심상 연습이 실력 향상뿐 아니라 상상으로 사용한 신체 근육의 강도까지 향상시킨다는 사실을 보여준다. 그렇다면 왜 심상 연습은 신체를 더 강하게 만들어주는 것일까?

광웨는 연습 전과 중간, 후의 운동겉질(근육을 통제한다)에 나타난 뇌파의 변화를 EEG 모니터링을 이용해 관찰했다. 뇌파의 크기(고점)는 뇌에서 출발해 근육에 도착한 신호의 강도인 전압을 뜻한다. 광웨는 운동 행위를 심적 시연만으로 연습해도 근육세포에 도착하는 신호의 전압이 증폭되어 근육의 수축 강도가 더 강해지는 것이라고 가정했다.

예상대로 대조군에서는 뇌파의 진폭에 아무 차이가 없었고 신체적으로 연습한 집단에서는 진폭의 크기가 커졌다. 그러면 심상 연습을 한 집단은? 이 집단도 신체적 연습을 한 집단 못지않게[14] 뇌파가 올라갔다. 연구 결과는 심상으로도 뇌가 근육을 더 많이 자극해 움직임이 빨라지고 강해진다는 생각을 뒷받침한다. 결국 근육의 움직임을 눈으로 보거나 느끼지 않더라도 근처의 신경이 근육을 수축시킨다는 것이다.

생각은 뇌의 비활성 상태가 아니며 마음의 진공 상태에 갇혀 있는 것도 아니다. 상상으로 하는 모든 움직임의 바탕이 되는 것은 전기 정보의 흐름이며, 그 정보가 신호를 수행하는 신경세포를 훈련시키고 단련시킨다. 심상 시뮬레이션은 의식계가 무의식계를 변화시킬 수 있는 수단이다. 심적 시연으로 단순한 동작을 연습하면 그 동작을 수행하는 신경 근육 회로에 습관이 형성되어 회로 기능이 강화될 수 있다. 하지만 복잡한 움직임에도 심적 시연이 효과가 있을까? 스티브 배클리가 슈팅 자세를 바로잡고 타이거 우즈가 공이 엇나가는 슬라이스를 교정할 때 심적 시연은 어떤 도움을 줄 수 있는가?

페틀렙 프로그램

2001년 스포츠과학자 폴 홈스(Paul Holmes)와 데이비드 콜린스(David Collins)는 운동선수용의 7단계 심상 훈련 프로그램 페틀렙(PETTLEP)[15]을 제안했다. 각 단계마다 운동선수가 따라야 할 방법을 제시한다. 예를 들어 야구선수는 다음 표와 같은 페틀렙 프로그램에 따라 타격 훈련을 할 수 있다.

신체	완벽한 스윙에 필요한 모든 동작을 머릿속으로 상상하고 가정한다.
환경	구장의 조명과 관중의 함성을 상상한다.
과제	스윙 자세뿐 아니라 스윙을 할 곳도 상상한다. 자신을 향해 다가오는 공을 상상한다.
타이밍	실제로 스윙을 모두 마치는 데 걸리는 시간을 상상한다.
학습	실력이 향상되면 발전 정도에 맞게 심상 훈련의 내용도 조절한다.
감정	결정적 순간에 느낄 심한 긴장감이나 빨라지는 심박수 등을 감정적으로 상상한다.
관점	1인칭 시점에서 심상 훈련을 가정한다.

프로그램의 모든 단계는 심상 훈련의 정확도를 높이고 신체 훈련과의 차이를 좁히는 데 주안점을 두고 있다. 폴 홈스와 데이비드 콜린스는 심상 훈련의 정확도가 높아질수록 선수가 실전에서 사용하는 뇌 영역과 심상 훈련에서 사용하는 뇌 활동 영역이 겹치는 부분이 더 많아진다고 여겼다.

페틀렙과 비슷한 다른 프로그램들은 스포츠에서 일반적으로 사용되는 운동 심상법이다. 그렇다면 이 방법이 정말 효과가 있는가?

연구팀은 10년 이상의 경력을 지닌 골프선수 34명[16]을 대상으로 페틀렙이 실력 향상에 도움이 되는지 실험했다. 선수들에게 주어진 과제는 벙커(골프 코스의 모래 구덩이)에 있는 공을 최대한 핀 가까이에 붙이는 것이었다. 연구팀은 공이 핀에 얼마나 근접하는지에 따라 0점에서 10점의 점수를 매겼다.

15번의 샷으로 평균 점수를 낸 뒤 선수의 총점을 매겼다. 처음 샷을 치고 얻은 점수로 선수들을 신체 훈련 집단, 심상 훈련 집단, 신체 훈련과 심상 훈련을 같이하는 집단, 훈련을 전혀 하지 않는 대신 잭 니클라우스

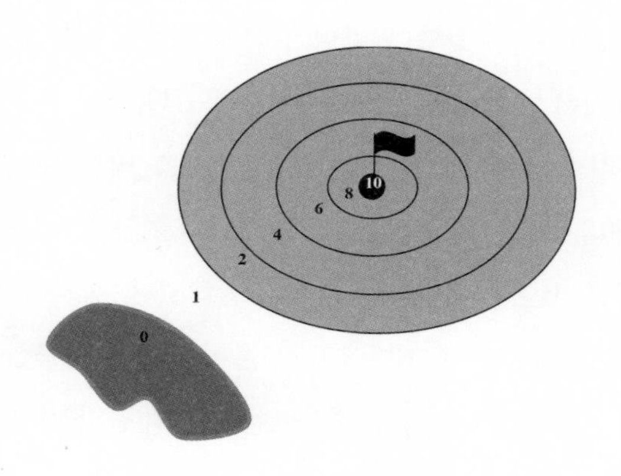

의 자서전 일부를 읽는 대조군으로 나누었다. 신체 훈련 집단은 15번의 벙커샷을 총 6주 동안 1주에 두 차례씩 훈련했다. 심상 훈련 집단도 6주 동안 똑같이 1주에 두 차례씩 훈련했지만 상상으로만 벙커샷을 15번씩 쳤다. 페틀렙 지침의 '환경' 기준에 맞추기 위해 선수들은 정원의 모래밭이나 흙바닥에 서서 심상 훈련을 했다.

6주 동안 연습한 골프선수들은 코스로 돌아왔다. 이번에도 선수들은 벙커에 들어가 15번의 샷을 친 후 평균 점수를 냈다. 다음은 연구팀이 네 집단의 평균 점수 변화를 비교한 결과다.

유형별 훈련 집단	점수 변화
신체 훈련	+13.27
페틀렙	+7.79
페틀렙 + 신체 훈련	+22.38
대조군	−1.94

신체 훈련 집단만큼은 아니지만 심상 훈련(페틀렙 훈련)을 한 집단도 눈에 띄는 실력 차이를 보였다. 게다가 신체 훈련을 심상 훈련으로 보완한 집단은 실력이 더 향상되는 효과까지 거두었다.

심상 훈련의 긍정적 효과는 다른 종목에서도 비슷하게 나타났다. 오랜 경력의 테니스선수들을 대상으로 한 최근의 연구에서 심상 훈련이 서브의 정확성과 속도를 높인다는 사실이 밝혀졌다. 심지어 실제 테니스 대회에서도 더 높은 점수를 내는 데[17] 도움이 되었다. 축구선수들도 패스의 정확도가[18] 높아졌다. 야구의 경우에는 타율이 올라갔다.[19] 양궁,[20] 체조, 역도,[21] 높이뛰기, 수영에서도 입증되었다.

심상 훈련의 성공적 효과가 밝혀지면서 다른 분야로도 연구가 확대되었다. 예를 들어 피아니스트가 콘서트를 준비하며 연습한다고 가정해 보자. 연습을 조금이라도 더 하고 싶다면 피아니스트는 어떻게 해야 하는가? 머릿속으로 하면 된다. 머릿속에서 악보대로 손가락을 놀리는 연습을 하면 연주 실력이 늘 수 있다.[22] 음악가의 심상 훈련은 운동선수의 심상 훈련 못지않게 좋은 효과를 보여준다는 사실이 연구 결과 밝혀졌다. 심상 훈련 실험에 참가한 피아니스트들은 손가락이 건반위를 날아다니는 듯 멜로디를 완벽하게 연주하는 모습을 상상한 후 실제로 악보를 더 빠르고[23] 정확하고 부드럽게 연주했다.

의식적 연습이 무의식적 기제의 성과에 어떤 영향을 미치는지 보여주는 예는 수없이 많다. 운동이든 음악이든, 아니면 다른 분야든 머릿속으로만 동작을 연습하는 심상 훈련은 수행 능력을 높여주는 것은 물론 그 행동을 관장하는 뇌 영역에도 물리적 변화를 가져온다. 하지만 심적 시연의 힘에는 한계가 있다. 실제 행동을 관장하는 뇌 영역과 상상은 떼려야 뗄 수 없는 관계이기 때문이다.

뇌중풍에서 얻은 깨달음

1996년 질 테일러(Jill Taylor)에게 치명적인 뇌중풍이 찾아왔다. "엄마 배 속의 아기"[24]라고 할 만큼 심각한 장애를 입었다. 한순간에 그녀는 걷지도, 말하지도, 읽지도, 쓰지도 못하게 되었다. 이후 8년 동안 그녀는 강도 높은 재활 훈련 끝에 잃었던 신체 기능을 모두 회복할 수 있었다.

질 테일러는 자신의 기적을 쓴 『나는 내가 죽었다고 생각했습니다(My Stroke of Insight)』에서 회복하는 데 도움이 되었다고 여기는 기법을 자세히 설명한다.

> 신체 기능을 회복하는 데 도움이 된 수단은 상상이었다.[25] 나는 어떤 일을 잘 해냈을 때 느낄 감정에 초점을 맞춘 것이 내가 빨리 몸을 회복하는 데 도움이 되었다고 확신한다. 나는 뇌중풍으로 쓰러진 후 계단을 뛰어오르는 내 모습을 하루도 빼먹지 않고 상상했다. 나는 포기하지 않고 계단을 다 올랐을 때 느낄 감정을 고스란히 기억했다. 이 장면을 머릿속에서 수없이 재연했기 때문에 나는 마침내 현실에서 내 몸과 마음이 충분히 잘 협응(協應)해 계단 오르기가 현실이 되는 순간까지 내 회로를 계속 살려둘 수 있었다.

운동 기능 향상에 도움을 주는 심상 훈련의 성공은 뇌중풍을 포함해 많은 의학적 질병에서 벗어나는 데 커다란 희망이 된다. 질 테일러는 심상 훈련이 도움이 되었다고 굳게 믿고 있지만 과연 정말로 그럴까?

뇌중풍은 혈관이 막히거나 출혈이 일어나 뇌의 산소 공급이 갑자기 차단되어 뇌가 손쓸 수 없을 정도로 빠르게 파괴되는 질병이다. 신속히 치료하지 않으면 산소가 차단된 뇌 영역은 괴사된다. 운동겉질에 뇌중풍이 생기면 마비가 찾아온다. 다행히 강도 높은 신체적 치료를 함께할 경우 뇌 가소성은 손상 부위에 신경이 자라나 신체 기능을 회복할 수 있게 도와준다.

심상 훈련은 부상을 입은 선수의 성공적인 재활 훈련으로 이미 자리를 잡았다. 트레이너들은 선수가 부상에서 완전히 회복될 수 있게 도와줄 때[26] 심상 훈련을 자주 이용한다. 게다가 심상 훈련은 선수의 회복 속도를 높여준다는 사실[27]도 입증되었다. 그러면 똑같은 심상 훈련을 뇌중풍 환자에게도 적용할 수 있지 않을까? 신체의 움직임을 머릿속으로 상상할 때 활성화되는 뇌 영역이 실제 동작과 관련된 영역과 똑같다는 사실이 밝혀진 만큼 이론적으로는 심상 훈련이 손상된 뇌 조직을 자극하고 재생시킨다고 할 수 있다.

그러나 실험 결과는 혼란스러웠다. 일부 소규모 연구는 심상 훈련이 뇌중풍 후 운동 기능 회복에[28] 도움이 된다고 주장했다. 하지만 2011년에 발표된 121명의 뇌중풍 환자를 대상으로 한 대규모 연구[29]에서는 심상 훈련이 어떤 차이도 이끌어내지 못한다는 결과가 나왔다.

이 자료는 심상 훈련이 뇌중풍을 회복하는 데 도움이 된다는 질 테일러의 주장과 일치하지 않는다. 왜 효과가 없는 것일까? 부상 선수와 뇌중풍 환자 모두 근육이 약해진 것은 똑같은데, 왜 심상 훈련이 선수에게는 효과가 있고 뇌중풍 환자에게는 효과가 없는가? 이쯤에서 심상 훈련이 운동계에 어떤 영향을 미치는지 살펴보아야 한다. 심상 훈련이 자극하는 뇌 영역은 신체 동작에 영향을 미치는 뇌 영역과 똑같다. 심상 훈련이 성공하려면 먼저 운동겉질에서 근육까지의 신경 경로가 온전해야 한다. 목표로 하는 뇌 영역이 파괴되어 있다면 심상 훈련을 해도 효과가 없다.

이와 반대로 스포츠선수가 부상을 당한 부위는 뇌가 아니라 실제 근육이나 힘줄, 인대다. 근골격에 생기는 문제다. 뇌에는 손상이 없다. 그러므로 심상 훈련의 회복 효과에도 지장이 없다.

뇌중풍 후에도 운동 기능과 관련된 일부 뇌 조직에 문제가 없으면 몇몇 소규모 연구가 주장하는 것처럼 심상 훈련으로 치료 효과를 거둘 수 있을지도 모른다. 질 테일러도 이런 사례에 해당하는 것일 수도 있다. 상상으로 회복 속도가 진짜로 빨라졌다면 뇌중풍 발작 후에도 심적 시연으로 활성화가 가능한 뇌 조직이 충분히 살아남아 있었기 때문일 것이다. 그러나 뇌의 운동 영역 전체가 작동하지 않으면 심상 훈련은 죽은 조직을 자극하는 데 아무 소용 없다.

심적 시연으로 골프 실력이 늘었다는 것은 대개 자동으로 진행되는 신체과정인 클럽 스윙에 의식이 커다란 영향을 미칠 수 있다는 사실을 보여준다. 하지만 이 상호작용은 쌍방향이다. 운동계도 거꾸로 상상에 영향을 미칠 수 있다. 연구 결과에 의하면 어떤 신체 동작을 이행하려고 노력함과 동시에 심상 훈련을 하면 그 효과는 무용지물이 될 수 있다.[30] 팔을 신체적으로는 오른쪽으로 움직이고 머릿속에서는 왼쪽으로 움직이는 것을 상상하기란 매우 힘들다. 상상의 움직임도, 실제 신체 동작도 뇌의 같은 영역을 사용하기 때문에 두 가지를 한꺼번에 하려면 신경 자원을 두고 싸움이 벌어진다. 가장 근본적으로 말하면 뇌중풍처럼 그 움직임을 관장하는 뇌 영역이 파괴된 상태라면 신체의 움직임도, 상상의 움직임도 타협을 보게 될 것이 뻔하다.

뇌중풍이 일어나면 심적 시연으로 치료 효과를 보지 못하는 것은 물론 상상할 수 있는 능력마저 손상된다. 중국 신경학자 연구팀은 좌뇌에 뇌중풍 발작을 겪은 환자 11명과 대조군으로 11명의 피험자를 모집해 심상 훈련 연구를 했다.[31] 피험자가 마주 보고 앉은 컴퓨터 화면에서는 왼손이나 오른손 사진이 나왔다. 손 모양은 무작위였다. 똑바로 놓인 손, 뒤집힌 손, 빙글빙글 돌리고 있는 손 등 다양했다. 피험자들은 사진에 나온 손이 왼손인지 오른손인지 짐작해 버튼을 눌렀다. 그것을 맞히기 위해 그림의 좌우를 뒤집는 피험자들의 심상 훈련 기술이 얼마나 능숙한지 알아보는 것이 실험 목표였다. 신경학자들이 발견한 결과에 따르면 이미지를 머릿속에서 바꾸는 데 능숙한 피험자일수록 그렇지 못한 피험자보다 정답률이 높았으며 답을 말하는 속도도 훨씬 빨랐다.

결과는 분명했다. 뇌중풍 환자 집단은 대조군보다 점수가 낮았다. 그들은 답을 생각하기까지 더 오랜 시간이 걸렸고 선택한 오답률도 훨씬 높았다. 뇌중풍으로 인한 신경 파괴가 환자의 신체 능력뿐 아니라 움직임을 상상하는 능력에도 손상을 준 것이 확실했다. 신경학자들은 이런 해석을 뒷받침하기 위해 두 집단이 심상 훈련 과제를 하는 동안 EEG로 그들의 뇌파를 관찰했다. 처음 가정처럼 뇌중풍 환자들은 대조군에 비해 좌뇌(뇌중풍으로 손상된 영역) 활동이 약했다. 그들은 최대한 노력했지만 심상 훈련 과제로 활성화된 뇌 영역은 건강한 환자들에 비하면 일부에 불과했다.

신체 동작을 상상하는 능력은 그에 해당되는 뇌의 운동 영역이 얼마나 온전하느냐에 따라 다르다. 뇌중풍으로 그 영역이 파괴되면 심상을 떠올리는 능력도 제대로 기능하지 못할 수 있다. 심적 시연이 뇌중풍 이후 운동 기능 회복에 별로 도움이 되지 않는 이유도 여기에 있다. 질 테일러의 경우에는 심적 시연이 위약 효과로 작용했거나 하나의 동기부여원이 되었을 수 있다. 그것도 아니라면 심적 시연으로 자극을 받을 신경세포가 충분히 살아남아 있었기 때문에 운 좋게 효과를 보았을 수 있다.

손상 없이 온전하기만 하다면 의식계와 무의식계는 상호소통하고 서로를 변화시킨다. 신체적 연습을 정신적 자극과 결합하면 둘 사이의 상호작용은 극대화될 수 있다. 뇌중풍은 뇌 자체를 손상시키기 때문에 심적 시연으로 운동 기능을 회복하는 데 도움이 되지 않을 수 있지만 의학적으로 아무 쓸모 없다고 단정하기는 힘들다. 팔다리 부상처럼 신경계 외적으로 일어난 운동 기능의 손상이라면 정신은 몸의 한계를 극복할 수 있다.

환상사지통증은 어디를 긁어야 할까

사지를 절단한 사람은 절단한 팔다리가 계속 있는 것처럼 느끼는, 이른바 환상사지증후군(phantom limb syndrome) 증상을 호소하는 경우가 많다. 손을 절단한 사람이 있다고 하자. 그의 느낌으로는 손목과 손바닥, 손가락까지도 모두 그대로다. 심지어 보이지 않는 손의 공감각과 움직임까지[32] 느껴진다고 착각한다. 그러나 문제는 사지 절단 환자 대부분이 팔다리가 있던, 지금은 텅 빈 그 자리에 불편한 감각을 느낀다는 점이다. 뜨겁거나 눌리거나 따끔거리는 통증을 호소한다. 더 심하게는 절단 환자들 대다수가 극심한 환상통을 경험한다.[33] 심지어는 환상가려움을 호소할 때도 있다.

환상사지증후군이 생기는 이유는 명확하지 않다. 그나마 가장 알맞은 설명은 절단한 팔이나 다리에서 오는 감각을 해석하는 신경 기반이 그대로 남아 있기 때문이라는 것이다. 절단 환자는 손이 없다는 사실을 의식적으로는 알지만 무의식은 아직 그 사실을 받아들이지 못했다. 뇌는 절단한 손에서 감각 신호를 받는 데 익숙해 있기 때문에 실제로 다른 신경 경로에서 오는 신호인데도 특정 신호가 오면 손에서 오는 신호라고 잘못 해석한다.

1978년 《미국의학협회저널(Journal of the American Medical Association)》은 순환계 질병으로 두 발을 절단하는 비극을 맞이한 노신사의 사례[34]를 보고했다. 절단 후 그는 발이 있던 자리에 참을 수 없는 가려움증을 느꼈다. 다리를 세게 긁어도 소용없었다. 그는 가려움을 없애기 위해 어떻게 해야 하는가? 있지도 않은 발에서 환상가려움을 느끼면 어떻게 해야 하는가?

가렵다고 느끼는 감각이 지금은 없는 신체 일부에서 오는 것일 리는 없다. 노신사는 다리가 없다는 것을 의식으로는 알았지만 그의 무의식은 그 사실을 전혀 깨닫지 못했다. 그는 그 차이를 극복하려면 어떻게 해야 하는가? 행동을 상상하는 데 쓰이는 뇌 영역이 신체 동작에 사용되는 뇌 영역과 똑같다는 원리를 이용하면 된다. 가려운 부분을 긁을 수 없을지라도 그곳을 긁을 수 있다고 상상하면 된다. 노신사는 바로 그 방법을 썼다. 그는 손가락을 구부린 후 발이 있어야 할 자리라고 상상하며 허공에 대고 손톱으로 긁는 시늉을 했다.

효과가 있었다. 그는 가려운 곳을 긁는 상상을 함으로써 실제 가려운 발을 긁을 때 쓰이는 부위와 같은 뇌 영역을 자극해 환상가려움증을 이겨낼 수 있었다. 몇 년 후 신경학자 빌라야누르 라마찬드란(Vilayanur

Ramachandran)은 그와 같은 원리를 이용해 환상사지통증을 치료하는 '거울상자' 치료법[35]을 소개했다. 상자 중앙에는 서로 마주 보는 거울 두 개가 있고, 상자 두 면에는 팔다리를 집어넣을 수 있는 구멍이 뚫려 있다. 왼쪽 팔을 절단한 사람이 환상통증을 느낀다고 가정해보자. 그는 통증을 없애기 위해 오른손을 한쪽 구멍에 넣고 반대편 구멍에는 절단된 팔을 집어넣는다. 그런 다음 오른손이 비치는 거울 면을 바라보면서 손을 움직이기 시작한다. 거울에는 오른손의 움직임이 반대로 비치기 때문에 환자 눈에는 절단된 왼손이 동시에 움직이는 것처럼 보인다. 이 방법은 환상통증 치료에 탁월한 효과를 보였다.

주관적 감각에는 그 감각의 기반이 되는 신경 회로의 기능이 반영되어 있다. 사지를 절단한 사람은 없어진 팔다리를 긁는 동작을 의식 속에서 흉내냄으로써 신경 회로를 속여 불편함을 줄인다. 머릿속으로 만들어내는 이런 심상 시뮬레이션은 실제 행동을 정확히 묘사하고, 뇌 기능에 도움을 주며, 나아가 신경 구조가 세상을 해석하는 방식도 바꾼다. 심상 시뮬레이션은 의식계가 무의식계를 조종하는 방법이다. 그런데 반대의 상호작용도 일어날 수 있는가? 무의식계도 심상 시뮬레이션을 작동해 의식계에 영향을 미칠 수 있는가?

2009년 빌라야누르 라마찬드란은 환상통증을 심하게 느끼는 팔다리 절단 환자 네 명[36]을 대상으로 작은 실험을 했다(네 명 모두 팔꿈치 아래로 한쪽 팔이 절단되었다). 한번은 그들을 조교 옆 테이블에 앉게 했다. 빌라야누루 라마찬드란은 조교에게 한쪽 손을 첫 자원자 앞의 테이블에 올리라고 했다. 조교가 손을 올린 위치는 피험자의 환상 팔이 있어야 할 자리와 아주 가까웠다. 그는 피험자의 팔을 건드리지 않으려 조심했다. 빌라야누르 라마찬드란은 자신의 손가락을 움직여 조교의 손을 건드렸다.

환자의 팔은 건드리지 않았다. 환자는 빌라야누르 라마찬드란의 손가락이 조교의 손을 건드리는 것을 보기만 했다. 하지만 놀랍게도 환자는 빌라야누르 라마찬드란이 자신의 환상 손을 건드리고 있는 듯한 느낌을 받았다. 환자가 말했다. "오싹하네요. 내 환상 팔에 대해 매일같이 무언가 새로운 것을 배우고 있어요." 네 명의 피험자 모두 똑같은 경험을 했다. 그들은 빌라야누르 라마찬드란이 조교의 손을 건드리는 것을 보기만 했을 뿐인데도 자신들의 환상 손에 닿았다는 느낌을 받았다. 총 64번의 실험에서 똑같은 결과가 61번 나왔고, 나중에 이루어진 대규모 연구에서도 같은 결과가 나왔다.[37]

사지 절단 피험자들의 의식은 자신들 몸을 아무도 건드리지 않았다는 것을 분명히 알고 있었다. 그러나 그들의 무의식은 속았고 절단된 손에 빌라야누르 라마찬드란의 손이 닿았다는 의식적 감각까지 만들어냈다. 사지 절단 환자들은 다른 사람의 감각 경험을 관찰하기만 했는데도 간접적으로 감각을 경험했다. 왜 이런 일이 생기는가?

거울신경

—

1990년대에 이탈리아 신경과학자 자코모 리촐라티(Giacomo Rizzolatti)는 짧은꼬리원숭이 뇌의 운동계를 연구하던 중에 흥미로운 점을 발견했다. 원숭이가 직접 상자에서 사과를 집을 때 점화되는 신경세포와 사과를 집는 실험자의 모습을 보기만 할 때 점화되는 신경세포가 똑같다는 사실이었다. 다른 원숭이나 사람들이 움켜잡거나 찢거나 붙잡는 등의 행동을 볼 때마다 원숭이의 특정 신경세포는 점화되었다. 그 특정 신경세포는 원숭이가 직접 그런 행동을 할 때 점화되는 신경세포와 똑같은 것이었다.[38] 행동을 직접 할 때에도, 그런 행동을 하는 누군가를 볼 때에도 똑같은 신경세포가 반응했다. 원숭이들은 눈에 보이는 장면을 머릿속에서 그대로 따라 하고 있는 것 같았다. 행동 실행과 관찰에 모두 반응하는 이 뇌세포는 지금 거울신경(mirror neuron)이라고 부른다.

신경과학자들은 인간의 뇌에도 거울신경이 존재한다는[39] 사실을 발견했다. 신체를 직접 움직일 때와 그 움직임을 상상할 때 쓰는 뇌 영역이 똑같듯이 움직임을 관찰할 때에도 똑같은 뇌세포를 사용한다. 예를 들어 다른 사람의 손가락 움직임을 볼 경우 내가 직접 손가락을 움직일 때 사용하는 것과 똑같은 뇌 영역이 활성화된다.[40] 또한 심적·신체적 동작이 뇌 자원을 두고 경쟁을 벌이듯이(머릿속으로는 한 동작을 상상하면서 몸으로는 다른 동작을 하기 힘들다) 움직임을 관찰하는 것도 운동 통제 능력을 방해할 수 있다. 예를 들어 연구 결과에 따르면 피험자는 수직이나 수평으로 움직이는 앞 사람의 팔 동작을 보면서 다른 방향으로 팔을 움직이기 어렵다.[41] 정해진 춤 동작을 따라 하는데 앞에 있던 강사가 갑자기 새로운 동작을 한다면 어떻겠는가? 자신이 하려는 춤 동작과 강사가 하는 다른 동작은 똑같은 신경세포를 사용하기 때문에 원래 자신이 해야 할 동작은 유지하기 힘들 것이다.

뇌의 거울신경 네트워크에는[42] 운동 영역뿐 아니라 이마엽과 마루엽도 포함된다. 우리는 인간의 활동을 관찰할 때 이 네트워크를 동원해 똑같은 행동을 할 수 있는지 머릿속에서 시뮬레이션을 한다. 심상이 자동적으로 생성된다. 심상 훈련과 스포츠에 대해 알게 된 사실을 고려해볼 때 질문은 명확하다. 숙련된 운동선수를 보면 운동 실력이 좋아질 수 있는가?

이에 대한 질문은 아직 연구 중이지만 초기 결과가 나오기 시작했다. 2011년 연구에서[43] 적어도 경력이 10년 이상인 전문 양궁선수 20명이 참가해 올바른 활쏘기 자세를 보여주는 궁수의 클로즈업 영상을 보았다. 피험자들이 영상을 보는 동안 fMRI에서는 운동겉질 바로 옆에 있는 운동앞겉질(전운동피질)이 빠르게 활성화되는 것이 관찰되었다. 이와 반대로 대조군(양궁선수가 아닌 사람들)은 영상을 보는 동안에도 그런 운동 영역의 활성화 패턴이 나타나지 않았다. 왜 그런 차이가 생기는가? 첫 번째 집단은 양궁 경험이 있으므로 그들의 뇌에는 활을 쏘는 복잡한 운동에 필요한 하부 구조가 발달되어 있다. 따라서 첫 번째 집단은 양궁 영상을 보며 그와 관련된 신경 하부 구조 지도를 쉽게 따라가면서 정확한 시뮬레이션을 할 수 있었다. 반면에 대조군은 양궁 경험이 전혀 없으므로 영상을 보더라도 양궁과 관련된 어떤 신경 회로도 점화되지 않았다.

하지만 양궁선수들의 경우 영상 시청은 심상 훈련이 뇌에 미치는 것과 비슷한 영향을 미쳤고 실력 향상에도 영향을 주었다. 해당 운동에 어느 정도 경력이 있는 사람은 훌륭한 선수의 완벽한 테크닉을 보는 것만으로도 그런 테크닉을 심적 시연하는 것만큼이나 뇌에 훈련이 된다고 할 수 있다. 그러나 그것은 지켜보아야 할 일이다. 운동 과제 관찰이 개인의 실력 향상에 도움이 되는지 입증한(또는 반증한) 연구 결과는 아직 나오지 않았지만 거울신경을 응용해 이런 연구에 정당성을 부여할 수는 있다.

그렇다고 거울신경을 다시 대대적으로 알릴 필요가 있다는 것은 아니다. 거울신경은 현대 신경과학에서 가장 잘 알려진 연구 결과에 속한다.[44] 거울신경이 일부 과학자들이 생각하는 만큼 커다란 역할을 한다면, 거울신경은 신체 움직임이나 감각 지각뿐 아니라 인간의 가장 원초적이면서도 가장 내밀한 반응에, 가장 일상적인 행동 일부에 커다란 영향을 미칠 수 있기 때문이다.

하품은 왜 전염되는가?

하품 전염은 근거 없는 낭설이 아니다. 하품 전염은 실제로 존재하며 과학적으로 입증 가능한 현상이다. 우리는 누군가 하품하는 모습을 보면 같이 하품을 한다. 하품 소리에도 하품을 할 수 있다.[45] 심지어 하품 전염은 다른 종(種)으로도 번질 수 있다. 연구에 의하면 침팬지들은 다른 영장류가 하품하는 영상을 보면서[46] 같이 하품을 시작한다. 개들도 하품 전염에 반응하는데, 심지어는 사람의 하품에도 반응을 보인다.[47] 어쩌면 당신도 이 글을 읽는 지금 이 순간 하품을 할지도 모른다. 졸려서도 아니고 지루해서도 아닐 것이다(제발 아니기를). 그러면 이유는 무엇인가? 하품은 왜 전염되는가?

2013년 스위스 취리히 과학자들은 건강한 피험자 11명이 영상을 보는 동안 fMRI로 촬영했다. 영상에서는 하품하거나 웃거나 무표정한 사람들의 얼굴이 나왔다. 예상대로 피험자들은 하품 영상에 절반 이상[48]이 반응해 하품을 했다. 일반적인 비율이었다. 반면에 피험자들은 웃거나 무표정한 얼굴이 나오는 영상에는 반응하지 않았다. 하지만 fMRI는 더 근본적인 결과를 보여주었다. 피험자들이 하품 전염을 경험하는 동안 거울신경 네트워크의 일부로 알려진 아래이마이랑(하전두회)에서 볼드 신호가 점화되었다. 이와 대조적으로 피험자들이 무표정이나 웃는 표정을 보는 동안에는 거울신경 네트워크가 잠잠했다.[49]

과학자들의 이론에 따르면 하품하는 모습을 볼 때 거울신경은 그 행동을 흉내낸다. 이런 시뮬레이션은 우리의 행동을 바꾸기도 한다. 하품하는 모습을 머릿속으로 떠올려보자. 운동선수들이 사용하는 페틀렙 원칙을 이용해 그 시뮬레이션에 집중해보자. 어쩌면 하품을 하게 될지도 모른다. 마찬가지로 거울신경이 눈에 보이는 하품을 시뮬레이션하는 순간 우리는 그 모습을 흉내내면서 실제로 하품을 하게 된다.

하품을 진지한 과학 연구 대상으로 삼는다는 자체가 바보처럼 보일 수 있다. 그래도 과학자들은 이 주제에 대해 나름의 유머 감각을 발휘하는데, 《신경학과 신경과학의 선구자들(Frontiers of Neurology and Neuroscience)》에 실린 「하품, 하품, 하품, 하품 ; 하품, 하품! 하품 전염의 사회적·진화적·신경과학적 양상」[50]이라는 제목의 논문이 그 증거다. 글은 유머러스하지만 연구 내용에는 깊은 통찰이 담겨 있다. 이 연구는 하품이라는 무의미해 보이는 행동과 인간 행동의 기본 요소 사이에 존재하는 여러 가지 잠재적 관련성을 보여준다.

하품하는 모습을 본다고 무조건 연쇄적으로 하품 반응을 일으키는 것은 아니다. 하품 전염은 상황마다 발생 빈도가 다르다. 예를 들어 이런 연구가 있다. 이탈리아 신경과학자 연구팀은 동물원의 커다란 정자에 사는 21마리의 개코원숭이 집단을 4개월 동안 관찰했다. 그동안 연구팀은 아침 6시부터 밤 10시까지 개코원숭이들을 매일 관찰했고 하품을 한 원숭이, 그 원숭이가 하품을 한 시간 등 연구팀이 직접 본 하품을 기록했다. 또한 잠, 걷기, 식사, 털 고르기 등 개코원숭이의 다른 행동도 기록했다. 이 신경과학자 연구팀의 연구 주제는 개코원숭이의 상호행동이 서로의 하품 패턴에 어떤 영향을 미치는지 알아내는 것이었다.

연구 결과 하품 전염은 원숭이들이 서로 털 고르기를 해주는 시간과 상관관계가 가장 높았다. 이런 경향은 연구팀이 개코원숭이들 사이의 근접성을 통제한 후에도 계속되었다. 즉 하품을 일으키는 원인은 서로 붙어 있어서이기도 했지만 털 고르기를 해주는 행동[51]에도 있었다. 영장류의 털 고르기는 중요하다. 단순히 실용적인 차원을 넘어 애정 어린 사회적 관계[52]를 보여주는 수단이기 때문이다. 개코원숭이는 상대와 친밀하다고 느낄 때 서로 털 고르기를 해준다. 털 고르기를 자주 할수록 친밀감이 높아진다. 친밀감이 높아질수록 하품의 전염성도 높아진다. 연구 결과가 맞다면[53] 감정적 친밀함은 하품의 전염도와 상관이 있다. 이것은 무엇을 의미하는가?

거울신경은 하품 전염과 관련 있다고 여겨진다. 게다가 사회적 친밀함도 하품의 전염성을 높인다면 사회적 친밀함과 거울신경의 활동에 서로 연관이 있음을 나타낸다. 오늘날 많은 신경과학자는 거울신경을 이용해 다른 사람의 행동을 머릿속으로 흉내내는 것이 그 순간의 경험을 체감하는 데 도움이 된다고 믿는다. 주위 사람을 이해해야 할 때 흔히 하는 말처럼 거울신경은 '입장을 바꾸어 생각할 수 있게' 해준다. 다시 말해 영장류의 사회적 관계와 하품 사이의 연관성은 거울신경이 공감(empathy)

의 기초를 마련하는 연구에도 도움이 된다.

공감, 포르노그래피, 자폐성 장애

공감은 다른 사람의 감정을 느끼는 능력이다. "네가 안됐어", "얼마나 힘든지 알겠어" 등의 말은 공감에서 나오는 표현이다. 거울신경 이론으로도 꽤 적절한 말이다. 여기에는 다른 사람의 경험을 눈으로 직접 보면서 마음으로나마 공감하고 있다는 뜻이 담겨 있다. 바로 그것이 지금까지 알려진 거울신경의 역할이기도 하다. 아직 이론적으로 입증되지 않았지만 동료를 불쌍히 여길 때 거울신경이 활성화된다는 증거가 나오고 있다.

예를 들어 다른 사람의 고통을 볼 때 활성화되는 뇌 영역과 자신이 고통스러울 때[54] 활성화되는 영역이 상당 부분 겹친다는 것이 연구 결과 밝혀졌다. 다행히 실제로 통증 감각을 느끼는 부분은 겹치지 않기 때문에[55] 다른 사람의 고통을 문자 그대로 똑같이 느끼지는 못한다. 하지만 우리의 몸은 아주 미묘하게 그 고통을 느끼는 것처럼 반응한다. 고통스러워하는 다른 사람을 보면서 우리의 근육도 진짜 고통을 느끼는 것처럼 긴장한다. 몸을 움찔거리게 만드는 실험에서[56] 피험자들은 손이 바늘에 찔리는 영상을 보았다. 실험 결과를 비교하기 위해 피험자들은 두 편의 다른 영상도 보았다. 하나는 면봉으로 사람 손을 건드리는 영상이었고, 또 다른 하나는 바늘로 토마토를 찌르는 영상이었다. 신경과학자들은 피험자들이 영상을 보는 동안 경두개자기자극술(transcranial magnetic stimulation, TMS)을 이용해 손 근육을 통제하는 운동겉질을 자극했다.

실험방식은 이러했다. 피험자가 손을 가만히 둔 상태라면 TMS로 뇌에 자극을 주어 손 근육을 움직이게 한다. 뇌 신호를 인위적으로 유도하는 것이다. 하지만 손 근육은 한 번에 한 종류의 신호에만 반응할 수 있다. 손을 이미 사용하고 있다면 인위적 자극은 아무 소용이 없다. 신경과 근육이 이미 다른 일에 사용되고 있기 때문이다. 자체 발생 신호가 더 강력한 경우에도 너무 약한 인위적인 TMS 자극은 손 근육을 자극하지 못한다.

피험자들이 토마토를 바늘로 찌르거나 손을 면봉으로 문지르는 영상을 보는 동안 그들의 손 근육은 정상적으로 가만히 있었다. 그들은 갑작스러운 TMS 자극에도 정상 반응을 보였다. 그러나 손을 바늘로 찌르는 영상이 나오는 동안 피험자들의 손 근육은 갑작스럽게 바뀌었다. 과학자들이 인위적으로 만든 자극에 대한 신호의 강도가 떨어졌다. 근육이 인위적 자극을 무시하고, 대신에 몸속에서 보내는 다른 신호에 반응하고 있는 것 같았다. 근육의 이런 움직임 패턴은 뜨거운 화로나 튀어나온 못 같은 위험한 것에서 반사적으로 손을 치울 때 보이는 것과 똑같았다. 손이 바늘에 찔리는 영상을 보기만 했을 뿐인데도 피험자들의 무의식은 고통을 멀리하려는 자체 시스템[57]을 작동하는 것이 분명했다. 뇌의 무의식계가 통증을 심상 시뮬레이션하자 몸은 진짜 바늘에 찔리기라도 한 듯한 반응을 보였다. 신경과학자들은 이번 연구와 비슷한 연구에서 추론해 무의식적으로 시작된 자극이 의식적 정신에 영향을 미치고, 나아가 공감의 기초를 마련해 우리의 사고방식도 형성한다는 이론을 세웠다.

다른 사람의 고통을 눈앞에서 보면 뇌는 직접 그 고통을 겪을 때 움직이는 것과 같은 근육을 움직인다. 이와 비슷하게 친구의 얼굴에 나타나는 감정의 반응을 보는 순간 뇌는 당신의 얼굴도 똑같은 근육을 움직이게 한다. 심지어 친구의 표정을 의식적으로 인식하지 못할 때에도 같은 현상이 일어난다. 심리학자들은 피험자들에게 행복한 표정, 화난 표정, 무표정의 사진을 보여주고 그들의 얼굴 근육 움직임을 근전도 검사(electromyography, EMG)로 측정했다. 사진이 순식간에 지나갔기 때문에 피험자들은 어떤 표정이 나왔는지 알지 못했지만 EMG가 탐지한 얼굴 근육의 움직임은 잠깐 떴다가 사라진 사진 속의 표정과 일치했다.[58]

게다가 감정을 흉내내기 힘들 경우 감정 인지 능력은 타협을 하는 것처럼 보인다. 피험자에게 이로 연필을 문 채 눈앞에 보이는 표정을 따라 하면 안 된다고 할 경우 상대방의 감정을 알아차리지 못할 가능성이 크다.[59] 실제로 뫼비우스증후군(Moebius syndrome)이라는 희귀 선천성 신경학적 질병 환자는 태어날 때부터 얼굴 근육이 마비되어 있다. 그들은 어떤 얼굴 표정도 짓지 못한다. 뫼비우스증후군 환자[60]에 대한 연구에 따르면 그들은 다른 사람의 감정을 인식하지 못한다.

그러나 감정을 알아채는 능력은 공감과 완전히 똑같은 능력은 아니다. 감정 인지 능력은 공감의 필요조건이지 충분조건이 아니다. 심리학자들은 공감을 직접 연구하기 위해 피험자들에게 심리 설문지를 나누어주고 공감 점수를 매겼다. 심리학자들은 연구 결과를 바탕으로 공감 점수가 높은 사람일수록 주위 사람의 동작과 표정을 따라 할 가능성이 높다는 것을 밝혀냈다.[61] 뇌 활동을 관찰한 fMRI 연구가 보여준 결과에 의하면 공감 점수가 높은 사람은 다른 사람의 감정 표현을 헤아리는 동안 운동 신경세포계가 더 많이 활성화된 반면,[62] 공감 점수가 낮은 사람은 그렇지 않았다. 이 점수로 계량화된 공감 측면에서만 보면 공감을 많이 하는 사람일수록 거울신경계도 더 활성화된다고 할 수 있다.[63]

다른 사람의 고통을 직접 볼 때 거울신경이 활성화된다면 쾌락을 볼 때는 어떤가? 포르노그래피를 예로 들어보자. 포르노그래피는 다른 사람의 성행위를 보여주는 것으로 수십억 달러를 벌어들인다. 그 정도 수준의 인기 원인은 어디에서 찾을 수 있는가? 포르노그래피를 보는 사람은 직접 쾌락을 경험하지 않고 다른 사람의 쾌락을 눈으로만 볼 뿐이지만, 일부 추산에 따르면 포르노그래피 산업이 한 해에 벌어들이는 수입은 할리우드의 한 해 전체 수입보다 높다고 한다.[64] 포르노그래피가 그토록 성공적인 이유는 무엇인가?

프랑스 신경과학자 연구팀은[65] 이성애자 남성들을 모집하고 그들이 포르노그래피를 보는 동안 fMRI로 뇌를 관찰했다(아마도 연구사상 가장 빨리 자원자 모집이 끝났을 것이다). 에로 영상에는 일반 성교 장면이나 구강 성교 장면도 있었다. 연구팀은 fMRI 촬영 외에도 피험자들이 영상을 보는 동안 그들의 성기 발기 정도를 음경혈량측정법(volumetric penile plethysmography)으로 관찰했다. 실험 대조를 위해 피험자들은 성적 행위나 농담이 전혀 나오지 않은 유머 동영상도 보았다.

포르노그래피를 보고 있을 때의 뇌는 어떻게 변할까? 피험자들이 에로 영상을 보는 동안 fMRI에서는 볼드 신호가 거울신경계의 일부로 알려진 이마엽과 마루엽의 특정 부분을 점화시켰다. 더욱이 거울신경이 활성화되는 수준도 발기한 정도에 비례했다. 다시 말해 거울신경계가 더 활발히 활성화될수록 더 많이 발기했다.

포르노그래피가 그토록 성공적인 이유는 무엇인가? 포르노그래피

영상을 보는 동안 그 사람의 뇌는 심적으로 성행위를 가상으로 흉내내고 있기 때문이다. 그의 몸은 직접 성행위를 하는 것처럼 반응한다. 겉으로 보기에 이런 반응은 공감과 아무런 상관도 없는 것처럼 생각되지만 사실은 상관이 있다. 공감에 대한 거울신경 이론에 의하면 공감을 하는 이유는 머릿속으로 다른 사람의 고통이나 쾌락, 심지어 극단적 쾌락 같은 경험을 시뮬레이션하기 때문이다. 성행위 영상을 보는 동안 거울신경계가 활성화된다는 것이 의외일 수 있지만 신경과학이 바라보는 공감의 입장에서 생각하면 이해가 된다.

거울신경이 공감과 사회적 행동에서 어떤 역할을 하는지에 대한 더 간접적인 증거는 사회적 기능이 손상된 사람들의 사례에서 찾아볼 수 있다. 이미 알다시피 자폐증 환자들은 사회적 상호행동, 소통 능력, 감정 표현 능력이 손상되어 있다. 이런 유사점으로 인해 신경과학자들은 거울신경의 기능 부전이 자폐증을 일으키는 하나의 원인이 아닌지 의문을 갖고 자폐증을 설명하는 깨진 거울 이론(broken mirror theory)[66]을 세웠다. 이 이론은 자아 표현에 어려움이 있는 자폐증 환자들이 단순히 자기감정만 표현하지 못하는 것이 아니라는 사실에서 비롯되었다. 그들은 다른 사람의 감정을 잘 알지 못하고 다른 사람이 존재한다는[67] 사실만 인정할 뿐이다.

정신의학자 리오 캐너(Leo Kanner)는 1943년에 처음으로 자폐증을 설명하면서 자신이 상담하며 직접 본 아이들의 사례를 제시했다. 그가 상담했던 아이들 가운데에는 네 살 반의 찰스라는 남자아이가 있었다. 찰스는 어린아이 때부터 요람에 누워 천장만 멍하니 바라보았고 기분 좋은 아기들이 보일 법한 사람들과의 상호행동은 거의 보이지 않았다. 찰스의 어머니 말로는 나이가 들면서도 아이의 상태는 나아지지 않았다. "찰스는 나에게 전혀 집중하지 않았고 내가 방에 들어와도 나를 알아보는 기색이 없었어요."

리오 캐너는 상담소에 온 찰스가 주위 환경과 상호행동하는 방식을 관찰했다. 한번은 상담 중에 찰스의 어머니가 아이의 손에서《리더스 다이제스트(Reader's Digest)》를 뺏어 바닥에 내려놓고 아이가 들추어보지 못하게 발로 밟았다. 찰스는 "마치 별개의 방햇거리라도 되는 양 그 발을 치우려 했다.[68] 이번에도 찰스는 그 발의 주인인 '사람'에게는 아무런 관심도 보이지 않았다."

이론상 자폐성 장애에 속하는 사람들은 공감 능력에 문제가 있을 수 있다. 공감 능력을 확인하는 심리학 검사에서[69] 자폐증 환자들은 대조군보다 점수가 훨씬 낮다. 하지만 생리학적 검사에서도 그런가? 앞에서 살펴본 실험을 생각해보자. 피험자들이 손이나 토마토를 바늘로 찌르는 영상을 보는 동안 신경과학자들은 TMS로 그들의 운동겉질을 자극했다. 손이 바늘에 찔리는 영상을 보는 일반 피험자에게는 TMS 자극이 효과가 없었다. 그 이유는 손 근육을 이미 다른 데, 즉 무의식적으로 영상 속 바늘에서 손을 치우는 데 쓰고 있었기 때문이다. 다른 사람의 고통을 보면 마치 자신이 아프기라도 하는 양 몸을 움찔거리기 마련이다.

자폐성 장애에 속하는 사람들에게도 똑같은 실험을 한 결과 손이 바늘에 찔리는 영상은 그들의 손 근육 움직임에 아무런 영향을 주지 못했다. TMS 신호의 강도는 면봉으로 손을 살살 건드리는 영상을 볼 때나 바늘로 토마토를 찌르는 영상을 볼 때와 다르지 않았다. 자폐성 장애 피험자들은 손을 뒤로 빼려는 시도도 하지 않았다. 전혀 움찔거리지 않았다.[70]

그들의 뇌 내부에서는 통증 경험이 시뮬레이션되지 않았고, 그렇기에 그들이 보이는 몸의 반응방식도 달랐다.

똑같은 결과가 쾌락 영상에서도 나타나는 듯하다. 심리학자 연구팀은 자폐증의 하나인 아스퍼거증후군(Asperger's syndrome) 피험자들이 에로 영상을 보는 동안 그들의 흥분 정도를 알아보고자 심박수와 피부전도 반응을 측정했다. 보통은 포르노그래피를 보면 피부전도율이 올라가고 심박수도 빨라진다. 그러나 아스퍼거증후군 피험자들은 그런 반응을 보이지 않았다. 에로 영상이 아스퍼거증후군 환자의 신경계에 미친 영향은 대조군에 미친 영향에 비교하면 아주 미미했다.[71]

포르노그래피를 보고 흥분하거나, 감정을 알아채거나, 공감을 표현하거나, 하품이 전염되는 현상은 모두 거울신경의 활성화 때문이며, 이미 이야기했듯이 자폐증 환자들은 앞의 세 가지에서는 거의 반응을 보이지 않는다. 그렇다면 하품 전염은 어떨까? 하품 전염을 불러일으키는 기제가 공감이나 감정 인식의 기제와 같은 만큼 자폐증 환자들은 하품 전염에도 영향을 받지 말아야 하지 않는가? 한 심리학자 연구팀이 실제로 이 문제의 답을 찾으려 노력했다. 연구팀은 56명의 아이를 모집했고[72] 그 가운데 절반이 자폐성 장애를 지닌 아이들이었다. 피험자들은 테이블에 앉았고 맞은편에는 연구자 한 명이 앉았다. 연구자가 아이들에게 말했다. "너희에게 이야기 하나를 읽어줄게. 그리고 질문을 몇 가지 할 거야." 연구자는 한동안 이야기를 읽어주다 잠시 멈추고 입이 찢어져라 하품을 했다. 그녀는 이야기를 들려주는 동안 하품을 네 번 했다. 이 장면은 비디오로 촬영했기 때문에 연구팀은 화면을 보면서 이야기를 읽어주는 연구자가 한 번 하품을 하는 90초 동안 각 집단마다 몇 명의 아이들이 하품을 했는지 확인했다.

결과는 분명했다. 대조군 피험자의 43퍼센트는 하품에 전염되었지만 자폐증 아이들은 11퍼센트만 하품을 했다. 퍼즐의 마지막 한 조각이 완성된 듯하다. 자폐증을 앓는 환자들은 하품에도 잘 전염되지 않는다.

이에 대해 일부 학자들은 의심을 품는다.[73] 자폐증 아이들이 하품을 하지 않는 것은 다른 사람과의 눈 마주침이 서툴 뿐 아니라 얼굴을 쳐다보지 않는 성향이 있어서는 아닌가? 하품에 전염되지 않는 것은 자폐증의 또 다른 전형적 증상이지는 않은가? 논쟁은 자폐와 거울신경 분야를 넘어 모든 분야로 확대된다. 깨진 거울 이론은 논란의 여지가 많다. 신경학 연구는 자폐아 뇌의 거울신경이 일반인의 뇌와 다르게 활성화되지 않는지 관찰하는 데서 답을 찾아야 한다. 아직 연구가 진행 중이고 양쪽 모두를 뒷받침하는 증거가 나오고 있다(연구는 양쪽 모두를 뒷받침할 만한 증거를 찾는 방향으로 진행되고 있다).

2010년 《브레인 리서치(Brain Research)》에 실린 자폐아들에 대한 fMRI 연구[74] 결과는 그들의 거울신경계가 대조군에 비해 비정상적으로 활성화된다는 것을 보여주었다. 하지만 같은 해 《뉴런(Neuron)》에 실린 연구[75]에서는 자폐아들의 거울신경계가 완벽하게 정상이고 활성화 패턴도 대조군과 정확하게 일치한다는 정반대의 결과가 나왔다. 지금까지는 거울신경의 기능 부전이 자폐아에서 어떤 결정적 역할을 한다고 입증하는 명확한 신경학적 증거가 나오지 않았다.

아직은 이론에 불과하지만 무의식의 심상 시뮬레이션이 우리가 생각하고 행동하고 느끼는 방식에 매우 강력한 영향을 미친다는 것이 조금씩 밝혀지고 있다. 자폐증이든 자폐증이 아니든 거울신경은 인간 본성의 아주 소중한 특징인 공감 능력을 형성하게 도와준다. 우리는 다른 사람의 경험을 본능적으로 시뮬레이션해 다른 사람과 우리 자신에 대한 기본 정보를 습득하고, 그럼으로써 우리의 의식을 발달시킨다. 골퍼가 경기 전에 심적 시연을 해보듯이 우리의 심상 시뮬레이션도 우리를 변화시킨다. 하지만 결정적 차이가 하나 있다. 거울신경은 무의식적으로 활성화된다는 것이다.

심상 시뮬레이션은 의식계와 무의식계를 연결하는 다리다. 어느 한쪽을 이용해 다른 한쪽에 영향을 미칠 수 있다. 스포츠선수처럼 훈련의 형태로 심상 시뮬레이션을 사용하면 무의식의 기능이 강화되고 운동 통제에 필요한 습관적 메커니즘이 미세하게 조율된다. 거울신경을 이용해 무의식적으로 작동되는 심상 시뮬레이션은 우리의 의식적 행동을 만들고 사회적 행동을 조정하며 다른 사람의 경험을 우리의 것으로 내면화하게 도와준다.

스스로 깨닫지도, 동의하지도 않는 사이 무의식계는 눈앞에 보이는 것을 조용히 시뮬레이션한다. 우리는 그런 시뮬레이션이 우리에게 미치는 영향을 단지 스쳐 지나가는 생각이나 감정으로만 느낄 뿐이다. 그런 순간의 감정이 우리에게 얼마나 많은 영향을 미치는지, 그런 감정이나 생각이 어디서 왔는지는 결코 알 수 없을 것이다. 단지 머릿속 깊은 곳 어디에서인가 왔다고만 어렴풋이 알 뿐이다.

직감

음주 문제가 심각한 지경에 이른 한 친구가 있다고 하자. 그를 말려야 하는 것은 아닌지 선택의 기로에 서 있다. 어떤 방법을 선택해야 하는가? 여러 가지 방법을 고민해보고 그 가운데 하나를 선택했을 때의 결과를 예상해본다. 나 혼자 그 친구를 말리면 그는 완강하게 고집을 부릴 것이다. 내 말을 거부할지도 모르고, 심지어 내가 그의 생활방식을 간섭한다며 화를 낼지도 모른다. 친구 여러 명과 함께 그를 말린다면? 이 방법을 택한다면 우리가 그의 앞날을 얼마나 많이 걱정하고 있는지 확실히 보여줄 수 있을지도 모른다. 아니면 그는 궁지에 몰렸다는 생각에 모든 인간관계를 다 끊어버리지는 않을까? 내가 그 친구를 말리지 않기로 결정하면 그의 문제는 더 심각해질 수 있다. 음주 운전으로 구속될 수도 있고 술집에서 싸움에 휘말려 다칠 수도 있다. 그의 직장 상사는 이미 그의 알코올의존증 징후를 눈치챘다. 내 친구는 상태가 호전되지 않으면 직장을 잃게 될지도 모른다.

이런 시나리오가 머릿속을 순식간에 스쳐 지나간다. 너무 빨리 지나가 자세한 장면까지 정확히 그리기는 힘들지만 장면마다 무언가 떠오르는 특정한 방식이 있다. 머릿속으로 시뮬레이션하면서 첫 번째 선택은 옳지 않다는 느낌이 든다. 직감으로는 두 번째 선택이 옳을 것 같다. 각 선택마다 장단점을 일일이 따져보지 않아도 어떤 선택이 더 좋은지, 더 나쁜지 느낌이 온다. 이런 시나리오나 직감, 느낌은 어디서 오는 것인가?

미국의 신경학자 안토니오 다마시오(Antonio Damasio)의 주장에 따르면[76] 그런 것들은 우리가 과거에 겪은 다양한 감정에서 오고, 그런 감정들의 영향은 신경계에 남아 있다가 우리가 결정을 내릴 때 중대한 역할을 한다. 안토니오 다마시오는 우리가 어떤 경험을 할 때마다[77] 특정 감정이나 몸의 상태가 그 경험과 관련되어 있다고 말한다. 신경계에 새겨진 그때의 감정은 마치 몸에 새겨진 표식처럼 그 사건에 대한 기억과 관계를 유지한다. 감정은 신경계에 생물학적 잔재를 남기고 신체의 변화를 가져온다. 안토니오 다마시오는 이런 감정적 잔재를 신체표지(somatic marker)라고 부른다(soma는 그리스어로 '몸'을 뜻한다). 예를 들면 대학 입학 예정자가 비가 오고 후텁지근한 날에 캠퍼스를 구경하면 무의식적으로 그 학교에 대한 부정적인 면을 떠올릴 수 있다. 아니면 방울양배추를 극도로 싫어하는 사람이 있다고 하자. 특정 음식을 혐오하게 된 데는 어린 시절에 그 음식을 먹었다가 호된 경험을 치른 것과 관련이 있다. 어쩌면 어렸을 때 학교 식당에서 상한 방울양배추 수프를 먹었을지도 모른다.

거울신경이 다른 사람의 경험을 시뮬레이션하는 것처럼 신체표지는 우리 자신의 과거 경험을 시뮬레이션한다. 특정한 음식, 장소, 경험과 관련된 감정적 반응은 비슷한 상황에 직면하거나 그와 관련된 결정을 내려야 할 때 갑작스럽게 되살아난다. 곰곰이 생각하는 순간 신체표지는 이미 영향력을 행사하기 시작하고 각각의 시나리오가 어떻게 펼쳐질지 시뮬레이션한다. 신체표지는 우리가 선택하는 방식에, 심지어는 처음에 떠올린 선택에도 영향을 미친다. 우리가 선택의 장단점을 고민해볼 시간을 갖기도 전에 신체표지는 선택 가능한 목록에서 이미 일부를 제외했지만 우리는 그런 영향을 받았다는 사실조차 전혀 인식하지 못할 수 있다. 시뮬레이션이 무의식에서 작동되기 때문이다.

신체표지는 이마엽에 존재하는데, 정확히는 눈과 눈 사이에 있는 눈확이마겉질(안와전두피질)이라고 알려진 곳이다. 이 부분이 손상된 사람은 감정과 의사결정 능력에 문제가 있다. 가장 대표적인 사례는 피니어스 게이지(Phineas Gage)다. 철도 공사 감독이었던 그는 폭발 사고로 눈확이마겉질을 잃었다. 금속 막대가 미간으로 총알처럼 날아와 그의 앞머리를 뚫고 그대로 관통한 뒤 30미터 정도 날아가 반대편 뒤쪽에 떨어졌던 것이다. 그는 사고에서 기적적으로 살아남았지만 전과 똑같지는 않았다. 신체표지를 이용하는 믿을 만한 직관 발휘 능력을 잃었기 때문에 그는 미리 계획을 짤 수 없었고 어떻게 행동해야 할지 이성적인 판단도 할 수 없었다. 피니어스 게이지는 합리적인 선택을 할 능력을 잃었으며 얼마 지나지 않아 철도회사에서도 해고당했다. 이웃과 친구들도 피니어스 게이지가 "더는 게이지가 아니라는"[78] 사실을 깨닫게 되었다.

안토니오 다마시오는 자신의 환자 한 명도 그와 비슷한 증상을 보였다고 말한다.[79] 엘리엇이라는 환자는 뇌종양을 제거하는 외과 수술을 받았다. 수술과정에서 외과 의사들은 엘리엇의 눈확이마겉질의 상당 부분을 제거했다. 엘리엇은 수술 후 회복되었지만 그의 인격은 전과 크게 달라져 있었다. 좋은 남편이며 아버지이고 성공한 사업가였던 엘리엇은 갑자기 어떤 일도 믿고 맡기지 못할 사람으로 바뀌었다. 그는 계획을 이행하지 못했고 할 일을 끝까지 하지 못했으며 결국에는 직장마저 잃었다. 그는 잘못된 결정을 잇따라 내렸고 마침내는 파산했고 이혼도 여러 번 했다. 그는 자신의 결정이 불러올 결과를 짐작조차 하지 못하는 사람처럼 보였다.

안토니오 다마시오는 엘리엇의 원인이 신체표지와 관련 있을지도 모른다는 의구심을 갖고 그 원인을 찾기 위해 연구 계획을 세웠다. '도박 과제(gambling task)'[80]라는 이 검사는 실생활에서 맞닥뜨리는 보상과 처벌의 가능성과 불확실성을 그대로 모방했다. 안토니오 다마시오는 엘리엇에게 판돈으로 2,000달러를 주고 테이블에 앉혔다. 테이블에는 A에서 D까지 적힌 카드 네 벌이 놓여 있었다. 엘리엇은 카드 한 벌을 선택하고 한 번에 카드 한 장씩을 꺼냈다. 각 카드에는 엘리엇이 잃거나 따게 될 금액이 적혀 있었다. 한 카드를 뽑으면 50달러를 따고, 다른 카드를 뽑으면 100달러를 잃는 식이었다. 엘리엇에게는 실험이 끝날 때까지 돈을 최대한 많이 따라는 과제가 주어졌다.

하지만 안토니오 다마시오는 엘리엇에게 카드 네 벌이 특정한 방식으로 설계되었다는 사실은 말해주지 않았다. A와 B에서는 어떤 카드를 뽑아도 한 번에 추가되는 돈이 100달러였고, C와 D는 한 번에 50달러씩 따게 되어 있었다. 하지만 각 벌마다 돈을 잃는 카드도 섞여 있었다. C와 D는 한 번에 100달러 이하를 잃었지만 A과 B는 한 번에 최대 1,250달러를 잃을 수 있었다. A와 B의 잠재 손실은 잠재 이익을 훨씬 앞서고 있었다. 그러므로 적절한 전략은 C와 D에서만 카드를 뽑는 것이었다.

건강한 피험자들은 처음에는 따는 돈이 더 큰 A와 B 카드를 선호했다. 그러나 거액을 잃은 후 대조군의 참가자들은 A와 B 카드가 위험성이 매우 높다는 사실을 재빨리 알아차렸다. 그들은 위험성이 높지 않은 카드 묶음에서만 카드를 뽑는 것으로 전략을 바꾸었다.

엘리엇은 자칭 신중하게 선택하고 위험을 기피하는 보수적인 사람이었다.[81] 그는 뇌수술을 한 후에도 그런 보수적 성격이 변하지 않았다고 했다. 하지만 도박 과제를 수행하는 동안 그가 내린 선택은 신중함과는 거리가 멀었다. 그는 계속해서 나쁜 카드 묶음에서만 카드를 뽑았다. 거액의 돈을 연거푸 잃은 후에도 마찬가지였다.

게임하는 방법 자체를 모르는 것 같았다. 그는 목표를 알고 있었고 손익의 개념도 분명히 이해했다. 어떤 카드 묶음이 좋은 카드이고 어떤 것이 나쁜 카드인지도 정확히 집어냈다. 그런데도 도박 과제를 수행할 때마다 엘리엇은 나쁜 카드를 선택했을 때의 손실에는 아랑곳하지 않는 양 잇따라 최악의 선택을 했다. 나쁜 결과에서 얻은 교훈을 조금도 새기지 못하고 있었다.

만약 엘리엇이 신체표지 시스템을 다치지 않았다면 그가 금전적 손실을 입을 때마다 정상적으로 느끼는 좌절감과 분노는 그의 신경계에 각인되었을 것이다. 그는 다음 게임을 위한 네 벌의 카드를 보면서 자신이 겪은 좌절감과 분노를 기억하고 선택의 결과도 짐작할 수 있었을 것이다. 친구의 문제 행동을 중단시키기로 결정하면서 내가 선택 결과를 시뮬레이션했듯이 그도 각각의 카드를 선택했을 때의 결과를 시뮬레이션할 수 있었을 것이다. 그러나 안타깝게도 뇌 손상으로 엘리엇의 무의식계는 과거 경험을 지침 삼아 미래의 선택을 내릴 능력을 잃었고 그는 도박 과제에서도, 실생활에서도 점점 더 깊은 수렁으로 빠져들었다.

신체표지는 일종의 감정적 기억이자 뇌가 과거에 습득한 정보를 재예시화한 것이다. 하지만 우리는 '직감'으로 그런 신체표지를 경험할 뿐이다. 이런 감정적 기억은 무의식적으로 저장되고 작동되었다가 비슷한 사건과 맞닥뜨리는 순간 등장해 우리가 선택할 수 있게 이끌어준다. 이

장에서는 무의식계를 훈련하는 방법을 살펴보았다. 신체 훈련, 심적 시연, 다른 사람의 관찰 등은 학습의 형태이며 반복 사용하면 신경 연결을 구축한다. 이런 하부 구조가 세워지면 뇌의 무의식은 보답을 한다. 억지로 고민하거나 근육을 강화하거나 테크닉을 완벽하게 연마하지 않아도 운동 실력이 향상된다. 거울신경은 눈앞에 보이는 것을 시뮬레이션해 다른 사람의 행동을 배우고, 공감을 표현하고, 고통과 쾌락을 이해할 수 있게 해준다. 마지막으로 신체표지는 과거 경험을 지침 삼아 미래에 현명한 선택을 하게 해준다.

뇌의 무의식은 과거 경험을 회상하고 시연하는 방법으로 옛 정보를 시뮬레이션해 우리의 학습과 성장을 도와준다. 무의식은 방대한 기억 저장 창고에서 정보를 가져와 합리적인 선택을 하게 해준다. 문제는 기억이 항상 믿을 만한 정보원은 아니라는 것이다. 하지만 무의식은 기억에 의존해 시뮬레이션을 한다. 그렇다면 정보가 불완전하거나 잘못된 것이라면 어떤 일이 생기는가?

앞에서 뇌가 어떤 식으로 빈틈을 메우는지 살펴보았다. 우리가 잠이 들고 의식적 지각을 멈추는 순간 뇌는 꿈속 서사를 펼친다. 시력을 잃거나 신경학적 손상을 입었을 때에도 뇌는 다른 수단을 동원해 세상을 재구성하고 환각까지 만들어낸다. 선택을 돕기 위해 기억을 회상할 때에도 마찬가지로 뇌는 완전한 서사를 만들려고 최선을 다한다. 무의식계의 논리에 따르면 뇌는 정보에 빈틈이 생길 경우 기억에서든 맥락에서든 정보를 끌어와 그 빈틈을 메운다. 하지만 정보의 빈틈이 지각의 빈틈이 아니라 기억 자체에 생긴 빈틈이라면? 무의식은 거대한 기억 저장 창고의 정보에 의존해 시뮬레이션을 만들어야 하는데, 그 창고에 구멍이 생기면 무의식은 그것을 어떻게 메워야 하는가? 이미 알다시피 뇌는 자체적으로 이야기를 꾸며낼 수 있다.

4

기억,

감정,

자기중심적인 뇌

일어나지도 않은 일을 기억할 수 있을까?

마음의 기억이 나쁜 것은 지우고
좋은 것은 부풀린다는 사실을 알기에는,
이런 교묘한 술책이 있어서
우리가 과거의 짐을 견뎌낸다는 사실을 알기에는
그는 아직 너무 어렸다.

– 가브리엘 가르시아 마르케스

내가 처음 빌리를 만났을 때 그는 미동도 하지 않고 휠체어에 앉아 입가로 늘어뜨린 침대보만 물어뜯고 있었다. 그는 질문에 대답하지 않았다. 내가 무언가를 물어보면 나를 가만히 쳐다보기만 하면서 마치 남들은 모르는 무언가를 혼자만 알고 있다는 듯이 입을 옆으로 길게 늘이며 씩 웃었다. 그의 근육은 뻣뻣하게 굳어 있었다. 가끔은 좌우를 흘끗 보기도 하고, 침대보를 물어뜯기도 하며, 손톱으로 팔을 꼬집기도 했지만 그것 말고는 전혀 움직이지 않았다. 빌리는 혼수성 마비 증상인 긴장증(catatonia)이었다. 그러나 그의 치료를 책임진 의료진으로서는 안타깝지만 불과 몇 주 만에 매우 건강한 남자가 어떻게 그런 상태가 될 수 있는지 전혀 알 수 없었다. CT 스캔이나 MRI로도 결론을 내리지 못했다. 약물 검사에서도 불법 약물은 전혀 검출되지 않았다. 혈액 검사도 음성이었다. 빌리의 증상은 수수께끼였다.

2주 전 그는 다른 병원 응급실에 갔다. 그는 젖은 구두를 짝짝이로 신은 채 "꼭 들어주세요…… 제가 뇌 손상을 입었어요"라고 말했다. 가족의 말에 따르면 빌리는 일생 동안 지극히 정상이었다. 그는 윤기 나는 검은 머리, 환한 미소, 날카롭고 유쾌한 유머 감각까지 갖추고 있었고, 어느 장소에서나 충분히 매력을 발산했으며, 친구도 쉽게 사귀었다. 빌리는 30대 초반에 화학 석사 학위를 받았고 민간 연구실에서 오랫동안 일했다. 그는 차곡차곡 경력을 쌓았고 오래 사귄 여자 친구도 있었다.

그런데 갑자기 무언가 상황이 바뀌었다. 그는 친구와 가족을 멀리했다. 직장에서 해고당했고 여자 친구와도 헤어졌다. 그는 공과금을 내지 못했고 차와 아파트를 유지하지 못했으며 제대로 챙겨먹지도 못했다. 빌리의 어머니가 그를 돌보기 위해 아파트에 들렀을 때 빈 피자 상자만이 탑처럼 수북이 쌓여 있었다. 집에서 하루 종일 누워 있기만 하는 빌리를 위해 그의 어머니가 만들어다 준 음식은 여전히 그릇에 담겨 있었고, 상한 음식에는 파리만 뒤끓었다. 빌리의 차는 멀리 떨어져 있는 공공주차장의 출입금지 지역에 방치되어 있었다. 그가 어떻게 병원까지 길을 찾아왔는지도 의아할 정도였다. 빌리가 말해주어야 했지만 그는 묵묵부답이었다.

빌리는 우리 병원으로 이송된 후 전기경련요법(electroconvulsive therapy, ECT)을 받기 시작했다. 이 방법은 전신마취 상태에서 뇌에 전류를 흘려보내 30초 동안 발작을 일으키게 하는 것으로 가장 널리 알려진 긴장증 치료법이었다. 몇 번 ECT를 하고 난 후 긴장증이 조금 사라지면서 빌리의 인격이 다시 나타나기 시작했다. 그는 이런저런 말을 쏟아내기 시작했지만 대개 처음에는 무슨 소리인지 알아듣기 힘들었다. 그는 여자 간호사와 의사에게 추파를 던졌고 가끔은 윙크를 하면서 데이트를 신청하기도 했다. 유머 감각이 돌아왔고 몇 주 동안 치료받은 후에는 훨체어 없이도 걸을 수 있었다. 하지만 한 가지, 그의 기억만은 정상으로 돌아오지 않았다.

빌리는 자신과 자신의 과거사에 대한 기본 정보조차 기억하지 못했다. 그는 대통령이 누구였는지, 의사가 누구였는지, 심지어 자기가 병원에 입원해 있다는 사실조차 기억하지 못했다. 그러나 그는 전부 기억하는 것처럼 굴었다. 그는 거짓으로 답을 만들어 매일같이 의기양양하게 똑같은 가짜 답을 반복해서 말했다. 매일 아침 나는 회진할 때마다 빌리가 갑자기 변한 이유가 무엇인지 실낱같은 실마리라도 찾기 위해 생각나는 질문은 모두 했다. 나는 그의 대답이 시간이 지날수록 얼마나 달라지는지 알아보려고 종이에 기록했다. 다음은 우리가 2주 동안 나눈 대화의 일부다.

첫째 날

나 : 빌리, 오늘이 몇 월 며칠인지 아나요?

빌리 : 당연하죠. 2012년 2월 20일입니다. 더 구체적으로 말하면 1998년 9월 3일입니다.

나 : 당신 이름을 기억하나요?

빌리 : 그럼요, 물론이죠, 선생님.

나 : 이름이 뭐죠?

빌리 : 제 생각에는 지금 이 상황에서 우리의 관계를 생각하면, 이곳 상황을 다 감안하면 그 정보를 선생님께 드리는 것은 적절하지 않은 것 같습니다. 그렇긴 해도요, 선생님. 선생님의 제스처는 충분히 이해합니다. 카드를 제대로 하면 선생님이 찾는 것을 얻을 수 있을 겁니다.

넷째 날

나 : 지금 왜 병원에 입원해 있는 건지 아나요?

빌리 : 네. 무릎 때문입니다.

나 : 무릎에 무슨 문제가 있나요?

빌리 : 몇 주째 아프거든요. 그래서 어제 수술을 받았습니다.

나 : 어제 수술을 받았다고요?

빌리 : 네, 인대가 찢어졌거든요. 다행히 수술은 잘 됐습니다. 여기 선생님들이 제 치료를 잘 해주셨어요. 이제는 많이 걸어도 끄떡없습니다. 휠체어나 다른 것이 없어도요. 무릎도 이제는 아프지 않습니다.

나 : 빌리, 외과에서 당신이 수술했다는 기록은 넘겨받지 못했는데요. 어제 수술한 것 정말 맞습니까?

빌리 : 그렇다니까요. 그분들이 수술을 쉬쉬하고 싶어했어요. 아무도 나 같은 남자가 무릎 수술을 받아야 한다고는 생각하지 않을 테니까요.

빌리는 오늘 날짜를 몰랐다. 자신이 어디에 있는지도 몰랐다. 처음에는 자기 이름도 몰랐다. 그는 자신이 이런 것들을 모른다는 사실을 인정하지 않으려 했다. 그는 아무것도 모른다는 사실을 감추려는 듯 끝도 없이 변명을 늘어놓았다. 그는 의료진이 아무리 여러 번 다른 의견을 말해도 대답을 하나 지어내고 그 대답만 죽어라 하는 경우도 많았다. 하지만 진짜로 이해할 수 없는 부분은 따로 있었다. 빌리는 거짓말을 하는 것이 아니었다. 그는 '일부러' 거짓 대답을 하는 것도 아니었고 자신을 감추려 노력하는 것도 아니었다. 그는 자신이 사실만을 대답한다고 철석같이 믿고 있었다. 그는 자신이 정말로 무릎 수술을 받고 회복 중이라고 믿었다.

빌리는 일어나지도 않은 일을 기억하고 있었다.

빌리의 기억에 무슨 일이 생긴 것인가?

엉성하게 얽혀 있는 스냅사진

빌리의 뇌에 무슨 문제가 있는지 이해하려면 기억이 어떤 식으로 작동하는지부터 살펴보아야 한다. 우리는 기억이 과거의 경험을 단순하게 촬영한 비디오 같다고 오해한다. 하지만 아니다. 비디오 촬영에는 그 장면의 모든 부분이 똑같이 중요하게 담긴다. 어떤 부분을 가장 중요하게 강조해야 할지 따로 고르거나 선택하지 않는다. 비디오 촬영은 있는 그대로를 정확히 기록한다. 이에 반해 기억은 실수를 하고 시간이 지나면서 변한다.

뇌 깊은 곳에 위치한 해마와 인근 영역에는 그물망처럼 서로 연결된 신경세포 속에서 기억 기계가 매우 빠르게 돌아간다. 거미 모양의 뇌세포 부속물인 신경돌기(축삭)와 가지돌기(수상돌기)는 신경전달물질이라는 전기화학 신호를 주고받는다. 이 신호는 신경돌기와 가지돌기 사이의 중간 지대인 시냅스 틈새(연접 틈새)를 가로질러 마침내 목표 신경세포의 수용체에 이른다. 이런 연결 패턴은 일생 동안 계속 변화한다. 새로운 경험을 쌓고 과거를 회상하면서[2] 시냅스 연결 강도는 세지기도 하고 약해지기도 한다.

이런 사실은 1960년대에 신경과학자들이 신경세포에 똑같은 전류를 한 번 이상 보내면 신경세포가 더 강하게 반응한다는 것을 알게 되면서 처음 발견되었다. 신경세포는 그 신호를 과거에도 수신했다는 것을 기억하는 듯했다. 연구팀이 두 개 이상의 신경세포를 동시에 활성화시켰을 때 그 신경세포들은 조직을 형성하면서 더 공고한 작업관계를 구축하는 듯이 보였다. 똑같은 패턴으로 추가 신호를 보내 그 신경세포 집단을 활성화시켰을 때에는 더 강한 반응을 일으켰다. 이론적으로 신경세포는 집단으로 묶여 자주 자극을 받으면 추가로 수용체를 모집해 새롭고 더 강한 시냅스를 만들어낸다. 장기 강화 작용(long-term potentiation)[3]이라고도 하는 시냅스 연결 강화는 기억을 형성하는 근간이 된다.

장기 강화 작용은 기억이 뚜렷한 신경세포 발사 패턴으로 암호화하는 것을 가능하게 하고, 기억과 기억의 연결 고리가 만들어지는 것도 가능하게 한다. 신경과학의 근본 원칙 가운데 하나는 '함께 활성화되는 신경세포는 서로 연결망을 형성한다'이다. 신경세포 집단이 동시에 활성화되면, 특히 이런 활성화가 자주 일어나면 시냅스 연결 패턴이 점차 변하면서 이 신경세포 집단은 서로 연결된다. 일단 연결된 신경세포 집단은 나중에 활성화될 때 다른 신경세포 무리에게도 집단을 만들라고 부추긴다. 기억 형성[4]은 평생 이어지면서 끊임없이 진화하는 역동적 프로세스다. 우리의 경험은 뒤얽힌 연결 패턴으로 저장된다. 과거 경험을 떠올리거나 비슷한 상황을 만나면 이렇게 연결된 패턴이 재점화된다. 그 경험을 많이 떠올릴수록 경험에 대한 기억이 더욱 공고해지고 다른 생각이나 기억과도 연결 고리가 더 많이 형성된다.

기억이란 하나하나 서로 다른 순간들이 모여 있는 것이고 뇌가 이런 순간들을 묶어 연속된 이야기로 만들어낸다고 가정해보자. 친구들과 저녁 식사를 하는데 한 친구가 고등학교 졸업 이야기를 꺼내고, 당신도 갑자기 예전 고등학교 시절이 떠오른다. 그리고 졸업식이 생각나면서 몇 년간 보지 못한 고등학교 친구들도 생각난다. 지난날의 친구관계, 결혼식, 술에 취해 케이크 위로 넘어졌던 신랑 들러리, 그를 설득해 익명의 알코올의존증 모임에 데려간 날, 마침내 알코올의존증을 극복한 그가 엉엉 울며 당신을 껴안던 순간들이 머릿속에서 두서없이 떠오른다.

그러나 이런 스냅사진들은 재구성될 수 있다. 미국 심리학자 엘리자베스 로프터스(Elizabeth Loftus)는 최근의 경험이 기억을 어떻게 조작할 수 있는지 입증하기 위해 실험을 설계했다. 그녀는 피험자 집단에게 그들이 과거에 겪은 네 가지 사건을 나이 든 친척에게 들을 것이라고 말해주었다. 피험자들에게는 알리지 않았지만 그 친척들은 엘리자베스 로프터스와 미리 짜고 그녀의 실험을 도와주기로 한 사람들이었다. 그들은 피험자들에게 어린 시절에 있었던 네 가지 사건을 이야기해주기로 했다. 그 가운데 세 가지 사건은 피험자들이 정말로 겪은 일이었다. 하지만 하나는 꾸며낸 이야기로 피험자들이 어린 시절에 쇼핑몰에서 길을 잃은 적이 있었다는 것이었다. 그러나 피험자들은 네 가지 사건 모두 자신들에게 일어났던 일이라고 들었다. 엘리자베스 로프터스는 친척들이 들려준 가짜 사건이 피험자의 머릿속에 이식되어 거짓기억을 만들어낼 수 있는지 궁금했다. 엘리자베스 로프터스가 쇼핑몰에서 길을 잃은 이야기를 선택한 이유는 오래전 누구나 한 번쯤 경험해보았을 법한 무서운 경험의 좋은 예였기 때문이다. 크리스라는 피험자는 친척 형인 짐으로부터 다음과 같은 이야기를 들었다.

1981년인가 1982년이었죠. 크리스는 다섯 살이었을 겁니다. 스포캔의 유니버시티시티 쇼핑몰에 갔죠. 당황해서 어쩔 줄 모르고 있는데 크리스가 키 큰 노신사에게 이끌려 쇼핑몰로 들어오고 있더군요(제 기억에 그 노신사는 플란넬 셔츠를 입고 있었어요). 크리스가 울면서 그 노신사의 손을 꽉 잡고 있었습니다. 남자는 조금 전까지 크리스가 울어서 눈이 퉁퉁 부은 채 다니기에 부모를 찾아주려고 했다더군요.

가짜 사건을 들은 이후 크리스는 이 사건을 자세히 기억하기 시작했다. 그때 굉장히 겁이 났고 엄마한테 다시는 혼자 다니지 말라는 말을 들었다고 기억했다. 2주 후 크리스의 거짓기억은 훨씬 생생해졌다.

잠시 친척들하고 같이 있다가 나 혼자 장난감 가게 케이 비 토이스를 둘러보러 간 기억이 납니다. 그러다 길을 잃었고 나는 주위를 둘러보며 "음, 음, 내가 길을 잃었네"라고 생각했죠. 그러다가…… 가족을 다시는 보지 못할 거라는 생각이 들었어요. 형도 알겠지만 그때 진짜 겁이 났죠. 그런데 그 노신사가 저에게 다가왔어요. 제 기억에는 파란색 플란넬 셔츠를 입고 있었죠…… 제법 나이가 든 분이었죠. 정수리가 벗겨져 있었는데, 양옆의 흰머리가 마치 반지 같았어요. 안경도 끼고 있었고요.

친척 형이 들려준 네 가지 사건 가운데 하나가 거짓말임을 알았을 때 크리스는 어떤 이야기가 가짜 사건인지 추측했지만 틀렸다. 쇼핑몰에서 길을 잃은 사건이 너무 강력하게 시각화되었기 때문에 그는 진짜 기억보다도 그 가짜 사건을 더 진짜라고 확신했다. 엘리자베스 로프터스의 실험에 참가한 피험자 24명 가운데 일곱 명(29퍼센트)은[5] 쇼핑몰에서 미아가 되었던 사건에 대해 거짓기억을 만들었다. 엘리자베스 로프터스는 기억이 저장되는 방식을 생각이 바꿀 수 있다고 결론내렸다.

기억은 상호연결되어 있는 탓에 시간이 지날수록 변할 여지가 있다. 뇌는 특징이 비슷한 기억을 연결하고 가장 중요하다고 생각하는 사건들을 강조한다. 이와 마찬가지로 뇌는 새로운 생각과 경험을 바탕으로 나중에 그 사건들을 재구성할 수 있다. 진공 상태에서 만들어지는 기억도, 붙박이로 고정된 기억도 없다. 기억은 촘촘하게 얽힌 이야기처럼 나름의 방향과 관점을 갖고 있으며 언제든지 수정될 수 있다.

이스라엘 연구팀은[6] 기억에 문제가 없는 한 여성을 이틀 동안 카메라에 담았다. 카메라가 돌아간다는 것만 빼면 그 여성에게 그 이틀은 여느 때와 다를 바 없는 평범한 날이었다. 이후 몇 년 동안 그녀는 시간차를 두고 그 이틀에 대해 묻는 질문지에 답했다. 연구팀은 그 여성이 질문지를 채우는 동안 fMRI로 그녀의 뇌 활동을 관찰했다. 시간차가 길수록 자세한 부분에 대한 그녀의 기억 왜곡은 더 심해졌다. 흥미로운 점은 시간이 지날수록 여성이 질문지에 답을 적는 동안 나타난 그녀의 뇌 활동 변화였다. 몇 달, 몇 년이 지나고 기억 오차가 쌓일수록 기억을 되살리기 위해 해마에 의존하는 정도가 줄어드는 듯했다. fMRI 결과 기억해야 할 사건이 더 먼 과거의 일이 될수록 해마의 활성화는 감소되었다. 그러나 안쪽이마앞엽겉질(내측전두전엽피질)과 관련된 영역을 비롯해 뇌의 다른 영역들은 더 많이 활성화되었다. 이마엽과 경계해서 위치한 안쪽이마앞엽겉질은 자기중심 사고와 관련이 있다. 이 젊은 여성의 기억은 신경학적 파일에 담긴 기록에만 접근하는 것이 아니라 여러 시스템에 저장된 대표

기록에도 동시에 접근하고 있었다. 시간이 지날수록 여성의 기억은 자세하고 정확하게 저장된 기록에서 멀어졌고, 대신에 그녀 자신에게 집중하고 있었다.

기억은 우리라는 사람을 결정하는 데 커다란 역할을 한다. 우리의 개인사는 우리의 자아상을 만들고 저장된 지식을 모은다. 무의식계는 기억을 암호화하면서 우리의 인격도 형성한다. 무의식은 비디오카메라처럼 경험을 있는 그대로 담지 않는다. 대신 무의식은 그 이야기에서 우리 자신이 맡은 역할에, 우리가 중요하게 여기는 부분에 집중한다. 그러다 어느 순간이 오면 우리가 어떻게 느끼고 있는지, 그 순간의 감정은 무엇인지, 무엇을 기대하고 두려워하는지, 그 순간이 우리에게 무슨 '의미'인지에 대한 맥락이 생겨난다. 그리고 그 맥락을 바탕으로 뇌는 초고를 쓰기 시작한다.

라이벌팀 스포츠팬의 뇌

—

대학 농구 경기는 자기중심 사고와 감정이 기억 형성에 어떤 영향을 미치는지 연구할 수 있는 이상적인 무대다. 한 팀이 점수를 내면, 특히 위압적인 덩크슛이나 게임의 흐름을 바꾸는 3점 슛을 쏘면 관중의 절반은 일제히 열광하고, 심지어는 광기나 다름없는 감정을 경험한다. 그리고 나머지 절반은 그 반대의 감정을 느낀다. 농구팀의 팬들은 선수와 자신을 동일시하면서 팁오프(농구에서 경기를 시작하는 점프볼 — 옮긴이)에서 마지막

버저가 울릴 때까지 꼼짝도 하지 않고 자리에 앉아 좋아하는 팀을 응원하고 상대팀에게는 야유를 퍼붓는다.

듀크대학 블루 데블스와 노스캐롤라이나대학(UNC) 타르힐스의 관계만큼 뜨거운 라이벌 관계도 찾아보기 힘들 것이다. 2010년 듀크대학 신경과학자 연구팀[7](그들에게 편견은 없었을 것이다)은 감정 기억 연구에 참가할 열혈 농구팬을 모집했다. 12명은 듀크대학 팬이었고 11명은 UNC 팬이었다. 피험자들은 1주 동안 한자리에 모여 듀크대학과 UNC 농구팀이 벌인 접전을 커다란 화면으로 세 번 시청했다. 세 번째 경기를 본 뒤 어느 날 연구팀은 각각의 팬에게 똑같은 경기 동영상 64편을 보여주었다. 팬들은 관중의 함성에 둘러싸여 경기를 보고 있는 것처럼 만드는 LCD 고글을 끼고 동영상을 보았다. 동영상의 절반은 듀크대학팀을 호의적으로 보여주었고, 나머지 절반은 UNC팀을 호의적으로 보여주었다. 동영상은 팬의 감정 반응을 유도했고 팬은 자신이 보인 감정의 강도에 대해 각각 점수를 매겼다. 그러나 동영상은 완전하지 않았다. 12초짜리 하이라이트 영상은 선수가 공을 날린 바로 그 순간에 끝났다. 팬들에게 주어진 과제는 어떤 선수가 슛을 쏘았는지 기억하는 것이었다.

행동 데이터를 수집한 결과 팬들은 자기 팀이 불리했던 경기보다 유리했던 경기를 더 잘 기억했다. 그러므로 긍정적 감정의 기억은 부정적 감정의 기억보다 더 정확한 경향이 있다.

팬들이 선수들의 경기 동영상을 보는 동안 연구팀은 fMRI로 그들의 뇌 활동을 관찰했다. 신경 촬영 결과 짐작했던 대로 해마(사건기억)와 편도(감정) 같은 뇌 영역이 활성화되는 것이 나타났다. 그러나 fMRI 데이터에서는 경기를 기억하는 일에 뇌의 다른 여러 영역도 함께 활성화되는 것이 확인되었다. 그 가운데 하나가 앞에서 자기중심 사고와 연관이 있다고 한 안쪽이마앞엽겉질이었다. 여기서의 자기중심 사고란 값비싼 차를 원하는 이기적 생각이 아니다. 우리가 자신의 정체성과 친밀하게 연결되어 있다고 생각하는 무언가를 볼 때 안쪽이마앞엽겉질은 활성화되기 시작한다. 토론토대학 연구팀은 피험자들에게 '고집불통'이라는 단어를 비롯해 다양한 형용사를 보여준 뒤 다음과 같이 두 가지를 질문했다.

1. '고집불통'은 당신의 성격에도 해당됩니까?
2. '고집불통'이라는 말은 [전 캐나다 총리] 브라이언 멀로니의 성격에도 해당됩니까?

fMRI 관찰 결과 안쪽이마앞엽겉질은 피험자가 1번 질문에 답할 때에는 점화되었지만 2번 질문에는 점화되지 않았다.[8] 완고함 여부를 묻는 질문에 한해서였지만 안쪽이마앞엽겉질은 자신에 대한 질문에는 반응을 보였지만 다른 사람에 대한 질문에는 반응을 보이지 않았다.

자기중심 사고를 전문으로 하는 뇌 영역이 농구 경기를 보면서 겪은 감정적 행동을 기억할 때에도 함께 활성화되는 이유는 무엇인가? 팬들은 응원하는 팀이 성적을 내는 데 정신이 팔려 있기 때문에 자신과 선수를 동일시한다. 그래서 경기를 보는 동안 기록한 fMRI에도 자기중심 사고 영역의 활성화가 나타나는 것이다. 팬들은 선수를 생각하면서 자기 자신을 생각하는 것이다.

이 신경학 연구는 여기서 끝이 아니다. 신경 촬영 결과 피험자가 농구 경기를 기억하는 동안 해마의 경계에 있는 해마곁(parahippocampal)

영역도 점화되었다. 이 영역은 대화에서 비꼬는 기색을 알아차리는 등 사회적 인지 수행과 관련이 있다고 알려져 있다. 한 연구에 참가한 피험자들은 두 명의 등장인물이 대화를 나누는 영상을 보았다. 각각의 사례에서 배우 한 명이 "이 일을 하게 되어서 좋아. 시간 많아"라는 중립적인 문구를 말할 것이다. 처음 영상에서는 배우가 이 문구를 진심으로 좋아하는 기색을 보이며 말을 한 반면, 다음 영상에서는 비꼬는 기색이 역력하게 이렇게 말했다. "이 일 하는 거 지이-인짜 좋아.[9] 시간 아-아주 많아." 피험자들이 배우의 말에서 빈정대는 기색을 정확히 알아차릴 때 해마곁 영역이 점화되었다. 이에 반해 해마곁 영역이 손상된 사람들은 건강한 피험자에 비해 빈정거림을 알아채는 능력이 현저히 떨어졌다.

지금까지 해마곁겉질은 공간관계 처리에 관여한다고 알려져 있지만 빈정거림에 대한 연구는 이 영역이 사회적 인지 수행에도 관여한다는 것을 시사한다. 농구 경기 관람을 생각하면 일리가 있다. 팬들은 친구들과 농구장에 가거나 앞의 연구에서처럼 다 같이 모여 텔레비전으로 경기를 본다. 이런 상황에서는 다른 팬들의 반응, 경쟁심, 미묘한 조롱, 노골적인 모욕 등 사회적 신호가 가득 차 있다. 경기가 진행될수록 뇌는 관람자가 그 순간에 처한 상황 맥락에 맞추어 사회적 신호를 처리한다. 단순히 경기뿐 아니라 '경기가 그 팬에게 어떤 의미를 지니는지'도 그 순간 나타나는 감정의 강도를 좌우한다. 팬은 선수와 자신을 동일시하기 때문에 안쪽관자엽의 자기중심 신호 처리과정이 작동한다. 팬이 친구들과 함께(또는 상대팀에 둘러싸여) 경기 중간중간 격한 감정과 우울한 감정을 느끼는 동안 해마곁 영역의 사회적 인지 능력도 함께 점화된다.

뇌는 경기의 사회적 구성, 팬의 흥분, 실망 등 당시의 여러 상황과 감정이 한데 뒤섞인 맥락 안에서 기억을 암호화한다. 팬이 그 경기를 볼 때 활성화된 뇌 영역은 그 경기 전체나 선수들의 경기 하나하나에 대한 기억과 영원히 관련을 맺는다. 팬은 그날의 경기를 기억할 때 안쪽이마앞엽겉질과 해마곁 영역의 활성화를 통해 그 경기의 개인적 의미와 사회적 의미도 함께 기억한다. 개념적으로도 그렇지만 관련 신경도 같이 움직이며 이 모든 것이 한꺼번에 기억나는 것이다.

그날 농구 경기의 스타는 선수들이겠지만 팬의 기억 속에서는 자신이 스타다. 그 사실을 인식하든 인식하지 못하든 팬은 그날 경기가 자신에게 뜻하는 의미를 기억한다. 심지어는 그날 관람했던 경험까지도 떠올린다. 우리는 과거의 한순간을 들려줄 때 단순한 정지 화면으로 그 순간을 설명하는 것이 아니라 기승전결을 갖춘 이야기로 말한다. 그리고 그 이야기의 주인공은 우리 자신이다.

9/11 테러 당시 어디에 있었는지 기억하는 이유는 무엇인가?

—

2001년 11월 18일 일요일 아침에 어디 있었는지 기억하는가? 나는 아니다. 나는 2주 전 일요일에 무엇을 했는지도 기억이 가물가물하다. 하지만 2001년 9월 11일은 아주 잘 기억한다. 그날의 비극적 사건뿐 아니라 뉴스 속보가 나온 순간에 정확히 어디서 무엇을 하고 있었는지도 기억한다. 9/11 테러를 기억할 때 사람들이 매번 떠올리는 첫 번째 기억은 사건 그 자체가 아니라 그때 당시 자신이 하고 있던 일과 관련된 무언가다. 이를

테면 "아주 정확히 기억이 나. 그때 스타벅스에서 카푸치노 한 잔을 마시고 있는데 라디오에서 속보가 나왔어", "수업 중이었는데 교수님이 오셔서 사건을 알려주셨어" 등이다. 조금 이상하지 않은가? 9/11 테러는 우리 모두에게 충격을 준 국가적 비극이자 역사의 흐름을 바꾼 사건이었다. 그러나 우리는(사건 현장에 있었던 사람들은 제외다) 그 사건을 말하면서 그날 그 순간 하고 있었던 아무 의미 없는 활동을 가장 먼저 기억했다.

9/11 테러 기억처럼 매우 강렬한 감정을 불러일으키는 사건을 생생히 기억하는 것을 섬광기억(flashbulb memory)이라고 한다. 2001년 9월 섬광기억 연구에 참가한 피험자 168명은 세계무역센터와 펜타곤 테러 당시의 상황에 대해 아는 대로 말해줄 것을 부탁받았다. 연구팀은 피험자의 기억에 일관성이 있는지 알아보기 위해 2년 뒤에도 똑같은 질문을 했다. 비교 실험을 위해 대조군 피험자 185명에게는 그림 대회를 열 것이라고 말했다. 그런 다음 대조군 피험자들에게 입상하지 못했다는 문자 메시지를 보냈다. 연구팀은 그들에게 입상하지 못했다는 안타까운 문자 메시지가 도착했을 때 어디서 무엇을 하고 있었는지 질문했다. 똑같은 질문을 한 번은 문자 메시지를 받은 다음 날, 한 번은 1년 뒤에 두 번에 걸쳐 했다.

연구 결과 9/11 테러 후 2년이 지난 뒤 그날 무엇을 하고 있었는지 기억해야 했던 피험자들은, 1년 전 그림 대회 탈락 문자 메시지를 받았을 때의 상황을 기억해야 하는 대조군보다 처음 진술과 거의 일치하는 대답을 했다. 두 번의 대답이 완벽하게 똑같지는 않았지만 9/11 테러 섬광기억에 대한 피험자들[10]의 기억은 문자 메시지와 관련된 대조군의 기억보다 훨씬 자세했고 세부 내용 설명도 처음 질문을 받았을 때 했던 대답과 더 많이 일치했다.

언뜻 보기에는 놀랄 만한 결론이 아닐 수 있다. 하지만 똑같은 규모의 사건이나 사건에 대해 여러 사람의 기억을 비교해야 한다면 어떤 결론이 나올까? 우리가 사건에 반응해 보인 감정의 강도는 그 사건을 기억하는 데 어떤 영향을 미치는가? 쌍둥이 빌딩이 무너지는 것을 직접 본 사람들과 뉴스로만 본 대다수 사람들의 경험을 비교하면 그 답을 알 수 있을지도 모른다.

다운타운 사람과 미드타운 사람

9/11 테러가 일어나고 3년 후 뉴욕 시민은 두 집단으로 나뉘어 그 테러 공격을 보며 느꼈던 감정이 그때의 기억에 어떤 영향을 미치는지 알아보는 실험에 참가했다. 첫 번째 집단은 세계무역센터 근처 맨해튼 다운타운에서 테러 현장을 직접 본 사람들이었고, 두 번째 집단은 몇십 킬로미터 떨어진 미드타운에 있던 사람들이었다. 연구팀은 피험자들이 기억을 진술하는 동안 그들의 뇌 활동을 fMRI로 관찰했다. 피험자들은 자신들의 기억이 얼마나 생생하고 감정적 흥분을 불러일으키는지에 대해, 기억이 얼마나 정확한지 신뢰도 수준에 대해 직접 점수를 매겼다. 예상했던 대로 다운타운 집단의 기억이 미드타운 집단의 기억보다 더 생생하고 훨씬 자세했으며 감정적으로도 더욱 격했다. 다운타운 집단은 기억의 정확도에서도 더 많이 확신했다. 하지만 신경학적 결과는 다르게 나타났다.

9/11 테러 회상 같은 사건기억과 관련되어 있다고 알려진 일반적인 영역은 해마다. 그러나 어떤 종류의 기억에 접근하느냐에 따라 정도는 다르지만 뇌의 다른 영역이 활성화되기도 한다. 예를 들면 감정적 성격이 강한 기억을 떠올릴 때에는 편도가 활성화될 수 있고 사건의 주변 상황을 공간적으로 좀더 자세히 기억할 때에는 뒤쪽해마곁겉질(해마 뒤에 인접한 영역)이 활성화될 것이다. 미드타운 피험자들은[11] 9/11 테러를 자세히 기억하려 할 때 뒤쪽해마곁겉질이 많이 활성화된 반면에 편도의 활동은 미미했다. 다운타운 피험자들과는 정반대였다. 사건을 직접 본 다운타운 사람들은 편도가 눈에 띌 정도로 활성화되었지만 뒤쪽해마곁겉질의 활성화는 미약했다. 신경 촬영은 다운타운 집단이 9/11 테러의 감정적 충격을 가장 크게 기억해 잡다한 내용은 잘 기억하지 못하는 편임을 보여준다. 사실 여러 연구에서 밝혀졌다시피 9/11 테러로 감정적 충격을 많이 받은 사람일수록[12] 그날 자신에게 벌어진 중요 사건은 일관되게 묘사했지만(자신이 있던 장소) 감정과는 아무 상관 없는 세부 상황(신고 있던 구두)에 대해서는 그다지 믿을 만하게 설명하지 못했다.

우리는 감정을 발산한 순간을 기억한다. 9/11 테러 공격 뉴스를 들었을 때 카푸치노를 마시고 있었다는 사실은 전 세계 거의 모든 사람에게는 대수롭지 않은 일이었지만 장본인은 그렇지 않았다. 그가 세계를 격동시킨 뉴스를 들었을 때 어디서 무엇을 하고 있었는지는 그의 인생사에 한 축을 차지했다. 그날 그의 하루에서 스타벅스에 있었던 것은 중요한 요소였던 반면, 세계무역센터가 정확히 몇 시에 공격당했는지는 그다지 중요하지 않았다.

9/11 테러는 개인 신상에서 중요한 일부분이 되었다. 9/11 테러는 역

사를 바꾼 순간이었으며 그 사건을 직접 겪었든 멀리서 뉴스로 접했든 그 공포와 비극을 목격했다. 그 뉴스를 어떤 식으로 접했는지 지나치게 신경을 쓴 나머지 9/11 테러를 기억할 때 그 순간에 무엇을 하고 있었는지 가장 먼저 말하게 되는 것이다.

스냅사진으로 구성된 경험을 짜 맞출 때 뇌의 무의식계는 자기중심 접근법을 취한다. 우리는 경험을 떠올릴 때 개인사에 중요한 부분을 의식적으로 기억한다. 2013년 연구에서[13] 심리학자 집단은 대학생 40명에게 위험한 포식동물이 사방에 깔린 초원에서 오도 가도 못한 채 음식이나 물도 없이 발이 묶인 상황을 상상해보라고 했다. 연구팀은 학생들에게 30개의 단어 목록을 보여준 뒤 그 가상의 위험 상황에서 생존에 중요한 순으로 단어 순서를 정하라고 했다. 그리고 이번에는 피험자 자신이 아니라 모르는 사람이 초원을 헤매는 상상을 하면서 앞 실험과는 다른 단어 30개로 순서를 정하게 했다. 마지막으로 피험자들은 가상 시나리오가 주어지지 않은 상태에서 또 다른 종류의 단어 30개로 실험을 했다. 이번 과제에서는 각 단어가 도시에서 발견되는 것인지, 자연에서 발견되는 것인지에 따라 점수를 매기면 되었다.

세 번의 실험을 마친 뒤 심리학자들은 대학생들에게 돌발 퀴즈가 있다고 말했다. 연구팀은 대학생들에게 180개의 단어를 보여주었다. 절반은 대학생들이 실험에서 본 단어였고 나머지 절반은 새로운 단어였다. 이번 과제는 앞서 끝낸 세 번의 실험에서 나온 단어와 새로 추가된 단어를 알아맞히는 것이었다.

대학생들은 자신들이 초원을 헤맨다고 상상하면서 본 단어들은 가장 정확하게 알아맞혔다. 반면에 아무런 가상 시나리오도 생각하지 않고 본 단어들은 정확도가 가장 낮았으며, 낯선 사람이 초원을 헤매는 장면을 상상하며 본 단어들의 정확도는 중간 정도였다. 피험자들은 상상이라 할지라도 자신들의 생존 이야기와 관련된 세부 사항은 가장 정확히 기억했다. 뇌는 기억을 구성할 때 자신에게 가장 중요한 부분으로 곧장 직진하는 반면, 그 순간에 상대적으로 하찮아 보이는 세부 사항은 무시하는 경향이 크다.

또 다른 예가 있다. 1967년 보스턴 레드 삭스와 캘리포니아 에인절스의 야구 경기 중에 4회에 이해하지 못할 끔찍한 사건이 일어났다. 레드 삭스의 스타 타자 토니 코니글리아로가 타선에 섰을 때 에인절스의 투수 잭 해밀턴이 던진 강속구가 토니 코니글리아로의 머리에 맞았다. 그 충격으로 토니 코니글리아로는 광대뼈가 부러졌고 턱뼈가 빠졌으며 시야가 흐릿해지는 영구 손상을 입었다. 몇 년 후 잭 해밀턴은 토니 코니글리아로를 죽음 직전까지 몰고 갔던 그 투구에 대해 인터뷰하면서 다음과 같이 말했다.

> 그에게 공을 맞히려는 생각은 결코 없었습니다. 그 일이 일어났을 때가 아마 6회였을 겁니다. 점수는 2대 1이었고 그는 8번 타자였죠…… 내가 그에게 고의로 몸에 맞는 공을 던질 이유가 없었습니다…… 나는 그날 늦은 오후나 초저녁에 그를 면회하려고 애썼지만 병원 측은 가족의 면회만 허락했습니다.[14]

이번 일은 잭 해밀턴의 인생에서 아주 중요한 사건이었는데도 여러 기록에서 그의 인터뷰 내용에 잘못된 부분이 많다는 사실이 드러났다.

그는 회차(6회라고 했지만 4회였다)와 토니 코니글리아로의 타순(8번이 아니라 6번 타자였다)을 잘못 말했다. 또한 토니 코니글리아로는 훌륭한 타자였기 때문에 고의로 데드볼을 던져 그를 1루로 내보낼 이유도 충분히 있었다. 더 중요하게는 경기가 오후가 아니라 저녁에 치러졌다는 것이다. 잭 해밀턴은 다음 날이 되어서야 병원으로 면회를 갔다.

잭 해밀턴은 그 사건을 분명히 기억하고 있었다. 그가 생각하기에는 그랬다. 잭 해밀턴은 공이 토니 코니글리아로의 몸에 맞는 순간 그의 얼굴 표정이 어떠했는지 기억하고 있을지도 모른다. 그는 사건이 일어난 바로 그 순간에 자신이 어떤 느낌이었는지도 기억하고 있을 것이다. 아마도 토니 코니글리아로가 입원한 병원에 면회를 갔던 일도 자세히 떠올릴 수 있을 것이다. 그러나 그 일이 일어난 회차나 타격 순서, 심지어 정확한 시간 같은 자세한 세부 상황에 대한 기억은 사라져버렸다. 잭 해밀턴은 토니 코니글리아로가 거포였다는 사실은 잊어버렸다. 그래서 장외 홈런을 허용하느니 차라리 몸에 맞는 공을 던져 그를 1루로 내보내려 할 만한 충분한 이유가 있었다는 것을 기억하지 못했다. 잭 해밀턴은 토니 코니글리아로에게 몸에 맞는 공을 던졌다는 것이 생각났을지라도 그 사실을 전혀 인정하고 싶지 않았을 수 있다. 그러나 또 다른 가능성도 있다. 어쩌면 잭 해밀턴이 그 사실을 기억하고 싶지 않았기 때문에 뇌는 세부 사항을 무의식적으로 기억에서 지워버렸을지도 모른다. 잭 해밀턴은 스스로를 그런 종류의 비열한 경기를 펼치는 선수가 아닌 윤리적인 선수라고 생각했을지도 모른다. 이런 식의 사고가 그의 자아인식을 좀먹었을 수도 있다. 어쩌면 뇌가 무의식적으로 그를 보호하고 있는 것일지도 모른다.

모르는 것이 약이다

1969년 9월 22일 수전 네이슨이라는 여덟 살의 여자아이가 캘리포니아 포스터시티에 있는 친구 집에 놀러 갔다 오는 길에 감쪽같이 사라졌다. 아이의 부모는 경찰과 함께 수색대를 꾸려 몇 달 동안 아이를 찾았지만 성과가 없었다. 1969년 12월 샌프란시스코 수자원관리국 공무원이 평소처럼 순찰을 도는 중에 크리스털스프링스 저수지 근처 협곡에서 한 아이의 사체를 발견했다. 현장 감식반은 아이가 한 손에는 찌그러진 은반지를 끼고 있었고, 입고 있던 원피스는 허리 위로 말려 올라가 있었다고 기록했다. 치아 기록으로 수전 네이슨의 사체인 것이 밝혀졌다. 법의학 보고서에 의하면 아이의 사망 원인은 둔기로 인한 두부 외상이었으며 손목뼈 부상은 사망 당시 치열한 몸싸움이 벌어졌다는 것을 알려주었다. 그런데 범인은 누구인가? 이후 20년 동안 사건은 미제로 남아 있었다.

1989년 1월 스물여덟 살의 아일린 프랭클린-립스커는 딸이 방바닥에서 노는 모습을 지켜보고 있었다. 어느 순간 딸이 고개를 들어 아일린을 쳐다보았다. 아이의 눈을 쳐다보던 아일린은 순간 오싹한 광경이 떠올랐다. 그녀는 여덟 살 때가 기억났다. 그때 그녀는 가장 친한 친구 수지와 밴 뒷좌석에 앉아 있었다. 밴이 저수지 근처에 멈추어 섰고 아일린의 아버지 조지 프랭클린이 뒷좌석으로 와서 수지의 무릎을 벌리고는 자신의 아랫도리를 문질러대기 시작했다. 수지는 몸싸움을 하며 아일린의 아버지를 밀어내려 했다. 아일린은 겁이 나서 벌벌 떨었다. 광경이 다음 장면으로 넘어갔다. 수지는 차 밖에 있었고 땅바닥에서 울고 있었다. 아일린은 아버지가 수지에게 다가가 돌멩이로 그녀의 머리를 세게 내려치는 것을 보았다. 수지의 손은 피범벅이 되었고 손에 낀 반지는 찌그러졌다. 수지의 머리타래가 땅에 흩어졌다.

아일린은 먼저 치료전문가에게 그 기억을 상담받은 후 남편에게 말했다. 남편은 즉시 경찰에 전화를 걸어 자기 아내가 수전 네이슨의 살인범인 것 같다고 말했다. 경찰은 아일린의 기억에 신빙성이 있다고 여기고 조지 프랭클린의 집을 찾아갔다. 조지 프랭클린이 문을 열었다.

"예전 살인 사건을 조사 중입니다." 경찰관이 말했다. "피해자 이름은 수전입니다. 수전 네이슨이요."

조지 프랭클린은 잠시 경찰관을 쳐다보다 대답했다. "내 딸을 만나고 오신 건가요?"

프랭클린 사건이 재판에 회부되고 기억억제(memory repression) 개념에 대한 몇몇 전문가 증언이 나왔다. 검찰 측 증인으로 나온 정신과 의사이며 캘리포니아대학 샌프란시스코 캠퍼스 교수인 리노어 테어(Lenore Terr) 박사는 아일린이 자신을 신체적·성적 아동 학대 피해자로 여기고 있다고 말했다. "어렸을 때부터 부모를 비롯해 많은 사람에게 반복된 신체적·성적 학대 행위를 잇따라 계속 받으면 그 가운데에서도 특히 끔찍하고 폭력적인 행동은 기억에서 억제될 가능성이 높습니다. 아마도 그 가능성이 가장 높을 겁니다." 피고인 측 증인으로 나온 워싱턴대학 심리학 교수 엘리자베스 로프터스는 같은 이야기를 반복해서 들으면 사실이 아닌데도 그 이야기를 사실이라고 믿을 가능성이 있다고 말했다. 이를테면 자신이 쇼핑몰에서 길을 잃은 적이 정말로 있었다고 믿게 된 피험자의 경우처럼 말이다. 더욱이 사건이 일어나고 시간이 오래 지날수록 이후 습득한 정보가 그 사람의 잠재의식에 스며들어 사건을 기억하는 방식마저 바꾼다. 엘리자베스 로프터스는 이런 현상을 '기억오염(memory contamination)'이라고 불렀다.

피고인 측은 아일린의 증언 가운데 상당 부분이 사건 당시 보도된 내용이었다고 주장했다. 그들은 아일린이 기억한다고 말한 '모든 것이 하나도 빠짐없이' 이미 대중에게 알려진 내용이었다고 주장했다. 아일린은 자신이 읽은 수사 결과 내용을 기억하고 있는 것일 수 있었다. 또한 피고인 측은 아일린의 기억에는 일관되지 않는 부분이 많다고 지적했다. 사실 그녀가 사건을 진술할 때마다 조금씩 미묘하게 차이가 나는 부분이 있었다. 예를 들어 아일린은 법정에서는 자신과 아버지가 수전을 차에 태웠을 때 근처 잔디밭에 언니 재니스가 있었다고 진술했다. 하지만 재판 전에는 재니스가 자기 옆자리에 타고 있었으며 수전을 태우기 전에 아버지가 재니스에게 차에서 내리라고 했다고 말했다. 재니스는 수전이 사라진 날은 기억했지만 그날 동생이나 아버지를 보았는지는 기억하지 못했다.

진술에서 몇 가지 일관되지 않은 부분이 있었지만 배심원들은 아일린의 증언이 자세하고 사건에 대한 기억의 정확도도 높다고 판단했다. 조지 프랭클린은 유죄였고 1급 살인죄가 적용되었다.[15]

아일린은 정말 아버지가 자신의 가장 친한 친구를 살해하는 장면을 목격한 것일까? 기사 내용과 사진을 순서대로 배열하면서 기억이라고 생각하게 된 것은 아닐까?

억제된 기억이 진짜 기억인지 왜곡된 기억인지에 대한 문제의 답을 여기서 알아내기는 힘들다. 기껏 할 수 있는 대답은 양쪽에 조금씩 관련이 있다는 것뿐이다. 경찰이 조지 프랭클린을 찾아갔을 때 그는 다짜고

짜 딸부터 언급했다. 그렇기에 아일린의 기억에서 주된 부분은 사실일 가능성이 높다. 그녀가 주변 정황 몇 가지를 잘못 기억하고 있었다는 사실은 앞에서 살펴본 기억 연구와도 일치한다. 아일린은 아버지의 범죄를 직접 보았지만 그녀의 기억은 20년 동안 억제되어 있었다.

기억억제는 일반적으로 트라우마가 있을 때 생긴다. 신체적·성적 학대를 당한 아이는 자신이 어떤 일을 겪었는지 기억하지 못하다가 오랜 시간이 흐른 뒤 무언가가 계기가 되어 학대의 기억이 한꺼번에 밀려온다. 성폭력 같은 감정적 트라우마는 그 사람의 심리적 기능을 파괴해 개인의 자긍심과 성격에도 손상을 입힌다. 기억억제를 설명하는 가장 지배적인 이론은 매우 견디기 힘든 기억으로부터 연약한 자아의식을 보호하기 위한 뇌의 안전밸브라는 것이다. 외과 의사가 환자의 수술 후 통증을 막으려 마취를 하듯이 뇌의 무의식은 트라우마 사건을 기억할 때의 고통을 억누르기 위해 억제라는 장치를 이용한다.

연구 결과에 의하면 부정적 감정에 대한 기억은[16] 행복한 감정의 기억보다 더 빨리 희미해진다. 심리학에는 기억 무시 모델(mnemic neglect model) 이론이 있다. 인간은 자신의 자아인식과 일치하는 일은 쉽게 기억하는 반면, 자아인식과 충돌하는 기억이나 감정은 쉽사리 무시하는 경향이 있다. 한 연구에 참가한 피험자들은 행동 목록을 본 후 스스로 그런 행동을 할 수 있는 사람이라고 여기는지 평가하라는 부탁을 받았다. 목록에는 "친구에게 빌린 돈을 갚지 않을 것이다"라는 자아에 위협이 되는 부정적 행동과 "아픈 친구를 여러 날 동안 간호해줄 것이다"라는 자기 긍정적인 행동이 적혀 있었다. 시간이 조금 흐른 뒤 피험자들은 목록에 나온 행동을 가능한 한 많이 기억해야 했다. 그들은 긍정적 행동은 아주 잘 기억했지만 부정적 행동은 마음 편히 잊어버렸다. 연구팀은 비교 실험을 위해 대조군인 두 번째 집단에게 크리스라는 남자에 대해 설명했다. 그러고 나서 대조군 피험자들에게 행동 목록(긍정적 행동과 부정적 행동이 모두 적힌 목록이었다)을 보여주고 크리스가 그런 행동을 할 것 같은지 조사했다. 대조군이 나중에 목록 내용을 기억할 때 그들은 긍정적 행동과 부정적 행동을 비슷하게 기억했다. 자신이 아니라 다른 사람의 부정적 행동이기 때문에 기억에서 쉽게 무시되지 않았던 것이다.[17]

뇌는 개인사를 담은 스냅사진을 배열할 때 자아를 보호하는 방식을 자주 따른다. 뇌의 무의식을 뉴스 채널이라고 한다면 이는 한쪽으로 치우친 뉴스 채널이라고 할 수 있다. 민주당원이 진보 성향의 텔레비전을 자주 시청하고 공화당원이 보수 성향의 라디오 대담을 청취할 때가 많은 것처럼 뇌의 무의식계는 우리의 자아인식과 세계관에 들어맞는 경험을 합치는 것을 더 좋아한다. 뇌는 우리의 관점이 유지되게 도와준다. 뇌는 우리에 대한 이야기를, 우리가 중요시하는 것을 담은 이야기를 만들어낸다. 가끔은 시간 순서를 조금씩 뒤섞거나 우리가 믿고 싶은 이야기와 맞지 않는 사소한 세부 사항을 멋대로 생략한다. 이는 나쁜 것이 아니다. 오히려 우리의 의식적 사고와 결정 능력을 보호하기 위한 매우 건강하고 적응적인 기제다. 기억억제는 뇌가 우리를 보호하기 위해 어떤 식으로 생략 오차를 사용하는지 알려주는 극단적 예라고 할 수 있다. 그런데 아일린의 경우에는 기억억제 외에도 기억에 여러 문제가 있었다. 그녀의 증언에서 얼마만큼이 진짜 기억인지, 얼마만큼이 보도 내용을 기억하는 것인지는 정확히 알 수 없다. 그러나 장담하건대 수전 네이슨 살해 사건에 대한 언론의 대대적인 보도가 아일린의 기억에 적어도 '조금은' 영향을 주었다는 사실은 분명하다.

기억은 바뀔 수 있고 인공적으로 이식될 수 있다. 그 예로 쇼핑몰에서 미아가 된 적 있다는 친척의 말에 거짓기억을 만들어낸 피험자를 들 수 있다. 뇌는 순간순간의 스냅사진을 배열해 연속적인 기억으로 만들어낼 때 다양한 출처에서 스냅사진을 가져온다. 그 출처는 자신의 경험일 수도 있고 다른 종류의 기억일 수도 있다. 무의식계는 출처를 가리지 않고 그런 스냅사진을 모아 한 줄로 엮은 다음 우리의 자아인식에 맞는 서사를 만들어낸다. 앞에서도 이야기했듯이 기억은 비디오 녹화가 아니라 역동적이고 진화적인 과정이다. 또한 기억은 한쪽으로 치우쳐 있다. 그렇다면 뇌는 그럴듯한 이야기를 위해 어느 정도까지 도를 넘을 수 있을까?

"사실이라고 믿으면 거짓말이 아니다"

심리학자 마이클 가자니가(Michael Gazzaniga)는 뉴욕의 슬론케터링기념병원 암센터에서 환자를 진찰할 준비를 하고 있었다. 지적인 분위기를 풍기는 여자 환자는 마이클 가자니가가 병실로 들어섰을 때 《뉴욕타임스》를 읽고 있었다. 마이클 가자니가는 자기소개를 한 다음 환자에게 지금 있는 장소가 어디인지 아느냐고 물었다.

"여기는 메인 주 프리포트예요. 제 말을 믿지 않으시겠죠. 오늘 아침 포스너 박사님이 제가 있는 곳이 슬론케터링기념병원이라고 말하셨고 레지던트들도 그렇게 말했죠. 상관없어요. 제가 지금 있는 이곳은 메인

주 프리포트의 메인스트리트에 있는 우리 집이니까요."

환자는 혼란스러워하는 기색이 역력했지만 마이클 가자니가는 그녀의 망상이 어느 정도인지 확인해야 했다. "좋습니다. 환자분이 계신 곳이 프리포트의 환자분 집이라면 저 문밖에 승강기가 있는 건 어떻게 설명하시겠습니까?"

환자는 옴짝달싹도 하지 않았다. "선생님, 제가 저 승강기 설치하느라 돈이 얼마나 들었는지 궁금하신 건가요?"[18]

환자는 자신이 진짜라고 믿는 것에 대치되는 증거가 나오자 거짓기억을 만들었다. 승강기가 있다는 것을 알고 있는 인식과 자신이 정말로 프리포트 집 침대에 누워 있는 것이라고 생각하는 믿음을 일치시키려고 꾸며낸 기억이었다. 그녀는 자신의 집에 승강기가 설치되어 있다는 거짓기억을 떠올렸다. 심지어 돈이 아주 많이 들었다며 난감해하는 기색까지 내비쳤다. 그녀는 거짓말을 하는 것이 아니었다. 그녀는 그 기억이 진짜라고 철석같이 믿고 있었다.

빌리라는 환자도 상담을 하는 내내 똑같은 증상을 보였다.

7일째

나 : 어머니가 오늘 대신해서 청구서를 갚아주셨다고 들었습니다.

빌리 : 맞아요. 오늘 저는 거액을 냈어요. 제 일은 제가 알아서 해요.

나 : 얼마나 거액이죠?

빌리 : 1만 달러요.

나 : 와, 진짜 거액이네요. 무슨 대금이죠?

빌리 : 컴캐스트 대금이요.

나 : 정말입니까? 컴캐스트 대금 치고는 조금 과한데요. 영화를 그렇게 많이 결제하는 건 불가능하지 않나요…….

빌리 : 할 수 있죠. 1,000편이나 봤는걸요. 전 영화광이거든요.

11일째

빌리 : 선생님, 저랑 나가서 같이 맥주 사 갖고 올까요?

나 : 왜요?

빌리 : 파티하려고요!

나 : 빌리, 좋은 생각이긴 한데요. 병원에는 맥주를 갖고 들어올 수 없어요.

빌리 : 당연히 여기선 맥주를 마셔도 되죠. 여기는 가톨릭대학이잖아요. 다 파티만 하는걸요!

나 : 빌리, 사실 이곳은 병원입니다. 가톨릭대학이 아니라요.

빌리 : 아. 그런데요, 누군가 내가 작성한 서류를 일부러 엉망으로 만들어 놨어요.

대화를 할 때마다 빌리는 거짓 주장으로 기억의 구멍을 메웠다. 빌리는 자신이 냈다는 청구서 요금을 기억하지 못했을 때 케이블 시청 요금이 1만 달러라는 말도 안 되는 기억을 만들어냈고, 자신을 옹호하기 위해 영화를 아주 많이 보았다고 주장했다. 빌리는 현재 자신이 있는 곳을 기억하지 못하자 가톨릭계 대학으로 보내려던 지원서를 누가 망가뜨렸다고 말했다. 물론 빌리의 말은 사실이 아니었지만 그가 거짓말을 하는 것도 아니었다. 〈사인펠드〉에서 조지 코스탄차가 거짓말 탐지기 앞에서 제리에게 한 조언이 있다. "사실이라고 믿으면 거짓말이 아니다." 빌리가 계속해서 보여준 증상은 무의식이 거짓기억을 만들어내는 말짓기증(confabulation, 작화증)이었다. 말짓기증 환자들은 누군가를 고의로 속일 생각이 없으며 자신들의 말이 사실이 아니라는 것도 인식하지 못한다. 그들은 있지도 않았던 일을 기억한다.

말짓기증 원인은 뇌 부상, 알츠하이머, 약물중독, 만성 알코올의존증에 의한 코르사코프증후군(Korsakoff's syndrome) 등 여러 가지다. 이 증상이 나타나면 뇌는 그 사람의 기억에 생긴 빈틈을 보상하고 대부분은 자신을 포장하는 정보를 꾸며내기 위해 거짓기억을 만들어낸다. 말짓기증은 자연스럽게 나타날 수 있다. 이 증상을 보이는 사람은 특정 질문을 받지 않아도 거짓기억을 만들어내기도 하고, 단도직입적 질문을 받아 기억의 빈틈을 직시해야 할 때 거짓기억을 만들어내기도 한다. 예를 들어 런던의 한 연구에서는[19] 코르사코프증후군 환자들과 알츠하이머 환자들이 참가해 다음의 이야기를 읽었다.

> 사우스브리스톨에서 빌딩 청소부로 일하는 애나 톰프슨은 그 전날 밤 하이스트리트에서 강도를 만나 15파운드를 빼앗겼다고 타운홀 경찰서에 신고했다. 그녀는 네 명의 아이가 있었고, 그 돈은 집 월세였으며, 다섯 식구는 이틀 동안 아무것도 먹지 못했다. 여인을 불쌍히 여긴 경찰관들이 대신 지갑을 채워 넣어주었다.

이야기를 다 읽은 후 피험자로 참가한 환자들은 시간차를 달리 해서 핵심 내용을 기억하려 노력했다. 다음은 이야기를 읽은 직후에 그들이 기억한 내용이다.

- "그 여인이 집에 막 돌아왔는데 경찰관 두 명이 찾아와 사건이 일어난 장소에 대해 물었다."
- "그 여인은 돈과 귀중품을 빼앗겼다. 사무실의 여자 동료들이 그녀에게 돈을 마련해주었다."
- "잭 브라운이 아내를 브라이턴으로 데려왔다."
- "케인힐병원의 애나 톰프슨이 사망했다."

이야기를 다 듣고 몇 초 지나지 않았는데도 환자들은 애나의 남편, 그녀의 동료, 그녀의 사망 등 듣지도 않은 세부 내용을 기억했다. 비교 실험을 위해 연구팀은 대조군인 건강한 피험자들에게 같은 이야기를 들려주었다. 대조군은 내용을 정확히 기억했으며 없는 내용을 지어내려 하지도 않았다. 그러나 1주 후에는 건강한 대조군도 다음과 같은 몇 가지 거짓기억을 만들어냈다.

- "그 여인에게는 두 살짜리 어린 아들이 있었다."
- "사건은 철도역 근처에서 일어났다."

자발적 말짓기증이 거의 전적으로 뇌 손상을 입은 사람에게만[20] 나타난다면 유도된 말짓기증은 누구에게나 생길 수 있다. 어느 쪽이건 간에 뇌는 왜 거짓기억을 만들어낼까? 뇌는 왜 기억의 구멍을 있는 그대로 두지 못하는 것일까?

말짓기증은 뇌의 수많은 영역 가운데 안쪽이마앞엽겉질(자기중심 사고와 관련이 있다)이나 눈확이마겉질(감정적 본능과 관련이 있다)같이 어느 한 부분이 손상되면 생길 수 있다. 신경학자들은 고차적 사고와 의사결정을 내리는 이마엽이 손상되었다는 공통된 원인을 근거로 기억에서 어떤 스냅사진을 모아야 할지 결정하는 능력이 사라질 때 말짓기증이 생기고, 과거와는 다른 왜곡된 이야기를 만들어낸다는 이론을 제시한다.

일부 학자들은 말짓기증이 조현병(정신분열증)에서 생기는 것과 같은 망상의 한 형태라고 믿는다.[21] 이 점에 대해서는 의견이 일치하지 않지만 주요 신경심리학 이론 가운데 하나에 따르면 말짓기증은 기억의 조각이 사라지거나 왜곡되고 자아의 존재감과 안정성이 위협받을 때 생긴다. 뇌의 무의식계는 날조한 기억으로 구멍을 메우는 것이라 할지라도 다양한 기억의 파편을 모아 하나의 연결된 이야기로 엮는다. 개인사의 연속성을 유지하기 위해서다. 뇌는 어떤 식으로든 통일된 이야기를 만들어낸다.

텔레비전 쇼 〈지미 키멀 라이브(Jimmy Kimmel Live)〉에서 한 여성이 캘리포니아 주 인디오에서 열리는 코첼라 밸리 뮤직 앤드 아츠 페스티벌에 기자로 가장해 참석했다. 카메라맨까지 동반한 이 가짜 기자는 페스티벌에 온 사람들에게 다가가 무명 인디밴드에 대한 의견을 물었다. 그러나 그녀는 페스티벌 관객들이 음악에 대해 아는 체하는지 알아보려고 있지도 않은 밴드를 물어보는 속임수를 썼다. 그녀는 닥터 슬로모, G.I. 클리닉, 쇼티 지즐, 플럼버크런크스, 오비서티 에피데믹 등의 음악 스타일에 대해 말했다. 페스티벌 참가자들은 그 밴드들을 아는 체한 것은 물론 그들의 '꾸밈없는 음악'과 '에너지'를 말하면서 마침내 그들의 라이브 무대를 보게 되어 무척 들떠 있다고 했다.

페스티벌 참가자들은 거짓말을 했지만 말짓기증은 아니었다. 그들은 그 밴드들에 대해 들어본 적도 없었다. 그렇다면 왜 그들은 그 밴드들을 아는 척했는가? 그들은 인기 밴드뿐 아니라 전문 밴드, 떠오르는 밴드도 매우 잘 아는 연륜 있는 음악 애호가라고 자부했기 때문이다. 그들은 밴드 이름조차 몰랐다는 사실을 들키고 싶지 않았다. 그래서 그들은 고의적으로 거짓말을 했다.

말짓기증은 무의식적 단계에서 일어나는 것으로 보인다. 기억억제가 감정적 트라우마에서 자아를 보호하듯이 말짓기증은 기억 손상이나 혼동으로부터 자아를 보호하는 것일지도 모른다. 신경학적으로도 이치에 맞는 추론이다. 말짓기증은 보통 자기중심 사고를 책임지는 안쪽관자엽의 손상으로 생긴다.[22] 안쪽관자엽은 열혈 대학 농구팬이 경기를 보면서 선수와 자신을 동일시할 때 점화되는 영역이다. 안쪽관자엽이 손상되면 자아의식에 위협을 느낀다. 어쩌면 말짓기증은 뇌가 그런 자아의식을 보호하기 위해 만들어낸 기제일지도 모른다.

앞의 가설이 맞다면 말을 지어내는 심리적 동기가 무엇인지도 설명할 수 있다. 결국 말짓기증은 하나의 방어기제다.[23] 말짓기증은 기억과 인생사의 연속성이 손상되지 않게 보호해준다. 하지만 이런 가설로도 뇌가 어떤 식으로 왜곡된 가짜 이야기를 만들어내는지는 설명되지 않는다. 거짓기억을 만들 때 뇌는 어디에서 자료를 얻는가?

말짓기증 뇌가 들려주는 동화

—

14일째

나 : 빌리, 9월 11일에 어떤 나쁜 일이 일어났는지 기억하나요?

빌리 : 물론이죠.

나 : 어떤 일이 일어났죠?

빌리 : 어떤 일이 있었냐 하면요, 비행기가 한 대 있어요. 그 비행기가 하늘을 날고 있는데 상황이 굉장히 안 좋아졌어요. 그래서 기장은 아주 조심스럽게 착륙을 해야 했어요. 모두가 안도의 한숨을 내쉬었어요.

나 : 정말로 그랬다고 생각하나요?

빌리 : 제 얼굴 보이시죠?

나 : 그럼요.

빌리 : 제 얼굴에서 알고 있다는 게 딱 보이잖아요.

내가 빌리에게 9월 11일에 무슨 일이 있었는지 물어보았을 때 그는 비행기와 관련된 사건이 있었다는 것은 기억했지만 그 밖의 것은 기억하지 못했다. 그때 나는 빌리가 많이 기억하지 못했을 뿐 기억 자체는 올바르다고 생각했다. 그러나 지금 생각해보면 그가 이 기억을 다른 기억으로 대체한 것일지도 모른다는 의문이 든다. 2009년 1월 US 항공의 민항기 한 대가 기러기 떼와 충돌하면서 엔진 동력에 이상이 생겼다. 조종사는 비상조치로 단 한 명의 사망자 없이 아슬아슬하게 허드슨 강에 비상착륙했다. 조종사와 승무원들의 영웅적인 행동이 있었기에 모두가 안도의 한숨을 내쉴 수 있었다. 빌리는 나중에 '허드슨 강의 기적'이라고 불린이 비상착륙과 9/11 테러를 혼동한 것일 수 있다. 그의 뇌는 A 기억의 구멍을 B 기억에서 가져온 조각으로 메운 것일지도 모른다.

연구 결과에서도 밝혀졌듯이 말짓기증에서 날조된 부분은 그 사람이 과거에 겪은 사건이나 과거에서 얻은 지식까지 거슬러 올라갈 수 있다. 뇌는 스냅사진을 재조정하고 재배열한다. 예를 들어 스위스에서 진행된 한 실험에서[24] 연구팀은 세 집단으로 나누어 참가자를 모집했다. 기억상실증은 있지만 말짓기증은 없는 환자들, 기억상실증과 말짓기증이 모두 있는 환자들, 대조군인 건강한 피험자들이었다. 연구팀은 피험자들에게 한 번에 한 장씩 그림 카드를 보여주면서 앞에서도 그 그림이 나왔는지, 나오지 않았는지 '예', '아니요'로 답하라고 했다. 정답은 다음과 같다.[25]

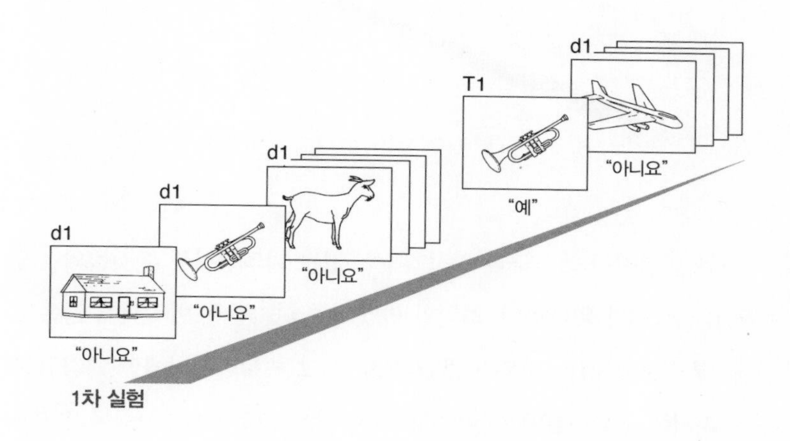

대조군의 피험자들은 앞에서도 나온 그림 카드(T1으로 표시된 카드)에 예라고 답하는 데 아무 문제 없었다. 답은 두 번째로 나온 트럼펫 카드

였다. 기억상실증 환자 집단은 정답을 찾는 데 애를 먹었지만 말짓기증 환자와 아닌 환자의 점수에는 전혀 차이가 없었다.

1시간 후 연구팀은 똑같은 그림 카드로 실험을 반복하되, 이번에는 카드 순서와 반복된 그림 카드를 바꾸었다. 연구팀은 피험자들에게 1차 실험은 무시하고 이번 2차 실험에서 제시하는 카드들 가운데 반복되어 나온 그림 카드에만 예라고 답하라고 했다. 정답은 다음과 같다.

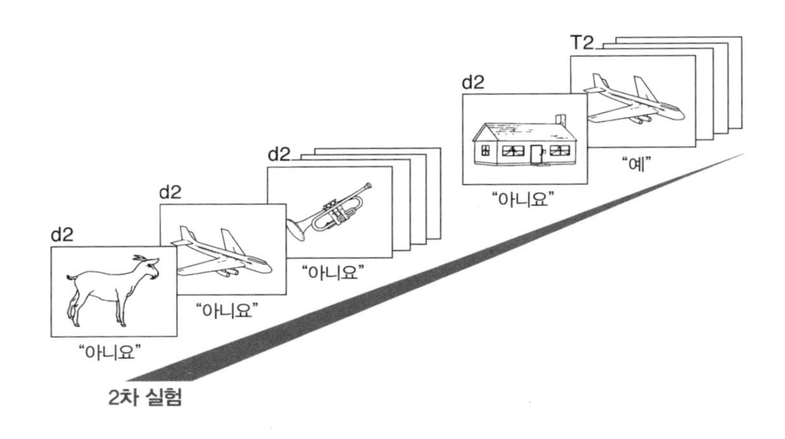

2차 실험에서 대조군과 말짓기증이 없는 기억상실증 환자들의 정답률은 1차 실험과 똑같았다. 하지만 말짓기증 환자들은 반복되지 않은 그림에 '예'라고 답하는 경우가 많았다. 또한 그들은 비행기에만 예라고 말하는 대신에 집과 트럼펫처럼 반복되지 않은 그림 카드에도 예라고 답했다. 환자들의 뇌는 2차 실험과 1차 실험을 혼동했고 그들은 말짓기증을 보이기 시작했다. 그들은 어느 그림이 현재 과제와 관련 있는지 머릿속으로 가려내지 못했다. 그들은 과거의 경험을 끌어와 거짓기억을 만들었다.

또 다른 말짓기증 실험에서 연구팀은 환자 12명을 대상으로 고전 동화나 성서 이야기에 대한[26] 그들의 기억력을 검사했다. 참가한 환자들 모두 이마엽에 피를 공급하는 뇌동맥류가 파열된 사람들이었다. 신경심리학적 검사 결과 12명 모두 기억 손상은 있었지만 말짓기증 증상을 보인 사람은 네 명에 불과했다. 연구팀은 말짓기증 환자와 말짓기증 환자가 아닌 환자 모두에게 「빨간 망토」, 「백설공주」, 「잭과 콩나무」, 「헨젤과 그레텔」, '모세의 출애굽기', '노아의 방주' 등 흔히 잘 아는 이야기 목록을 보여주고 그 가운데 네 개를 고르게 했다. 그렇게 고른 동화나 성서 이야기를 처음부터 끝까지 될 수 있는 한 자세히 읽고 말하는 것이 피험자들에게 주어진 과제였다. 연구팀은 피험자들에게 최대한 기억나는 대로 장면을 자세히 묘사해달라고 했고 피험자가 말하는 동안에는 그들의 이야기를 단어 하나 빠뜨리지 않고 모두 기록했다.

연구팀은 완결 정도, 실수한 횟수, 세부 내용 왜곡이나 여러 이야기의 혼합과 같은 실수 유형에 따라 피험자들이 말한 이야기에 점수를 매겼다. 예를 들어 한 환자는 "마녀가 생강쿠키 집을 만들고 그것을 헨젤과 그레텔에게 가져다주었다"라고 말했다. 물론 실제 동화에서는 헨젤과 그레텔이 숲속을 헤매다 우연히 생강쿠키로 만든 집을 발견했다. 한 환자는[27] 빨간 망토를 두른 소녀가 강간을 당했다고 주장했다.

이와 같은 종류의 왜곡을 보이는 비율은 말짓기증 환자들이나 말짓기증이 아닌 환자들 모두 비슷했다. 그러나 동화와 성서 이야기를 다른 것과 짜깁기하는 경우는 말짓기증 환자들이 훨씬 심했다. 예를 들어 말짓기증 환자 한 명은 「헨젤과 그레텔」을 말하면서 "헨젤과 그레텔은……

물양동이를 채우러 언덕을 걸어 올라갔다"라고 했다. 그 환자는 「헨젤과 그레텔」을 〈잭과 질〉이라는 영국 전래 동요와 착각한 것이 분명했다. 또 다른 환자는 "의붓언니 둘이 백설공주에게 못되게 굴었다"라고 말했다. 그러나 진짜 동화에서 백설공주는 이름만 들어도 성격과 감정을 알 수 있는 일곱 난쟁이와 함께 살았다. 못된 의붓언니들에게 구박을 받은 사람은 신데렐라였다.

말짓기증 환자들은 아무 관련이 없는 생각이나 기억을 무의식적으로 끌어와 현재 머릿속에서 진행 중인 생각과 뒤섞는다. 그렇다고 그들이 있지도 않은 기억을 지어낸다는 것은 아니다. 한 연구에서는 말짓기증 환자들을 대상으로 그들이 모르거나 겪지 않은 것이 확실한 기억에 대해 실험했다. 연구팀은 현실에 전혀 있지 않은 사물이나 장소, 뜻을 환자들에게 질문했다. "프레몰라는 어디인가?", "롤리타 공주는 누구인가?", "워터크누브는 무엇인가?" 등과 같은 질문이었다. 말짓기증 환자들이 가짜로 답을 지어내는 비율은 말짓기증이 아닌 환자들과 엇비슷했다.[28] 말짓기증 환자들도 모르는 것은 모른다고 인정했다. 말짓기증 환자들은 질문 주제와 관련해 아는 것이 전혀 없었기 때문에 답을 지어내기 위해 끌어올 자료도 전혀 없었다. 다른 비슷한 연구에서는[29] 말짓기증 환자들에게 유럽 나라들과 아프리카 나라들의 수도가 어디인지 물었다. 피험자들은 아프리카보다는 유럽 나라들의 수도 이름을 거짓으로 지어내 답하는 비율이 훨씬 높았다. 그들은 아프리카 지리는 거의 알지 못하기 때문에 답을 지어내기보다는 그냥 모른다고 순순히 인정하는 경우가 더 많았다.

빌리는 자신의 과거를 말하면서 누군가를 속이려는 의도는 전혀 없었다. 그는 자신의 인생을 담은 스냅사진들을 빌려오거나 대체하거나 뒤섞고 있을 따름이었다. 빌리가 계속해서 기억을 날조하는 데는 특정한 방식이 있었다. 그는 모른다는 것을 절대 인정하지 않았다. 빌리는 마치 자아를 보호하려는 듯이 자신의 기억에 무언가 빈틈이 있다는 것을 잠재의식적으로 인정하지 않았다. 더욱이 빌리는 질문에 답할 때 서로 상관없는 과거의 순간순간을 무단으로 가져와 아무렇게나 짜깁기해 기억의 빈틈을 메웠다. 빌리는 뇌 회로가 일부 망가져 있었기에 자신의 개인적인 이야기도, 그 자신도 잃어가고 있었다. 말짓기증의 전형적 사례처럼 보였다. 그렇다면 그 원인은 무엇인가?

빌리가 병원에 입원하고 몇 주 후 의료진은 아연실색했다. 그때까지도 빌리가 입원하게 된 원인이 무엇인지 여전히 밝혀지지 않고 있었다. 어느 날 오후 빌리는 집단 치료 활동에 참가해 다른 참가자들과 마찬가지로 좋아하는 것을 그림으로 그리기 시작했다. "내가 좋아하는 화학 반응을 그려야지!" 빌리가 크게 말했다. 그는 화합물 합성 연구소에서 오랫동안 일한 탓에 그 말에는 아무 문제 없었다. 그는 공책에 망설임 없이 무언가를 그리기 시작했다.

화학 반응을 부분적으로 그린 것 같았다. 한 의대생은 그림을 보고 궁금해서 물었다. "이건 무슨 그림이죠, 빌리?"

"이건 케타민을 합성할 때 나오는 반응이죠. 거의 다 끝나가요. 몇 번 수정을 거쳐야 하지만요. 연구실에서 이걸 만들었죠."

"왜 그 그림을 그린 거죠?"

"재미있거든요. 파티에는 그만이에요. 파티 때마다 먹었어요."

케타민에 대해 잘 몰랐던 나는 그 물질이 무엇인지 즉시 조사했다.

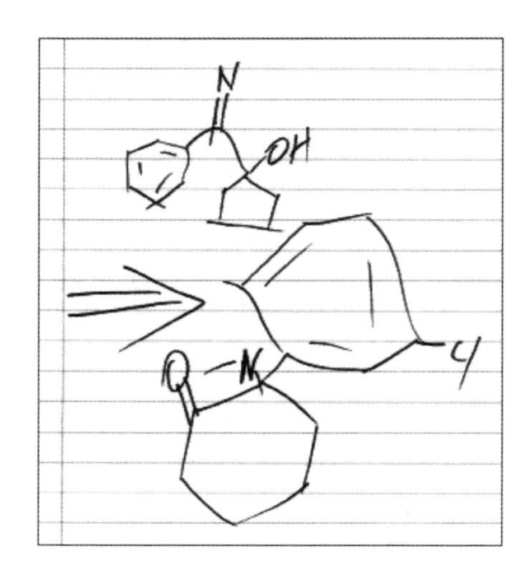

빌리가 그린 케타민 화학 반응

케타민은 이른바 스페셜 K라고도 불리며 의료계에서는 간단한 외과 수술을 할 때 단기 마취제로 쓰인다. 기발하다면 기발하겠지만 케타민은 '데이트 강간 약물'이라고도 알려져 있다. 누군가의 술에 케타민을 넣으면 전혀 티가 나지 않는데다 정신 혼란, 억제력 상실과 함께 단기 기억 상실도 가져오기 때문이다. 복용 후 시간이 충분히 지나면 일반적인 약물 검사에서는 검출되지 않는다. 케타민을 만성적으로 남용하면 뇌에 치명적 손상을 입을 수 있으며 심각한 기억력 결핍과 말짓기증의 원인이 될 수 있다.

실제로 2차 뇌 MRI 촬영 결과 빌리는 뇌의 깊은 오목 부위가 아주 넓게 손상되어 있는 것이 밝혀졌다. 빌리의 최종 병명은 '급성독성뇌증(acute toxic encephalopathy)'이었다. 쉽게 말해 '약물로 인한 뇌 과열'이다. 다행히도 빌리는 점차 호전되었다. 지난번 보았을 때 그의 기억은 상당 부분 좋아져 있었고 회복 속도도 매우 좋았다. 그는 내 어깨에 손을 올리고 아주 진지하게 쳐다보며 말했다. "선생님, 중요한 충고 하나 해드릴게요. 케타민 근처에는 가지 마세요." 귀담아 들을 충고이지만 내가 빌리에게서 얻은 중요한 교훈은 다른 것이었다. 원인 모를 모든 행동, 태도, 말, 믿음 뒤에는 심리학적이고 신경학적인 배경이 있다는 것이었다. 빌리는 날조되고, 비현실적이고, 비정상적이고, 심지어 터무니없기까지 한 말과 생각을 무수히 했다. 하지만 빌리의 뇌에서 벌어지는 사건 맥락에서 그의 말과 생각을 해석하면 거기에는 한 가지 패턴이 있었다.

뇌는 기저의 논리에 따라 우리의 경험을 해석하고, 기억을 암호화하고, 개인사를 기록한다. 무의식계는 우리의 인생을 담은 여러 스냅사진 사이에서 연관성을 만들어내고 각 순간마다 우리의 감정을 관찰해 무엇을 강조할지 결정한다. 그리고 그 스냅사진들을 배열하고 정리해 통일되고 간명한, 그리고 가장 중요하게는 사적이고 내밀한 이야기를 들려준다. 그리고 그 이야기는 우리가 의식하는 인생이 된다.

그러나 뇌 손상 때문이든 매우 혼란스러운 경험 때문이든 그 이야기의 일부가 사라지면 뇌는 평상시와 똑같은 논리 수순에 따라 구멍을 메운다. 조각이 사라진 채 퍼즐 맞추기를 할 때처럼 무의식의 뇌는 빈틈에 가장 설득력 있게 딱 들어맞을 것 같은 기억과 생각의 조각을 방대한 지식 저장 창고에서 가져온다. 자기중심적으로 말하는 사람이 그러하듯이 뇌도 그 사람 개인의 신념, 관점, 희망, 두려움에 의지하면서 이야기의 줄거리를 쓰는 작업을 도와준다. 하지만 뇌는 기억에 생긴 구멍이 심각하게 크고 경험이 혼란스러울수록 이야기를 지어내기 위해 더 깊은 곳까지

파고들 수밖에 없다. 그리고 이런 상태의 뇌가 하는 이야기는 다른 사람이 듣기에는 허무맹랑할 수 있다.

5

초자연적 경험담과
기이한 믿음이
생겨나는 이유

왜 사람들은 외계인 납치설을 믿는가?

외계 생명체에 대한 대부분의 상상은
실제로 인간의 자만에 깊이 빠져 있다.
〈스타 트렉〉이나 다른 100여 편의 공상과학 드라마에 나오는
가상의 외계 생명체는 외계인이라기보다는
내 이웃과 비슷하다.

– 네이선 미어볼드

“오늘 배울 단어는 OVNI야.” 뒤몽 선생님이 9학년 프랑스어반 학생들에게 말했다. “프랑스어로 ‘UFO’라는 뜻이지.” 그녀는 칠판에 단어를 적었다. “오늘 배울 단어로 이게 가장 좋을 것 같네. 마침내 너희에게 내 이야기를 들려줄 시간이 왔어. 나는 외계인에게 납치된 적이 있었어.”

학생들은 눈을 굴리며 서로 시선을 주고받았다. 뒤몽 선생님의 외계인 납치 경험담은 이 고등학교 학생들 사이에서 악명이 높았다. 그녀는 1년에 한 번은 그 이야기를 했다. 그때마다 그녀는 항상 똑같이 긴박한 어조로 자기 이야기는 확실한 실화이고 외계의 침공자들이 다음번에는 학생들을 들어올릴지도 모르니 조심해야 한다고 말했다.

“내가 여덟 살 때였어. 무언가 내 방에 들어오는 느낌에 한밤중에 잠에서 깼는데, 외계인이었어. 그들은 조용히 들어왔지만 내 귀에는 그들의 발소리가 들렸어. 회색에 깡말라 있었고 눈이 크고 검은 망토를 두르고 있었지. 그들이 나를 제압한 뒤 내 팔다리에 무언가 주사를 놓았는데, 그것 때문에 몸에 힘이 빠졌지. 움직일 수가 없더라고. 그러고는 나를 줄로 꽁꽁 묶고 아주 작은 도구를 내 몸에 찔러 넣기 시작했어. 온몸에 전기 충격이 왔어. 비명을 지르려 했지만 소리가 나오지 않았어! 그들 가운데 하나가 나에게…… 성적 학대를 했어. 나머지는 나에게 무언가 실험을 하더군. 무슨 실험인지는 정확히 모르겠지만 내 몸에서 샘플을 채취해갔어. 그런 다음 떠났어. 그때의 기분은 절대 잊지 못해. 그 경험으로 난 영원히 바뀌었어. 그 한 번으로는 끝이 아닐 거야. 그들은 다시 돌아올 게 분명해. 그래서 이 이야기를 너희에게 해주는 거야. 그러면 그때를 준비할 수 있을 테니까 말이야."

"나는 외계인에게 납치당했다!"

뒤몽 선생님의 9학년 프랑스어 수업을 직접 들었고 다른 학생들과 그 일을 진지하게 토론했던 학생으로서 내가 말하면, 그 이야기를 하는 그녀의 태도는 언제나 한결같이 엄숙했다. 무시무시한 경험담을 떠올리는 사람이 할 법한 보디랭귀지를 썼고, 마지막에는 외계인이 반드시 돌아올 것이라고 경고했다. 그녀는 진짜 있었던 일이라고 100퍼센트 믿고 있었다.

평범한 가정 출신에 하루 일과도 남과 다를 바 없는 고등학교 정규직 교사가 외계인에게 납치된 적이 있다고 믿게 된 이유는 무엇일까? 미친 사람이라고 치부하고 외면하는 것은 답이 되지 않는다. 무엇보다도 이런 기이한 믿음이 널리 퍼져 있다는 것을 감안하면 더더욱 그렇다. 무작위로 고른 수천 명에게 외계 생명체의 존재 여부를 물었을 때 그 가운데 90퍼센트가 우주에 외계인이 있다고 답했다. 네 명 가운데 한 명은[2] 외계인이 지구를 방문한 적 있다고 생각했다. 9퍼센트는 자신이 외계인과 접촉했거나 아는 사람이 그런 말을 하고 다닌다고 답했다.[3] 그들 모두 미쳤다고 할 수 없다. 또한 연구 결과에 따르면 외계인 납치를 믿는 사람이나 믿지 않는 사람 모두 정신과 질병을 앓는 비율은 비슷하다. 심리 평가에서 자신이 외계인에게 납치당한 적 있다고 주장하는 사람은 창의성 시험에서 높은 점수를 받으며 공상에도 잘 빠진다.[4] 그러나 그들이 이런 특징을 보인다고 해서 미쳤다는 뜻은 아니다.

외계인 납치 경험을 주장하는 대다수 사람은 평범하지만 그들의 주장에는 놀라울 정도로 일치하는 부분이 있다. 그들은 외계인이 들어왔을 때 누워 있었고 꼼짝도 할 수 없었다고 말한다. 외계인은 형체가 뚜렷하지 않고 회색이나 흰색이다. 그들은 피해자를 내려다보며 피해자의 몸에 무언가를 찔러 넣거나 실험을 하고, 그것도 아니면 성폭력을 한다. 외계인에게 납치당했다고 주장하는 사람들은 다양한 감각을 경험한다. 이를테면 발소리나 소곤거리는 소리를 듣기도 하고, 몸속에서 진동이나 '전류'를 느끼기도 하며, (대부분은 사타구니에서) 아픈 감각을 느끼기도 한다. 그들은 사건이 일어나는 동안 겁에 질려 있고, 심지어 다 끝난 뒤에도 공포, 우울함, 정신적 트라우마에서 벗어나지 못한다. 세세한 내용은 개개인마다 다르지만 전체 이야기는 비슷하다.

평범하고 정신 병력도 전혀 없는 사람들이 외계인과 만났다고 주장하는 이유는 무엇인가? 그들의 확신은 어디에서 비롯되는 것이며, 외계인의 존재를 그토록 굳세게 믿는 이유는 무엇인가?

수면마비

신경학자들이 수면마비(sleep paralysis, 가위눌림)라는 신비한 현상에 대해 알게 된 지 한 세기가 지났다. 렘수면 동안 근육이 마비되고 가장 생생하게 꿈에 빠져든다. 정상적인 상황에서는 잠에서 깬 순간 중요한 두 가지 변화가 생긴다. 첫째, 의식이 완전히 돌아온다. 전기 스위치를 켜듯이 어느 순간 잠에서 완전히 깼음을 깨닫는다. 둘째, 마비된 상태에서 벗어나 근육을 통제할 수 있는 상태가 된다. 의식과 근육 통제를 담당하는 뇌 영역은 다르지만 아침에 일어나면 두 영역은 동시에 재가동된다. 적어도 대부분은 그렇다. 그러나 특별한 경우에는 의식이 돌아오는 것과 근육 통제가 작동되는 것 사이에 시차가 생길 수 있다. 그때는 잠에서 깨어나 주위 인식은 가능하지만 몸은 몇 초, 길게는 몇 분 동안 마비 상태인 채로 있다. 심지어는 그런 마비 상태가 1시간 넘게 이어졌다는 사례도 있다.

1876년 미국 신경학자 위어 미첼(Weir Mitchell)은 이런 상태를 처음으로 설명했다. "그 사람은 잠에서 깨어나 주위를 완전히 의식하지만 근육은 단 하나도 움직이지 못한다. 여전히 누워 자고 있는 것처럼 보인다. 실제로 그는 극심한 불안에 빠진 채 몸을 움직이려 기를 쓰고 있다."[5] 수면마비는 일반적으로 눈과 목 근육을 제외한 몸 전체에 영향을 미친다. 여러 사례를 살펴보면 어떤 사람은 호흡기 근육이 멈춰 질식할 것 같은 느낌을[6] 경험한다. 수면마비는 종종 환시와 환청도 함께 가져온다. 수면마비가 왔을 때 이상한 소리를 내지만 나중에 그게 무슨 소리였는지 선뜻 알아내지 못한다. 방에서 섬뜩한 존재가 보이거나 낯선 존재가 들어왔다는 느낌을 받는다. 이런 환각은 으레 놀라울 정도로 생생하고, 심하게는 복잡한 이야기 구조까지 갖는다. 그러면서 수면마비의 환각 경험은 의식이 있는 상태의 악몽으로 변한다.

학계에서는 수면마비를 겪는 사람이 인구의 8퍼센트[7] 정도라고 추산한다. 미국만 해도 2,000여만 명이 평생 동안 적어도 한 번은 수면마비를 경험한다. 증상의 심각성은 사람마다 다른데, 대다수는 수면마비 시간이 고작 몇 초이고 더 이상 길어지지 않아 환각까지는 경험하지 않는다. 연구에 따르면 불안감이 심한 사람일수록 수면마비 동안 낯선 존재가 옆에 있다고 느낄 가능성이 높다.[8] 수면까지 그대로 이어진 스트레스는 쉽게 잊히지 않을 환각을 더 무서운 것으로 바꾼다. 약한 형태의 사회 공포증인 사회적 이미지 기능장애(dysfunctional social imagery)가 있는 사람도 수면마비가 오면 환각에 빠질 가능성이 더 높다. 사회적 이미지 기능장애를 갖고 있는 사람은 다른 사람들이 항상 자신을 주목하고 재단한다고 믿는다. 이런 사람은 수면마비가 찾아오면 외계인이 자신을 실험하고 몸에 무언가를 찔러 넣는 것 같은 환각을 더 심하게 느낀다.

수면마비 증상은 외계인에게 납치당했다고 주장하는 사람이 말하는 것과 기이할 정도로 똑같다. 양쪽 모두 어슴푸레한 형체의 침입자가 옆에 있는 동안에는 몸을 옴짝달싹하지 못하게 묶여 있다는 느낌을 받는다. '누군가 있다는 느낌'의 이 신비로운 현상을 연구한 신경과학자들은 뇌 영상 촬영 기술의 발전에 힘입어 그 느낌의 원천인 관자엽까지 추적했다.

자기 그림자도 무서운 사람들

앨리슨은 지극히 평범한 스물한 살의 여성이었다. 그녀는 유령이나 영혼, 초자연적 존재는 믿지 않았다. 조현증이나 다른 정신과 질병도 없었다. 그러나 그녀에게는 신경질환이 있었다. 앨리슨은 일곱 살 때부터 뇌의 양 측면에 위치한 관자엽에 뇌전증(간질) 발작이 일어나는 관자엽 뇌전증을 앓았다. 신경과 치료가 발작에 아무 소용이 없자 신경과 의사는 외과적 치료가 가능한지 알아보려고 앨리슨을 신경외과로 보냈다. 그녀는 신경외과 의사에게 자신의 뇌전증 발작 증상을 설명했다. 가장 최근의 뇌전증 발작은 다른 발작과는 달랐다. 그때 그녀는 정신이 몸을 떠났다가 다시 돌아오는 것을 느꼈다.

앨리슨의 허락하에 신경외과 연구팀은 그녀의 상태를 진단했다. 연구팀은 그녀의 발작 행동을 관찰하기 위해 두피에 100개가 넘는 전극을 붙였다. 그러고 나서 앨리슨의 관자엽에 뇌전증 비슷한 활동이 일어나게 유도했다. 뇌전증 발작은 뇌에서 벌어지는 전기 폭풍 비슷한 신경 활동이 지나치기 때문에 일어난다. 이 사실을 잘 아는 연구팀은 그녀의 관자엽에 전류를 정밀하게 흘려보냈다. 관자엽과 마루엽의 경계 지역에 전류를 흘려보냈을 때 앨리슨은 갑자기 기이한 경험을 했다. 방 안에 누군가 있는 듯한 느낌이 들었다. 그전까지만 해도 없던 사람이었다. 그녀는 그 존재를 '그림자'라고 묘사했다. 성(性) 여부는 알 수 없다고 했다.

"그 그림자 사람은 어디에 있나요?"[9] 연구팀 가운데 한 명이 물었다.

"제 뒤에요. 저랑 닿을락 말락하게 있어요. 그런데 느껴지지는 않아요."

앨리슨은 실험이 진행되는 내내 누워 있었다. 연구팀은 그녀를 일어나 앉게 한 다음 관자엽과 마루엽 경계에 전류를 다시 한 번 흘려보냈다. 앨리슨은 몸을 부르르 떨었다. 그 그림자 사람은 지금 그녀 옆에 앉아 그녀의 팔을 꽉 붙들고 있었다.

연구팀은 앨리슨에게 카드 한 벌에 적힌 단어를 읽어보라고 했다. 연구팀은 그녀가 단어를 읽는 동안 관자엽과 마루엽 경계에 세 번째 전류를 흘려보냈다. 그 그림자 사람이 돌아왔다. 이번에도 앨리슨 옆에 앉았다. "그가 제 카드를 뺏어가려 해요. 제가 단어 읽는 걸 원하지 않아요."

관자엽에 정밀하게 자극을 주면 근방에 무언가 낯선 존재가 있다는 느낌이 생길 수 있다. 이런 낯선 느낌이 드는 순간 뇌는 그 현상을 설명하려 한다. 앨리슨은 의사가 자신의 신경계에 전극을 붙여 뇌에 자극을 주고 있다는 사실을 알고 있었기 때문에 그 그림자 존재에 신비하거나 초현실적인 의미는 부여하지 않았다. 하지만 이런 자극이 자연적으로 생긴다면? 신경과학자들은 앨리슨의 관자엽에 자극을 주었다. 그런데 관자엽의 똑같은 위치에 발작이 일어나는 사람이 있다면? 그 사람도 난데없이 그림자 존재를 인식하게 될 수 있다. 그의 뇌도 그 현상을 설명하려 하지만 뚜렷한 원인은 알아내지 못한다. 그가 전극을 붙이고 있는 것도 아니고 통제된 실험 상황에서 그런 기이한 느낌이 생긴 것도 아니다. 그의 궁금증은 해결되지 않는다. 저 아른거리는 그림자 형체는 누구인가?

신과의 대화

로버트가 마흔일곱 살일 때 픽업트럭 뒷좌석에 앉아 타고 가는데 어디선가 나타난 세단 한 대가 트럭 옆구리를 들이박았다. 로버트는 충돌 여파로 트럭 뒷좌석에서 튕겨나가 도로에 머리를 부딪혔다. 로버트는 즉시 병원으로 옮겨졌고 응급실 의사들은 오른쪽 관자엽 머리뼈 골절과 머리뼈 내의 광범위한 타박상을 발견했다. 다행히도 의료진은 로버트를 안정시키고 머리뼈 손상을 치료해주었다. 로버트는 운 좋게 목숨은 건졌지만 얼마 지나지 않아 사고로 인한 영구 후유증이 생겼다는 사실이 드러났다.

30년 뒤 내과 의사에서 퇴직한 로버트는 신경과 의사를 찾아가 차 사고 이후 간헐적으로 앓아온 발작 증상을 설명했다. 신경과 의사는 로버트 가족에게 그가 발작을 일으킬 때의 모습을 물어보았다. 가족의 말에 의하면 로버트는 다음과 같은 행동을 한다. 처음에는 허공을 뚫어지게 쳐다본다, 멍한 표정을 짓는다, 갑자기 몸이 뒤틀리고 머리가 왼쪽으로 끔찍하게 돌아간다, 바닥에 쓰러져 심한 경련을 일으키기 시작한다, 등이 휘고 팔다리를 격렬하게 허우적댄다, 그러다 마침내 발작이 멈추고 정상으로 되돌아온다.

신경과 의사가 로버트에게 발작이 일어난 순간을 설명해달라고 했을 때 그의 설명은 가족과 조금 달랐다.

하늘에서 "아름다운" 빛이 로버트의 왼쪽으로 뻗어 내려와 계속 커지기 시작한다. 그는 마음이 차분해진다. "나쁜 일은 일어나지 않을 것임을" 알기 때문에 그의 마음은 "평화롭다." 이윽고 빛이 형체를 띠기 시작한다. 하늘로 향하는 터널 모양이다. 그의 영혼이 터널로 들어가 위로 올라간다. 더 높이, 더 높이 오르다 천사를 만난다. 천사가 소리친다. "아직은 올 시간이 아니에요, 로버트!" 불의 창이 갑자기 그의 가슴을 때린다. 놀랍게도 로버트는 아무런 아픔도 느끼지 못한다. "조건 없는 사랑"만 느껴질 뿐이다. 로버트가 말한다. "신은 나를 사랑합니다."[10]

특이한 이야기다. 굉장히 기이한 이야기이기도 하다. 이런 경험을 말하는 사람이 로버트가 처음은 아니다. 연구팀이 나중에 발견한 바에 따르면 로버트의 묘사는 1565년 로마 가톨릭 성인이며 신학자인 아빌라의 테레사(Teresa of Ávila)가 경험한 것과 신비할 정도로 닮아 있다. 아빌라의 테레사는 자서전에서 자신이 겪은 종교적 절정의 순간을 다음과 같이 묘사했다.

> 천사가 내 가까이에 있는 것이 보였다.[11] 인간의 몸을 한 그것은 내 왼쪽에 있었다. 아주 드물게 보는 것이 아닌데도 나는 천사를 보는 것에 익숙해지지가 않는다…… 그의 몸집은 크지 않다. 작은 조각상 크기이고 매우 아름답다. 그의 얼굴이 찬란히 빛나고 있다. 가장 고귀한 천사 가운데 하나인 것 같다. 그의 손에는 기다란 금색 창이 들려 있고 그 끝에서는 작은 불꽃이 일렁이는 것 같다. 가끔씩 그는 그 창을 내 심장에 찔러 넣으려고도 하고 내 창자에 구멍을 뚫으려고도 한다. 그가 창을 빼냈을 때 내 창자도 같이 꺼내졌다. 그러고는 신의 위대한 사랑을 담은 불이 내 온몸 가득 지펴졌다.

신성한 존재와의 만남을 묘사하는 로버트의 설명은 아빌라의 테레사가 말하는 내용과 거의 똑같다. 두 사람 모두 왼쪽에서 밝게 빛나는 빛을 보았으며 천사와 만났다고 말한다. 두 사람 모두 천사가 불의 창으로 그들의 가슴을 치지만 아픔은 느껴지지 않고 오히려 신의 깊은 사랑만 느껴진다고 말한다.

로버트는 로마 가톨릭 집안에서 자랐으며 고등학교까지 종교교육도 계속 받았다. 그러나 아빌라의 테레사에 대해서는 성인이라는 것 말고는 아는 것이 거의 없었다. 또한 그에게는 정신과 병력도 전혀 없었다. 최근에 받은 심리 평가 결과도 정상이었다. 하지만 MRI에서 오른쪽 관자엽이 염증으로 인해 연화되어 있는 것이 드러났다. EEG 관찰에서는 같은 부위에 비정상적 뇌파가 발견되었다. 발작 증상이 뇌의 오른쪽에서 나타났다는 사실은 그의 허상이 왼쪽에서 나타나는 이유가 무엇인지 설명해준다. 로버트는 하늘의 계시를 받았다고 말하지만 신경과 의사는 로버트의 경험이 관자엽의 비정상적 활동에 불과하다고 결론내린다.[12]

신경과 의사는 관자엽 뇌전증을 앓는 환자들이 겪는 증상을 "과종교증(hyperreligiosity)"이라는 용어로 설명한다. 관자엽 뇌전증 환자 100명 가운데 한 명에서 네 명은 로버트가 본 것 같은 하늘의 존재가 등장하는 종교적 허상이나 각성 상태를 경험한다. 어떤 환자는 발작의 영향이 이마엽까지 미쳐 행동방식이 영원히 변하게 된다. 종교의 가르침을 독실하게 실천하는 신도가 되는 것이다.

심리학자 마이클 가자니가의 설명에 따르면 어떤 사람은 관자엽 뇌전증이 원인이 되어 성령의 계시를 받았다고 주장하기도 한다. 예를 들어 빈센트 반 고흐도 관자엽 뇌전증 증상을 많이 보였고, 부활한 예수 그리스도를 만나는 등 여러 번 종교적 환상에 빠졌다. 마이클 가자니가는 모세, 마호메트, 부처 등 종교적 상징 인물도 그들의 행동으로 판단하건대 같은 질병을 앓고 있었을지도 모른다고 말한다. 관자엽 뇌전증은 그들이 예언 능력을 갖게 된 원천이었을까? 마이클 가자니가는 그럴 가능성이 상당히 높다고 의심한다.[13]

종교나 영적 세계를 과학적으로 연구하는 신경신학 분야에서 검사한 종교계 종사자들의 신경 촬영 영상을 보면 그들은 이마엽과 관자엽이 활성화되어 있었다. 연구팀이 관자엽 뇌전증을 앓는 앨리슨의 뇌에 비슷한 부위를 자극해 그림자 인간을 느끼게 했듯이 신경신학 연구팀도 비슷한 부위에 전류를 흘려보내 종교인들의 영적 경험을 이끌어내는 데 성공했다. 한 연구에서는 피험자들에게 헬멧을 씌워 관자엽의 특정 부위를 자극하는 자기장을 흘려보냈다. 그 결과 피험자들은 다양한 영적 경험을 했다고 말했다. 죽은 친척의 존재를 느꼈다고 말하는 피험자도 있었고, 정신이 몸에서 분리되는 이른바 유체이탈을 경험했다고 말하는 피험자도 있었다. 또 어떤 피험자는 '다른 실체'가 옆에 있는 것은 느꼈지만 그 존재가 신인지, 다른 영적 방문자인지는 모르겠다고 말했다. 어쨌든 뇌 활동을 자극받은 피험자들은 신비한 존재를 만났다.[14]

우리는 근처에 누군가 있는 듯한 느낌이 무엇인지 잘 안다. 몸을 돌려 뒤에 누가 있는지 확인하지만 아무도 없다. 어깨를 으쓱하고는 그 느낌을 잊어버린다. 관자엽의 특정 부위를 자극하면 누군가 있다는 느낌을 이끌어낼 수 있다는 것도 안다. 그런데 관자엽에 문제가 생겨 이 피할 수 없는 느낌이 시도 때도 없이 찾아온다면 어떻겠는가? 그런 느낌을 어떻게 설명하겠는가? 어릴 때 가톨릭 학교에 다닌 사람의 뇌는 종교에서 답을 찾으려 할지도 모른다. 앞의 로버트처럼 우리의 무의식에는 아주 오래전 들은 테레사 성인의 이야기가 깊이 자리 잡고 있을 수 있다. 우리가 느끼는 존재는 누구인가? 우리에게 전지전능한 신의 사랑을 심어주러 온 천사다. 반면에 아무 종교도 믿지 않는 무신론자라면 자기 그림자에 불과하다고 결론내릴지도 모른다.

산기슭을 따라 흐르는 실개천은 보통 아래로 흐르고 장애물은 돌아서 흘러 내려간다. 실개천은 장애물이 가장 적은 길을 택한다. 뇌의 경로도 마찬가지다. 마술사의 마술쇼를 볼 때 우리의 무의식이 보이는 가장 첫 반응은 "마술사가 조수를 반으로 잘랐어!"다. 이것이 가장 단순하고 가장 직선적인 설명이다. 그러다 의식적이고 신중한 해석을 내리기 시작한다. 무언가 다른 식으로 설명할 수 있지 않을까 하는 의심이 든다. 어쩌면 조수가 두 명이고 보이지 않는 한 명이 상자 한쪽에 숨어 있을지도 모른다.

뇌의 무의식계는 나름의 논리를 따르는 단순한 시스템이다. 뇌는 양립 불가능한 자극을 동시에 느끼는 순간, 이를테면 주위에 아무도 없는 것이 분명한데 누군가 있는 듯한 느낌이 드는 순간 당장 갖고 있는 정보만으로 최선의 이야기를 만들어낸다. 뇌는 우리가 보고 느끼는 것에서 핵심 특징만 골라내고, 깊은 곳에 있는 기억, 신념, 희망, 걱정거리 등을 스캔해 그 느낌의 패턴을 찾아낸다. 뇌는 그 느낌을 만족스럽게 설명하려 노력한다. 의미를 찾아내려 한다. 뇌는 우리의 인식에 통일된 이야기의 틀을 씌워 삶에 대한 경험을 만들어낸다. 그리고 사람과 자극이 맞아떨어지기만 한다면 뇌는 죽음에 대한 경험을 만들어내기도 한다.

걸어다니는 시체

월요일 이른 아침이었다. 나는 밤사이에 정신과 병동에 입원한 한 신사를 검진하고 있었다. 그전까지는 소견 요청이 없었기 때문에 그날 아침 그 환자를 처음 보았다. 노신사는 양극성 기분장애(조울증)를 앓고 있었는데, 몇 달째 친구, 가족과 멀리하고 두문불출하며 지냈다.

"오늘 기분이 어떠세요, 머피 씨?" 내가 물었다.

"아주 끔찍합니다."

"저런. 왜 그렇게 기분이 나쁘시죠?"

"지금 나 놀리나요? 보면 모르겠어요? 난 죽었잖아요."

내가 기대한 대답은 아니었다. "무슨 소리죠?" 내가 물었다.

"더 이상 어떻게 분명히 말해요. 난 죽었어요. 세 달 전에요. 그런데 의사 양반, 나와 함께 있는 걸 보니 선생도 죽었나보군요."

"선생님이 죽었다는 건 어떻게 아시나요?"

"느낌이 그래요. 난 세상에 속해 있지 않아요. 그러니까 산 자들의 세상에는 속해 있지 않아요. 아무것도 안 느껴져요. 아는 사람이 없어요. 나는 이곳에 속해 있지 않아요."

이런 대화는 15분 정도 이어졌다. 그는 자신이 죽었다고 확신하고 있었다. 나도, 다른 그 누구도 그에게 죽지 않았다고 설득할 수 없었다. 나는 패배를 인정하고 말했다. "좋아요. 머피 씨. 조만간 또 진찰하겠습니다. 제가 선생님께 해드렸으면 하는 게 있나요?"

"의사 양반은 죽은 사람한테 꽤 친절하군요."

머피 씨가 앓고 있는 정신질환은 코타르증후군(Cotard delusion)으로 '걷는 시체 증후군'이라고도 부른다. 코타르증후군을 앓는 환자는 자신이 죽었거나 세상에서 분리되었거나 가장 가깝게 지내던 사람을 포함해 주위 모든 사람과 멀리 떨어졌다고 믿는다. 머피 씨는 자신의 상태를 이렇게 말했다. "내 눈에는 주변 사람 모두가 돌아다니며 자기 일을 하는 것이 보이지만 나는 다른 세상에 속해 있습니다." 코타르증후군 환자들은 자신들을 제외한 다른 사람 모두를 영화 속 등장인물로 여긴다. 그들은 관객이 되어 주위 사람 모두를 멀찍이서 텅 빈 눈으로 바라본다.

코타르증후군은 조현병이나 양극성 기분장애 같은 정신과 질병이 원인일 수 있지만 관자엽과 마루엽의 경계 부위가 손상되었을 때에도 생긴다. 여러 해 전 한 남성은 모터사이클 사고로 그 부위가 손상되어 코타르증후군이 생겼다.[15] 앞에서 이야기한 앨리슨의 사례에서 살펴보았듯이 관자엽과 마루엽의 경계 부위는 과도한 자극을 받으면 무언가 기이한 존재가 있는 듯한 느낌이 생길 수 있다. 극심한 자극을 받으면 마음속에 또 다른 존재가 느껴지게 된다. 그 존재는 유령이다. 반대로 코타르증후군의 뇌 손상처럼 크게 심각하지 않은 자극은 반대의 느낌을 불러일으킨다. 자신을 존재하지 않는 사람이라고 느끼게 된다. 자기 자신이 유령이 되는 것이다.

코타르증후군이 어떻게 발생하는지는 정확히 밝혀지지 않았지만 이론상으로는 지각과 감정이 연결되지 못하기 때문에 생긴다.[16] 신경학적으로 코타르증후군은 뇌의 감각계와 변연계가 서로 단절된 것과 관련 있다. 감정과 기억을 처리하는 변연계에는 관자엽 안쪽 표면에 자리한 편도나 시상하부 같은 영역이 있다. 관자엽과 마루엽의 손상으로 감각계와 변연계의 소통이 망가지면(또는 변연계 자체가 손상되면) 이론적으로 그 환자는 세상을 보고 듣고 냄새 맡는 것은 가능하지만 감정 반응은 전혀 보이지 않는다.[17] 머피 씨는 아내를 보면서 그녀가 자기 아내인 것 같다는 데는 동의했지만 친숙하거나 사랑하는 사람을 마주할 때 생기는 따뜻한 감정은 느끼지 않았다. 아내처럼 생겼지만 아내로는 느껴지지 않았다. 감정과 감각 사이의 이런 단절은 그가 살면서 겪는 모든 경험으로 확대되었다.

어느 날부터 다른 사람과 감정적으로 완전히 분리되고, 현실과 단절감을 느끼고, 자신과 완전히 동떨어져 있는 양 세상을 바라본다. 죽음과 매우 비슷하다. 적어도 소설이나 영화, 종교에서는 죽음을 그렇게 표현한다. 따라서 머피 씨처럼 이런 증상을 경험하는 사람들에게 뇌의 무의식이 가장 쉽게 이끌어낼 수 있는 해명은 죽음이다. 머피 씨는 왜 주변 모든 세상에 무감각해진 것인가? 왜 그는 아무것도 느끼지 못하는가? 그는 죽었기 때문이다.

아내와 피우는 바람?

이와 비슷하게 뇌가 기괴한 해석을 이끌어내는 또 다른 질병에는 카프그라증후군(Capgras syndrome)이 있다. 이 질병의 환자들은 주변인 모두가 완전히 똑같은 모습을 한 가짜로 바뀌치기 되었다고 생각한다. 한 환자는 의사에게 다음과 같이 말한다. "선생님이 방을 나가면[18] 선생님과 똑같은 옷을 입은 다른 사람이 방으로 들어오는 것 같아요…… 무섭지는 않아요. 그냥 선생님 옷차림을 한 다른 사람이 선생님 일을 하는 것이니까요."

일흔 살의 남성 파텔 씨는 이 증상이 매우 심각한 수준까지 진행되었다. 그는 자기 아내가 모습이나 행동, 이름까지 똑같은 누군가와 바꿔치기 되었다고 믿었다. 파텔 부인의 말에 따르면 두 사람은 평소보다 더 자주 성행위를 하기 시작했다. 그러나 남편은 성행위가 끝난 뒤에 그녀에게 자기 아내에게는 이 일을 말하지 말아달라고 애원했다. 파텔 씨는 그녀와의 성행위가 굉장히 즐거웠으며 아내와의 성행위보다 훨씬 좋았다고 그녀의 귀에 속삭였다. 그는 새로운 성행위를 개발하기도 했다. 파텔 씨는 45년 동안 함께한 아내와의 성행위는 너무 '평범'했지만 이 '새로운 여성'과 나누는 성행위는 굉장히 짜릿하다고 말했다.

파텔 부인은 남편의 행동에 마음이 심란했다. 남편은 그녀를 정부 취급했다. 실제로 외도를 하는 것은 아니었지만 파텔 씨는 자신이 바람을 피우고 있으며 외도를 감쪽같이 숨기고 있다고 믿었다.[19]

파텔 씨의 뇌 CT 촬영 결과 편도와 해마, 관자엽이 수축되어 있는 것이 밝혀졌다. 코타르증후군 환자들의 뇌 손상 부위와 똑같은 영역이었다. 코타르증후군처럼 카프그라증후군도 주변인을 잘 인식하지 못하는 문제를 일으킨다. 파텔 씨는 자기와 한 침대에 누운 여자가 아내와 모습, 옷차림, 말투 등이 똑같다고 인정하지만 그의 느낌상 그 여자는 아내가 아니다. 따라서 그녀는 가짜가 분명하다. 코타르증후군인 머피 씨는 아내를 보면서 그녀가 아내라는 것은 인정하지만 아내를 보면 당연히 생겨야 할 포근한 감정은 느끼지 않는다. 그리하여 그는 자신이 죽었다고 결론내린다.

파텔 씨나 머피 씨 모두 감각 지각(특히 주변인의 얼굴을 볼 때 생기는 지각)과 감정을 연결하는 데 문제가 있지만 그 이유에 대해 두 사람의 뇌는 서로 다른 해석을 이끌어낸다. 코타르증후군과 카프그라증후군은 뇌의 매우 이상한 비정상성을 동전의 양면처럼[20] 두 가지 방식으로 다르게 풀이한다. 동전의 한 면에는 파텔 씨가 있다. 그는 문제의 원인을 바깥으로 돌려 아내가 다른 누군가와 바꿔치기 되었다고 주장한다. 그의 뇌는 자신의 증상을 설명하는 일에 편집증적으로 매달린다.[21] 동전의 다른 면에는 머피 씨가 있다. 머피 씨는 문제의 원인을 안으로, 다시 말해 자신으로 돌리고 자신이 죽은 것이 분명하다고 결론내린다. 그의 뇌는 우울하고 허무주의적인 접근법을 택한다.[22]

뇌의 무의식계는 똑같은 증상을 해석할 때에도 수십, 수백 가지의 이야기를 만들어낼 수 있다. 우리는 최종적으로 만들어내는 인생 경험의 이야기를 가장 많이 믿게 된다. 파텔 씨는 그의 성향상 편집증으로 발전할 가능성이 높았던 데 반해 머피 씨는 우울증에 빠지기 쉬운 성격이었다. 서로 맞지 않는 자극을 조합해 이야기를 만들어낼 때 뇌는 깊숙이 파묻힌 신념과 성향, 의문점을 끄집어내야 한다. 물론 그 결과로 초자연적인 결론이 나올 수 있다.

죽음의 경계선에서 보는 환상

—

여러 해 전 이탈리아에서 카를로라는 환자는 자신이 겪은 불가사의한 경험에 대해 설명을 듣고 싶어 신경과학자와 심리학자로 구성된 연구팀을 만났다.

> 나는 네 살짜리 내 아이와 함께 산에서 여름휴가를 보내고 있었습니다.[23] 아내와 헤어진 지 얼마 되지 않아 꽤 힘든 시기였죠. 어느 날 저녁이었습니다. 아이와 함께 방에 있는데 갑자기 커다랗고 하얀 빛이 보였습니다…… 그러다 빛으로 된 공이 나타났습니다…… 그 순간 세상 모든 존재가 내 안에 있고 나도 그것들 안에 머무는 듯한 심오한 기분이 들었습니다. 광원은 타원형이었습니다. 그것은 사랑과 기쁨이었고 마치 냇물처럼 나에게 흘러들어오는 것이 느껴졌습니다…… 나는 숨조차 쉬지 못할 정도로 황홀감에 빠졌습니다. 하지만 정신이 또렷한 상태였기 때문에 숨을 멈추고 있다는 사실을 깨닫고 다시 숨을 쉬기 시작했습니다. 그러나 숨을 쉬기 시작하자 그 모습이 흔들렸고 몇 번 숨을 쉬자 완전히 사라졌습니다.

카를로의 이야기는 거의 죽음에 이르렀다가 다시 살아나는, 이른바 임사(臨死) 체험을 한 사람들의 설명과 매우 비슷하다. 임사 체험에는 '밝은 빛'을 보았거나 지극한 만족감을 느꼈거나 다른 상태의 존재로 바뀌었다는 등의 이야기가 많이 등장한다. 실제로 임사 체험 연구에 따르면 죽음 직전까지 이르렀던 사람들의 말에는 일치하는 부분이 몇 가지 있다. 예를 들어 네덜란드 연구팀은 열 곳의 병원에서 심장마비로 이송되었다가 살아난 환자 344명을 연구했다. 그들 가운데 62명이 감각으로 느꼈다고 말한 것은 일종의 임사 체험과 비슷했다. 그 환자들이 보고 느낀

것을 내용별로 정리하면 다음의 표와 같다.[24]

경험의 종류	환자의 비율
죽었다는 인식	50%
환희의 감정	56%
몸을 떠나는 경험	24%
터널을 이동함	31%
밝은 빛이 보임	23%
여러 색이 보임	23%
우주의 풍경이 보임	29%
죽은 자를 만남	32%
그동안의 인생이 펼쳐짐	13%

밝은 빛을 보았고, 환희를 느꼈으며, 우주의 풍경을 본 것 같았다는 카를로의 설명은 심장마비 생존자들이 보았다고 묘사한 환상과 똑같다. 또한 그가 말한 이야기의 흐름은 그의 몸이 하고 있던 행동과도 매우 비슷하다. 환상은 카를로가 숨을 쉬지 않는 동안 나타났고 그가 호흡을 시작한 순간 사라졌다. 그러나 카를로와 심장마비 환자들의 결정적 차이는 카를로가 전혀 죽기 직전의 상태가 아니었다는 점이다. 그에게는 심각한 의료 문제가 없었고 물론 아픈 곳도 없었다. 최근 아내와의 이혼 절차만이 유일하게 중요한 스트레스원이었다. 게다가 그는 종교에 완전히 빠진 사람도 아니었다. 어린 시절 가톨릭 학교를 다니기는 했지만 이후에는 어떤 종교도 믿지 않았다. 카를로는 누가 보아도 신비한 영적 체험을 할

만한 사람과는 거리가 멀었다. 그런데도 그는 그런 경험을 했다. 그는 이 일에서 영감을 얻어 시를 썼다. 그는 자신이 죽음에 대한 두려움을 이겨냈다고 했으며, 죽음은 두려워해야 할 것이 아니라 자연 질서의 일부로 받아들여야 할 것이라는[25] 사실을 깨달았다고 주장했다.

개개인의 임사 체험과 일치하는 부분이 많다는 사실과, 죽기 직전의 상태나 신실한 종교인이 아닌 카를로 같은 사람에게도 그런 임사 체험이 일어날 수 있다는 사실은 근본적으로 신경학적인 설명이 필요한 부분이 있다는 점을 시사한다. 죽음의 경계에 서 있는 사람의 뇌에서 무언가가 일어나 환상을 만들어내는 것이 분명하다. 더 이해할 수 없는 것은 그 과정(어떤 과정인지는 모르겠지만)이 평상시 건강하고 죽을 위험이 전혀 없는 사람에게도 일어날 수 있다는 점이다.

전투기 조종사와 심장마비 환자

30년 이상 공군 전투기를 조종한 댄 폴점 대령은 초임 조종사 시절 애리조나 훈련 비행에서 겪었던 일을 떠올렸다. 다른 조종사들과 편대 비행을 하는 기본 훈련이었다. 다섯 번째로 공중 훈련을 하는 중에 오싹한 경험을 했다. 그는 전투기의 방향을 돌리며 수없이 해왔던 곡예비행을 했다. "그러고 났는데 마치 내가 전투기 뒤에 앉아 조종석을 내려다보고 있는 듯한 느낌이 들었죠."[26] 그는 문득 자신이 전투기 '밖'에 있다고 느꼈다. "나는 나인지도 모르는 상태로 나를 보고 있었어요. 지금 무슨 일이 벌어진 거지? 그러고는 장막이 빠르게 사라졌습니다…… 꿈이 아닌 거죠. 정말 저건 나고, 나는 다시 전투기를 몰고 있었습니다." 댄 풀점은 평소 하던 대로 곡예비행을 했을 뿐이지만 무슨 이유에서인지 그는 몸과 정신이 분리되는 느낌이 들었다.

전투기 조종사가 전투기 속도를 빠르게 높일 때 조종사의 몸에는 아주 높은 중력이 가해진다. 조종사의 약 10퍼센트는[27] 중력, 이른바 G포스가 높은 상태에서 전투기를 다루는 동안 의식을 잃었던 경험이 있다고 말한다. G포스가 높아지면 뇌에서 피가 빠져나와 발로 쏠려 내려가고 뇌는 일시적인 산소 결핍 상태가 된다. 일부 전투기 조종사는 완전한 의식 상실까지는 아니어도 잠시 동안 변성의식 상태(altered consciousness)에 빠지기도 한다.

해군 군의관이며 항공 연구가인 제임스 휘너리(James Whinnery)는 전투기 조종사가 극도로 높은 G포스 상태에 놓였을 때 받는 영향을 몇 년 동안 연구했다. 제임스 휘너리는 자료 수집을 위해 조종사들을 암(기계에서 팔과 같은 기능을 하는 부분 — 옮긴이)의 길이가 15미터인 대형 원심분리기에 들어가게 했다. 기계를 작동하자 빠르게 회전하면서 조종사의 몸이 공중 전투를 위한 곡예비행을 할 때와 비슷한 G포스 상태에 놓였다. 제임스 휘너리는 G포스를 견디는 조종사의 능력을 연구하면서 흥미로운 점을 발견했다. 원심분리기에서 나온 조종사 가운데 상당수가 이상한 것을 보았다고 말했다. 제임스 휘너리의 설명에 따르면 "그 환상은 생생했고 가족과 가까운 친구를 보는 경우가 많았다. 배경이 아름다웠고 환상 내용은 각자 개인에게 중요한 과거의 기억이나 생각 등이었다…… 그 환상은 직접 경험한 조종사들에게 중요한 영향을 미쳤고 몇 년이 지난 후에도 생생하게 기억될 정도였다." 조종사들의 눈앞에서 가족, 연인, 인생이 주마등처럼 스쳐 지나갔다. 조종사들은 몸이 떠다니는 듯한 환희를 느꼈고[28] 일부는 풀점 대령이 말한 것 같은 유체이탈까지 경험했다.

높은 G포스에 노출된 조종사들은 임사 체험과 비슷한 경험도 한다. 그들은 자신들이 빛 터널을 지나고 있다고 생각한다. 시야의 주변부가[29] 5초에서 8초 동안 깜깜해지고 멀찍이 중앙에서 밝은 빛 같은 것이 나타난다.

높은 G포스에 노출된 전투기 조종사나 위급한 상황의 심장마비 환자는 환각이 느껴지는 임사 체험을 경험한다. 그 이유는 무엇인가? 그들의 공통점은 무엇인가? 그들 모두의 뇌에서 갑자기 산소가 빠져나간다. 전투기 조종사는 빠른 속력으로 인해 뇌로 들어가는 혈류가 차단된다. 심장마비 환자는 심장의 알맞은 혈액 순환 기능이 상실된다. 피가 없으면 산소도 없다. 연구에 의하면 시각겉질이나 눈으로 들어가는 혈류에 이상이 생기면 주변시가 상실되고 중심시가 환해지면서 자신은 깜깜한 터널에 있고 저 끝에 반짝이는 빛이 보인다는 지각이 만들어진다.[30] 전투기 조종사와 심장마비 환자는 뇌의 산소 부족으로 임사 체험을 하게 된다.

이탈리아의 카를로가 의사들에게 말한 환상도 임사 체험에 대한 설명과 놀랄 정도로 비슷하다. 그러나 그는 심장마비가 온 것도, 전투기 곡예비행을 한 것도 아니었다. 그렇다면 그가 임사 체험을 한 이유는 무엇인가? 단정하기 힘들지만 그가 임사 체험을 하는 동안 호흡을 멈추고 있었다는 사실은 분명하다. 뇌의 산소 결핍이 그에게 환각을 불러온 것인가? 그럴지도 모른다. 하지만 이유는 그것만이 아닐 수도 있다.

임사 체험 연구 결과[31] 뇌와 눈으로 향하는 혈류가 위험한 수준으로 줄어들면 뇌는 시야의 빈틈을 메우려 한다. 뇌에서는 이른바 렘방해(REM intrusion) 과정이 진행되면서 꿈이 가장 생생한 단계인 렘수면과 비슷한 활동이 시작된다. 렘방해란 꿈속의 시야가 의식으로 들어와 현실과 몽상의 구분이 흐릿해지는 과정을 의미한다. 잠을 자는 동안이나 잠에서 깬 직후 분명 무언가를 보거나 들었는데 다른 사람들은 전혀 아니었다고 한 경험이 있는가? 꽤 흔한 일이다. 이것이 바로 꿈 내용이 꿈에서 깬 상태의 정신에 스며드는 렘방해에 해당된다. 연구에 따르면 임사 체험을 한 사람의 60퍼센트는 과거 어떤 형태로든 렘방해를 경험한 적이 있었다.

이런 환상을 만들어내는 데 관여하는 영역은 뇌줄기에 위치한 청반일 공산이 크다. 청반은 아드레날린의 사촌 격인 노르에피네프린(norepinephrine)이라는 신경전달물질을 내보냄으로써 스트레스와 공황에 생리적으로 반응하게 도와준다. 이것이 흔히 말하는 투쟁 도피 반응이다. 두려움과 불안감이 생길 때, 저혈압과 산소 결핍 같은 신체적 스트레스원이 생겼을 때 이런 반응이 일어난다. 우연치 않게 심장마비 환자와 전투기 조종사는 똑같은 스트레스원을 느낀다. 일단 작동한 청반은 노르에피네프린을 시작으로 연쇄적인 화학 신호를 내보내고 그 신호는 스트레스를 받는 상황에서 우리의 감정을 만들어낸다. 공황이 시작된다. 이 시점에 이르면 어떤 사람들은 신체가 스트레스를 줄이려고 노력하는 것처럼 보인다. 뇌는 스트레스를 완화시키려고 안정감을 자아내는 대치 신경전달물질을 내보낸다. 어떤 식으로인지는 정확히 파악되지 않지만 신경계의 이런 방해 작용은[32] 렘수면의 중요 요소를 움직여 꿈과 깨어 있는 상태의 사고를 뒤섞는다.

임사 체험의 환각은 뇌가 두려움과 공황을 상쇄하고 평온함을 만들려고 시도하면서 생기는 부작용이다. 아마도 카를로는 이혼과정 동안 긴장감과 비참함이 커지면서 청반이 작동했을 것이다. 신체가 보상을 받으려다가 렘방해가 일어났고 카를로는 밝은 빛과 아름다움, 기쁨이 가득한 세상으로 들어섰을 것이다.

이 설명이 맞는지 맞지 않는지는 딱 잘라 말할 수 없다. 우리가 아는 것은 임사 체험이 죽음에 임박한 사람만이 겪는 경험이 아니라는 사실이다. 임사 체험은 신경전달물질이 신경계를 통제하려고 싸움을 벌이는 순간 의식이 보게 되는 현상이다. 렘방해에 취약한 사람일수록 임사 체험도 더 자주 경험한다. 뇌는 렘방해 상태에서 스트레스의 영향에 맞대응하려고 하면서 꿈과 비슷한 환각에 빠지게 된다.

임사 체험 증상이 특히 쉽게 일어나기 쉬운 또 다른 유형은 수면마비를 느끼는 사람들이다. 연구 결과에 따르면 수면마비가 있는 사람들일수록[33] 렘방해는 물론 임사 체험을 겪을 가능성도 높다. 수면마비와 심장마비 사이에는 환각에 쉽게 빠지게 만드는 무언가 특별한 연결 고리가, 무의식적으로 죽음의 가능성을 생각하게 만드는 특별한 연결 고리가 있는 것이 분명하다. 그렇다면 그 둘의 공통점은 무엇인가? 두려움이다.

인질 환각

—

다음 두 사례에서 생길 만한 트라우마를 생각해보자.

사례 1

갱단에 소속된 스물세 살의 남자가 라이벌 갱단에 납치되었다. 납치범은 그를 인질로 붙잡고 몸값을 요구했다. 납치범은 남자의 눈을 가리고 의자에 묶은 다음 구타했다. 결국 이 남자가 속한 갱단은 몸값을 지불했고 그는 풀려났다. 나중에 한 인터뷰에서 그는 인질로 잡혀 있는 동안 이상한 환각을 경험했다고 말했다. "나는 그 사람들에게 맞아 기절해 정신을 잃었습니다. 꿈을 꾸는 것 같았죠. 계속해서 악마와 경찰, 괴물을 보았어요. 아마도 악몽을 꾼 것 같습니다."

사례 2

스물다섯 살의 군인이[34] 북베트남군에게 3개월 동안 인질로 잡혀 있었다. 그는 팔이 묶인 채 어두컴컴한 독방에 갇혀 지냈다. 몇 년 후 그는 자신이 보았던 것을 이렇게 묘사했다. "빛 터널과 오색찬란하게 빛나는 현대식 고층건물이 보였습니다…… 고향집과 친구들 사진이 보였고, 바로 앞에 있어서 손만 뻗으면 닿을 수 있을 것 같았어요…… 내가 있던 방은 수시로 변했습니다. 심술궂은 천사가 장난을 치고 있었어요. 감정이 고갈되는 느낌이었습니다. 나와 눈앞의 현상 사이에 벽이 있는 듯했어요…… 신앙심이 깊어졌습니다…… 너무나도 이상했죠."

두 사람과 테러 공격, 납치, 강간, 외계인 납치, 전쟁 포로생활 등을 겪은 다른 28명의 피해자를 조사한 연구에서[35] 피험자의 25퍼센트가 환각을 경험했다고 보고했다. 그들은 여러 형태와 색, 밝은 빛을 보거나, 터널 속을 걷거나, 둥둥 떠다니거나, 유체이탈을 하거나, 희미한 형태 및 친숙한 사람들을 보거나, 종교적 형태를 보거나, 괴물을 보는 등의 환각을 경험했다. 피해자들이 본 환각의 내용은 달랐지만 그들의 트라우마에는 일치하는 부분이 여러 가지 있었다.

인질은 자신이 처한 공통된 세 가지 특징으로 인해 환각에 빠지기 쉬운 상태가 된다. 첫째, 그는 사방이 깜깜한 곳에 갇혀 있다. 1장에서 살펴보았듯이 환각은 레르미트대뇌다리환각증과 비슷하게 어둠 속에서 생기는 편이다. 어두우면 시각적 자극은 아주 적거나 아예 없기 때문에 무의식이 시각의 빈틈을 환각으로 메우려 할 수 있다. 둘째, 인질은 갇혀서 무기력한 상태다. 다른 사람과의 교류 없이 혼자 밧줄이나 쇠고랑에 묶인 채 몸을 마음대로 움직이지 못하기 때문에 정신이 방황할 가능성이 훨씬 높다. 셋째, 무엇보다도 인질은 두려움에 빠져 있었다.

인질은 무섭고 구속되어 있는 환경 때문에 환각에 빠지기 쉬운 상태가 된다. 이는 외계인에게 납치된 적 있다고 말하는 사람들이 수면마비 동안 겪는 상황과 정확히 일치한다. 세 가지 특징 모두 중요한 역할을 한다. 수면마비 환자는 갑자기 몸을 움직이지 못하면서 갇혀 있고 무기력하다는 느낌을 받는다. 깜깜한 침실에 누워 공포에 빠져든다.

수면마비 경험이 있는 사람들은 그렇지 않은 사람에 비해 렘방해가 일어날 가능성이 훨씬 높다. 신경과학자들에 따르면 렘방해는 두려움이 엄습한 순간 뇌가 신경계를 진정시키려고 하면서 생기는 부작용이다. 심장마비의 트라우마가 렘방해를 일으키면서 결과적으로 임사의 환각 체험을 불러일으키는 것처럼, 수면마비라는 극도의 스트레스 상황 때문에 렘방해가 일어나 꿈인지 아닌지 모를 환상 속에서 어슴푸레한 형체가 의식으로 스며드는 것일지도 모른다.

렘방해가 환각 발생에 어떤 역할을 하든 수면마비는 왜 자신이 외계인에게 납치당했다고 생각하게 되었는지 그 이유를 어느 정도 설명해준다고 할 수 있다. 인질극에 대한 연구와 마찬가지로 수면마비는 융단폭격처럼 온갖 기이한 감각을 불러일으키는데다 환각이 생기기에 알맞은 환경도 만든다. 외계인과의 만남이라는 당혹스러운 상황을 이론적으로 설명하기에는 수면마비가 가장 알맞다.

그렇다면 여전히 외계인 납치설을 주장하는 사람들이 있는 이유는 무엇인가? 어떤 사람들은 수면마비를 전혀 모르기도 하지만 상당수는 수면마비에 대해 알아도 그것이 자신들이 겪은 초자연적 현상의 원인일 수 있다는 사실은 강하게 거부한다. 심리학자 수전 클랜시(Susan Clancy)는 수면마비 이론을 들은 사람들의 반응을 기록했다. 수전 클랜시는 한 외계인 납치설 주장자가 수면마비에 대해 친구와 나누는 휴대전화 통화 내용을 엿들었다.

> 진짜 짜증 나. 그 여자가 얼마나 무신경했는지 알아? …… [그 여자가 이렇게 말하더라.] "아, 사실은 수면마비가 일어났던 겁니다." 잘났어 정말…… 자기한테 일어난 일이 아니라는 거지? 신한테 맹세하는데 말이지, 누구라도 또다시 수면마비라는 말을 꺼내면 다 토해버릴지도 몰라. 진짜로 그날 밤 방에 무언가가 있었다니까! 내 몸이 빙글빙글 돌았고 이내 의식을 잃었어. 무언가 아주 무서운 일이 일어났어. 절대 정상적인 게

아니야. 무슨 말인지 알겠어? 난 안 자고 있었어. 납치되고 성폭행당했어. 난도질당했어. 진짜로 그랬다고 생각해도 상관없고 내가 그렇게 빗대어 말하는 거라고 생각해도 상관없어. 그게 무슨 상황인지 저 여자는 알까?[36]

자신이 외계인에게 납치당했다고 절대적으로 확신하며 주장하는 사람들은 다른 합리적인 설명을 해주어도 그 믿음을 저버리지 않는다. 왜 그들은 자신들의 말에 신빙성이 전혀 없는데도 틀림없는 사실이라고 굳게 믿는 것일까? 앞에서 살펴보았듯이 감정적으로 강렬한 기억을 회상하는 방식은 평범한 기억을 떠올릴 때와는 다르다. 인간은 감정적으로 강렬한 기억은 더 확신하며 떠올리고 이야기에 구멍이 있다는 생각은 거부한다. 진짜 원인은 수면마비라는 설명을 들었을 때 외계인에게 납치당했다고 주장하는 사람들이 화를 내는 이유도 여기에 있다. 다 좋다. 수면마비를 원인으로 받아들이지 않는 것도 그들 마음이다. 그런데 왜 하필 외계인 납치인가? 많고 많은 현상 가운데 왜 하필이면 외계인인가?

'올드 해그'의 공격

1970년대 뉴펀들랜드의 어촌인 노스이스트 하버의 주민들은 밤마다 사람을 찾아 떠돈다는 유령 전설에 시달렸다. 마을 사람들은 이 유령을 '올드 해그(Old Hag, 원래는 마녀일 가능성이 큰 노파라는 뜻이지만 비유적으로 가위눌림이라는 뜻도 있다 — 옮긴이)'라고 불렀다. 마을에 떠도는 말에 의하면 올드 해그는 방에 몰래 기어들어와 가슴 위에 앉아 말할 수 없는 공포감을 심어준다. 올드 해그의 공격을 받은 사람은 잠에서 완전히 깨어 있기는 해도 어마어마하게 무거운 것이 상체를 내리누르는 통에 온몸을 옴짝달싹할 수 없다. 한 주민은 이렇게 말한다. "몸이 꽁꽁 묶여 있다고 생각하면 돼요. 그러니까 누군가가 있어서 나한테 주문을 거는 것 같죠." 한 현지 어부는 그때의 경험을 다음과 같이 묘사했다.

> 나는 밤늦도록 그곳에[고기잡이 장비를 두는 창고] 있었습니다. 그곳 통로에는 해변의 돌이 깔려 있었는데, 나는 거기 들어가 이렇게[의자에 기대어] 누워 있었죠. 얼마 지나지 않아 돌이 깔린 통로를 올라오는 발소리가 들렸습니다. 바깥문이 열리고 이어서 안쪽 문이 열렸죠. 이 늦은 밤에 누가 오는 건지 궁금하더군요. 그때 온통 흰색 차림의 여자가 부엌을 가로질러 오는 모습이 보였어요. 그 여자가 난로를 지나쳐 내 쪽으로 왔습니다. 그러고는 팔을 뻗어 내 어깨를 내리누르더군요. 그게 내가 기억하는 전부입니다. 그 여자 귀신이 나를 홀렸어요.

올드 해그의 공격을 받은, 이른바 '귀신에 홀린(hagged)' 사람들은 유령이 사라진 순간 땀을 비 오듯 흘렸으며 극심한 피로와 우울함을 느꼈다. 일부는 유령이 사라진 후 고통을 느꼈다. "가끔은 누군가 방에 들어와서 주문을 걸 겁니다. [올드 해그가] 몸 구석구석을 움켜잡는 순간은 정말 끔찍하죠. 깨고 나면 정말 아프고 쑤시거든요. 젊은 양반, 벌받는 게 따로 없습디다!"

올드 해그는 모든 사람에게 똑같은 방식으로 나타나지 않는다. 가끔 그 유령은 피해자가 최근에 본 사람이나 텔레비전 등장인물의 모습으로 나타나기도 한다. 한 주민은 이렇게 말한다.

> 그게 들어오는 것이 느껴졌어요. 진짜로 무서운 느낌이 온몸 가득 퍼지더군요. 몇 주 전에 보았던 것이 내 정신을 홀렸어요. 그러니까 텔레비전에 나온 얼룩다람쥐나 꼭두각시 인형 같은 것 말입니다. 그것들이 눈앞에 보이더니 침대로 올라와 나에게 주문을 걸었어요.[37]

올드 해그가 어떤 모습으로 등장하든 그 환상을 보았다고 하는 사람들이 말하는 방식은 거의 똑같다. 이야기는 갑자기 잠에서 깨는 장면부터 시작한다. 그는 현재 마비 상태다. 무시무시한 무언가가 흐릿하고 어슴푸레하게 보인다. 공황이 엄습한다. 유령이 다가오고 방에 있는 사람의 몸을 세게 누른다. 이상한 소음이 사방에서 들린다. 피해자는 가슴과 복부, 사타구니에 통증을 느낀다. 무서운 형체가 사라지면 그는 온몸의 힘이 쭉 빠지고 혼란스러움과 좌절감을 느낀다.

마비, 그림자처럼 어슴푸레한 형체, 압박감이나 통증, 두려움 등은 올드 해그 이야기의 공통점이다. 올드 해그에 홀리는 것과 외계인에게 납치당했다는 주장은 설명방식이 다를 뿐 똑같은 경험일지도 모른다.

대다수 사람은 수면마비 현상을 들어보지 못했다. 그래서 수면마비를 겪는 순간 그들은 가장 먼저 자신들이 겪은 현상이 무엇인지 설명부터 하려 한다. 뉴펀들랜드 어촌 주민들은 그것을 올드 해그가 공격한 것이라고 설명했지만 비슷한 유형의 이야기가 세계 도처에 존재한다. 카리브 해 사람들은 이런 가위눌림 현상을 '코크마(kokma)'[38]라고 부르면서 세례를 받지 못하고 죽은 아기의 영혼이 사람의 가슴에 뛰어올라 목을 꽉 움켜잡기 때문에 생긴다고 믿는다. 멕시코에서는 '시신이 내 위로 기어오르는(subirse el muerto)'[39] 현상이라고 한다. 영국에서는 과거에 '휴지 상태(stand-still)'[40]라고 불렀는데, 잠들었을 때 몸을 떠난 영혼이 잠에서 깼는데도 곧바로 돌아오지 않기 때문이라고 믿었다. 서아프리카 사람들은[41] 주술과 관련이 있다고 생각한다. 심지어 그 순간에 강간을 당했다고 느끼는 사람도 있다. 한 여자는 이렇게 말했다. "키가 크고 흰 모자를 쓴 남자가[42] 나와 성행위를 하고 싶어했고, 가끔은 내 위에 눕기도 했어요. 내가 잠들자마자 그는 나를 강간하려 했어요. 그 순간 나는 깼는데도 누워서 꼼짝할 수 없었어요. 진짜 죽을 만큼 무서웠어요."

수면마비가 생기는 순간 뇌의 무의식계는 그 상황을 합리화할 이야기를 만들어낸다. 그런데 무의식계가 선택하는 이야기는 무엇인가? 그것은 자신이 속한 문화에 따라 달라진다. 자신이 무엇을 믿고, 무엇이 궁금하고, 무엇이 두렵고, 무엇을 사랑하는지, 그리고 호기심을 충족하지 못한 부분은 무엇이고, 과거의 어떤 부분을 기억하는지에 따라 이야기가 달라진다. 미국에서는 외계인에게 납치당한 것을 믿는 사람들이 많다. 조금의 의심도 없이 믿는 사람이 있는 반면, 반신반의하는 사람도 있다. 어쨌거나 외계인 납치설을 들어보지 않은 사람은 없다.

마비와 환각이 동시에 찾아오는 생경하고 기이한 상황에 맞닥뜨리면 뇌의 무의식계는 상황을 설명하려 노력한다. 저항이 가장 적은 길이 어디인지 찾는다. 어떤 이야기가 이 증상을 설명하기에 가장 알맞은가? 나라마다, 문화마다 답은 다르지만 대다수 미국인에게 가장 적합한 설명은 외계인과 만났다는 것이다. 딱 맞는 설명인 동시에 '분명한' 사실이기도 하다. 긴가민가했던 것이 갑자기 깨달아지는 순간이자 확인하는 순간이다. 그리고 친구들도 많이 생긴다. 세상에는 똑같은 것을 믿는 사람이나 똑같은 경험을 했다고 말하는 사람이 많기 때문이다. 그런 믿음을 받아들이는 사람에게 외계인 납치는 공포와 혼란의 밤을 명료하게 밝혀주는 만족스럽고 논리적인 설명이다.

뇌의 무의식계는 매일같이 정보의 실타래를 무수히 모은 다음 체계적이고 개인화된 이야기로 엮는다. 우리는 그런 이야기를 의식이 있는 상태에서 경험한다. 그러나 뇌에서 신호의 소통이 엇갈리는 순간 우리의 이야기는 다른 방향으로 전개된다. 수면마비 상태에서는 의식의 각성과 근육 통제 사이에 협응이 이루어지지 않는 탓에 무의식으로 서로 충돌하는 혼란스러운 정보들이 쏟아져 들어온다. 무의식은 이런 정보들을 조화시키기 위한 해석을 찾아내려 한다. 코타르증후군이 생겨 지각과 감정이 단절될 때에도, 높은 고도에서 혈압이 갑자기 변하거나 심장마비를 겪은 후에도 무의식은 이와 비슷하게 당혹스러운 시나리오를 채택한다. 신경계가 신호 전달을 제대로 하지 못하거나 쏟아져 들어오는 지각이 낯설고 기이한 것일 때 뇌는 불가사의하고 초자연적이며 비과학적인 이야기를 만들어낸다.

절대 아니라고 확신하지 않는 한 우리는 뇌가 만드는 이야기를 믿는 편이다. 뇌가 건강하면 우리는 교육의 도움을 받아 저장 창고의 지식을 수정하고 넓힐 수 있다. 우리는 뇌의 논리 시스템이 뿌리 내린 땅을 새로 갈고 신념을 수정함으로써 믿을 만한 정보를 무의식계에 제공할 수 있다. 그리고 무의식계는 그런 정보의 안내를 받아 더 합리적이고 현실에 맞는 설명을 이끌어낼 수 있다. 하지만 뇌가 건강하지 않다면? 뇌에 문제가 있어서 고질적인 신호 불통 사태가 생긴다면 어떤 일이 일어날까? 뇌는 날조된 이야기를 계속해서 만들어내게 된다. 그리고 우리는 초자연적 경험을 평생 동안 믿게 될 것이다.

6

언어,

환각,

자아/비자아의 구분

조현병 환자에게 환청이 들리는 이유는?

신에게 말을 거는 것은 기도다.
신이 말을 걸어온다면 그것은 조현병이다.

– 토머스 새스

내가 조현병 환자를 처음 만난 것은 의대생 시절 신경학과 실습 3주차일 때였다. 회진을 도는 신경과 의사와 나는 방금 전에 발작이 시작된 정신과 병동 입원 환자를 봐달라는 호출을 받았다. 의사가 물었다. "정신과 돌아본 적 있나?" 나는 없다고 대답했다. 그 신경과 의사는 직접 환자를 보고, 이야기를 듣고, 병력을 살핀 다음 보고하는 것이 나에게 큰 공부가 될 것이라고 말했다. 그래서 나는 혼자 정신과 병동으로 갔다. 리모컨으로 작동하는 두 개의 금속 문을 넘어 621호로 들어갔다. 그곳에서 망상형 조현병(paranoid schizophrenic)으로 잦은 환청에 시달리는 브랜던을 만났다.

스물여덟 살의 브랜던은 코넬대학에서 역사 학위를 받았지만 졸업 후 몇 년 동안 취직하지 못했다. 그는 차트에 적힌 심란한 병력과는 정반대로 소년 같은 앳된 얼굴에 부드럽게 늘어진 갈색머리를 갖고 있었다. 3주 전 처음 병원에 입원했을 때 브랜던은 걸핏하면 직원들을 쫓아다니며 그들의 귓불을 잡아당겼다. 그는 "스파이 녹음기를 제거하려는" 것이라고 말했다. 정신과 병동에 입원한 직후 브랜던은 한 번은 펜으로, 한 번은 핀셋으로 간호사를 공격하겠다고 위협했다. 그는 그 간호사가 사탄의 일을 하러 온 FBI 요원이라고 주장했다. 그날 아침 발작을 일으키기 전에 브랜던은 간호사들이 "나를 미치게 만들" 뿐 아니라 "내 머리에 화난 생각을 심어 넣어" 못난이로 만들려 한다며 소리를 질렀다. 나는 브랜던의 발작에 대해 알아야 할 내용을 전달받은 후 그에게 직접 환청에 대해 물어보았다.

나 : 머릿속에서 목소리가 들린 적이 있습니까?

브랜던 : 항상 들려요. 보통은 혼자 있을 때 들리지만, 가끔은 다른 때에도 그가 말을 걸어요. 입 닥치라고 소리치면 조금 나아지긴 합니다. 어떤 때는 내가 입을 틀어막아서 말을 못 하기도 하고요.

나 : '그'는 누구를 말합니까?

브랜던 : 제럴드요. 진짜 나쁜 인간입니다. FBI 요원이에요. 수시로 나를 감시합니다. 그는 다 알고 있어요. 내가 어렸을 때 말입니다, 그 인간이 내 뇌에 감시 칩을 심었어요. 그런데 여기 의사들은 뇌 스캔에서 그걸 찾아내지 못했다고 하네요.

나 : 주로 뭐라고 합니까?

브랜던 : 내가 약하고 멍청하대요. 나더러 겁쟁이랍니다. 이 거지 같은 곳에서 내가 나가야 한다는군요. 총을 찾아내라고 합니다. 찾아내서 방아쇠를 당기라고 하는군요. [이후는 혼잣말] 말했잖아. 그 사람들이 총을 압수했단 말이야. 못 돌려받아. 나 좀 그만 괴롭혀.

나 : 지금 그의 목소리가 들립니까?

브랜던 : 네

나 : 뭐라고 합니까?

브랜던 : 선생 이야기를 하네요.

나 : 저에 대해 뭐라고 합니까?

브랜던 : [내 쪽으로 몸을 기울여 눈을 바라보며] 악마! 의사 선생 당신 눈에서 악마가 보인답니다!

이쯤에서 상담을 끝내는 것이 좋겠지만 내 머릿속에는 여전히 수많은 질문이 맴돌았다. 왜 브랜던은 머릿속에서 목소리가 들리는가? 그 소리는 어디에서 오는가? 그 목소리는 왜 그런 말을 하는가?

조현병 환자들은 환청 외에도 여러 가지 이해할 수 없는 증상을 보인다. 일부 환자는 망상에 빠져 터무니없는 신념을 매우 확고히 주장한다. FBI가 자신을 감시한다는 편집증적 망상이 있는가 하면, 외계인이 자신을 공격한다고 생각하는 초자연적 망상도 있다. 몇몇 조현병 환자는 외부의 불가사의한 힘이 자신을 조종한다고 믿는다. 내가 정신과 병동에서 만난 제나라는 환자는 나한테 말하기를 〈휠 오브 포춘(Wheel of Fortune)〉을 본 후 텔레비전에서 나오는 전기력과 전기장에 행동을 조종당했다고 했다. 다른 조현병 환자는 '생각을 주입'당해 지금 머릿속의 생각이 자신의 생각이 아닌 다른 누군가(다른 개인, 유령, FBI 등)가 억지로 심어놓은 생각인 것 같다고 말한다. 래리라는 환자는 약물 과용으로 죽은 누나의 영혼이 눈앞에 나타난다고 말했다. 래리의 말에 따르면 누나는 "그에게 생각을 빌려주기를" 좋아했고 그는 그 생각을 따르지 않으면 안 될 것 같다고 느꼈다. 적어도 그가 금발 꽁지머리를 하고 무당벌레 머리핀을 한 이유가 밝혀진 셈이었다.

몇몇 조현병 환자는 사고에 두서가 없는 탓에 상관없는 생각들을 뜬금없이 관련짓는다. 〈뷰티풀 마인드(Beautiful Mind)〉에서 러셀 크로가 연기한 존 내시는 노벨상을 탄 수학자인 동시에 망상형 조현병 환자이기도 했다. 영화에서 존 내시의 아내(제니퍼 코널리)가 그의 사무실을 둘러보는 장면이 나온다. 사무실 여기저기에 잡지와 신문 기사가 어지럽게 흩어져 끈으로 연결되어 있고, 일관성 없이 강조되어 있으며, 사방 벽에는 무슨 말인지 모를 글이 낙서처럼 아무렇게나 적혀 있다. 비체계적인 사고를 극화해서 보여주는 장면이지만 러셀 크로가 연기한 수학자나 다른 조현병 환자에게는 명확하고 논리적인 상황일 수 있다.

브랜던은 머릿속에서 목소리가 들릴 뿐 아니라 그 목소리와 대화도 가능하다고 말한다. 그와 보이지 않는 '제럴드'는 자주 대화를 나누는데, 나도 한번은 그 대화를 직접 보았다. 소리가 매우 생생하게 들리기 때문에 브랜던은 그 소리에 이름도 지어주었다. 제럴드에게는 인격도 있다. 썩 유쾌한 인격은 아니지만(그는 '역겨운 녀석'이었다) 어쨌든 인격이 있다. 제럴드의 직업은 FBI 요원이며 임무는 브랜던을 감시하고 그에게 자살이나 살인을 부추기는 것이다. 가장 당혹스러운 점은 그 망령이 브랜던을 괴롭힌다는 것이다. 머릿속의 그 침입자는 브랜던을 조롱하고 속이고 괴롭히면서 제멋대로 조종하려 했다. 환청은 시도 때도 없이 들렸고 치료를 받지 않는 순간에는 도저히 피할 수 없을 정도였다. 그는 어쩌다가 그토록 강한 환각에 시달리게 되었을까?

브랜던에게 목소리가 들리는 것은 확실하다 해도 고막이 감지한 음파 처리과정을 거쳐 들리는 소리라고는 보기 힘들다. 브랜던 외에 그 소리를 듣는 사람이 아무도 없기 때문이다. 유일한 합리적인 가정은 그가 소리를 상상으로 듣고 있다는 것이다. 조현병 환자들에게 환청이 들리는 이유에 대한 답을 찾으려 애쓰는 의사들이 가장 먼저 부딪히는 문제는 그 소리가 '그들의 머릿속에 존재하는' 것이라는 점이다. 외부 관찰자로서 우리는 조현병 환자들이 내부에서 듣는 소리를 이해하려면 어떤 시도를 할 수 있는가? 우리가 그 소리를 직접 들어볼 방법이 있지 않는 한 우리가 말하는 모든 시도는 그저 추측에 불과할지도 모른다.

마이크에서 나오는 속삭임

—

이런 일을 겪은 적 있는가? 지금 당신은 처음 온 건물 로비에 서 있다. 사방에는 아무 표시도 없이 여러 통로와 엘리베이터가 죽 늘어서 있다. 당신은 머리를 긁적이며 회의실로 향하는 방향을 손으로 짚어보려 한다. "왼쪽으로 두 번째 통로를 쭉 내려가다 문 두 개를 지나쳐서 C 엘리베이터를 탄 다음 5층으로 올라가 511호로 가면 돼." 왼쪽으로 두 번째 통로가 어디인지 고민이 되고 당신이 길치가 아닌지 의심이 들기 시작할 때 누군가가 어깨를 툭 친다.

"C 엘리베이터는 저쪽입니다." 옆을 지나던 친절한 사람이 방향을 알려준다. 길을 찾는 데 고심한 나머지 당신은 자신도 모르게 큰 소리로 중얼거리고 있었다. 원래는 머릿속에서만 떠올리고 입 밖으로 말할 생각은 없었지만 결국에는 지나가던 낯선 사람까지 들을 정도로 크게 말했다. 우리 모두 한두 번쯤 겪은 일이지만 그래도 생각하면 꽤 이상한 일이다. 우리는 어쩌다 자신도 모르는 사이에 생각을 입 밖으로 소리내어 말하게 되는 것일까? 이에 대한 설명은 뇌가 말을 처리하는 독특한 방식과 관련이 있다.

우리가 소리내어 말하기로 결정한 순간 이마엽은 관자엽(언어가 만들어지는 영역)과 운동겉질(근육 행동을 통제하는 영역)에 명령을 보낸다. 그곳에서부터 전기 신호는 신경세포에서 신경세포로 계속해서[2] 경로를 이동하다 목소리가 만들어지는 후두에 이른다. 입술과 혀 근육은 말하도록 지시받은 단어를 발음하기 위해 함께 어우러지며 움직인다. 앞에서 살펴보았듯이 어떤 행동을 상상할 때(예를 들어 골프 클럽 휘두르기) 그 행동을 실제로 할 경우에 활성화되는 뇌 영역과 똑같은 영역이 활성화된다. 말도 마찬가지다. 글을 읽다가 "윽, 이 문단은 말도 안 돼!"라고 생각한 순간 관자엽이 활성화되는데, 사고과정에 언어가 사용되어야 하기 때문이다. 그러나 신호는 관자엽에서 멈추지 않는다. 일단 활성화되기 시작한 관자엽 신경세포는 신호를 내보내기 시작하고 경로 먼 곳까지 보내진 신호는 운동겉질로 갔다가 되돌아와 뒤통수힘살(후두근)을 비롯해 입술과 혀 근육까지 활성화시킨다. 그 결과 의도치 않게 생각이 입 밖으로 나오게 되는 것이다. 다행히 매번 그런 것은 아니다. 우리가 떠올리는 모든 생각이 트위터 피드처럼 자기 뜻과는 상관없이 주변 사람 모두에게 알려질 것이 분명하기 때문이다. 하지만 보통 관자엽 활성화는 아주 약한 수준이다. '머릿속으로' 무언가에 대한 생각을 떠올린 순간 뇌는 언어 경로를 작동하기 시작한다. 그러나 가끔은 언어 근육이 아주 부드럽고 약하게 수축되어 들을 수 있을 만한 소리가 전혀 만들어지지 않는다.

이런 현상을 비발화성 언어(subvocal speech)라고 하는데, 이 현상은 자주 일어난다. 뇌는 뚜렷하게 구분된 언어 영역과 지시 사항을 언어 근육으로 전달하는 방대한 신경 경로를 이용해 머릿속의 사적 언어를 포함해 모든 언어를 처리한다. 이런 메커니즘에 언어 근육이 자극을 받아 수축될 때 생각은 비발화성 언어로 바뀐다. 하지만 앞에서 이야기했듯이 보통은 언어 근육에 아주 약한 자극만 가해져 다른 사람에게 들릴 만한 소리가 만들어지지 않는다. 과거 일부 학자들은 인간의 모든 사고는 일종의 비발화성 언어이며[3] 머릿속에 단어를 떠올릴 때마다 사실은 소리 없이 그 단어를 말하는 것과 같다고 주장했다. 하지만 발성 근육이 마비되어도 사고 능력에는 문제없다는 것이 실험으로 입증되면서 그 주장은 틀렸다는 것이 증명되었다.[4] 그런데도 비발화성 언어는 실험실 연구 주재로 삼기에 손색이 없다.

신경과학자들은 EMG를 실시해 비발화성 언어가 만들어지는 모습을 직접 관찰한다. 실험실 연구자는 EMG 기록을 얻기 위해 뒤통수 근육에 전극을 삽입하고 그 근섬유의 전기 활동을 기록한다. 말을 할 때마다 뒤통수힘살이 수축하고 EMG 기록에는 근섬유 움직임에 따라 세포의 전기 활동량이 치솟는 것이 나타난다. 이번 EMG는 언어 근육이 언제, 얼마나 활발히 활성화되는지를 기록하기 위한 것이다. 비발화성 언어의 실재 여부를 알아보는 검사에서 피험자들은 EMG 전극을 연결했고 무언가를 머릿속으로만 골똘히 생각할 뿐 말하지 않았다. 피험자들이 머릿속 대화를 시작하자 EMG의 기록이 달라졌다. 뾰족한 작은 파형이 나타났다. 피험자들은 한 마디도 소리내지 않았고 말할 생각도 없었지만 언어 근육이 수축했다.[5]

1940년대에 정신과 의사 루이스 굴드(Louis Gould)는 조현병 환자의 환청이 비발화성 언어와 관련 있는지 궁금했다. '머릿속에서 들리는 목소리'는 단지 언어 근육이 무심코 중얼거리면서 나오는 소리가 아닐까? 그렇다면 조현병 환자는 자신의 비발화성 언어를 알아차리는데 건강한 사람은 왜 그 소리를 듣지 못하는가? 루이스 굴드는 EMG 실험을 설계했다. 그는 조현병 환자들과 건강한 사람들을 모집해 그들의 발성 근육 활동량을 기록했다. 환청이 들리는 조현병 환자들의 EMG 기록을 환청에 시달리지 않는 환자들의 기록과 비교했다.[6] 그 결과 조현병 환자들은 환청이 들리는 동안 발성 근육 활동량이 더 높은 것으로 기록되었다. 이는 조현병 환자들이 머리에서 환청을 들을 때 발성 근육도 함께 수축되고 있고 비발화성 언어를 내보내고 있다는 뜻이었다.

비발화성 언어는 발성 근육은 움직이되, 소리는 전혀 나오지 않는 것이다. 그런데 소리가 나오지 않는 이유는 무엇인가? 아예 소리가 만들어지지 않은 것인가, 아니면 아주 작은 소리라 들리지 않는 것인가? 소리가 만들어지지 않은 것이라면 비발화성 언어가 환청으로 들리는 목소리의 근원이라고 할 수 없다. 하지만 비발화성 언어가 굉장히 작은 소리여서 환자 자신을 제외한 누구도 듣지 못하는 것이라면? 이것이 조현병 환자들이 환청을 듣는 이유를 설명하는 데 도움이 되는가?

루이스 굴드는 환자들 가운데 한 명에게서 답을 찾아보기로 했다. 마흔여섯 살의 리사는 망상형 조현병을 앓고 있으며 브랜던과 증상이 매우 비슷했다. 잦은 환청에 시달리는 그녀는 러시아 정부의 스파이가 자신을 감시한다고 생각하고 있었다. 그녀는 러시아 정부가 광선총으로 자신의 생명을 조금씩 빨아들이고 있다고 확신했다. 리사는 자신이 잠든 사이에 러시아 스파이가 공격할지도 모른다고 걱정하면서 침대 옆에 칼을 두고 잤다. 그녀는 보이지 않는 힘이 머릿속으로 목소리를 전달한다고 믿었다. "어떻게 전압과 광선으로 그런 것이 가능한지 모르겠어요. 하지만 나는 영적 세계와 연결되어 있고, 헬륨 전류를 이용해 그렇게 할 수 있는 것이 분명해요."

비발화성 언어가 발성 근육이 아주 약하게 활성화되어 거의 들리지도 않는 소리가 나는 것이라면 그 소리를 키우기 위해서는 어떻게 해야 할까? 이론적으로는 그 소리를 마이크로 증폭시키면 된다. 루이스 굴드는 소형 마이크를 리사의 목 피부에 가져다 댔다. 그러자 놀랍게도 들리지 않던 비발화성 언어가 부드러운 속삭임처럼 흘러나오기 시작했다.[7] "비행기…… 그래, 저 사람들이 누군지 알겠어…… 그리고 그 여자도 그걸 잘 알아." 리사는 루이스 굴드에게 얼마 전 자신이 비행기 꿈을 꾸었다고 말하던 참이었다. 목소리는 계속 이어졌다.

속삭임 : 그 여자도 내가 여기 있는 걸 알아. 넌 뭘 하고 있는 거니? 그 여자는 내가 아는 목소리야. 어디 있는지는 보이지 않아. 현명한 여자라는 건 알아. 그녀는 내가 뭘 원하는지 몰라. 그 여자는 아주 현명해. 사람들은 그 여자가 다른 사람이라고 생각할 거야.

리사 : 목소리가 다시 들려요.

속삭임 : 그 여자도 알아. 그 여자는 온 세상을 통틀어 가장 사악한 존재야. 나에게 들리는 거라고는 그녀의 목소리가 유일해. 그 여자는 모든 걸 알아. 비행에 대해 모르는 게 없어.

리사 : 그들은 내가 항공에 대한 지식이 있다고 하네요.

루이스 굴드는 깜짝 놀랐다. 리사가 머릿속에서 목소리가 들린다고 말할 때마다 마이크에서 속삭이는 소리가 흘러나왔다. 더욱이 목소리가 뭐라고 했는지 묻는 질문에 리사의 묘사는 증폭된 비발화성 언어의 내용과 단어 하나까지 일치했다. 리사의 머릿속 목소리는 동시에 똑같은 내용을 말하고 있었다. 비발화성 언어는 리사 자신이 만들어낸 말이었기 때문이다.

몇 년 후 다른 연구팀은 로이라는 쉰한 살의 남자 환자를 대상으로 비슷한 실험을 했다. 로이는 머릿속에서 존스 씨가 말을 건다고 자주 호소했다. 루이스 굴드의 실험과 마찬가지로 이 연구팀도 로이의 목에 마이크를 가져다 댔다. 기록된 대화 내용은 다음과 같다.

속삭임 : 네가 그의 머릿속에 있는 거라면[8] 너는 그곳에서 나와야 하지만, 그의 머릿속에 있는 게 아니라면 나오지 않아도 돼. 너는 거기 계속 머물러야 해.

연구원 : 누가 그런 말을 합니까?

로이 : 음, 그 여자가요…….

속삭임 : 내가 그랬어요.

연구원 : 혼잣말한 건 아닌가요?

로이 : 아니요. 난 아니에요. [스스로에게] 그게 뭐지?

속삭임 : 이봐요, 당신 일이나 신경써요. 내가 뭘 하는지 그가 알게 하고 싶지 않아요.

로이 : 저걸 보세요. 내가 그 여자한테 지금 뭘 하는 거냐고 물었는데, 그녀는 내 일이나 신경쓰라고 하네요.

이번에도 환청 내용과 타이밍은 로이가 머리와 폐, 발성 근육을 통해 직접 말한 비발화성 언어와 단어까지 똑같이 일치했다. 로이에게는 '머릿속 목소리'가 깜짝 놀랄 정도로 실재하는 것이었지만 실제로 존스 씨는 존재하지 않았다. 로이가 듣는 목소리는 로이 본인이 만들어낸 소리가 분명했다.

"내가 방해하면 그도 말을 걸지 못해요"

정신과 병동에서 나오는데 브랜던의 방에서 날카로운 비명 소리가 들렸다. 내가 간호사에게 무슨 일인지 물어보았을 때 그녀는 브랜던이 머릿속 소리를 잠재우기 위해 늘 하는 행동이라고 했다. 조현병 환자마다 나름의 전략을 써서 환청을 해결한다. 연구팀은 그 전략이 진짜로 효과가 있는지 알아보기 위해 다섯 가지 해결 전략이 환청의 횟수와 지속 시간에 어떤 영향을 미치는지 실험했다. 20명의 조현병 환자는 머리에 EMG 전극을 붙이고 환청이 들릴 때마다 연구팀에게 알려주었다. 연구팀은 환자들이 환청을 듣는 횟수와 지속 시간을 기록했다. 그러고는 그 자료를 참고해 환자들에게 다섯 가지 전략을 한 번에 하나씩 실험했다. 그 방법이 증상을 개선하는 데 효과가 있는지 알아보기 위해서였다. 다섯 가지 전략은 입 벌리고 있기, 혀 깨물기, 큰 소리로 흥얼거리기, 주먹 쥐기, 눈썹 추어올리기였다.

실험 결과 다른 네 가지 전략에서는 환청이 심해졌거나 거의 도움이

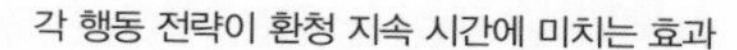

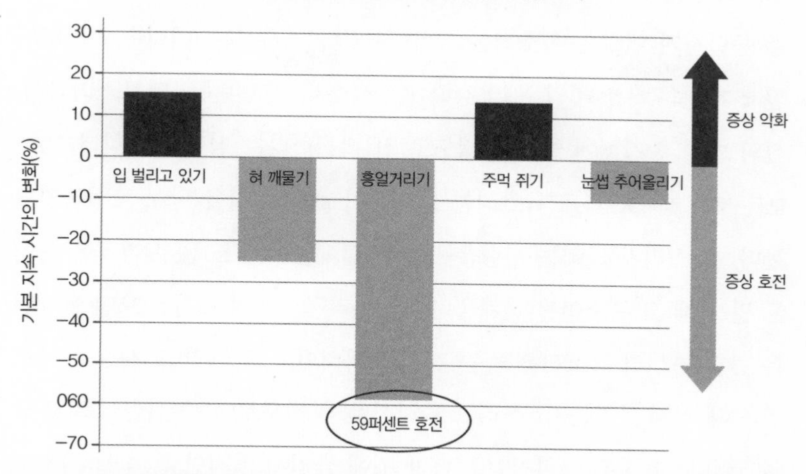

흥얼거리기가 조현병 환자의 환청에 미치는 효과. 혀 깨물기도 환청 시간을 아주 조금 줄이기는 했지만 효과는 아주 미미했다. 그러나 환자가 큰 소리로 흥얼거렸을 때에는 환청 지속 시간이 59퍼센트 줄었다.

되지 않았지만 큰 소리로 흥얼거리기는 환청 시간을 거의 60퍼센트 줄였다.[9] 나중에 이루어진 연구에서는 환자들이 환청이 들리는 동안 큰 소리로 숫자를 세는 것으로[10] 머릿속 목소리를 없애는 데 도움이 된다는 사실을 발견했다. 나는 결과를 본 순간 브랜던이 환청의 목소리인 제럴드에 대해 "내가 방해하면 그도 말을 걸지 못해요"라고 했던 말이 기억났다. 조현병 환자에게 들리는 환청이 단지 비발화성 언어에 불과하다면 그 비발화성 언어를 방해하는 것도 원칙적으로는 가능하다. 입을 계속 벌리고 있거나 혀를 깨물고 있는 동안 말하기도 쉽지 않지만 큰 소리로 흥얼거리거나 비명을 지르거나 숫자를 세면서 비발화성 언어를 말하기는 훨씬 어렵다.

브랜던이나 그와 비슷한 증상을 겪는 다른 환자들이 비발화성 언어를 중단시켜 머릿속 목소리를 막을 수 있다는 사실은 '머릿속 목소리가 실제 자신의 목소리'임을 더 강하게 입증한다. 브랜던은 그 목소리가 자신의 기억과 지식에 놀라울 정도로 잘 접근한다는 점을 인정한다("그는 모든 것을 알아요"). 그 목소리는 브랜던이 했던 생각을 말로 표현하기도 한다. 그 소리가 들리는 사람은 브랜던 말고는 아무도 없고 가끔은 동시에 말을 해 그 목소리를 잠재울 수 있다. 지금까지의 증거로 보면 브랜던은 단지 자신의 목소리를 듣는 것에 불과하다. 그렇다면 그 사실을 브랜던은 왜 알지 못하는가? 우리는 들리지 않을 정도로 아주 작은 소리로 중얼거린다. 그 작은 중얼거림은 대개 귀에 들리지 않지만 혹여 들린다 해도 그 목소리가 우리의 정신에 스며든 수상쩍은 존재의 소리가 아니라 자신의 목소리임을 인정한다. 브랜던을 비롯한 조현병 환자들이 걸핏하면 똑같은 착각을 하는 이유는 무엇인가? 브랜던은 고등교육을 받았고 약물중독자도 아니며 FBI와 연관된 전적도 없다. 그런 그가 FBI 요원의 음모 때문에 자신의 머릿속에서 목소리가 들린다고 믿게 된 이유는 무엇인가?

"내가 말을 할 때마다 다른 누군가도 말을 해요"

2006년 영국 연구팀은 조현병 환자가 자기 목소리를 잘 알아듣지 못하는 문제가 있는지 확인하는 실험을 설계했다. 연구팀은 조현병 환자 45명을 검사했다. 그 가운데 15명은 현재 환청을 앓는 사람이었고, 30명은 과거 환청 병력이 있는 사람이었다. 두 집단과의 비교 실험을 위해 건강한 사람들을 대조군으로 삼았다. 연구팀은 환자에게 한 명씩 차례로 마이크에 대고 영어 단어를 큰 소리로 읽으라고 했다. 마이크에는 피험자의 목소리를 왜곡시키는 기계가 연결되어 있었다. 왜곡된 목소리는 피험자의 진짜 목소리와는 조금 다르게 들렸지만 건강한 피험자라면 쉽게 자기 목소리를 알아들을 수 있을 정도로 거의 비슷한 소리였다. 단어를 읽은 후 피험자들은 왜곡된 자기 목소리를 곧바로 헤드폰으로 들었다. 그런 다음 들리는 목소리에 대해 '자기 목소리', '다른 사람의 목소리', '모르겠음' 등의 버튼을 눌러 답했다.

대조군의 피험자들은 아무 어려움 없이 자기 목소리를 찾아냈다. 과거에 환청이 들렸지만 지금은 들리지 않는 조현병 환자들도 약간의 문제는 있었지만 그래도 꽤 훌륭하게 자기 목소리를 맞혔다. 하지만 현재 환청이 들리는 조현병 환자들의 점수는 형편없었다. 그들은 목소리의 주인을 자신이 아니라 다른 사람이라고 답할 때가 훨씬 많았다.[11]

조현병 환자는 자기 목소리를 잘 인식하지 못할 뿐 아니라 자기 목소리를 다른 사람의 목소리라고 생각하는 경향이 있었다. 환청을 듣는 환자들은 "내가 말할 때마다 다른 누군가도 말을 해요",[12] "내가 말을 하면 악령도 말을 하는 것 같아요"라고 말했다. 목소리 인식은 어떻게 이루어지며 조현병 환자들이 자신의 목소리를 잘 인식하지 못하는 이유는 무엇인가? 이상하게 들리겠지만 답은 독특한 종의 물고기에서 찾을 수 있다.

인간과 전기 물고기의 닮은 점

아프리카 강에 서식하는 담수어종인 모르미리드과 전기 물고기는 독특하게 전기로 소통한다. 전기 물고기의 신경계[13]는 전기기관 방출(electric organ discharge, EOD)이라는 전기 신호를 내보낸다. 이 전기 신호는 사방으로 동시에 퍼져나가는 전기장과 비슷하다. 전기 물고기는 강물을 탐사하기 위해 번개를 쏘듯 주위에 EOD를 발사한 다음 그것이 근처 장애물에 부딪쳐 튕겨 나오기를 기다린다. 그런 다음 특유의 전기 수용체로 되돌아온 신호를 감지한다. 이런 방식으로 전기 물고기는 주변에 대한 원시적인 지도를 작성하는데, 그것은 박쥐가 반향정위 하나로 음파를 감지하거나 잠수함이 수중 음파 탐지로 깊은 바다를 항해하는 것과 매우 비슷하다. 전기 물고기는 같은 종의 다른 물고기가 보낸 EOD 신호를 전기 수용체로 감지하고 거기에 응답해 자신의 EOD를 내보낼 수 있다. 이런 소통방식은 함께 협력해 먹이를 찾거나 잠재적 짝을 찾을 때에도 사용할 수 있다. 암컷은 특정 EOD 주파수에 이끌리는데,[14] 수컷 전기 물고기에게는 불행하게도 암컷의 콧대가 높다. 암컷마다 매력적으로 여기는 주파수가 다르기 때문에 모든 암컷에게 똑같은 주파수를 보내서는 안 된다. 인간처럼 수컷 전기 물고기도 암컷에게 딱 맞는 신호를 보내 둘 사이에 전기 소통이 이루어지게 하려면 모험을 걸 수밖에 없다. 하지만 이것이 인간과 전기 물고기의 유일한 공통점은 아니다.

이 물고기의 전기 방출은 레이저처럼 목표물을 조준한 일직선의 신호가 아니라 바깥쪽을 향해 사방으로 풍선처럼 부풀어 오르는 전기장이다. EOD 신호를 내보낸 전기 물고기를 포함해 범위 내의 모든 전기 수용

모르미리드과 전기 물고기

체가 이 신호를 감지할 수 있다. 여기서 질문이 생긴다. 전기 물고기는 같은 종의 다른 물고기가 보낸 신호와 자신이 보낸 신호를 어떻게 구분하는가?

전기 물고기의 신경계에 대한 연구에 따르면 이 물고기의 뇌는 EOD를 내보내 다른 전기 물고기와 소통하기 전에 전기 계통에 방출을 지시하는 이른바 명령 신호를 내보낸다. 1970년대에 신경과학자 커티스 벨(Curtis Bell)과 그의 동료들은 명령 신호를 연구하기 위해 마취제로 전기 물고기의 전기기관을 비활성화시켰다. 그 결과 전기 물고기의 뇌는 여전히 EOD 발사를 지시하는 명령 신호는 내보낼 수 있었지만 그 명령에 응답하는 EOD 발사는 이루어지지 않았다. 이를 인간에게 대입할 경우 누군가 발성 근육을 마비시키되 뇌는 전혀 건드리지 않는다면 정신은 말하

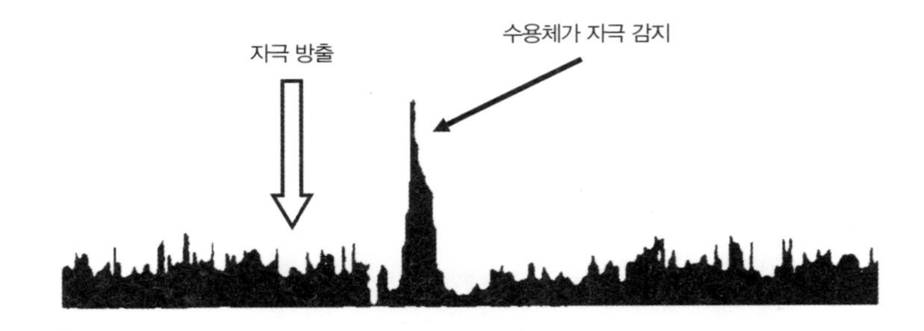

라고 명령하지만 소리는 나오지 않을 것이다.

커티스 벨은 발사되지 않은 EOD 대신에 외부 발전기로 전기 물고기에게 가짜 전기 신호를 보내보기로 했다. 그는 기록용 전극을 전기 물고기의 전기 수용체에 연결했다. 커티스 벨이 물고기에게 전기 자극을 보낼 때마다 전기 수용체의 움직임이 삐죽 치솟았다. 이 물고기가 자극을 감지했다는 뜻이다. 실험의 전기 기록지 내용은 위의 그림과 같다.

커티스 벨은 전기 물고기가 다른 전기 물고기로부터 신호를 받을 때 일어나는 결과를 시뮬레이션했다. 수용체는 외부에서 들어오는 전기 신호를 감지했을 때 활발하게 활동했다. 그렇다면 이 물고기가 직접 전기를 내보낼 때는 어떤 일이 일어날까? 커티스 벨은 그 결과도 알아보기 위한 시뮬레이션 실험방법을 생각했다. 앞에서 이야기했듯이 전기 물고기의 뇌는 EOD를 내보내기 전에 전기기관에 방출을 지시하는 명령 신호를 내보낸다. 커티스 벨은 번뜩이는 아이디어를 냈다. 발전기에서 쏘아 보낸 전기로 전기 물고기를 자극하는 것은 똑같았지만 이번에는 전기 물고기의 뇌가 명령 신호를 보낸 직후에 전기 자극을 주었다는 점이 달랐다. 그는 전기 물고기가 속아 넘어가 커티스 벨이 보낸 가짜 신호를 자기가 내보낸 EOD로 착각하기를 바랐다. 결과는 다음 그림과 같다.[15]

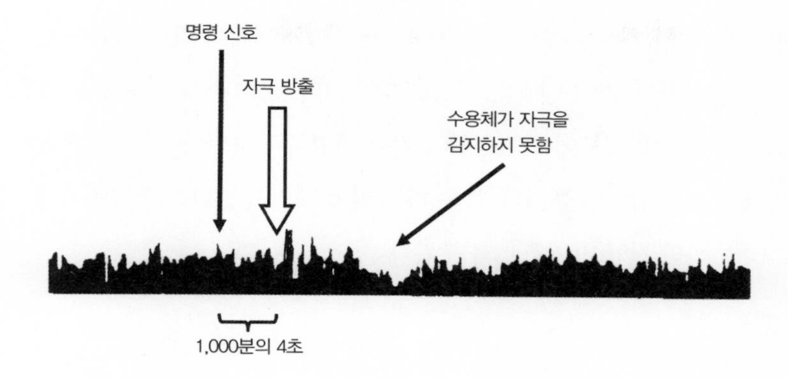

그림을 보면 알 수 있듯이 이번 전기 자극에서는 전기 물고기의 전기 수용체는 아무것도 감지하지 못했다.[16] 이유가 무엇인가? 명령 신호는 뇌가 수용체에게 "나는 전기 전류를 내보낼 거야"라고 말하는 방법이라는 사실을 기억하자. 전기 수용체는 곧바로 전기 전류가 방출될 것임을 알기 때문에 이 전류를 다른 물고기가 보낸 메시지로 착각하지 않는다. 그러나 커티스 벨은 실험으로 피험체인 물고기의 신경 회로를 속였다. 커티스 벨의 가짜 전기 자극이 수용체에 다다른 것은 명령 신호가 자극을 받을 준비를 하라고 알려준 직후다. 그렇기 때문에 전기 물고기는 전기를 발생시키는 것이 자신이라고 생각했다. 속임수가 통했다. 커티스 벨이 발견한 결과에 따르면 신호 방출을 명령하고 1,000분의 4초 안에 전기 신호를 느끼면 전기 물고기의 수용체는 그 신호를 감지하지 않는다. 자신이 만든 신호이므로 관심을 가질 필요가 없다고 생각하는 것이다.

이 실험에서 눈여겨볼 부분은 신호의 시간 순서에 따른 관계 외에도 또 있다. 전기 물고기가 1,000분의 4초 안에 전기 방출(진짜 EOD이든, 실험자가 방출한 가짜 전류든)을 흡수하면 신호는 상쇄되어 취소된다. 어떻게 상쇄되는가? 무엇이 신호의 영향을 약화시키는가? 전기 수용체는 어떤 전기 신호를 받아들이고 거절할지 직접 선별하지 못한다. 도착하는 전기 방출 신호를 감지할 뿐이다. 물론 외부 힘의 개입이 없다는 조건에서다.

EOD의 전압 기록은 다음과 같다.

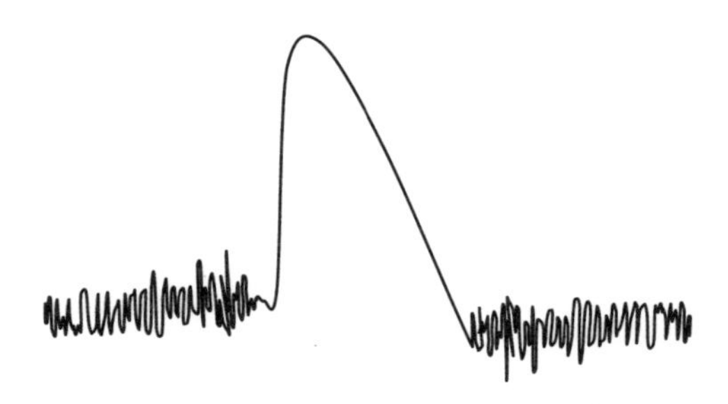

뾰족한 부분은 양(+)의 방향으로 전압이 빠르게 늘어난 것을 의미하며 전기 방출이 소멸되면서 전압도 차츰 줄어든다. 커티스 벨은 전기 물고기가 EOD를 내보낼 때 뇌에서도 동시에 전기 수용체에 다른 신호를 방출한다는 것을 보여주었다.[17]

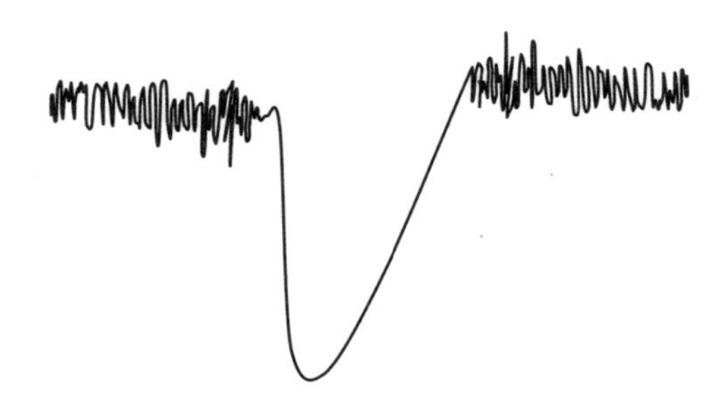

두 번째 신호는 첫 번째 신호와 모양은 똑같지만 대칭이다. 첫 번째 신호와 크기, 굽은 모양이 거의 똑같지만 방향은 정반대다. 음(−)의 신호가 양(+)의 신호와 모양, 크기가 같으면 신호는 상쇄된다. 전기 수용체는 아무것도 감지하지 못한다.

이렇게 거꾸로 뒤집힌 모양의 신호를 수반 방출(corollary discharge)이라고 하며[18] 전기 물고기가 자신의 전기 신호와 외부의 전기 자극을 구분하는 중요한 신경계의 일부다. 수반 방출의 작동방식은 다음과 같다. 전기 물고기의 뇌는 전기 방출을 명령하는 신호를 보낼 때마다 전기 감지를 책임지는 감각계에도 그 신호의 복사본을 보낸다. 복사 신호는 방금 명령이 내려졌다는 것을 감각계에 통보한다. CEO가 직원들에게 메일을 띄우는 것과 비슷하다. CEO는 제품개발부에 미래의 제품 라인에 대한 메일을 보내면서 마케팅부에도 참조 메일을 보내 앞으로의 일을 준비시킨다. 전기 물고기도 방출 명령을 복사해 감각계에 전달하고 이로 인해 감각계는 곧 있을 전기 신호와 그 결과로 있을 감각 경험까지도 미리 예측할 수 있게 된다. 명령 사본을 접수한 감각계는 입력될 감각 정보를 예상한다. 그리고 그 자리에 수반 방출 신호가 들어온다. 수용체에 전기 신호가 도착했을 때 전기 물고기가 경험하게 되는 것도 바로 이렇게 예측한 감각 경험이다.

다시 말해 전기 물고기는 전기 방출을 결정한 순간 명령서 두 부를 발송한다. 한 부는 전기기관에 보내는 '방출!' 명령이고, 한 부는 감각계에 보내는 '참조. 신호 방출 예정. 무시해도 좋음. 우리가 방출하는 신호임'이라고 적힌 명령서다. 감각계는 신호가 방출되기 직전에 신호의 형태를 재빨리 예상한다. 이런 신호 예상을 수반 방출이라고 한다. 그리고 신호의 형태를 예상한 덕분에 전기 물고기는 도착한 신호를 쉽게 인식할 수 있다.

관련된 감각계가 준비를 마치면 운동 명령이 실행된다. 다시 말해 EOD가 발사된다. 전기장은 바깥쪽을 향해 퍼져나가고 전기 물고기는 이 신호를 수반 방출로 예상한 신호와 비교한다. 둘은 일치한다. 실제 신호와 예상 신호는 앞의 처음 두 그래프처럼 모양과 강도가 똑같다. 전기 수용체에 들어온 신호와 예상한 신호가 일치하므로 전기 물고기의 뇌는 이 신호가 자신의 전기기관이 만들어낸 EOD임을 인지한다. 따라서 신호에 크게 신경쓸 필요가 없다고 판단한다. 다른 물고기가 보내는 메시지가 아니다. 방금 전에 방출한 신호의 결과일 뿐이다. 일치하는 두 신호가 상쇄되고 전기 수용체는 아무것도 감지하지 못한다. 전기 물고기는 이런 방식으로 자신이 만들어내는 전기 신호를 다른 전기 물고기가 보내는 신호와 헷갈리지 않는다.

만약 다른 물고기가 내보낸 EOD 신호라면 처리과정이 달라진다. 전기 물고기는 전기 신호를 예상하지 않은 상태이며 수용체에 도착한 신호도 수반 방출과 일치하지 않는다. 예상한 신호가 아닌데다 비교할 신호도 없다. 감각계는 아무 준비도 되지 않은 상태다. 참조 메일을 받지 못했으며 아무 예상도 하지 못했다. 신호는 상쇄되지 않는다. 대신에 전기 물고기는 동료가 접근하려 한다는 메시지를 크고 분명하게 전달받는다. 혹시 숙녀 친구일까?

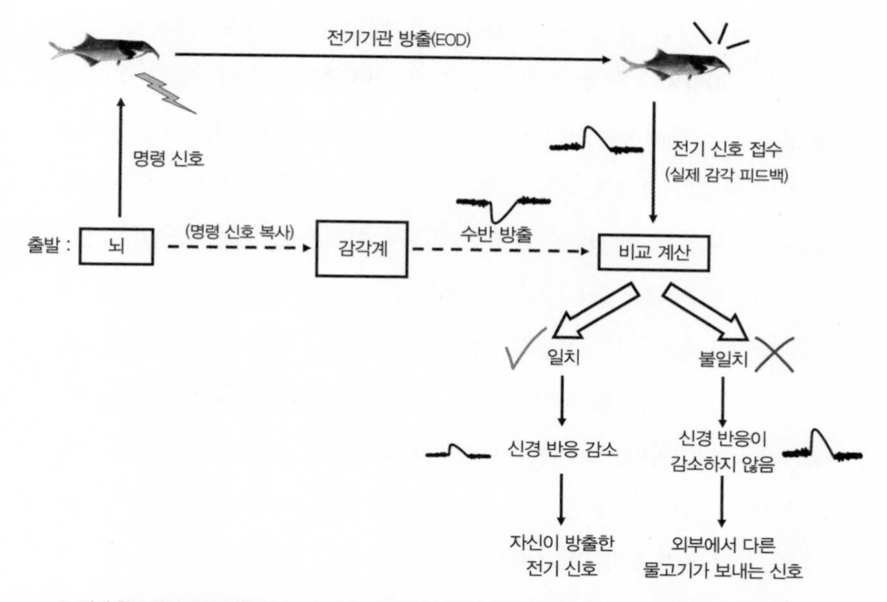

전기 물고기의 수반 방출계. 전기 물고기는 뇌에서 운동 명령을 내보낼 때마다 그 명령 신호를 복사해 감각계에 보내고, 감각계는 여기에 응해 수반 방출을 만들어낸다(감각계가 운동에 대해 예측한 결과). 이런 예상 신호는 수용체에 받아들인 전기 신호가 보내온 실제 감각 피드백과 비교한다. 실제 신호가 예상 신호와 들어맞으면 자신이 만든 신호가 분명하다 판단하고 수반 방출은 신호에 대한 신경계의 반응을 약화시킨다.

수반 방출계 덕분에 전기 물고기는 자기가 만든 신호와 다른 물고기로부터 받는 신호를 구분할 수 있다. 혼란의 여지를 크게 줄일 수 있다. 위의 도표는 수반 방출계의 작동방식을 요약해서 보여준다.

수반 방출계의 설계 목표는 경험과 기대에 부응하는 것이다. 수반 방출은 전기 물고기뿐 아니라 자연계 곳곳에서 발견된다. 귀뚜라미는 수반 방출을 이용해 자신의 울음소리 때문에 다른 귀뚜라미가 내는 울음소리를 듣지 못하게 되는 사태를 방지한다. 되새를 비롯한 명금류의 새들도[19] 수반 방출로 자기 노랫소리와 다른 새들의 노랫소리를 구분한다. 물론 인간도 놀라울 정도로 아주 많이 수반 방출을 이용한다. 예를 들어 한 실험에서 피험자들은 한 손으로 물통을 들어올렸다.[20] 연구팀은 물통이 들리는 순간 가해지는 피험자의 악력을 기록했다. 피험자는 이 과제를 여러 번 반복한 다음 빨대로 물통의 물을 조금 마시고 다시 들어올렸다. 물통이 전보다 조금 가벼워졌다는 것은 의식적으로 알았지만 피험자가 통에 가하는 악력은 물이 가득 채워져 있을 때와 똑같았다. 그 이유는? 수반 방출은 물이 가득 찼을 때 통을 여러 번 들어올렸던 것을 기준으로 해서 그 통을 들어올릴 때의 감각을 조용히 누적했기 때문이다(감각 피드백). 이 경험을 바탕으로 수반 방출은 물통을 확실히 들어올리려면 얼마의 힘이 필요한지 예상했다. 필요한 악력 모델은 (더 가벼워진 물통으로 하는) 두 번째 실험 전에 만들어졌기 때문에 물통을 들면서 얻은 예상 피드백과 뇌가 계산한 필요 악력은 더 이상 쓸모없게 되었다. 더 무거운 물건으로 한 과거의 반복 경험을 바탕으로 한 예상이기 때문이다. 이런 무의식적 계산 때문에 피험자는 두 번째 실험에서 필요 이상의 악력으로 물통을 들어올리려고 했다.

'근육 기억'도 일부는 이렇게 발달하는 것일 수 있다. 같은 자리에서 농구 슛을 100번 연습해 꽤 높은 슈팅 성공률을 얻게 되었다고 하자. 그리고 조금 작은 공으로 다시 슈팅을 연습한다. 근육이 달라진 공의 무게에 적응하고 슈팅 성공률이 이전 수준으로 높아지려면 시간이 걸릴 수밖에 없다.

인간의 수반 방출계는 머리를 움직이는 동안 눈의 위치를 유지하는 것과도 관련 있다고 알려져 있다(전정안구반사(vestibulo-ocular reflex)).[21] 이를 테면 언제 손을 뻗어 공을 잡는 것이 적절한지를[22] 판단하는 등 몸이 움직일 타이밍을 잡을 때 수반 방출을 이용한다. 상상을 할 때에도 수반 방출을 이용한다. 3장에서 살펴보았듯이 특정한 운동이나 감각 경험을 상상할 때 실제로 어떤 감각 피드백이 올 것인지 머릿속으로 예상한 다음 그것을 바탕으로 상상을 하게 된다. 연구 결과로 밝혀졌듯이 팔 벌려 높이뛰기 같은 동작을 상상하는 데 걸리는 시간은 실제로 몸을 움직여 그 동작을 하는 데 걸리는 시간과 놀라울 정도로 비슷했다. 결국 내부의 예측 시스템[23]에 의존하고 있다고 할 수 있다.

그 시스템이 고장나면 어떻게 될까? 전기 물고기의 수반 방출 경로에 문제가 생기면? 이 물고기는 평소처럼 전기 신호를 방출하고 수반 방출도 만들어내지만 실제로 들어온 감각 신호를 미리 예상해놓은 것과 비교하려는 순간 실수를 한다. 전기 물고기는 두 신호의 부합 여부를 감지하지 못한 탓에 두 개가 일치하지 않는다고 판단한다. 즉 전기 물고기는 '가짜 음(−)의' 결과를 받게 된다. 이 결과는 전기 물고기가 세상을 인지하는 방식에 어떤 영향을 미치는가? 전기 물고기는 자신의 신호도 인식하지 못할뿐더러 그 신호가 다른 물고기가 보내는 신호라고 착각하게 될 것이다.

수반 방출이 다른 영역에도 적용되고 있다는 사실이 조금씩 분명하게 밝혀지고 있으며 그 영역이야말로 가장 중요하게 논해야 할 부분이기도 하다. 바로 우리 자신의 목소리를 인식하는 것이다.

시스템 고장

이 장 시작 부분에서 소개한 조현병 환자 브랜던으로 다시 돌아가보자. 그의 증상은 이렇게 설명할 수 있다. 브랜던이 비발화성 언어를 시작할 때 수반 방출은 그의 목소리가 어떨지 예상한다. 브랜던의 목소리가 그의 귀에 닿는 순간 수반 방출계는 귀에 들리는 목소리를 예상했던 목소리와 비교한다. 그는 뇌에 결함이 있으므로 무의식 매칭 시스템은 불일치(가짜 음(-)의 결과)라고 잘못 판단해 그의 의식이 자기 목소리를 알아듣지 못하게 가로막는다. 수반 방출이 목소리가 신경계에 미치는 영향을 상쇄해주지 않기 때문에 신경계는 혼란과 주의 산만을 막지 못한다. 대신에 목소리는 브랜던의 신경 수용체에 온전히 영향력을 행사한다. 이제 그의 뇌는 두 개의 정보, 즉 목소리가 감지되었다는 정보와 그 목소리가 브랜던이 낸 목소리가 아니라는 잘못된 정보를 조화시키며 처리해야 한다. 뇌는 어떻게 할까? 뇌는 자체의 판단 근거만으로 상황을 전부 이해하려 한다. 다시 말해 제한된 정보로 완전한 이야기를 만들어내려 한다. 뇌는 무의식적으로 자신이 만들어낼 수 있는 가장 논리적인 결론을 이끌어낸다. "내가 이 목소리를 낸 사람이 아니라면 다른 사람이 낸 소리일 거야."

매칭 시스템에 문제가 생긴 것이라면 브랜던이 자기 목소리를 인식하지 못하는 이유가 무엇인지, 그가 그것을 수상쩍은 제3자의 목소리라고 판단하는 이유가 무엇인지 설명된다. 또한 그 목소리가 그를 속속들이 잘 아는 이유가 무엇인지도 설명된다. 그 목소리는 브랜던 자신이기 때문이다. 이 이론이 사실이라면 왜 조현병 환자에게 환청이 들리는지도

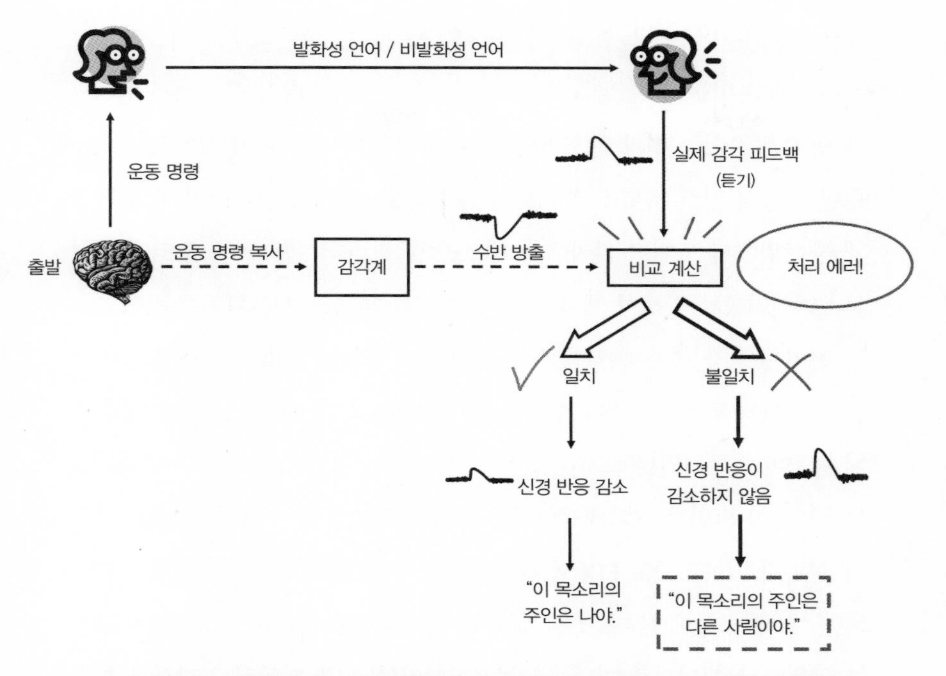

조현병 환자의 수반 방출 경로에 있을지도 모르는 결함. 조현병 환자가 자신의 목소리를 들을 때 비교 계산 기능이 가짜 음(−)의 결과를 만들어내는 것으로 여겨진다. 따라서 환자는 지금 들리는 소리가 자기 목소리라는 것을 인식하지 못한다. 이 환자는 목소리가 다른 사람의 것이라고 믿는다. 따라서 이 회로는 조현병 환자에게 환청이 들리는 원인을 기본적으로 이해하게 도와준다.

설명된다. 하지만 이 이론을 입증할 수 있을까?

앞에서 조현병 환자들과 건강한 대조군을 대상으로 한 실험에서 피험자들은 살짝 변형된 자신의 목소리를 듣고 '자기 목소리'인지, '다른 사람의 목소리'인지, '모르겠음'인지 알아맞혀야 했다. 환청을 듣는 조현병 환자들은 자기 목소리를 다른 사람의 목소리라고 잘못 판단하는 성향이 훨씬 높았다. 이후 실험에서는 건강한 사람이 다른 사람과 말할 때 N100[24]이라는 특정 뇌파가 EEG 기록에서 눈에 띌 정도로 나타났다. 반대로 피험자가 자기 목소리를 들을 때 그 뇌파는 일관되게 줄어들었다. 흥미롭게도 이는 수반 방출의 역할, 즉 자신의 목소리가 신경계에 미치는 영향을 줄이는 것과 일치한다. 일부 신경과학자는 N100 신호 감소가 수반 방출의 상쇄 효과를 드러내는 징후라고 여긴다. 연구팀이 새로 설계한 실험에서 조현병 환자들과 대조군은 몇 개의 목소리를 듣고 누구 목소리인지 알아맞혀야 했다. 처음 목소리는 피험자 자신의 목소리였고, 두 번째는 조금 변형시킨 자신의 목소리, 세 번째는 컴퓨터를 이용해 만든 외계인의 목소리였다. 피험자들이 소리를 듣는 동안 EEG에는 그들의 뇌 활동이 기록되었다.

건강한 피험자는 외계인의 목소리를 들으면 '다른 사람의 목소리'라고 정확히 알아맞혔고 EEG에는 강한 N100 뇌파가 기록되었다. 그들의 뇌는 그 목소리가 자기 목소리가 아니라고 인식했기 때문에 신경계가 받는 영향도 상쇄되지 않았다. 건강한 피험자는 조금 변형된 소리를 포함해 자기 목소리를 알아맞혔다. 그뿐 아니라 EGG 기록은 작게 나타났고 N100도 약해졌다. 수반 방출이 신호의 부합을 알고 신호를 줄이기로 결정했다는 뜻이다. 자기 목소리임을 인지한 순간 건강한 피험자의 무의식은 그 소리에 집중할 필요가 없다고 판단했다. 그들의 의식은 말을 하는 사람이 자신임을 알고 있었다.

조현병 환자도 외계인의 목소리를 알아맞히는 데는 문제없었다. 이때 그들의 N100 뇌파는 건강한 피험자가 외계인의 소리를 들을 때와 비슷했다. 그들이 다른 사람의 목소리를 다른 사람의 것이라고 알아맞히는 데는 문제없었기 때문이다. 하지만 조현병 환자가 자기 목소리를 '다른 사람의 목소리'라고 인식하는 순간 N100 뇌파 신호는 커졌고 줄어들지 않았다. '신호는 약화되지 않았다.' 수반 방출계의 결함으로 일치 신호가 만들어지지 못하고 대신에 불일치 신호가 만들어졌다. 그래서 N100 뇌파 신호(감각계가 신경계에 미치는 영향)는 줄어들지 않았다. 조현병 환자는 자기 목소리인데도 그 목소리가 외부에서 들려오는 것이라고 착각했다.[25]

수반 방출계에 결함이 생기면 조현병 환자는 자기 목소리를 인식하지 못하고 외부의 신비한 존재가 말하는 소리라고 생각한다. 그런데 이런 해석을 모든 조현병 환자에게 적용할 수 있을까? 앞에서 살펴본 설명의 밑바탕에는 조현병 환자의 환청이 환자 자신이 들릴 듯 말 듯하게 내는 조용한 목소리라는 가정이 깔려 있다. 많은 경우에는 이 가정이 들어맞겠지만 그 많다는 범위가 어느 정도인지는 알지 못한다. 모든 환청은 조현병 환자가 자신의 비발화성 언어를 들을 수 있기 때문에 생기는 것인가? 혹시 청각적 능력이 '없는데도' 환청이 들리는 사람이 있지 않을까?

청각장애인도 머릿속의 목소리를 들을 수 있는가?

—

청각장애인의 조현병 발병 비율은 전체 인구의 발병 비율과 비슷하며[26] 그 증상도 매우 비슷하다. 청각장애인의 조현병도 사고 분열과 언어적·사회적 위축을 포함해 여러 범주의 증상을 보인다. 그렇다면 환청도 들릴까? 청각장애가 있는 조현병 환자들은 자신들에게도 환청이 들린다고 주장한다. 그런 환자 일부가[27] 환청을 호소하는 경우를 살펴보자.

환자 1 : 61세 남성, 선천성 청력 상실

그는 유령이 말을 거는 소리를 듣는다. 유령은 그의 직장생활과 상관에 대해 말한다. 유령은 이 환자를 '들창코'라고 부르며 보험에 신경을 쓰라고 충고한다. 환자는 유령의 목소리를 실제로 들었다고 말한다.

환자 2 : 34세 남성, 2세 이전에 청력 상실

그는 예수를 보았다고 주장한다. 런던에서부터 자신에게 말을 걸어오는 목소리가 자주 들린다고 한다. 귀가 들리지 않는데 어떻게 런던에 있는 존재의 소리를 들을 수 있느냐는 질문에 환자는 그 사람이 자신에게 손과 팔로 신호를 보내는 것이 보인다고 답한다.

환자 3 : 30세 여성, 2세 이전에 청력 상실

그녀는 '자신의 안에서' 한 남자가 말하는 소리를 듣는다. 그의 얼굴도 본다. 그는 입을 다물고 있으며 어떤 신호도 보내지 않는다. 가끔은 배우 패트릭 더피가 그녀를 욕하고 위협하는 소리도 듣는다. 어떤 때는 두 목소리가 동시에 들리면서 서로 말다툼을 벌이지만 매번 그녀에게 악담을 퍼붓고 비웃는다. 그녀는 그 목소리가 왜 들리는지 알지 못한다. "사람들의 진짜 말소리는 듣지 못한다"는 것을 그녀 자신이 잘 알기 때문이다.

환자 4 : 17세 여성, 선천성 청력 상실

그녀는 하루 종일 한 남자가 "안녕, 안녕!"이라고 소리치는 것을 듣는다. 이 환자는 그 남자가 유령인지 아닌지 모른다. 그녀는 그 목소리를 쫓아내려고 자주 "입 닥쳐", "꺼져"라는 신호를 보낸다. 가끔 한쪽 귀에서는 음악 소리가 들리고 다른 쪽 귀에서는 말소리가 들린다. 하지만 그녀는 자신이 '완전히 귀가 먹었고' 사람들의 말소리가 들리지 않는다는 것을 인정한다. 한때 그녀는 귀가 약간 들렸다고 말한다.

네 명의 환자는 언어 이해 능력이 생기기 전부터 귀가 들리지 않았는데도 말소리가 '들린다'고 주장한다. 그들 모두 머릿속 목소리가 외계의 존재라고 주장한다. 전형적인 조현병 환자의 사례와 똑같다. 어떻게 그 소리를 들을 수 있는지 재차 묻는 말에 두 번째 환자는 실제 말이 들린다기보다는 신호를 인식하는 것이라고 인정한다. 나머지 세 명의 환자는 '말소리', '소리지르기', '목소리' 등의 단어를 사용해 자신의 경험을 묘사하면서 모든 환청이 진짜 목소리였다고 주장한다. 그들은 소리를 들을 수 있다고 주장하지만 알다시피 그것은 불가능하다. 청력을 상실한 사람들이 무엇을 경험했든 그것은 진짜 소리가 아니다. 그들은 자신들이 지각한 것을 설명할 단어를 마땅히 찾지 못해 일반적으로 사용되는 단어를 쓴 것일지도 모른다.

청각을 잃은 조현병 환자들에게 그들에게 들린다는 목소리의 음성 특징을 설명해달라고 하면 그 소리가 실제 목소리가 아니라는 사실이 더욱 분명해진다. 그 목소리는 정확히 어떤 '소리'가 나는가? 청각장애 조현병 환자들은 소리를 의미 있게 설명하지 못한다. 목소리의 높낮이, 크기, 억양 등을 기억하지 못하고 대부분 "그걸 내가 어떻게 압니까? 난 귀가 안 들리잖아요!?"[28]라고 대답한다. 그들이 말하는 '목소리'와 '들린다'에는 다른 뜻이 담겨 있는 것일 수도 있다.

한 친구가 당신에게 이렇게 말을 건다. "저 벚나무를 도끼로 베어낼 거야." 이 말을 들은 당신이 눈여겨보는 부분은 문장에 쓰인 단어도, 친구의 목소리도 아니다. 그보다는 벚나무를 상상하거나 친구가 벚나무를 베려는 이유가 무엇인지, 친구가 도끼를 갖고 있는 이유가 무엇인지에 주목한다. 이 이야기를 이메일로 받았든, 수화로 들었든, 방 건너편에서 독순술로 읽었든 상관없이 당신은 똑같은 반응을 보일 것이다. 정신에 미치는 영향에서는 의사소통의 분위기도 말의 내용 못지않게 중요하다. 예를 들어 1장에서 살펴보았듯이 주위에서 들리는 소리나 혀를 차서 내는 츳츳거리는 소리는 시각겉질을 활성화시킬 수 있다. 마찬가지로 언어에 대한 신경 촬영 연구는[29] 청각 손상이 없는 사람이 다른 사람의 말소리를 들을 때와 청각을 잃은 사람이 다른 사람의 신호를 볼 때 활성화되는 뇌 영역이(이마앞엽겉질과 위관자이랑(상측두회)) 똑같다는 사실을 입증했다. 언어를 인지하려면 서로 별개인 두 종류의 감각(청각과 시각)이 필요하지만 뇌에서는 같은 영역이 의사소통을 이해하는 데 이용된다.

이는 말을 상상할 때도 마찬가지다. 잠에서 깨어나 거울을 보고 혼잣말로 "와아, 오늘 아침은 머리 모양이 꽤 괜찮은걸"이라고 말할 때의 행동은 이른바 '내적 언어(inner speech)' 말하기와 관련이 있다. 이 내적 언어를 속삭이는 동안 이마앞엽겉질의 왼쪽 아래 부분이 활성화된다. 청각장애인 피험자들이 수화를 생각하며 내적 언어를 말하는 동안 그들의 뇌를 PET 스캔으로 촬영하는 실험을 했다.[30] PET 스캔 결과 아래쪽 이마앞엽겉질이 활성화되는 것이 밝혀졌다. 청각에 이상이 없는 사람들이 말소리가 들린다고 생각할 때 활성화되는 영역과 똑같다.

시각적 장면을 상상하면 뇌의 시공간 영역이 활성화된다. 하지만 수

화가 시각적 소통 수단이기는 해도 수화를 생각할 때 뇌에서 활성화되는 부분은 시공간 영역이 아니다. 대신에 언어를 담당하는 영역이 환하게 빛난다. 언어가 수화인지 입으로 말한 것인지, 감각으로 지각한 것인지 상상한 것인지는 중요하지 않다. 뇌의 무의식계는 메시지의 내용을 인지하고 어떤 언어든 매우 비슷한 방식으로 처리한다. 이런 과정은 시각 학습의 바탕이 되기도 한다. 학생이 도표, 그림, 상징 등으로 개념을 학습할 때 뇌가 정보를 처리하는 방식은 그 학생이 교과서를 읽거나 수업으로 들은 정보를 처리할 때와 똑같다. 그 학생은 그림을 기억할 뿐 아니라 그림을 언어적으로 풀어낸 말을 머릿속에서 만들어낸다.

앞의 환자 1, 2, 3, 4는 자신의 비발화성 언어를 듣지 못한다. 그들은 귀가 전혀 들리지 않는다. 하지만 그들에게는 누군가 말하는 환청이 들린다. 그들이 들은 것은 상상한 수화이거나 독순술에서 비롯된 내적 언어일 공산이 크다(환자 2도 인정한 사실이다). 일부 청력을 잃은 조현병 환자는 자신에게 '들리는' 소리가 실제로는 상상의 수화나 독순술이라고 마지막에 인정하지만 상대의 얼굴이나 손은 보이지 않는다고 말한다. 결국 손 없이 이루어지는 수화를 상상하거나 보이지 않는 입술의 움직임을 상상하는 것이다. 이런 상황은 당연히 설명하기 힘들다. 이는 진짜로 누군가의 목소리를 들었다고 주장하는 환자 1, 3, 4에게 일어난 일이다. 그들의 환청 경험은 1장에서 소개한 어밀리아가 소리의 회랑에서 겪는 경험과 비슷하다. 다만 청각이 시각으로, 시각이 청각으로 대체되었다는 점이 다를 뿐이다. 세 명의 환자는 수화나 독순술을 상상하지만 입술이나 손의 형체는 안개처럼 뿌옇다. 단어 하나하나는 명확하지 않더라도 메시지의 내용은 그들에게 전달된다. 그 메시지는 환영의 인사말일 수도, 보험에 대한 충고일 수도, 모욕일 수도("들창코"), 위협일 수도 있다. 어쨌든 청력을 잃은 조현병 환자는 어떤 침입자가 자신의 정신에 메시지를 심었다고 생각한다. 외부 사람의 입장에서는 그 경험이 어떤 것인지 뚜렷이 이해되지 않지만 그래도 분명한 부분은 있다. 그들의 경험이 청각적 경험은 아니라는 것이다. 청력을 잃은 조현병 환자들이 환청에 시달린다 해도 그것은 비발화성 언어가 아니라 내적 언어가 머릿속 목소리로 그들에게 들리는 것이다.

청력을 잃은 사람에게도 환청이 들릴 수 있다는 것은 조현병 환자에게 들리는 모든 환청이 모두 비발화성 언어라는 뜻은 아니다. 일부 환자들은 상상으로 만든 내적 언어로 인해 환청에 시달린다. 즉 조현병으로 인한 신경학적 문제인 수반 방출계의 결함이 짐작하는 것보다 훨씬 중대한 문제임을 의미한다. 조현병 환자는 자신의 목소리를 인식하는 기능뿐 아니라 자기 생각을 인지하는 기능도 잃었다.

자기감시장애

1996년 로큰롤 명예의 전당에 오른 영국의 록밴드 핑크 플로이드는 실험적이고 환각적인 음악으로 유명해지게 되었다. 밴드가 이름을 알리기 시작한 1960년대 말 밴드를 만든 시드 배럿(Syd Barrett)[31]은 기이한 행동을 일삼았다. 오랜 시간 동안 응시 발작(staring spell)을 일으키거나 미친 생각을 두서없이 쏟아내기 시작했다. 시드 배럿은 가끔 아무 이유 없이 립스틱을 바른 채 하이힐을 신고 거리를 활보했다. 동료 뮤지션들은 그가 여자 친구를 사흘 동안 방에 가두고[32] 어쩌다 한 번씩 문틈으로 비스킷 몇 개를 넣어준다는 사실을 알고 상황이 심각하다는 것을 깨달았다. 병명은 확인되지 않았지만 지금 생각해보면 시드 배럿은 조현병을 앓고 있었을 가능성이 높다.[33] 이는 그의 음악에도 드러난다. 1968년 앨범《어 소서풀 오브 시크릿츠(A Saucerful of Secrets)》에서 시드 배럿은 〈저그밴드 블루스(Jugband Blues)〉의 가사를 직접 썼다. 노래 가사를 두 줄만 옮겨보자. "다 당신 덕분이죠. 내가 이곳에 있지 않다는 것을 분명히 알게 된 것은…… 그리고 나는 누가 이 노래를 쓸 수 있는지 궁금하네요."

어지러운 노랫말에 핑크 플로이드의 매니저 피터 제너는 이 노래가 "조현병 상태에 대한 최종적인 자가 진단일지도 모른다"[34]고 공표했다. 가사에 조금이라도 진실이 담겨 있다면 시드 배럿은 자신이 작사가라는 사실을 깨닫지 못하고 있음을 무의식중에 보여주는 셈이었다. 그는 자신이 아닌 다른 누군가가 그의 머릿속에서 예술정신을 발휘해 곡에 맞게 가사를 배열하는 고통스러운 과정을 감내한다고 믿었다. 그는 그 노래가 자신이 생각해 탄생시킨 산물이라고 인정하지 않았다.

조현병 환자들이 겪는 더 불가사의한 망상에는 사고 삽입(thought insertion)이 있다. 그들은 자신의 생각이 자신의 것이 아니며 어떤 경위로 외부의 존재가 머릿속에 생각을 심었다고 믿는다. 다음의 환자처럼 그 믿음은 굉장히 강할 수 있다.

창밖을 보면서 정원이 아름답고 잔디가 멋지다고 생각하지만 에이먼 앤드루스(Eamonn Andrews, 영국의 텔레비전 스타 — 옮긴이)에 대한 생각이

> 머릿속에 들어온다. 다른 생각은 전혀 없고 오직 그에 대한 생각만 있다. 그는 내 정신을 마치 영화막처럼 취급한다. 플래시를 번쩍 거리듯이 그는 자기 생각을 그 영화막에 비춘다.[35]

환청과 마찬가지로 조현병 환자들은 다른 사람이나 불가사의한 힘이 생각을 삽입했다고 여긴다. 한 의사는 두 명의 조현병 환자를 다음과 같이 설명했다.

> 한 남자 환자는 생각들이 자기 머릿속에 들어오고 있으며 그 생각이 자기의 것과는 "다르게 느껴진다"고 말했다. 다른 환자는 텔레비전과 라디오가 다른 생각들을 심어놓았는데, 그 생각들은 "전기적으로 간섭을 받으며" 늘 자기 생각과는 확연히 다르게 느껴진다고 말했다.[36]

자기인식장애는 더 깊은 문제가 있다. 조현병 환자는 자기 목소리와 생각을 인식하지 못할 뿐 아니라 행동 통제권이 자신에게 있다는 사실도 인정하지 못한다. 예를 들어 조현병 환자들은 팔다리 움직임을 통제하지 못하는 것 같다는 느낌을 호소하기도 한다.

> 내가 빗으로 손을 뻗을 때 움직이는 것은 내 손과 팔이고 펜을 집는 것도 내 손가락이지만 나는 그것들을 통제하지 못해요…… 나는 거기에 앉아 그것들의 움직임을 바라볼 뿐이죠. 그것들은 꽤 독립적이고 그것들의 동작은 나와 아무 상관이 없어요…… 나는 우주의 끈에 의해 조종당하는 꼭두각시일 뿐이에요. 끈이 잡아당겨지면 내 몸이 움직이고 나는 그것을 막지 못해요.[37]

외계인손증후군과 비슷하다고 생각되지만 아니다. 몸의 통제권이 실제로 환자에게 전적으로 있기 때문이다. 다만 뇌가 허락하지 않는 탓에 환자가 그 사실을 깨닫지 못하는 것이다. 마찬가지로 일부 환자는 자신의 감정마저 잘 인식하지 못한다. 조현병 환자들은 자신의 감정과 기분마저 외부 존재의 것이라고 믿는다.

> 나는 웁니다.[38] 눈물이 뺨을 타고 흘러내리고 나는 불행해 보입니다. 하지만 내부의 나는 차가운 분노를 느끼죠. 그들이 이런 식으로 나를 이용하기 때문입니다. 불행한 사람은 내가 아닌데도 그들이 내 뇌에 불행을 쏘아 보내고 있어요. 그들은 아무 이유도 없이 내게 웃음을 쏘아 보내요. 웃거나 행복한 모습이 내가 아니라 '그들의' 감정이라는 것이 얼마나 끔찍한 기분인지 상상도 못 할 겁니다.

조현병 환자들은 충동적 행동을 저지르고 나면 외부 존재가 그런 행동을 저질렀다고 말한다. 다음 사례는 정신과 병동에 입원한 환자가 보인 행동이다. 저녁 식사를 실은 수레가 병실에 도착했을 때 그는 소변 한 병을 식사에 쏟아부었다. 직원이 화를 내며 왜 그랬냐고 묻자 환자는 다음과 같이 대답했다.

> 그래야 한다는 충동이 갑자기 들었어요.[39] 그것은 '내' 감정이 아니에요. 그것은 X레이 부서에서 나한테 들어왔어요. 내가 어제 그곳에 보내졌던 이유도 그것을 이식하기 위해서였어요. 그건 나하고는 관련이 없었어요. 그들이 그렇게 하기를 원했죠. 그래서 병을 집어서 쏟은 거예요.

이런 증상은 자신이 만든 생각과 행동의 원인을 외부로 돌린다는 점에서 환청과 비슷한 패턴을 따른다. 수반 방출계의 결함은 이런 모든 기이한 경험을 하나의 모델로 말끔하게 설명해준다. 뇌에 문제가 생겨 환자가 자신의 생각과 감정, 행동을 자신의 것이라고 인식하지 못할 때 그 환자는 다른 누군가가 그런 생각과 감정을 자신의 머릿속에 삽입했고 행동도 통제한다고 결론을 내린다. 이런 증상이 있다는 사실은 조현병의 문제가 단순히 환청과 망상만이 아님을 시사한다. 조현병은 자기감시에 전체적으로 더 장애가 생긴 것이다. 이 장애는 다른 무엇보다도 자아와 비자아를 구분하지 못하게 만든다. 그리고 그 모든 것의 중심에는 수반 방출이 있다.

스스로 간지럼을 태우지 못하는 이유는?

우리는 어린 시절부터 자기 몸을 자기가 간질이지 못한다는 수수께끼를 알고 있다. 아무리 해도 스스로에게 간지럼을 태우지 못한다. 그러나 장난기 많은 친구가 내 갈비뼈를 따라 간지럼을 태우면 나는 소스라치게 놀라며 의자에서 벌떡 일어날지도 모른다. 간지럼은 내가 내 몸에 할 때보다 남이 나에게 할 때 훨씬 강하게 느낀다. 왜 그럴까?

과학자들은 간지럽다는 느낌에 영향을 미치는 요인을 연구했다. 그들은 간지럼 기계(거짓말 같지만 진짜다)[40]를 이용해 실험했다. 피험자들은 끝부분이 뾰족한 로봇 팔을 제어하는 조이스틱을 작동했다. 이 뾰족한 끝부분은 간지럼을 태우는 손가락 역할을 했다. 피험자들은 조이스틱으로 로봇 손가락을 움직여 자신의 오른쪽 손바닥을 자극했다. 그런 다음 자신이 느끼는 간지럼 정도에 10점을 만점으로 0점에서 10점 사이의 점수를 매겼다. 피험자들은 별로 간지럽지 않다고 답했다. 로봇 손가락을 조종해 자신을 간질이는 것이나 자기 손가락으로 자기 몸을 간지럼 태우는 것이나 간지럽지 않기는 마찬가지였다. 왜 그런 것일까? 피험자들이 느끼는 감각은 뇌가 예상한 감각과 정확히 일치하기 때문에 수반 방출 반응은 그것을 자신이 만든 감각이라고 판단해 효과를 최소화했다. 간지럼을 느끼지 못하는 것도 그런 이유에서였다.

연구팀은 실험을 변형했다. 피험자들의 조이스틱 작동과 로봇 팔이 가하는 자극 사이에 조금씩 시차를 두었다. 또한 연구팀은 로봇 손가락의 동작 패턴과 피험자의 동작 패턴을 다르게 했고, 실험이 진행될수록 그 패턴의 차이를 더욱 크게 만들었다. 피험자들은 시차와 패턴의 변화가 커질수록 간지럼 타는 느낌을 더 강하게 받았다.

간지럼 타는 느낌은 수반 방출과 관련해 어떻게 설명할 수 있는가? 자기 몸을 간지럼 태우려고 할 때 원래 목표한 행동의 복사본이 감각계에 전해지고 수반 방출이 만들어진다. 수반 방출이 실제의 감각 경험(의도한 시간과 패턴대로 갈비뼈를 따라 손가락이 움직일 때의 느낌)에 들어맞으면 뇌는 일치 신호를 감지하고 수반 방출은 간지럼의 효과를 약화시킨다. 즉 뇌는 간지럼 괴물이 언제 어떻게 다가올지 알면 스스로 방어할 준비를 한다. 감각이 상쇄되어 취소되고 간지럽다는 느낌을 받지 않는다.

이와 반대로 변형된 간지럼 실험에서처럼 자극을 느끼는 시간과 패턴이 원래의 생각대로 이루어지지 않으면 수반 방출은 피부에서 오는 감각 피드백과 일치하지 않는다. 그래서 뇌는 그 감각을 자신이 아니라 다른 누군가가 만들어낸 감각이라고 생각한다. 그 결과 간지럼을 느끼는 것이다. 방어 기능이 무너지고[41] 간지럼 괴물은 고삐가 풀린다.

조현병이 자아인식에 문제가 생긴 것이라면 한 가지 질문이 생긴다. 조현병 환자들은 스스로 간지럼을 태울 수 있는가? 그들은 자신의 행동을 외부 존재의 탓으로 돌린다. 그렇다면 스스로 간지럼 태우는 느낌과 다른 사람이 간지럼 태우는 느낌을 구분하는 능력이 없지 않을까? 조현병 환자가[42] 자기 손으로 직접 간지럼을 태웠을 때의 느낌과 실험자가 그들 손을 간지럼 태웠을 때의 느낌을 비교한 연구에서 그들은 똑같은 수준의 간지럼을 느꼈다! 조현병 환자들은 자아와 비자아를 구분하지 못하는 범지구적 문제로 인해 나머지 사람들이 하지 못하는 것을 이루어냈다. 그들은 스스로를 간지럼 태울 수 있다.

기시감

최근 나와 아내는 코네티컷 주 미스틱 시포트에 여행을 갔다가 한적한 거리 끝에 있는 아이스크림 가게를 발견했다. 창문에는 딸기가 토핑된 와플콘 사진이 붙어 있었고 나무로 만들어진 가게 간판은 바람에 앞뒤로 흔들렸다. 가게를 보는데 익숙하다는 느낌이 강하게 들었다. 그 느낌이 굉장히 강했던 탓에 나는 어린 시절 부모님과 여행하면서 이 가게에 온

적이 있었다고 아주 자신만만하게 말했을 정도였다. 그러나 그 주 주말에 아버지는 우리 가족이 코네티컷에는 가본 적도 없다고 말했다. 누구나 한 번쯤 그런 경험이 있지만 왜 그런 느낌이 들었을까? 한 번도 가본 적 없는 장소에서 굉장히 낯익다는 느낌이 드는 이유는 무엇인가?

나는 환청을 이끄는 뇌의 결함을 이야기하면서 뇌가 가짜 음(−)의 일치를 만든다고 설명했다. 이 가짜 음의 일치는 기대한 감각 신호와 실제 감각 경험이 일치하는데도 일치하지 않는다고 잘못된 결과를 보고한다. 그러면 가짜 양(+)의 일치가 생긴다면 어떤 것일까? 아마도 기시감(déjà vu)[43]과 비슷한 것일지도 모른다. 기시감은 사실 실제로 아무 연관도 없고 자기 것이 아닌 특정 감각의 경험을 개인적으로 연관짓거나 자기 것이라고 생각하는 느낌이다. 다시 말해 자신의 경험이 아닌데도 자신의 감각과 경험이라고 인식하는 느낌이다.

신경 신호가 잘못 전달되었을 뿐인데 어떻게 그런 엄청난 의식적 경험을 불러일으킬 수 있는지 놀라울 따름이다. 각각의 뇌 회로를 말할 때에는 간단명료하게 설명할 수 있다. 아이스크림 가게의 외관이 기억 속의 모습과 일치한다면 그것을 인정하는 감각을 느낀다. 어떤 목소리가 자기 목소리와 일치한다면 자기 목소리라고 인정하면 된다. 대단한 것은 없어 보인다. 그러나 거짓 정보가 전달될 때 뇌가 무의식적으로 많은 일을 하고 있다는 것을 인정하지 않을 수 없게 된다.

내 뇌가 코네티컷에서 신호를 잘못 전달했을 때 내가 받은 느낌은 익숙함만이 아니었다. 나는 내 개인의 여행사를 더없이 확고히 주장했다. 뇌의 설명은 지극히 논리적이었다. 지금 내가 서 있는 장소를 깨달았고 그것이 기억 속의 장소와 일치한다면 가장 큰 이유는 과거에 이곳에 와

본 적이 있기 때문일 것이다. 정확히 기억하기 힘들지만 오래전 어린 시절에 왔던 장소였을 것이 분명하다. 누가 나를 이곳에 데리고 왔을까? 아마도 부모님이겠지. 합리적인 이야기다. 이렇게 무의식계는 거짓 정보로 잘못된 결론을 이끌어냈지만 추론 자체는 합리적이다. 내 뇌는 지금 빈틈을 메우기 위해 이용 가능한 정보로 기승전결의 이야기를 만듦으로써 상황을 합리화시켰을 뿐이다.

다른 조현병 환자들처럼 브랜던도 거짓 정보를 퍼뜨리는 뇌의 결함을 갖고 있다. 그는 자기 목소리와 생각을 자기 것이라고 인식하지 못할 때가 많다. 이는 뇌의 결함 때문에 생기는 기본 결과다. 하지만 그의 뇌는 목소리를 감지한다. 누군가 말하고 있는 듯하다. 도대체 누구인가? 주위에 아무도 없으니 옆 사람이 말하는 것일 리는 없다. 이 순간 그 누군가는 브랜던의 눈에 보이지 않는다. 누구인가? 옆에 있지도 않으면서 브랜던의 머리에 목소리를 전할 수 있는 사람은 누구인가? 엄청난 기술을 이용할 수 있는 사람, 브랜던을 감시할 수단이나 동기를 충분히 갖고 있는 사람이 분명하다. FBI에서 보낸 사람인가? 가능성이 충분하다. FBI 요원이 브랜던의 뇌에 칩을 삽입했다면 그의 머릿속에서 목소리가 들리는 것이 설명된다. 요원이 오랫동안 브랜던을 감시한 것이 맞다면 그 목소리가 브랜던을 그렇게 속속들이 잘 아는 이유도 설명이 된다.

잘못된 정보를 접수한 후 무의식계는 이상한 상황에서 말이 되는 이야기를 만들어내야 한다. 이런 관점에서 보면 자신의 증상에 대한 브랜던의 설명은…… 논리적이다. 수면마비라는 혼란스럽고 무서운 현상을 겪은 사람의 뇌는 추후 그 현상을 해석해야 한다. 기이한 경험에는 기이한 해석이 따르는 것이 당연하다. 그래서 뇌는 외계인 납치 같은 해석을 생각해낸다. 정말로 이상하지만 그것이 딱 맞는 설명이다. 이런 해석에는 감정적 경험을 풀이할 이야기를 만들어내고 사건에 대한 인간의 호기심을 충족시키려는 무의식계의 성향이 반영되어 있다. 이와 같은 방식으로 왜 조현병 환자들이 이상한 기술(광선총이나 헬륨 전류)이나 종교적 존재(성령이나 악마)가 자신을 조종하고 있다고 말하는지, 왜 그들이 텔레비전 등장인물(패트릭 더피)이나 가상 인물(존스 씨)과 소통한다고 주장하는지, 왜 자신이 아닌 다른 불가사의한 힘이 머릿속에서 혼란을 조장한다고 주장하는지 조금이나마 이해할 수 있게 되었다. 뇌는 그 사람의 인격이나 믿고 싶은 것에 알맞은 해석을 만들어낸다. 종교적 믿음이 강한 사람은 머릿속 목소리가 신성한 존재의 목소리라 주장하고, 스릴러 소설 애독자는 FBI나 CIA 요원에게 감시당한다고 걱정한다. 뇌의 무의식 프로세스는 그동안 누적된 별개의 감각 정보 조각을 모은 뒤 개인적 믿음, 두려움, 편견을 반영해 최대한 논리적으로 그 정보를 연결해 상황을 설명하는 이야기를 만들어낸다. 그렇게 만들어진 이야기는 의식적 경험이 된다.

뇌에 아무 손상도 없으면 무의식이 설계한 기본 틀에 따라 자신이 생각해낸 결과물과 외부 세상의 결과물을 구분할 수 있다. 이 둘의 차이를 인식할 수 있기에 개인으로서 세상과 상호행동을 나누는 동시에 세상과 자신을 분리할 수도 있다. 그런 인식은 자아/비자아를 결정적으로 구분하는 능력과 자아의식 및 개성을 쌓을 수 있는 바탕을 마련해준다. 가끔 뇌의 정상적 작동에 일대 혼란이 벌어진 뒤에야 뇌의 논리 회로가 얼마나 강력한지, 무대 뒤에서 실제로 얼마나 많은 일이 벌어지는지, 뇌가 얼마나 쉽게 조종당할 수 있는지 이해하게 된다. 그러나 이런 조종은 단순한 회로 오작동이 아니라 용의주도한 계획의 결과일 수도 있지 않을까?

7

주의집중,

영향,

잠재의식 메시지의 힘

최면 살인은 가능한가?

의식적 정신은 햇빛 속에서 뛰어놀다
발원지인 지하의 거대한 잠재의식 웅덩이로 떨어져 내리는
분수에 비유할 수 있다.

— 지크문트 프로이트

1951년 3월 21일 코펜하겐, 으슬으슬 추운 아침이었다. 스물아홉 살의 기계공 팔레 하르루프(Palle Hardrup)[2]는 일찍 퇴근해 손에 서류 가방을 든 채 자전거를 타고 근처 은행으로 향했다. 서류 가방 안에는 은행 직원을 협박해 가능한 한 많은 돈을 빼앗는 데 쓸 권총과 총알이 들어 있었다.

팔레 하르루프는 은행 로비 안으로 들어갔고 그의 등 뒤에서 철컥 소리를 내며 문이 닫혔다. 그는 권총을 꺼내 공중에 대고 한 발을 쏘았다. 그는 가장 가까운 창구 직원에게 무기를 겨누고 서류 가방에 현금을 가득 담으라고 소리쳤다. 공포로 얼어붙은 직원은 꼼짝도 하지 못하고 서 있었다. 팔레 하르루프는 직원을 쏘아 죽였다. 그는 다음 직원을 향해 총을 겨누었고 그 직원은 곧바로 창구에서 도망쳤다. 너무 늦었다. 총성이 또 한 방 울렸고 팔레 하르루프는 두 번째 살인을 저질렀다. 경보 시스템이 울렸고 팔레 하르루프는 아무것도 털지 못한 채 은행에서 달아났다. 짧은 추격전 끝에 경찰은 그를 체포했다. 팔레 하르루프는 저항하지 않았다. 그는 순순히 잡혔고 자신의 범행을 인정했다. 그런데 그가 경찰서에 도착한 후부터 기이한 일이 벌어졌다.

팔레 하르루프는 경찰 심문에서 신의 명령으로 은행 강도를 결심했다고 말했다. 덴마크 국민공산당이 제3차 세계대전을 준비할 수 있게 전쟁 자금을 마련하기 위해 범행을 저질렀다는 것이다. 최근 인근에서 벌어진 강도 행각으로 보았을 때 경찰은 팔레 하르루프의 단독 범행이 아닐지도 모른다고 의심했다. 그에게 은행 강도짓을 사주한 이가 누구냐고 추궁했을 때 팔레 하르루프는 "내 수호천사가"라고 대답했다.

경찰은 얼마 지나지 않아 전과 경력이 많은 비외른 니엘센(Bjorn Nielsen)이라는 남자가 은행 강도짓에 사용된 자전거의 주인이라는 사실을 알아냈다. 비외른 니엘센과 팔레 하르루프는 3년 동안 같은 교도소에서 복역한 사이였다. 두 교도소 동기는 경찰 질문에 자신들의 이상한 관계를 털어놓았다. 구체적으로 말하면 비외른 니엘센은 자신의 감방 동기에게 기이할 정도로 강한 영향력을 미쳤다. 팔레 하르루프를 조종하는 끈을 잡아당기는 '수호천사'가 비외른 니엘센은 아니었을까?

9개월 후 팔레 하르루프는 보호시설에 수용될 준비를 하면서 수석 조사관에게 편지를 보냈다. 마침내 그는 은행 강도짓과 살인에 이르기까지의 뒷이야기를 모두 털어놓을 준비가 되었다고 편지에 적었다. 그 내용에 따르면 팔레 하르루프는 이전 범죄로 처음 교도소에 들어갔을 때 심각한 마비성 우울증에 걸렸다. 복역 기간이 더 길었던 비외른 니엘센은 자신의 날개 아래 팔레 하르루프를 품어주었다. 비외른 니엘센은 좋은 친구이자 멘토가 되었다. 그는 종교와 신에 대해 가르쳐주었고 함께 자주 명상을 하면 전지전능한 신과 하나 되는 데 도움이 될 것이라고 했다. 팔레 하르루프는 비외른 니엘센이 결국에는 최면 실험을 하기 시작했다고 썼다. 매일 밤 감방이 조용한 어둠에 휩싸이면 비외른 니엘센은 팔레 하르루프에게 최면을 걸고 이런저런 행동을 하라고 명령했다. 그는 자신이 팔레 하르루프의 정신에 얼마나 영향을 줄 수 있는지, 그 영향력이 시간이 지날수록 얼마나 더 커질 수 있는지 알고 싶었다. 팔레 하르루프는 비외른 니엘센이 자신의 정신을 완전히 장악할 때까지 최면을 꾸준히 반복적으로 걸었다고 말했다. 비외른 니엘센은 새로운 힘이 얼마나 되는지 깨닫고 그 영향력을 새로운 목적에 이용하기로 했다. 감방 동기를 특사 삼아 완전 범죄를 저지르기로 한 것이다. 교활한 계획이었고(비외른 니엘센은 필요하면 살인도 마다하지 않는 은행 강도짓을 안전한 거리에서 완수했다) 팔레 하르루프는 그 계획에 교묘히 걸려들었다.

지금 당신은 잠이 쏟아집니다

최면, 잠재의식 메시지, 세뇌 등과 같은 외부 영향력이 우리의 사고 능력과 의사결정 능력을 침해할 수 있는가? 이런 시나리오는 영화 〈맨추리언 캔디데이트(The Manchurian Candidate)〉를 떠오르게 한다. 영화에서 육군 하사 레이먼드 쇼는 자신을 암살자로 이용해 미국 정부 전복을 꾀하려는 공산주의 요원들에게 세뇌당하고 최면에 걸린다.

최면은 임상 정신요법 수단의 하나로 사용되고 있고 대중심리학에서는 어느 정도 인정받고 있다. 하지만 대중매체의 오해 탓에 아직은 이해가 부족하고 과학적·계획적 분석이 이루어진 적도 거의 없다. 그러나 최면을 경험해보거나 그 효력을 한 번이라도 본 사람이라면 다른 것은 차치하더라도 최면이 정말로 '실재'한다는 것을 알게 된다.

최면을 접하는 가장 흔한 방법은 무대에서 거는 최면술을 보는 것이다. 무대 최면술사는 관객 가운데 자원자를 뽑아 그에게 최면을 걸어 당혹스럽고 희한하고 웃기기까지 한 행동을 하게 만든다. 내가 본 최면술 무대에서는 내 친구 이선이 자원했다. 딱 평범한 수준으로만 융통성이 없는 이선은 성공적으로 최면에 걸렸다. 어느 순간 최면술사는 내 친구에게 매가 방금 공연장으로 들어와 우아한 포즈로 날개를 펼치고 있다는 것을 말해주었다. 이선은 보이지 않는 새를 눈으로 쫓으며 경이롭다는 표정을 지었다. 최면술사의 말이 이어졌다. "매가 다시 날아올라 방금 당신 머리에 앉았어요." 이선은 공포에 얼어붙었다. 그의 눈은 관중을 향했다가 자기 이마로 향하기를 반복했고, 그 상상의 동물이 날카로운 발톱으로 자신의 머리카락을 움켜잡고 있는 것을 보려고 안간힘을 썼다. 관객은 웃었지만 이선은 신경쓰지 않았다. 최면술사는 한 단계 더 나아갔다. "매가 다시 날아올라 당신 셔츠 안으로 들어가고 있어요!" 이선은 얼굴이 시뻘게지고 식은땀을 흘리며 공격자를 물리치려고 난리를 피웠다. 그러다 그의 셔츠가 절반 정도 찢어졌다. 마침내 최면술사는 매가 멀리 날아갔다고 말해주었다. 최면이 끝난 후 이선은 자신의 눈에는 관객도, 새도 모두 뚜렷하게 보였으며 정말로 매와 벌인 싸움을 믿는다고 맹세하듯이 말했다. 어쨌든 최면 상태는 그로 하여금 공연장에 있지도 않았던 생물체를 인식하고 사투까지 벌이게 만들었다.

최면은 긴장을 완화시키고 소통을 조장하고 곰곰이 생각하게 만들 때 일반적으로 사용하는 정신요법 수단이다. 최면은 통증을 이겨내게 도와주는데, 위약 효과보다 더 효과적이다. 화상 환자 30명을 대상으로 한 연구에서[3] 피험자들은 최면 집단, 가짜 최면 집단(위약), 무치료 집단(대조군)으로 나뉘었다. 가짜 최면을 받는 환자들에게는 눈을 감고 편안한 장소에 있다고 상상하라고 했지만 실제 최면은 이루어지지 않았다. 실험이 끝난 후 철저한 질의서를 통해 판별한 결과 최면 집단 환자들이 인식한 통증 감소는 46퍼센트였다. 가짜 최면 집단 환자들은 통증이 16퍼센트 호전되었다고 답했으며 대조군은 14퍼센트였다. 또 다른 연구에서도 최면은 항암 치료를 받는 암 환자의 통증[4]을 줄이는 데 도움이 되었다.

2006년 엘런 디제너러스[5]는 낮 시간대 토크쇼에서 금연을 위해 최면을 받았다. 최면술사는 그녀에게 싫어하는 음식을 말하라고 했다. 그녀는 검은 감초는 입에도 대지 않는다고 말했다. 최면술사는 엘런 디제너러스에게 최면을 건 후 그녀에게 흡연은 검은 감초를 한입 가득 베어 무는 것과 같다고 말했다. 그의 말에 엘런 디제너러스는 역겹다는 표정을 지었다. 엘런 디제너러스는 최면요법을 모두 마친 후 이번 경험이 수십 번이나 실패한 금연 시도에 도움이 되었다고 말했다.

〈윌 앤드 그레이스(Will & Grace)〉에 출연한 데브라 메싱[6]의 최면요법도 대중적으로 널리 알려져 있다. 그녀는 영화 〈러키 유(Lucky You)〉에서 수중 쇼걸을 연기하면서 겪을 잠수공포증을 이겨내기 위해 최면술사에게 도움을 청했다. 영화에는 데브라 메싱이 인어 차림으로 거대한 수족관 탱크 안에 들어가 음악에 맞춰 립싱크를 하고 다양한 수중 생물과 춤을 추는 장면이 나온다(설명만 들어도 무섭다). 데브라 메싱은 최면 덕분에 자신이 공포를 극복하고 패닉 없이 그 장면을 무사히 촬영할 수 있었다고 주장했다.

최면은 군대에서도 사용되었다. 예를 들어 포로로 잡힌 적군에게 최면을 걸면 기밀 정보를 털어놓게 만들 수 있다고 여겼다. 한 실험에서 무결점 기록에 정신력이 강인한 육군 상병이 최면술사를 마주 보고 앉았다. 그 자리에는 상병에게 최면을 걸었을 때 군사기밀을 털어놓는지 가까이서 지켜보기 위해 상관들도 함께했다. 상관이 상병에게 "B팀이 오늘 밤 2100에서 출발할 것이다"[7]라는 기밀 사항을 알려주었다. 상병은 어떤 상황에서도 정보를 누설해서는 안 된다는 엄격한 군령을 들었다. 상병은 확고하고 자신 있다는 표정으로 고개를 끄덕인 후 최면술사에게 몸을 돌렸다.

이제 최면술사의 차례가 되었다. 그는 상병을 깊은 최면 상태에 빠지게 했다. 최면술사는 상병의 정신을 완전히 통제하게 되었다고 판단한 뒤 자신이 상병의 상관인 양 행동했다. "나는 샌더스 대위다. 내가 방금 전 알려준 정보는 절대 누설해서는 안 되는 정보다. 귀관이 그 정보를 기억하는지 확인하고 싶다. 상병, 그 정보가 무엇이었는가?" 상병은 단호한 표정으로 최면술사를 보며 망설임 없이 "B팀이 오늘 밤 2100에서 출발할 것입니다"라고 답했다. 기밀이 누설되었다. 이 실험에서 상병이 조국을 배반하는 데는 채 1분도 걸리지 않았다.

최면술사는 상병의 최면 상태를 풀었다. "당신은 정보를 누설했습니까?"라고 최면술사가 물었다. 상병은 조금 전과 똑같이 확신에 찬 어조로 미소지으며 답했다.

"아니요. 나한테서는 절대로 기밀을 알아낼 수 없습니다."

단 한 번의 질문에 군의 최정예 대원이 무너졌고 그는 자신이 기밀을 누설했다는 사실조차 알지 못했다. 이로써 최면이 인지에 영향을 주고 통증을 줄여줄 수 있을 뿐 아니라 평소에는 하지 않을 금지된 행동까지 하게 만들 수 있다는 사실을 알게 되었다.

흔히 최면에 걸린 사람은 몽유병 상태라거나 다른 무의식 상태라고 오해한다. 사실 최면에 걸린 사람은 의식이 완전하며 고도의 집중력과 상상력도 발휘할 수 있다. 1843년 제임스 브레이드(James Braid)는 '최면(hypnotism)'이라는 말을 처음 만들고 다음과 같이 정의했다.

> 최면 상태의 진정한 기원과 핵심[8]은 추상적 개념이나 정신 집중의 습관을 유도하는 것이다. 이런 상태에서는 몽상에 빠지든 즉흥적인 추상 개념에 빠지든 정신의 힘이 하나의 생각이나 연속된 생각에 완전히 몰두한 나머지 다른 모든 생각이나 느낌, 일련의 사고를 의식하지 못하거나 의식적으로 무심하게 다룬다.

다시 말해 최면에 걸린 사람은 특정한 일련의 사고에 집중하기 때문에 외부의 조언이나 제안에는 취약해질 수밖에 없다.

최면은 무의식 상태가 아니라 상상에 극도로 집중한 상태다. 3장에서 살펴보았듯이 심상 훈련은 스포츠 실력 향상에 도움이 되었다. 심상 훈련은 강력한 도구다. 최면이란 외부의 어떤 방해도 없이 제3자에 의해 조종되는 심상 훈련이다. 무언가를 아주 골똘히 상상할 때 그 무언가는 실재가 된다.

영화 〈후크(Hook)〉에서 로빈 윌리엄스는 어린 시절의 창의성과 상상력을 잃은 어른 피터 팬으로 나온다. 그가 네버랜드에서 로스트 보이들과 식탁에 앉아 있는 장면이 나오는데, 로스트 보이들은 양 볼이 빵빵

할 정도로 입안 가득 음식을 먹고 있지만 정작 음식은 눈에 보이지 않는다. 피터 팬은 그들이 아무것도 없는 빈 그릇과 접시에서 무언가를 잔뜩 움켜쥐는 모습에 경악한다. 한 소년은 상상의 닭다리를 뜯고 있고, 다른 소년은 보이지 않는 상상의 샌드위치를 들고 입에 넣고 있다. 피터 팬은 "진짜 음식은 어디 있어?"라고 묻는다. 소년들은 그에게 상상력을 발휘하라고 말한다. 피터 팬은 노력한다. 그가 음식이 진짜로 있다고 믿으며 집중해서 상상하자 갑자기 음식이 나타난다. 고기와 빵, 페이스트리가 산더미처럼 쌓인 접시들이 그의 눈앞에 보이기 시작한다.

이것이 최면이다. 최면에 걸린 대상은 최면술사가 정교하게 만들어 놓은 상상에 정신을 집중하다 마침내 그것을 진짜라고 믿기 시작한다. 더욱이 최면에 걸린 대상은 이 상상에만 시선을 고정하고 있기 때문에 자신의 행동을 분석하고 여과하는 것을 잊어버린다. 그 결과 최면술사는 최면 대상의 의식적 검열을 피해 지시를 내려 그가 최면 상태가 아니라면 하지 않을 당혹스러운 행위도 하게 만들 수 있다. 신경심리학에서는 아직 최면이 작용하는 이유와 방식에 대해 의견이 분분하지만 현재로서는 적어도 이것이 최면에 대한 최선의 설명이다. 하지만 이 설명이 옳다고 가정하면 궁금한 점이 생긴다. 무언가에 고도로 집중하는 것이 얼마나 강한 영향력을 미치기에 다른 자극은 의식에 다다르지 못하게 되는 것인가?

칵테일파티 효과

—

지금 당신은 시끌벅적한 칵테일파티에 와 있다. 당신을 비롯해 네 명이 둥그렇게 서서 최근 증시 동향에 대해 이야기를 나눈다. 대화가 지루해지기 시작하자 다른 곳으로 시선을 돌린다. 파티장 여기저기서 대화를 나누고 있어 방 안 가득한 소음 때문에 귀가 멍멍해질 지경이다. 당신은 뒤에 있는 사람들의 대화를 엿듣는다. 그들은 실내장식은 절충성이 중요하다고 말하면서 집주인의 커튼과 소파 커버 취향을 비난한다. 더 듣고 싶은 생각이 없다. 이번에는 왼쪽 무리의 대화를 엿듣는다. 그들은 파티 참석자들의 뒷말을 하고 있는데, 당신도 아는 사람들이다. 귀가 솔깃해진다. 당신은 은근슬쩍 웃으며 하나라도 놓칠세라 그들의 대화에 집중한다. 갑자기 누군가 당신 이름을 부른다. 당신 바로 앞에 서 있는 여자가 말을 걸었지만 그녀가 무슨 말을 했는지 알 수 없다. 지금까지 다른 데 정신이 팔려 있었기 때문이다.

앞의 시나리오에서처럼 선택적으로 집중하는 것을 칵테일파티 효과(cocktail party effect)라고 한다. 방 안 전체가 왁자지껄 시끄러워도 한 번에 하나의 대화만 선택해 듣고 나머지 소음에는 소리를 끌 수 있다. 뇌는 어떻게 그 일을 할까? 주위에는 온갖 음파가 가득하다. 뇌는 무슨 음파가 중요한지 어떤 방식으로 판별해내는가? 한 번에 하나의 대화만 처리하고 그 밖의 다른 대화는 정신에 들어오지 못한다. 가장 가까이에서 이루어지는 대화도 예외는 아니다.

부주의맹(inattentional blindness) 현상에 대한 연구도 집중하는 것만이 의식에 등록된다는 주장을 더욱 뒷받침한다. 지금은 널리 알려진 재미있는 실험이 하나 있다. 심리학자 크리스토퍼 차브리스(Christopher Chabris)와 대니얼 사이먼스(Daniel Simons)는 세 명씩 두 팀으로 나눈 피험자들에게 농구공을 건네는 영상을 보여주었다. 한 팀은 흰색 티셔츠를 입었고 다른 팀은 검은색 티셔츠를 입었다. 피험자들은 흰색 팀에만 집중해 그들이 공을 건네는 횟수를 셌다. 피험자들은 영상을 다 보고 난 뒤에 흰색 팀의 패스 횟수를 답했다. 연구팀은 피험자들에게 질문했다. "고릴라 보신 분?" 영상 중간부터 고릴라(실제는 고릴라 인형 옷을 입은 여자)가 유유히 걸어 들어왔다. 고릴라는 농구선수들을 지나쳐 중앙에서 잠시 카메라를 쳐다보고 가슴을 탕탕 두드린 다음 다시 걸어 나갔다. 그러나 피험자들은 동영상을 보면서 패스 횟수를 세는 데만 집중했기 때문에 그들의 절반은 고릴라를 알아채지 못했다.[9] 믿기 어렵다면 유튜브에서 동영상을 찾아 친구들에게 실험해보기 바란다.

이와 비슷한 연구에서 코넬대학 캠퍼스를 걷는 15명의 보행자들에게 연구팀이 개별적으로 접근해 길을 물었다. 실험자와 보행자가 대화를 나누며 열심히 지도를 보고 길을 찾고 있는 동안 두 남자(실험자들이었다)가 문짝 하나를 들고 오다가 둘 사이에 무례하게 끼어들었다. 문짝을 옆으로 밀 때 첫 번째 실험자는 문 뒤쪽을 들고 있던 남자와 재빨리 자리를 바꾸어 문을 들었는데, 보행자에게는 그 모습이 보이지 않았다. 그리고 보행자 옆에는 다른 실험자(문짝을 들고 온 두 남자 가운데 한 명)가 서서 똑같은 지도로 같은 길을 물어보았다. 원래 길을 물어본 사람과 두 번째 사람은 옷차림도 다르고, 키도 5센티미터 정도 차이가 났으며, 목소리도 비슷하지 않았다. 그런데도 보행자들 가운데 절반은 자신과 말하는 상대가 갑자기 바뀌었다는 사실을 알아채지 못했다. 그들은 아무 눈치도 채지

못하고 계속 길을 가르쳐주었다.[10]

주의집중에 대한 신경생물학 연구[11]를 통해 앞의 실험 같은 결과를 얻게 한 뇌 회로 작용을 명확히 설명할 수 있게 되었다. 무언가를 보거나 듣는 순간 감각 신호는 눈과 귀에서 시각겉질이나 청각겉질까지 쭉 이어진 뇌의 변전소 시상으로 이동한다. 이 경로를 상향식 신호 전달(bottom-up signaling)이라고 한다. 이 과정이 계속됨에 따라 뇌에서 보낸 신호가 시상으로, 그리고 처음의 감각 수용체까지 전달된다. 이 과정을 하향식 신호 전달(top-down signaling)이라고 하는데, 들어오는 신호를 걸러내고 중요한 요소를 선별하고 합성해 의미 있는 장면이나 일관된 대화를 만들어낸다. 상향식 신호 전달은 법원 판사가 자동차 사고 분쟁을 조정하는 과정에 비유할 수 있다. 분쟁 조정을 위해 사고 당사자는 판사에게 사고 상황에 대해 서로의 입장을 대변하는 보고서를 제출해야 한다. 사고 순간을 명확히 목격한 증인이 있어서 그가 충돌 상황에 대한 목격자 증언을 하는 등 모든 증거가 갖춰진 상태이다. 판사는 여러 정보를 확보했지만 아직 그에게는 사건의 본질을 알려주어야 하는 일이 남아 있다. 그것이 판사의 과제다. 판사는 제출된 관련 없는 정보 조각들로 필요하면 빈틈을 메우고 경험에서 얻은 지혜까지 동원해 합리적인 이야기를 만들어내야 한다.

이것이 뇌가 매 순간순간 무더기로 쏟아져 들어오는 감각 정보를 이용해 하는 일이다. 뇌는 정보를 받아들이고, 평가하고, 과거 경험을 바탕으로 가장 핵심이 되는 정보만을 식별한 다음 마지막으로 이것을 종합해 하나의 통일된 경험으로 합쳐야 한다.

앞의 농구 비디오에는 이리저리 움직이는 사람들, 검은 티셔츠, 흰 티

셔츠, 휙휙 날아다니는 공, 방 벽, 바닥, 선수들의 얼굴 특징 등 많은 정보가 나온다. 여기서 의미 있는 정보는 무엇인가? 뇌는 무엇을 우선순위로 하여 시각적 서사를 만들어내야 하는가? 피험자들에게 주어진 과제는 흰색 팀의 패스 횟수이기 때문에 그들의 뇌는 당연히 여기에만 집중해서 상향식 신호 전달 과정을 처리할 수밖에 없다. 하지만 교통사고를 중재하는 판사처럼 뇌도 자원이 제한되어 있다. 흰색 팀의 움직임이 가장 중요한 우선순위로 등록되면 뇌에서는 검은색 팀의 움직임에는 부차적 순위를 매기고 무의식은 그 자극이 의식적 정신에 미치는 영향을 둔화시킨다. 시야에 들어온 검은색 팀의 움직임은 배경으로 묻힌다. 의도한 것이지만 고릴라 인형옷도 검은색이다. 뇌에서는 시야의 검은 부분이 중요하지 않다고 판단하기 때문에 고릴라는 배경이 된다. 그 결과 피험자의 50퍼센트가 고릴라를 알아차리지 못한다. 고릴라 색이 밝은 노란색이었다면 배경에 파묻혀 그것을 시각적 배경소음이라고 판단하는 일도 없었을 것이다. 동영상을 보면서 노란색 고릴라를 알아보지 못할 리 없었다. 뇌는 밝은색 자극을 콕 집어내 나머지 배경과 분리하는 일에 집중하고 있었기 때문이다.

똑같은 시스템이 앞의 보행자 실험에서도 작용한다. 뇌가 제한된 자원을 길을 알려주는 데만 할당하고 있었기 때문에 보행자 절반은 대화 상대가 갑자기 바뀌었는데도 알아차리지 못했다. 하지만 대체되어 들어온 실험자가 밝은 생일 고깔모자나 산타클로스 옷을 입고 있었다면 모든 보행자는 앞 사람이 바뀌었다는 사실을 알았을 것이다. 실험자 외모에 갑자기 무언가가 추가되면 뇌는 그런 시각적 측면을 더 중요하게 다루었을 것이다. 실험자 외모에 더 중요한 우선순위가 부여되면서 보행자는 외모 변화를 훨씬 잘 알아챘을지도 모른다.

이것이 칵테일파티에서 "……그녀는 벌거벗은 채 엘리베이터로 냅다 뛰어갔어!"라는 말을 들었을 때 즉시 거기에 집중하는 이유이기도 하다. 귀가 솔깃해지는 문구이지만 자주 들을 법한 말은 아니다. 또한 대화 내용이 누군가에게는 의미 있고 흥미진진한 것이기 때문에 뇌는 그 내용을 인식한다. 이름이 불리는 소리가 들렸을 때 갑작스럽게 집중이 전환되는 것도 같은 이치다. 뇌는 이름이 불리는 자극을 처리한 경력이 길기 때문에 호명을 중요한 신호라고 생각하므로 이름이 불리는 소리가 들린 곳으로 거침없이 주의를 전환한다.

2007년 칵테일파티 효과에 대한 신경학 연구에서는 금화조(錦華鳥)[12]가 여러 소리를 한꺼번에 들을 때 뇌에서 벌어지는 신경 활동을 연구했다. 금화조가 녹음된 같은 종류의 새소리에만 선택적으로 주의를 집중할 수 있는지 알아내는 것이 연구 목표였다. 그와 동시에 연구팀은 다른 종류의 새소리도 간간이 섞어 녹음한 배경소음도 함께 들려주었다. 안타깝게도 칵테일은 제공되지 않았지만 사방에서 동시에 새소리가 들린다는 점에서는 일종의 금화조 버전 칵테일파티인 셈이었다. 이런 소음에도 금화조의 뇌 활동 기록은 무언가 흥미로운 결과를 보여주었다. 일단 금화조가 수많은 소음을 감지한 것은 분명했다. 혼란스러울 정도로 일제히 쏟아지는 간섭 신호가 청각겉질에서 감지되었기 때문이다. 그러나 녹음된 같은 종류의 새소리가 들릴 때 한 종류의 파형이 뚜렷하게 치솟고 나머지 뇌파는 줄어들었다. 금화조는 시끌벅적한 소음 가운데에서도 같은 종류의 새소리라는 중요한 소리만 인식해 거기에 선택적으로 집중하고 나머지 소리는 무시하면서 배경소음으로 처리하고 있었다. 인간의 뇌도 비슷하게 작동한다. 뇌는 중요한 특정 자극을 인식해 거기에 주의를 돌리고 중요하지 않은 다른 자극을 인식해 그것이 신경계에 미치는 영향을 줄인다. 수반 방출계를 떠올리게 한다.

주의집중에 대한 신경과학 연구가 주는 교훈은 뇌가 시각적 풍경이나 소리의 혼합에서 특정 부분만을 감지하고 나머지는 배제한다는 점이 아니다. 뇌는 눈과 귀(그리고 다른 감각 수용체)가 감지하는 정보를 상당 부분 받아들인다. 문제는 정보의 양이 너무 압도적으로 많다는 것이 주의집중 연구에서 밝혀졌듯이 무의식은 감각 폭격에서 '의미 있는' 부분만 선택해 그것을 하나의 일관된 이야기로 통합하는 능력이 있다. 그 결과가 바로 의식적 경험이 된다. 칵테일파티에서 다른 대화에 정신이 팔린 순간에도 자기 이름을 알아듣는 것은 자신이 미처 알아차리지 못하는 사이에 무언가가 들어오고 있다는 뜻이다. 실제로 뇌는 감각 정보를 거의 모두 받아들이지만 의식적으로는 그 가운데 일부만 인식한다. '인식하지 못하는' 정보가 얼마나 많고 그것이 잠재의식에 어떤 영향을 미치는지 알면 깜짝 놀랄 것이다.

스트루프 효과 극복하기

한 가지 실험을 해보자. 다음의 단어를 가능한 한 빨리 읽고 각 단어가 무슨 색으로 쓰여 있는지 말해보자.

BLACK WHITE **GRAY** **BLACK** WHITE **GRAY** **BLACK** WHITE

얼마나 걸렸는가? 아마 금방 끝냈을 것이다. 쓰인 단어는 똑같다. 이번에는 단어 폰트의 색만 말해야 한다.

BLACK WHITE GRAY BLACK WHITE GRAY BLACK WHITE

이전 실험보다는 시간이 조금 더 걸렸을 것이다. 단어의 폰트 색이 단어 자체가 의미하는 색과 어긋나기 때문이다. 폰트 색을 알아맞히는 과제이지만 단어가 가진 의미가 주의를 흐트러뜨려 과제를 빨리 완수하는 데 방해가 된다. 그 결과 첫 번째보다는 두 번째 과제의 폰트 색을 말하는 데 시간이 더 많이 걸린다.

이는 이 실험을 가장 먼저 창안한 심리학자 존 리들리 스트루프(John Ridley Stroop)의 이름을 따서 스트루프 효과(Stroop effect)[13]라고 한다. 99퍼센트 이상의 사람에게 존재하는 스트루프 효과는 오랫동안 연구되고 많이 정립된 이론이다.[14] 스트루프 효과는 통제할 수 있는 현상이 아니다. 연습하면 반응 시간을 조금 줄일 수는 있겠지만 단어의 의미와 폰트 색이 일치할 때보다는 그렇지 않을 때가 여전히 답을 말하기까지 시간이 훨씬 오래 걸린다. 스트루프 효과는 서로 경쟁하는 인지 신호들이 뇌에서 충돌하면서 생긴 결과이기 때문이다. 단어는 A를 의미하는데, 그 단어의 폰트 색은 반대인 B다. 폰트 색을 정확히 가려내기 전에 뇌는 먼저 모순된 표현부터 가려내야 하는데, 그러려면 시간이 걸린다. 그런 반응 시간의 증가가 이른바 스트루프 효과다. 스트루프 효과를 줄이기 위해 할 수 있는 방법은 별로 없지만 한 가지 예외적인 방법이 있다면 바로 최면이다.

최면에 걸린 피험자에게 스트루프 과제를 주면[15] 반응 시간이 훨씬 빠르다. 그들은 단어 의미와 글자 색이 딱 들어맞는 과제와 충돌하는 과제의 반응 시간 차이가 거의 나지 않을 정도로 매우 능숙하게 문제를 푼다. 최면에 걸린 피험자들은 단어의 의미에 방해받지 않고 부담 없이 폰트 색을 답할 수 있다. 지금의 과제에 철저히 집중하고 있기 때문에 충돌되는 자극은 무시한다. '간단히 말해 최면은 스트루프 효과를 없앨 수 있다.' 최면 상태에서는 반응 시간을 느리게 만드는 뇌의 충돌이 차단된다. 도대체 어떻게? 뇌의 어느 부분에서 충돌이 해결되고 최면은 어떻게 끼어드는가?

fMRI와 PET 스캔 등의 기법을 이용한 뇌 신경 촬영 연구에서[16] 피험자가 스트루프 과제를 푸는 동안 이마앞엽겉질 아래에 위치한 앞대상겉질(전측대상피질)이 활성화된다는 것이 밝혀졌다. 앞대상겉질은 감정 처리와 주의집중 보조를 포함해 여러 기능을 한다.[17] 1장에서 살펴보았듯이 앞대상겉질은 "모세는 방주에 같은 종류의 동물을 몇 마리씩 태웠는가?"와 같은 질문의 왜곡된 부분을 찾아내는 역할을 한다. 이 질문에서는 전체적으로 노아를 생각하지만 실제 질문에 언급된 이름은 모세다. 스트루프 과제도 단어 인식과 색 인식을 대비시킴으로써 함정에 빠뜨린다. 왜곡 질문이나 스트루프 과제에서는 모순된 부분을 가려내는 데 앞대상겉질이 도움을 주는 것으로 보인다.

앞대상겉질에 대한 연구가 다양하게 진행되면서 이 영역이 뇌의 모순과 충돌을 검열하는 곳임이 입증되었다. 스트루프 과제 같은 인식 모순을 접할 때마다, 객관식 문제의 보기를 놓고 고민할 때마다, 실수를 처리할 때마다, 떠오르는 여러 단어 가운데 알맞은 단어를 고민할 때마다 앞대상겉질은 열심히 일을 한다.[18] 앞대상겉질은 이렇게 충돌을 점검해야 하는 상황이 오면 상황을 가려내고 해결하는 책임을 진다.

스트루프 과제는 앞대상겉질에서 처리되고 최면은 스트루프 효과를 없앨 수 있다. 그렇다면 최면이 앞대상겉질에 영향을 미칠지도 모른다고 가정할 수 있다. 최면은 어떤 방식으로 신경학적 그림에 작용하는가? 신경과학자이며 심리학자인 존 그루질리어(John Gruzelier)[19]는 이 질문의 답을 얻기 위해 실험을 했다.

존 그루질리어는 스탠퍼드 최면 감수성 척도(Stanford Hypnotic Susceptibility Scale)라는 검사 도구를 활용해 최면에 쉽게 걸리는 피험자 집단을 찾아내 실험했다. 존 그루질리어는 피험자들에게 정상 상태에서 한 번, 최면 상태에서 한 번, 총 두 번에 걸쳐 스트루프 과제를 풀게 했다. 피험자들이 두 번의 과제를 푸는 동안 fMRI로 그들의 뇌 활동을 촬영했다.

최면에 걸린 피험자들은 최면 전보다 최면 후에 앞대상겉질이 확연히 활발하게 활성화되는 것이 뇌 영상 자료를 통해 밝혀졌다. 직관에 반대되는 결과였다. 최면에 걸리면 뇌가 충돌을 감지하지 못하고 폰트 색깔에만 집중하기 때문에 앞대상겉질 활동이 줄어든다고 가정하기 십상이다. 그러나 뇌에서 충돌 해결의 중심인 앞대상겉질은 사실 초과 근무도 마다하지 않는 듯하다. 그렇다면 최면에 걸린 피험자들은 스트루프 효과를 어떻게 극복하게 된 것인가?

이 부분에서 존 그루질리어의 두 번째 실험 결과가 나온다. 대조군(최면에 걸리지 않은 피험자들)은 앞대상겉질과 함께 이마엽도 같이 빛났는데, 이는 두 영역이 소통을 한다는 뜻이었다. 짐작하건대 대조군의 앞대상겉질은 충돌 신호를 무의식적으로 감지하지만 의식적 분석으로 모순을 가려내기 위해 이마엽에 충돌 신호를 보고하는 것임에 틀림없다. 이렇게 해서 대조군은 스트루프 과제를 의식적으로 인식해서 풀게 되고 그 속도는 느려진다. 그리하여 단어의 의미와 폰트 색이 일치하지 않을 때 반응 시간이 훨씬 늦어지는 것이다.

하지만 최면에 걸린 피험자의 뇌 활동은 다르다. 그들은 앞대상겉질만 빛난다. 이마엽은 잠잠하다. 두 영역은 평소와 달리 서로 공조하지 않는다. 존 그루질리어가 발견한 바에 따르면 최면은 앞대상겉질의 무의식적인 충돌 점검을 이마엽의 의식적 분석과 분리시킨다. 그 결과 이마엽은 앞대상겉질이 단어 뜻과 폰트 색의 충돌을 감지했다는 메시지를 수신하지 못한다. 앞대상겉질은 메시지가 전달되지 못했다는 사실을 알고 더 열심히 활동한다. fMRI에 이 부분의 활동 강화가 보이는 것도 이런 이유에서다. 앞대상겉질은 신호 소통이 단절되었다는 사실을 모르고 어떻게든 충돌을 보고하기 위해 바삐 움직이지만 이마엽은 묵묵부답이다.

최면으로 스트루프 효과가 없어지는 이유는 최면이 충돌 점검을 방해해서가 아니라 충돌 보고를 방해하기 때문이다. 평소에는 소통하던 두 영역(앞대상겉질과 이마엽)이 단절되면서 이루어지는 성과다. 이 성과의 의미를 다르게 생각하면 이렇다. 최면 때문에 앞대상겉질과 이마엽이 따로따로 활동하면서 뇌가 의식을 관찰하고, 충돌을 인식하고, 착오를 해결하는 방식에도 변화가 생긴다. 그렇기 때문에 존 그루질리어는 최면에 걸린 피험자가 평소에는 하지 못할 엄청난 일도 할 수 있게 된다고 말한다.

최면은 뇌의 정보 프로세스를 바꾼다. 그렇기 때문에 최면술사는 최면을 거는 대상에게 강한 영향력을 행사할 수 있다. 반면에 최면 상태에서 들어오는 암시는 이마엽의 엄격한 의식적 검열이 작동 중인 사람에게는 통하지 않는다. 존 그루질리어도 말했다시피[20] 이런 이유로 인해 최면에 걸린 사람은 상상의 매와 싸운다고 믿으면서 셔츠를 찢으려는 우스꽝스러운 행동도 할 수 있다. 매가 날아들어왔다는 최면술사의 말은 실제로는 매가 보이지 않는 내 친구의 시각 지각과는 충돌하는 것이었다. 하지만 친구의 의식은 그 충돌을 인지하지 못했고 상상으로 빈틈을 메웠다. 의식의 방어 레이더가 무너지고 그 무너진 틈새로 최면술사의 말이 몰래 스며들었다. 최면술사의 말이 정상적일 때의 말보다 훨씬 강한 영향력(그리고 더 강한 접근력)을 행사한다면 얼마나 더 강하다는 것인가? 최면술사는 그 대상에게 어디까지 명령할 수 있는가?

일단 최면에 걸리면 최면 암시는 의식의 검열을 받지 않고 머릿속으로 들어갈 수 있다. 머릿속에 들어온 최면 암시는 의식적 분석을 피하는 잠재의식 메시지와 비슷한 수준의 힘을 발휘한다. 잠재의식의 영향력은 그 역사가 길고 매우 흥미로운 주제다. 그 역사를 통해 잠재의식이 행동에 미치는 영향력에 대해서도 어느 정도 예견할 수 있다.

팝콘 드세요, 콜라 드세요

한국전쟁 직후, 영화 〈맨추리언 캔디데이트〉가 상영되기 직전인 1950년대에 광고전문가 제임스 비케리(James Vicary)는 비밀 실험을 했다. 그는 뉴저지 주 포트리의 영화관 영사기 옆에 작은 영사기를 설치했다. 이 작은 영사기는 영화가 상영되는 동안 "팝콘 드세요", "콜라 드세요"[21]라는 문장을 순식간에 스크린을 비추었다 사라지게 만들었다. 이 문장은 한 번에 1,000분의 3초만 나왔다. 관객이 의식적으로 알아차리기에는 너무 짧은 시간이지만 관객의 신경계가 무의식적으로 영향을 받기에는 충분히 긴 시간이었을 것이다. 6주가 지나 거의 4만 6,000명의 관객이 영화를 본 후 제임스 비케리는 콜라는 18퍼센트, 팝콘은 58퍼센트가량 판매량이 급증했다고 발표했다.

신문에 실린 실험 결과를 읽은 독자들은 불길하다는 느낌을 받았다. 무언가 침해당했다고 생각했다. 《뉴스데이(Newsday)》는 이 실험 결과를 "원자폭탄 이후 가장 깜짝 놀랄 만한 이야기"[22]라고 전했다. 누군가 들키지 않고 내 머릿속에 몰래 들어와 멋대로 결정할 수 있다면? 설상가상으로 이런 잠재의식 메시지를 이용해 정신을 완전히 조종하는 기계도 발명할 수 있을지 모른다는 상상까지 하게 되었다. 이 신문 기사에 대한 논평 가운데 하나는 이렇게 썼다. "이 기계가 팝콘을 먹고 싶다는 생각을 하게 만드는 데 성공했다면[23] 정치가나 다른 것에도 생각을 심을 수 있지 않겠는가?" 『멋진 신세계(Brave New World)』의 작가 올더스 헉슬리(Aldous Huxley)도 논쟁에 가담했다. 그가 가장 먼저 꺼낸 말은 어쩌면 몇 년 내에 "자유의지가 완전히 사라질 수도 있다"[24]는 것이었다.

그래서 잠재의식 통제의 가능성을 두려워하는 시대가 시작되었다. 이 두려움은 1990년 여름 록밴드 주다스 프리스트와 CBS 레코드가 가사에 잠재의식 메시지를 몰래 심었다는 혐의로 기소되어 재판을 받게 되면서 최고조에 이르렀다. 5년 전 레이 벨냅과 제임스 밴스 두 10대 소년이 주다스 프리스트의 〈베터 바이 유, 베터 댄 미(Better by You, Better Than Me)〉를 들은 후 곧바로 소형 산탄총을 들고 근처 운동장에서 자신들의 머리에 총을 쏜 사건이 있었다. 재판 결과 이 헤비메탈 밴드의 음반에는 "저질러(Do it)"라는 메시지가 여러 군데에 숨겨져 재생되었으며 앨범 커버에도 폭발하는 사람 머리를 관통하며 지나가는 발사체 그림이 숨겨져 있는 것으로 밝혀졌다.[25]

재판 결과 CBS 레코드가 이겼다. 레이 벨냅과 제임스 밴스는 약물, 좀도둑질, 심지어 폭력 전과도 있었다. 판사는 두 소년의 가족에게 유리한 판결을 내리기에는 인간의 행동, 특히 자살 같은 중요한 문제를 선택하는 행동에 잠재의식이 커다란 영향을 미친다는 것이 증거로는 미흡하다고 결론내렸다. 윌슨 키(Wilson Key)라는 전문가의 증언도 유리하게 작용하지 못했다. 윌슨 키는 과거 잠재의식적 성 메시지가 모든 제품과 의사소통 형태 곳곳에 스며들어 있다는 내용의 책을 여러 권 출간했다. 그는 청바지 광고는 술에 넣은 얼음에 '섹스'라는 단어를 숨겨놓았고, 리츠 크래커는 과자 안에 '섹스'라는 단어를 넣어 구웠으며, 레스토랑 광고에 나오는 요리에는 한 무리의 남자가 당나귀와 성행위를 벌이는 잠재의식 그림이 숨겨져 있다고 주장했다. 재판 반대 심문에서 밝혀진 결과 잠재의식 메시지에 대한 윌슨 키의 견해는 도를 넘어 편집증적 수준이었고 근거가 전혀 없었다.

변호사 : 5달러 지폐의 링컨 수염에 '섹스'라는 단어가 적혀 있는 것을 확인했나요?[26]

키 : 그렇습니다.

변호사 : 그럼 미국 정부가, 정확히 말하면 조폐국이 의도적으로 그렇게 했다는 말인가요?

키 : 네.

변호사 : 캐나다도 캐나다 화폐에 똑같은 짓을 했다는 거고요?

키 : 네, 그렇게 생각합니다.

변호사 : 《타임》지 표지에도 똑같은 잠재의식 메시지가 숨겨져 있고요?

키 : 네, 네.

변호사 : 힐턴 호텔 메뉴에도요?

키 : 네.

변호사 : 초등학교 교과서도요?

키 : 네. 물론입니다.

나중에 밝혀진 것처럼 제임스 비케리의 "팝콘 드세요, 콜라 드세요" 실험도 사실이 아니었다. 이 실험은 과학 전문지에 발표되지도 않았고 다른 연구팀이 다시 실험하지도 않았다. 캐나다 공영방송인 CBC도 똑같은 실험을 했다.[27] CBC는 일요일 밤에 방송되는 인기 프로에서 "지금 전화하세요"라는 잠재의식 메시지를 350회 이상 내보냈다. 그러나 전화는 한 통도 오지 않았다. 나중에 CBC는 시청자들에게 방송에 숨겨져 있었을 법한 메시지 내용을 추측해보라는 문제를 냈다. 500통에 달하는 편지가 접수되었지만 정답이 적힌 편지는 한 통도 없었다. 응답자의 거의 50퍼센트는 프로그램을 시청하는 동안 배가 고프거나 갈증이 났다고 말했다. 시청자들은 과거에 많이 회자되었던 팝콘/코카콜라 실험처럼 이번의 잠재의식 메시지도 음식과 관련된 메시지일 것이라고 추측하는 것이 분명했다.

게다가 제임스 비케리의 실험이 진행되었을 것이라고 추정되는 영화관도 너무 작아 그가 주장한 관객수를 모두 수용할 수 없었고, 극장 관리자도 그런 실험 진행에 대해 들은 바 없었다.[28] 실험은 거짓말이었다.

그런데도 잠재의식 메시지 개념은 여전히 존재하며, 잠재의식이 던지는 질문의 의미도 논의해볼 가치가 충분히 있다. 잠재의식 메시지는 어느 정도까지가 진짜인가? 잠재의식 메시지는 어떤 영향을 미치고 그 영향력은 어느 정도까지 확장될 수 있는가?

의식은 인지하지 못한 얼굴

제임스 비케리와 다른 사람들로 인해 과장된 면이 있지만 잠재의식 메시지는 실제로 존재하며 신경과학자도 그것을 여러 형태로 변형해 연구에 응용한다. 이런 실험 기법 가운데 하나가 두 개의 이미지를 차례대로 보여주는 백워드 마스킹(backward masking)이다.[29] 먼저 첫 번째 이미지(프라임이라고 한다)를 1,000분의 50초 이내로 보여준 후 두 번째 이미지(마스크라고 한다)를 수초 동안 제시한다. 마스크는 직사각형 등 중립적 형태의 기본 도형이다. 1,000분의 50초는 의식이 인지하기에는 노출 시간이 매우 짧다. 따라서 1,000분의 50초 안에 프라임이 마스크 이미지로 바뀌면 피험자들은 처음 이미지를 아예 보지도 못한다. 그들은 두 번째인 마스크 이미지만 본다. 그러나 과학자들의 발견에 따르면 프라임 이미지가 피험자들의 눈에는 보이지 않았을지라도 그 이미지의 정보는 뇌의 무의식에 깊이 각인되었다.

한 심리학자 연구팀은 이 기법으로 가톨릭교도들과 심리학과 대학원생들을 대상으로 두 가지 실험을 했다. 가톨릭교를 믿는 피험자들에게 밀회를 꿈꾸는 여인이 나오는 외설적인 글을 읽게 했다. 글을 읽고 어느 정도 시간이 지난 후 피험자들은 두 집단으로 나뉘어 프라임 이미지를 보았다. 절반은 실망스러운 눈으로 쳐다보는 교황의 사진을, 나머지 절반은 모르는 사람의 얼굴 사진이었다. 두 프라임 이미지는 모두 1,000분의 2초에서 1,000분의 3초 동안만 제시되었다가 곧바로 중립적 이미지로 바뀌었다.

잠재의식 이미지를 본 피험자들은 자신의 종교적 신실함을 평가하는 질의서를 작성했다. 연구팀은 이 질의서를 피험자들이 잠재의식 이미지를 보기 전에 직접 작성했던 똑같은 질의서의 자기평가 내용과 비교했다. 모르는 사람의 얼굴을 아주 짧은 시간 동안 본 가톨릭 신자 피험자들은 자기평가 점수에 변화가 없었다. 얼굴을 보기 전후의 평가 점수는 똑같았다. 그러나 프라임 이미지로 실망한 듯한 표정의 교황을 아주 잠깐만 본 피험자들은 교황 얼굴이 의식에는 전혀 인식되지 않았는데도 두 번째 평가에서 자신의 신실함에 더 박한 점수를 주었다. 그들은 자신들이 도형 그림만 몇 개 보았다고 생각할 뿐이었다.

심리학과 대학원생들에게도 비슷한 실험을 했다.[30] 그들에게는 잠재의식적인 프라임 이미지로 학과장의 못마땅해하는 얼굴이나 모르는 사람의 얼굴을 보여준 후 자신의 연구 아이디어를 자체 평가하는 질의서를 작성하게 했다. 못마땅해하는 학과장의 얼굴을 순식간에 본 학생들은 자신의 연구에 비교적 낮은 점수를 매겼다. 반면에 모르는 사람의 얼굴을 본 학생들은 이미지에 영향을 받지 않았다. 두 실험 모두 눈에 보이지 않았고, 심지어 존재하는지조차 몰랐던 자극이 피험자들의 감정이나 아이디어 평가 능력에 영향을 미쳤다.

당신이 슈퍼마켓을 나서는데 계산원의 얼굴에 불쾌하다는 표정이 짧은 순간 떠올랐다 금세 사라진다. 당신이 감자칩과 음료수 가격을 동전으로만 냈기 때문이다. 당신은 그 표정을 보지 못한 채 하루 일과를 시작한다. 1시간 후 친구와 전화 통화를 하는데 갑자기 기분이 착 가라앉는다. 뚜렷한 이유는 모르겠다. 무슨 이유에서인지 기분이 나빠진다. 당신이 의식하지 못한 계산원의 불쾌한 표정이 하나의 잠재의식 메시지가 되어 특별한 이유를 찾을 수 없는 감정을 불러일으킨 것일 수도 있다.

이제 보디랭귀지가 우리에게 미치는 영향에 대해 살펴보자. 누군가 당신에게 평소보다 2센티미터에서 3센티미터 정도 가까이 서 있다. 당신은 알아차리지 못하지만 나중에 의문이 든다. 그녀가 추파를 던진 것이었나? 어느 날은 새 고객이 조금 세게 악수한다. 아주 조금 더 센 정도다. 그 고객이 사무실을 나가는 순간 당신은 무언가 찜찜한 느낌이 든다. 그는 약간 거만하게 굴었지만 당신은 그런 분위기를 눈치채지 못했을 수 있다.

백워드 마스킹에 대한 연구는 우리가 알아차리지 못하는 순간순간이 다른 사람을 판단하는 방식에 영향을 미칠 수 있음을 보여준다. 한 실험에서 피험자 26명에게 프라임 이미지[31]로 공포에 질린 표정, 역겨워하는 표정, 무표정을 보여주었다. 이번에도 1,000분의 몇 초 동안만 프라임을 보여주었기 때문에 피험자들의 의식에는 남지 않았다. 프라임 이미지를 본 피험자들은 무표정한 사람들 사진을 여러 장 본 다음 사진 속 사람들이 얼마나 진실해 보이는지 묻는 질문에 답했다. 프라임 이미지로 아주 잠깐 동안만 공포에 질린 표정이나 역겨워하는 표정을 본 피험자들은 무표정을 본 피험자들보다 마스크 이미지의 무표정을 좀더 가식적이라고 판단했다. 또 다른 연구에서는 피험자들에게 화나거나 슬픈 얼굴을 프라임 이미지로 보여준 후[32] 비극적 사건을 분석하는 과제를 주었다. 프라임 이미지로 슬픈 얼굴을 본 사람들은 안타까운 상황으로 인해 사건이 일어났다고 평가한 반면, 화난 얼굴을 본 사람들은 인간의 잘못된 행동이 그런 비극을 불러왔다고 평가하는 성향이 강했다.

행동적 관점에서 보면 백워드 마스킹 같은 잠재의식적 프라임 이미지를 사용하는 기법은 우리가 자신을 인식하는 방식과 다른 사람을 인식하는 방식, 상황을 판단하는 방식에 영향을 미칠 수 있다. 잠재의식 메시지가 효력을 발휘하는 것이다. 그렇다면 어떻게 효력을 발휘하는가? 뇌에서 무슨 일이 벌어지기에 의식은 전혀 인식하지 못하는데도 프라임 이미지가 우리에게 영향을 미치는 것일까?

fMRI를 이용한 연구에 따르면[33] 무서운 얼굴 사진이 의식에 인식되면 뇌 전체의 영역이 점화되기 시작한다. 가장 먼저 눈의 수용체에서 보낸 신호는 시각로를 따라 올라가 머리 뒤쪽에 위치한 뒤통수엽(시야 확인 담당)에 이른다. 그런 다음 신호는 이마엽과 마루엽으로 이동한다. 그리고 한바탕 증폭된 신경 활동으로 인해 눈에 비친 것을 해석하고 분석할 여지가 생긴다. 무서운 얼굴을 보았기 때문에 편도(감정 처리 담당)도 활성화된다. 이런 소동이 모두 가라앉으면 피험자는 사진의 표정을 의식적으로 인식한다. 사진 속의 위협적 표정을 알아차리고 두려움을 느끼며, 심지어는 저 사람이 왜 저런 표정을 짓고 있는지, 혹시 심리요법이 필요한 사람은 아닌지 의아하게 생각할 수도 있다.

이와 반대로 똑같은 사진일지라도 백워드 마스킹 기법으로 보여줄 경우 뇌의 활동 패턴은 매우 달라진다. 경로의 시작은 똑같다. 눈의 수용체에서 시작된 신호는 시각 경로를 따라 올라가고 관련 시각핵을 통과한 다음 뒤통수엽에 도착한다. 그리고 여기부터는 이전과는 다른 시나리오가 전개된다. 신호는 이마엽에서 증폭되지 않으며 fMRI에도 신경 활동 폭발이 잡히지 않는다. 이마엽은 비교적 잠잠하다. 하지만 다른 영역이 갑자기 활성화되기 시작한다. 뇌의 저 깊은 곳에 위치한 편도가 밝아지면서[34] 의식적으로 보지 못한 사진 속의 무서운 표정을 처리하기 시작한다.

해당 피험자는 사진을 보았다는 것을 인식하지 못한다. 이마엽에서는 어떤 분석이나 해석도 하지 않는다. 그가 알기로는 그는 그런 무서운 얼굴을 보지 못했다. 하지만 잠재의식적인 프라임 이미지는 그의 뇌에 각인되었고 편도를 비롯한 신경계는 그도 미처 인식하지 못한 그 사진이 불러일으킨 감정을 분주히 처리하기 시작했다.

이것은 지하철에서 누군가가 지나치듯 흘낏 보낸 시선, 라디오에서 들은 노래의 가사 한 줄, 곁눈질로 바라본 포스터 등과 같이 우리가 미처 의식하지 못해도 어떤 한순간이 우리에게 영향을 미칠 수 있음을 의미한다. 감각 수용체에 들어오는 어떤 것이든 잠재적으로 영향을 미치거나 그만큼 미묘하게 우리의 감정과 거기에 따르는 결정에도 영향을 미칠 수 있다. 하지만 우리는 그런 영향을 알아채지 못한다.

그런 잠재의식적 영향력은 어느 정도나 강한가? 여기에 대해서는 의견이 분분하다. 한 실험에서는 대학생을 두 집단으로 나누어 모집했다.[35] 첫 번째 집단은 거미를 무서워하는 학생들이었고, 두 번째 집단은 거미를 무서워하지 않는 학생들이었다. 두 집단의 학생들에게 행복해하는 표정이나 찌푸린 표정의 프라임 이미지를 보여준 후 거미 사진에 대한 불쾌도를 평가하게 했다. 거미를 두려워하지 않는 피험자 집단은 조금 영향을 받았다. 행복한 얼굴 표정의 프라임 이미지를 본 집단은 거미 사진에 좀더 무덤덤한 반응을 보였지만 찌푸린 표정의 이미지를 본 집단은 더 혐오스럽다는 반응을 보였다. 하지만 거미를 무서워하는 학생 집단은 전혀 영향을 받지 않았다. 잠재의식적인 프라임 이미지는 어떤 영향도 미치지 못했는데, 이는 이미지가 너무 약해서 거미공포증 같은 강한 감정에는 별달리 영향을 미치지 못하기 때문인 것으로 여겨진다.

한편, 백화점들은 도난을 줄이기 위해 잠재의식 메시지를 활용했다. 백화점들은 음악 방송을 내보낼 때 도덕적 행동을 장려하는 "난 정직해, 난 훔치지 않을 거야"[36]라는 말을 곳곳에 숨겨 반복해서 들려주었다. 일부 백화점은 덕분에 도난이 크게 줄었다고[37] 주장했다. 정말 연관이 있는 결과인가, 단순한 우연의 일치인가? 백화점의 음악에 숨겨진 말이 잠재적 도난범의 잠재의식에 영향을 미쳐 도난 행위가 방지된 것일까? 아마도 아닐 것이다. 딱 잘라 말하기는 어렵지만 잠재의식에 미치는 자극이 조금 영향을 주기는 해도 행동이 180도 바뀔 정도까지는 아니라는 것이 전체적인 의견이다.

잠재의식 메시지는 과장되게 평가절상되고 있지만 그 영향력은 뚜렷하지 않다. 하지만 최면은 매우 분명하고 근본적인 영향을 미친다. 이 영향력의 차이는 최면과 잠재의식 메시지가 의식과 상호 교류하는 방식에 있다. 잠재의식 메시지는 의식적 인식을 완전히 피한다. 그러다보니 대상의 사고를 조종하는 능력에도 제한이 따른다. 사진을 의식적으로 본 것이 아니라면 그 사진이 뜻하는 대로 행동하거나 거기에 맞게 행동을 조종하는 결정도 내릴 리 없다. 잠재의식 메시지는 신경계에서 편도의 활동에만 영향을 준다. 즉 감정 상태도 조금만 변한다는 것이다. 잠재의식 메시지가 개인의 행동에 조금 영향을 미쳐 자가 채점 결과가 약간 달라질 수 있지만, 그렇다고 결과 전체가 달라질 정도로 커다란 영향은 아닐 수 있다. 의식에 접근하지 못하기 때문에 잠재의식 메시지가 행사할 수 있는 영향력의 최대치도 낮다. 볼링공의 경로를 구슬치기로 바꾸려는 시도와 비슷하다.

이와 반대로 최면은 볼링공을 던지는 방식 자체를 바꾼다. 최면은 의식적 인식을 피하지 않는다. 피험자는 자신이 들은 암시를 의식적으로 충분히 인식하고 있다. 최면은 의식의 '사용'방법을 바꾼다. 피험자는 최면술사가 설명하는 상상의 이미지에 완전히 빠져 그 말을 맹목적으로 받아들인다. 최면은 의식적 인식을 회피하기보다는 대상을 진정시켜 검열과 분석을 하지 않게 만든다. 또한 대상자로 하여금 자기 행동을 검열하는 것이 아니라 상상을 하는 데 정신을 집중하게 하고, 그럼으로써 경험을 수동적으로 받아들이게 만든다.

내 친구도 최면술사가 매 이야기를 했다는 것을 의식적으로는 알고 있었다. 잠재의식 메시지가 아니었다. 친구는 최면에 걸린 내내 최면술사의 말을 인지하고 있었다. 순간적으로 스쳐 지나간 백워드 마스킹 실험의 얼굴과 달리 친구는 그 일을 문제없이 기억했다. 최면의 힘은 최면술사의 말이 이상하다고 생각할 능력과 더 나은 판단력으로 갈등할 수 있는 능력을 억압했다.

최면이 잠재의식 메시지보다 강한 이유는 의식은 물론 그 안에 담긴 결정 능력과 사고 능력, 연상 능력에 접근할 수 있기 때문이다. 더욱이 최면에 빠져 있는 동안 자기검사 능력과 갈등 해결 수단은 최면술사가 제시하는 그림이나 소리에만 온전히 몰두하게 만든다.

제임스 비케리의 잘못은 그의 연구가 가짜라는 데 있지 않다. 그보다는 잠재의식 기법을 이용하면 의식적 인식을 완전히 피해 더 효과적인 광고를 할 수 있다고 생각한 데 있다. 밝혀졌듯이 성공적인 광고는 실제로 잠재의식 메시지보다는 최면과 공통점이 훨씬 더 많을 수 있다.

뇌에 자리잡은 브랜드 네임

광고에는 수많은 유형이 있다. 어떤 광고는 제품의 실용성을 강조한다. 대표적인 예로 빼기 힘든 섬유 얼룩도 말끔히 지워준다는 옥시클린 광고를 들 수 있다. 다른 광고는 시청자들의 마음에 제품과 관련해 긍정적 연상을 불러일으키는 데 초점을 맞춘다. 한 남자가 액스(Axe) 보디스프레이를 뿌리자 비키니 차림의 여자들이 그 남자 주위로 몰려드는 광고처럼 노골적인 방식을 쓴다. 반면에 1984년의 성공적인 브리티시 항공 광고[38] 처럼 은근한 방식으로 연상을 불러일으키는 것도 있다. 내레이션은 넓은 기내 좌석을 설명했지만 이 광고의 진짜 위력은 마음의 긴장을 풀어주는 배경음악에 있었다. 광고의 다양한 유형과 효력에 대한 이론은 이 책에서 논할 문제가 아니다. 하지만 특정 광고가 뇌 활동에 어떤 영향을 미치는지 살펴보는 동시에 최면과 유사점이 많은 만큼 광고가 뇌에 미치는 영향을 통해 최면이 행사하는 영향력의 메커니즘은 무엇이고 그 정도는 얼마나 되는지 알아보는 데 초점을 맞추려 한다.

임상심리학자이자 최면요법 전문가인 마이클 얍코(Michael Yapko)는 광고가 우리의 상상을 자주 부추긴다는 점에서 최면과 매우 비슷하다고 주장한다. 그의 말에 따르면 최면술사처럼 광고도 우리가 받아들이지 않을 수 없는 환상을 보여준다. 이런 환상을 통해 광고는 그 제품을 쓰면 삶이 더 나아질 것이라고 암시한다. 마이클 얍코는 다음과 같이 말한다.

> 광고주들은 일단 제품 니즈부터 만들기 시작한다.[39] …… 대표적인 기법은 당신을 광고 등장인물과 동일시하게 만드는 것인데, 그 사람이 사용한 방법대로 제품을 사용하면 당신도 문제를 해결할 수 있다고 생각하게 만들기 위해서다. 그러고는 당신이 그런 현명한 선택을 한 덕분에…… 얼마나 [훨씬] 똑똑해지는지, 남자다워지는지, [아니면] 여성스러워지는지 설명함으로써…… 당신의 구매 습관을 강화시키는 작업에 들어간다. 모든 분야의 광고가 사용하는 단어와 이미지에는 당신의 구매 행동에 영향을 미치려는 의도가 숨겨져 있다.

최면술사도 광고처럼 대상자에게 환상을 심어주려 할 때 감각 언어를 최대한 많이 사용한다. 최면술사는 "당신은 덥고 땀이 난다고 느낍니다", "초록색 풀밭과 우거진 나무가 보이고 졸졸 흐르는 시냇물 소리가 들립니다" 등의 말을 자주 쓴다. 마이클 얍코는 이런 피암시성(suggestibility)이 "새 아이디어와 새 정보를 받아들이고 반응하는 개방성"이라고 설명한다. 광고에 묘사된 시나리오와 자신을 동일시할수록 광고의 암시를 받아들이는 개방성도 높아진다. 광고의 접근법 가운데 하나는 시청자로 하여금 자신을 광고에 나오는 등장인물, 이를테면 치아가 누런 등장인물과 똑같은 사람이라고 상상하게 만드는 것이다. 시청자는 등장인물이 호감을 느낀 이성에게 누런 치아 때문에 무시당하는 장면을 보고 자신의 아픔처럼 느낀다. 이런 상상이 이루어지게 되면 시청자는 더 개방적인 태도로 광고 제품 사용을 고민하게 될지도 모른다. 이 경우 광고에 나온 제품은 치아미백제다.

새벽 1시의 텔레비전에서는 운동 기구 광고가 굉장히 많이 나온다. 그 광고는 간단한 로잉 모션 한 번으로도 끔찍한 모습에서 탄탄해 보이는(그리고 태닝도 한) 모습으로 바뀔 수 있다고 말한다. 지친 몸으로 소파에 널브러져 포테이토칩 부스러기를 옷에 흘리며 먹고 있다가 하루 중 그 순간만큼은 "저거 주문해야지!"라는 생각을 할 수 있다. 광고는 운동 기구의 효능을 과장해서 선전하지만 그것을 알아차리기에는 너무 지쳐 있고 귀찮고 몸매도 엉망이다. 그래서 광고의 암시에 더 쉽게 빠져들어 날씬해지고 싶어하는 광고 속 등장인물과 동일시해 설득력 없는 광고에 커다란 영향을 받는다.

마이클 얍코는 최면 암시의 효과를 높이는 요소에 대해 많은 연구를 했다. 하지만 최면 효과를 지닌 텔레비전 광고를 설계하는 방법은 또 다른 문제였다. 그는 광고에 최면 효력을 불어넣는 특징을 35가지로 정의했는데, 몇 가지만 소개하면 다음과 같다.[40]

- **당근 원칙** : 광고는 제품 사용에서 얻을 보상을 기대하게 만든다. '민트 껌을 씹으면 늘씬한 금발머리 미녀의 키스를 받게 될 것입니다.'

- **관계** : 광고는 따뜻한 분위기로 제품과 관련된 긍정적 연상을 불러일으킨다. '해변에 한가롭게 누워 맥주를 마시고 있다.'
- **긍정적 암시** : 광고는 부정적인 말보다는 긍정적인 말을 쓴다. '우리 회사의 저칼로리 샌드위치를 먹으면 살이 찌지 않고 더 날씬해질 수 있습니다.'
- **지배 감정 효과** : 광고는 시청자를 지배하는 감정에 호소해 메시지를 전달한다. '우울하십니까? 따분하십니까? 이 차로 자유를 누리세요.'
- **연쇄 암시** : 광고는 시청자에게 어떤 행동을 하면 그것에 따라 다른 행동도 같이 해야 한다고 말한다. '아이가 늘어나면 대학 학자금 저축도 늘려야 하고, 대학 학자금 저축을 늘리려면 학자금 저축 상품에도 더 많이 투자해야 합니다.'
- **혼란** : 광고 마지막에 제품을 공개해 시청자는 그동안 쌓인 갈등이 해결된 후에야 상황을 이해할 수 있게 된다. '남자는 은행 강도짓을 저지르려는 것 같았다. 하지만 그는 자신의 편안한 스키 마스크를 자랑하려는 것이었다.'
- **시각화와 비유** : 광고는 제품과 관련된 감각 경험을 묘사한다. '육즙이 살아 있는 버거와 톡 쏘는 머스터드소스. 입안에서 파티가 벌어집니다.'

친숙한 텔레비전 광고를 생각해보자. 프랜차이즈 레스토랑 올리브가든 광고를 예로 들어보자. 이 광고를 유심히 보면 여러 군데에 최면 요소가 있다. 좋은 친구들과 식탁에 둘러앉아 웃음 가득한 대화를 나누며 메뉴를 고르는 장면과 함께 잔잔한 재즈 음악이 배경에 흐르면서 광고가 시작된다. 카메라가 무리의 일원인 당신을 같은 눈높이에서 줌인한다. 친구들이 미소를 지으며 정감 어린 대화를 나누는 중에 온화하고 매력적인 목소리의 내레이터가 맛있는 소스와 신선한 빵을 설명한다. 김이 모락모락 나는 알프레도 소스 한 국자가 파스타에 뿌려진다. 올리브가든. "이곳에서는 우리 모두 가족입니다."

전혀 사심 없이 온기만 가득해 보이는 그 15초 동안 광고에는 마이클 얍코가 이야기한 조종 전술 가운데 적어도 다섯 개가 등장한다. 음악, 웃음, 따뜻한 목소리가 '관계'를 설정하면서 레스토랑에 대한 긍정적 연상을 불러일으킨다. 또한 행복한 웃음을 짓고 있는 친구 무리를 파스타 한 접시와 연결시킴으로써 '당근 원칙'도 충실히 지킨다. 이곳에 와서 우리 레스토랑의 음식을 먹으면 누구라도 이렇게 친목을 다질 수 있다는 당근이다. 또한 광고는 '지배 감정 효과' 원칙도 써서 우리 내부의 고독감을 치유하는 약도 제공한다. 화면에 음식을 보여주는 '시각화'는 감각의 향연 속에서 군침을 흘리게 만드는 마법 효과를 발휘한다. 마지막으로 광고는 마음을 건드리는 비유로 끝을 맺는다. 올리브가든에서는 모두를 가족처럼 따뜻하게 맞이한다는 비유다. 이런 요소가 한데 뭉쳐 만들어내는 환상은 매우 매력적이고 대단히 최면적이어서 시청자는 외식 장소를 정해주는 암시에 쉽사리 빠지게 된다.

마이클 얍코는 2007년 연구[41]에서 텔레비전 광고 12개(식품, 음료, 의류, 통신, 세면용품 등)를 골라 앞의 35가지 특징에 근거해 최면 암시가 얼마나 포함되어 있는지에 따라 광고 순위를 정했다. 그는 이 광고들을 173명의 자원자들에게 보여주고 광고가 얼마나 효력이 있는지 평가를 부탁했다. 그 결과 광고에 최면 암시 원칙이 많이 포함되어 있을수록 자원자가 매긴 광고 효력 평가 점수도 더 높았다.

광고와 최면 사이에 유사점이 있다고 해도 그것을 신경학적으로 확인할 수 있는가? 광고가 뇌에 미치는 영향에 대한 연구는 까다롭다. 어떤 광고는 실용성에 호소하고 어떤 광고는 감정에 호소하는 등 광고의 접근법이 엄청나게 다양하기 때문이다. 뇌에서 활성화되는 부분도 이마엽과 앞대상겉질, 편도를 포함해 여러 영역일 수 있다. 똑같은 광고가 없다는 점에서 과학자들이 광고가 뇌에 미치는 영향을 전부 연구하기에는 무리가 있다. 하지만 신경과학자들은 실험을 단순화해 브랜드 네임의 영향력만 관찰함으로써 많은 내용을 알아낼 수 있었다.

예를 들어 도요타와 포르셰 가운데 어떤 자동차를 살지 고민 중이라고 해보자. 자동차 대리점으로 향하기 전에 아침을 먹으며 텔레비전 광고를 본다. 어느 순간 포르셰 광고가 나온다. 광고에서는 매끈하게 잘빠진 자동차 한 대가 여름날 저녁 라스베이거스 거리를 유유히 질주하고, 마지막으로 화면 중앙에 유명한 포르셰의 방패 모양 상징이 뜬다. 그 순간 뇌에서는 어떤 일이 벌어지는가?

2007년 신경 촬영 연구[42]에서는 14명의 자원자가 여러 자동차의 브랜드 네임을 듣는 동안 그들의 뇌 활동을 촬영했다. 눈에 띄는 결과 가운데 하나는 고급 브랜드에 반응해 일어나는 뇌 활동 패턴이었다. 피험자들이 포르셰, 메르세데스 벤츠 등을 비롯해 고급 자동차 로고를 볼 때 fMRI에서는 이마 앞쪽 근처에 위치한 안쪽이마앞엽겉질의 활동 증가가 나타났다. 4장에서 좋아하는 선수와 자신을 동일시하는 스포츠팬의 안쪽이마앞엽겉질에 대해 설명했는데, 이 영역은 자기중심적이고 이기적인 사고 형태와 관련이 있다. 앞의 신경 촬영 결과는 포르셰 대리점에 간 순간 도요타보다는 포르셰를 구입하고 싶은 충동이 왜 더 많이 드는지에 대한 이유를 표면적으로나마 설명해준다. 브랜드의 상징을 본 것만으로도 이기적 충동이 일어나 실용성보다는 고급에 초점을 맞춘 선택을 하게 될 수 있다.

안쪽이마앞엽겉질(특히 배안쪽이마앞엽겉질)의 활성화는 펩시 역설(Pepsi paradox)[43] 현상의 원인과도 관련이 있다. 블라인드 테스트에서는 코카콜라가 아닌 펩시콜라를 선택하지만 실제로는 코카콜라가 펩시보다 두 배가량 많이 팔린다.[44] 이런 현상은 일시적이 아니라 오랫동안 계속되어왔다. 한 신경학 연구에서도 이 현상을 연구하기 위해 두 집단의 사람들에게 블라인드 테스트로 코카콜라와 펩시 가운데 하나를 고르게 했다. 첫 번째 집단은 (부상이나 수술로 인해) 배안쪽이마앞엽겉질이 손상된 사람들이었고, 두 번째 집단은 건강한 사람들로 구성된 대조군이었다. 두 집단은 블라인드 테스트에서 전체 인구 집단에 대한 실험에서처럼 코카콜라보다는 펩시를 뚜렷하게 선호했다. 연구팀은 다음 실험에서도 똑같이 펩시와 코카콜라를 주었지만 이번에는 컵에 상표를 붙였다. 두 집단은 어느 쪽이 펩시이고 어느 쪽이 코카콜라인지 아는 상태에서 실험을 했다. 대조군의 선호도는 펩시에서 코카콜라로 극적으로 바뀌었다. 브랜드 네임을 보기만 했을 뿐인데도 그들이 보여주는 선호도는 뚜렷한 영향을 받았다. 펩시 역설이 증명된 셈이었다. 하지만 배안쪽이마앞엽겉질에 손상을 입은 피험자 집단은 여전히 코카콜라보다 펩시를 선호했고 그 비율도 블라인드 테스트와 엇비슷했다. 브랜드 네임이 그들의 선호에 영향을 미치지 못했다. 연구팀은 브랜드 네임이 의사결정에 미치는 영향은 안쪽이마앞엽겉질에서 일어난다고 결론내렸다.[45] 이것이 펩시 역설의 신경학적 근원이다. 평범한 소비자 입장에서는 펩시의 맛이 아무리 뛰어나도 안쪽이마앞엽겉질이 손상되지 않는 한 펩시는 코카콜라의 브랜드 네임과는 경쟁이 안 된다.

최면이 앞대상겉질의 활동 패턴을 바꾼다면 광고에 등장하는 브랜드 네임은 안쪽이마앞엽겉질의 활성화에 영향을 미친다. 두 영역은 서로 비슷하지만 똑같지는 않다. 하지만 두 영역은 그 영향력을 인지하든 인지하지 못하든 뇌의 정보 처리방식을 바꾼다는 공통점이 있다. 최면처럼 특정 형태의 광고도 상상과 내레이션을 이용해 목표 청중의 피암시성을 높이고 미래의 행동을 제시한다. 물론 최면이 대상자를 최면 상태에 빠뜨려 훨씬 깊은 수준으로 상상을 하고 주의를 흐트러뜨리게 만든다는 점에서는 더 강력한 기법이지만 일부 형태의 광고와 유사점이 있는 것도 사실이다. 또한 최면과 광고는 잠재의식 메시지를 공유한다는 세 번째 공통점도 있다. 최면과 광고 모두 외적 영향력을 불러일으켜 대상자가 의식하지 못하는 사이에 행동방식을 바꾸려는 데 목표를 두고 있기 때문이다. 이 세 기법이 뇌의 보안 시스템, 다시 말해 신중하고 의식적인 사고능력을 피할 수 있다면 최면과 광고의 영향은 언제든지 자유롭게 배경음악에 뒤섞여 무의식적 정보 처리과정에 스며들어 선택에 영향을 미치게 되는 것이다. 외부의 무의식적 영향이 행동방식을 어떤 식으로든 바꾼다면 그런 선택을 한 이유에 대해 납득할 만한 설명을 만드는 것은 뇌의 몫이다.

뇌의 변명

앞 장에서 살펴보았듯이 환청을 듣는 조현병 환자의 뇌는 정보 처리과정에 빈틈이 있다. 조현병 환자가 목소리를 들을 때 그것이 자기 목소리임을 깨닫지 못하고 주위에 그 말을 할 만한 사람이 없으면 뇌는 말이 되는 설명을 하려고 창의성을 발휘한다. 그래서 첩보 요원, 기술적 장치, 영적 존재 등의 가능성을 생각한다. 이런 존재들이 보이지 않는 힘을 동원해 그의 머릿속에 접속했다는 것이다. 그러므로 이런 괴상한 설명은 어떤 면에서는 조현병 환자의 무의식이 불완전한 이야기의 빈틈을 메우기 위한 나름의 합리적 시도라 할 수 있다.

잠재의식의 영향도 마찬가지다. 연구 결과에서도 밝혀졌듯이 외부에서 가해지는 잠재의식적 작용이 개인의 행동에 영향을 미치면 그 사람의 뇌는 변화된 행동에 대해 나름의 이유와 동기를 설명하는 이야기를 만들어낸다. 이런 패턴은 최면도 마찬가지다. 예를 들어 한 실험에서 피험자에게 최면을 걸고 "독일"[46]이라는 단어를 들으면 창문을 열라고 지시했다. 몇 분 후 최면술사가 해당 단어를 말했다. 피험자는 잠시 멈칫하고는 "방 안 공기가 너무 답답하네요. 환기를 해야 할 것 같아요. 창문 열어도 괜찮겠죠?"라고 말했다. 피험자는 자신의 의지로 창을 열고 싶다는 충동을 느낀 것이 아니었다. 그는 방 안 공기가 답답하다는 느낌이 들지도 않았고 창문을 열고 싶다고 생각하지도 않았다. 창문을 여는 것은 최면 암시로 삽입된 생각이었다. 따라서 그의 의식적 분석에서 떠오른 생각이 아니었다. 갑자기 그의 뇌에 창문을 열고 싶다는 생각이 엄습했지만 그 충동의 근원이 어디인지는 뇌도 알지 못했다. 뇌는 이 상황을 어떻게 설명할까? '방 안 공기가 답답한 것이 맞다'는 것이 뇌에게는 논리적인 설명이다.

행동에 잠재의식적으로 영향을 미치는 외부 자극에는 다른 종류도 있다. 앞에서 가톨릭교도와 심리학과 대학원생 들을 대상으로 했던 백워드 마스킹 실험을 기억하자. 이 피험자들은 찌푸린 얼굴이 나오는(교황과 학과장) 사진을 프라임 이미지로 보았다. 가톨릭교도들에게 왜 자신들의 독실함 수준에 점수를 박하게 주었는지, 심리학과 대학원생들에게 왜 자신들의 연구 논문 완성도에 점수를 낮게 매겼는지 질문한다고 하자. 그들은 어떻게 대답할까? 근원을 모르는 무언가가 자신들의 정신에 삽입되어 갑자기 그런 느낌이 들었다는 식으로는 대답하지 않을 것이다. 가톨릭교도들은 자신들이 며칠 전에 저지른 죄스러운 행동을 말하거나 자선기관 기부금을 늘려야 할 것 같은 느낌이 들어서라고 말할지 모른다. 대학원생들은 연구상의 결점을 지적하거나 논문 내용을 수정할 필요가 있다는 느낌이 들어서라고 말할지 모른다.

우리는 광고에 나온 제품이나 서비스를 구매할 때에도 광고 때문에 사는 것이라고는 말하지 않는다. 내가 포르셰 대리점에 가서 포르셰 자동차를 산다면 그 이유는 내가 뛰어난 핸들링과 안락한 좌석, 강한 엔진을 가진 자동차를 원하기 때문이다. 내가 도요타 자동차를 산다면 안전하면서 값도 싼 이동 수단을 원하기 때문이다. 모든 이유가 다 타당하다. 하지만 그것이 이야기의 전부는 아니다. 내가 포르셰라고 하면 고급 자동차를, 도요타라고 하면 실용성을 떠올리게 된 이유는 무엇인가? 내가 어린 시절부터 무수히 보아왔던 광고와 연관이 있는 것이 분명하다. 그러나 그 순간의 나는 내 나름의 근거를 만들어내 그 자동차를 선택한 이유로 삼으려 한다.

당신은 당신이 알아채지 못한 슈퍼마켓 계산원의 불쾌한 표정으로 인해 기분이 가라앉을 때에도 왜 기분이 축 처졌는지 나름의 해명을 만들려 할 수 있다. 직장 상황 때문일 거야. 날씨가 추워서일 거야. 당신은 진짜 원인을 모르는 상태에서 끼워 맞추기 식의 해명을 만들어낸다.

최면이든 광고든 잠재의식 메시지이든 대상을 정해 행해지는 외부 암시는 뇌 활동과 행동에 영향을 미칠 수 있다. 백워드 마스킹은 우리로 하여금 있는지도 모르는 감정을 처리하도록 독자적으로 편도를 활성화시킬 수 있으며, 최면은 상충되는 것을 관찰하는 뇌의 처리과정을 약화시킬 수 있고, 광고의 상징은 안쪽이마앞엽겉질을 활성화시키고 광고가 원하는 식의 선호를 만들어낼 수 있다. 외부 영향에 지배되는 순간 뇌는 그런 영향을 우리가 자발적 동기라고 믿고 있던 동기와 합쳐버린다.

그러나 앞의 세 가지 기법 가운데에서도 단연코 최면이 가장 강력하다. 어쨌든 최면은 다른 기법보다 훨씬 강력하게 대상자로 하여금 있지도 않은 존재를 인식하게 만들거나 정상 상태에서는 하지 않을 행동을 하게 만들기 때문이다. 최면 따위는 믿지 않는 자원자에게 최면을 걸어 스스로를 웃음거리로 만들거나 상병이 군사기밀을 누설하게 만들 수 있다면 평범한 사람에게 최면을 걸어 살인자로 만들 수 있지 않을까?

"칼이 찔렀어요"

앤서니 대니얼스(Anthony Daniels)는 영국의 내륙도시 버밍엄에 위치한 윈슨그린 교도소에서 오랫동안 정신과 의사 겸 담당 의사로 일했다. 그의 주요 업무 가운데 하나는 교도소에서 메타돈(methadone, 헤로인에 의존하는 환자를 치료하는 데 쓰는 약물 — 옮긴이) 클리닉을 운영하며 일부 재소자들의 약물 치료를 돕는 것이었다. 그는 치료소를 운영하면서 굉장히 위험한 재소자들과 만나는 경우도 허다했다. 하루는 살인죄로 수감된 사람이 앤서니 대니얼스의 치료소에 와서 메타돈 치료를 받으며 이렇게 말했다. "이번에는 여기 수감되어서 정말 다행입니다."[47] 앤서니 대니얼스는 그가 무슨 뜻으로 한 말인지 혼란스러워 다음과 같이 생각했다.

> 다행이라고? 그는 이미 12번이나 실형을 선고받았어. 대부분은 폭력 범죄였어. 그리고 문제의 그날 그는 칼을 갖고 있었어. 이전 경험도 그렇고 그는 자기가 그 칼을 사용하게 될 것을 알고 있었을 거야. 그렇기는 해도 그는 살인 행동을 한 진짜 장본인은 칼에 찔린 피해자였다고 말해. 피해자가 그 자리에 있지 않았다면 칼에 찔리지도 않았을 거라는 거지. 통제할 수 없는 상황 때문이었다고 범행을 변명하는 사람은 저 살인자만이 아니었어. 지금 이 교도소에서 칼로 사람을 찔러 수감된 사람은 셋이야(그 가운데 두 명은 무기징역이야). 그들은 나에게 그때 일을 설명하면서 모두 똑같은 표현을 썼어. 그들은 범행 당시의 기억이 나지 않는다고 하면서 기억을 억지로 쥐어짜낼 때는 "칼이 찔렀어요"라고 말했어.

"칼이 찔렀다"와 살인자 입에서 나올 법한 "내가 찔렀다"는 극명한 대조를 보인다. 두 번째는 의지대로 행동을 통제한다는 의미가 담겨 있지만 첫 번째는 의식의 의도와 상관없이 어쩌다가 그런 행동을 하게 되었다는 수동의 의미를 포함하고 있다. 살인자의 말에는 범죄에 대한 변명이 깔려 있다. 그는 살인 행위가 자신이 주도해서가 아니라 상황 탓에 어쩔 수 없이 일어난 결과라고 은연중에 주장하고 있다. 외부의 힘이 그를 살인범으로 만들었다는 의미가 포함되어 있다. 즉 사건이 벌어진 순간 공교롭게도 그의 손에 칼이 쥐어져 있었을 뿐이라는 의미가 담겨 있다.

앞에서 1951년 코펜하겐에서 일어난 살인 사건과 비외른 니엘센의 최면에 걸려 팔레 하르루프가 살인범이 되었을지도 모른다는 가능성은 외부의 힘을 가해 대상에게 상상 외의 짓을 하게 만드는 사례 가운데에서도 극단적인 경우에 속한다. 하지만 이야기의 끝은 그것이 아니었다. 덴마크 당국은 결국 비외른 니엘센을 소환했다. 조사관들은 비외른 니엘센과 팔레 하르루프를 번갈아 심문하면서 이 혼란스러운 사건에 담긴 무시무시한 함의를 이해하려 노력했다. 경찰은 두 사람을 대질심문하기도 하고 따로 심문하기도 했다. 조사관들은 사건의 세부 내용은 물론 두 사람의 행동과 보디랭귀지, 그들 사이에서 벌어지는 상호행동의 미묘한 부분까지도 분석했다. 조사가 진행될수록 비외른 니엘센은 배후에서 범행을 꾸밀 만한 프로파일에 해당되는 특징이 없다는 것이 점점 명확해졌다. 실제로 비외른 니엘센은 의외로 굉장히 멍청했다. 게다가 조사관들은 팔레 하르루프가 겉보기보다 훨씬 더 교활하고 술수에 능한 사람이었음을 알게 되었다.

조사관들은 비외른 니엘센이 팔레 하르루프에게 최면을 걸어 은행 강도와 살인을 시킨 것이 아니라고 결론내렸다. 실험 삼아 그들에게 최면을 걸었지만 그것 때문에 팔레 하르루프가 총을 들고 은행에 간 것은 아니었다. 팔레 하르루프는 자신이 범행을 저지를 심산이었다. 최면 살인? 상당히 솔깃한 이야기였다. 덕분에 덴마크 경찰 당국은 진상을 밝히느라 한동안 애먹었고 팔레 하르루프는 잠시나마 비난의 화살을 피할 수 있었다. "칼이 찔렀어요"라고 말한 죄수처럼 팔레 하르루프도 상황이나 잠재의식적 현상을 범행의 원인으로 돌리고 싶었던 것이다(물론 팔레 하르루프가 좀더 교활했다). 그러나 실제로 범행을 계획한 사람은 팔레 하르루프였고 책임을 질 사람도 그였다.

최면은 잇따라 떠오르는 생각에 고도로 집중하는 상태다. 최면에 걸린 대상은 최면술사가 만든 환상에 몰두하기 때문에 은근슬쩍 자신에게 스며들어오는 암시를 면밀히 살피지 못한다. 그렇다면 이런 은밀한 암시가 살인까지는 유도하지 못하는 이유는 무엇인가? 그 답은 칵테일파티 효과에서 찾아볼 수 있다. 파티에 참석해 한쪽 대화에 집중하다보면 주변의 다른 사람들이 무슨 대화를 나누는지 의식적으로 알아차리지 못한다. 그러나 자기 이름이 들릴 때 그것이 조금 먼 곳에서 대화를 나누는 무리에서 들려오는 것일지라도 우리의 집중 상태는 깨진다. 앞에서 이야기했듯이 "……그녀는 벌거벗은 채 엘리베이터로 냅다 뛰어갔어!"라는 말이 들릴 때에도 마찬가지다. 한쪽 대화에 집중해 있더라도 뇌는 다른 정보도 계속 처리하면서 무언가 중요하거나 매우 비정상적인 일이 일어나면 즉시 우리에게 알린다. 의식의 주변부에서 일어날지라도 충분히 괴상한 자극을 받으면 우리는 하나에만 집중하던 현재 상태에서 벗어나 상황을 더 잘 판단할 수 있는 상태로 돌아간다.

최면도 마찬가지다. 최면에 걸린 사람은 상상의 세계에 빠져 무대에 매가 들어왔다는 암시를 받아들인다. 그러나 총을 구입해 서류 가방에 담고, 은행에 들어가 창구 직원을 위협하고, 가방에 돈을 담고, 방해하는 사람을 다 죽이라는 암시까지 그대로 받아들이고 행동할 가능성은 없다. 아무리 쉽게 암시에 빠지는 사람도 그런 암시에는 경고등이 들어온다. 그런 암시는 대상자를 집중 상태에서 벗어나게 만든다. 이와 같이 뇌의 무의식은 우리가 무언가 중요한 부분으로 주의를 환기해야 할 때마다 경고 신호를 보낸다. 부주의한 운전자가 충돌 직전에 화들짝 놀라며 딴 생각에서 벗어나 브레이크를 세게 밟는 것과 비슷하다. 이렇게 경고 신호를 보내는 것도 뇌가 우리를 지키는 한 방법이다.

우리가 모든 감각 지각을 다 의식하지 못해도 뇌는 여전히 부지런히 움직이며 지각한 정보를 조사하고 분류한다. 최면은 앞대상겉질 활동에 영향을 미칠 수 있지만 이마엽을 차단하지는 못한다. 최면에 걸려도 의식은 있기 때문에 그 사람은 자기 행동을 어느 정도 감시할 수 있다. 뇌의 무의식계는 해당 사항이 즉시 관심을 쏟아야 할 정도로 중요한 문제라고 판단하면 의식에 신호를 보내 행동을 취하라고 알린다.

명확히 말하면 정신적으로 건강하고 정신과 병력이나 다른 신경심리학적 질병이 없는 사람도 최면에 빠져 살인을 저지를 수 있는가? 일부러 계획하지 않는 한 그럴 가능성은 없다. 이런 최면 살인 계획을 실행시키려면 "총을 구해 은행원을 죽이고 은행을 털어라"라는 명령을 들어도 경고등이 깜빡이지 않는 사람이 필요할 것이다. 그런 사람은 범죄 경험도 많고 은행 강도짓도 대수롭지 않게 생각할 수 있다. 어쩌면 굳이 최면에 걸리지 않아도 쉽사리 강도짓을 저지를지 모른다. 이와 반대로 터무니없는 명령이라고 생각하는 사람이라면 최면 살인을 저지르지 않을 것이고, 마찬가지로 은행 강도짓도 하지 않을 것이다.

하나의 뇌, 두 개의 시스템

뇌에서는 매 순간 무의식적 정보 처리과정이 수없이 이루어진다. 잠재의식 자극은 신경계를 냇물처럼 계속 흘러 다니면서 특이하고 종종 예상하지 못했던 신경학적 흔적을 남긴다. 그 자극은 광고의 시엠송이나 슬로건일 수 있고, 칵테일파티에서 흘려들은 말일 수 있으며, 누군가를 만나거나 새로운 장소에 가거나 독특한 경험을 할 때마다 생기는 미묘한 감정일 수 있다. 그것이 무엇이든 이런 자극은 우리의 사고방식과 선택방식에 중요한 영향을 미치지만 우리를 완전히 통제하지는 못한다. 이런 효과의 총합은 의식적 감각 인지와 지식, 기억과 합쳐지면서 우리의 인생 경험을 구성한다. 우리는 그렇게 만들어진 방대한 배경지식을 바탕으로 지혜와 통찰을 얻는다. 인식이 불완전하거나 이야기를 구성하는 사실에 구멍이 뚫려 있을 때마다 뇌의 무의식은 이런 배경지식에 기대어 이야기의 부족한 부분을 메운다. 우리는 무의식의 안내를 받아 생각과 생각을 연결한다. 그리고 선택의 폭을 좁히고 궁극적으로는 최선의 결정을 내리기 위해서라도 그런 전체적 원근법이 필요하다.

이 책에서는 뇌의 의식계와 무의식계라는 두 시스템을 살펴보고, 그들의 상호작용이 어떤 식으로 우리의 생각과 행동을 만드는지 관찰했다.

의식계는 우리가 인식하는 경험을 만들어낸다. 의식계가 있기에 감각과 감정을 느끼고, 신중하게 생각하고, 고민해서 결정을 내릴 수 있다. 의식계는 우리의 자아의식을 만들어낸다.

반대로 무의식계는 거듭 살펴보았듯이 매우 뛰어난 능력이 있다. 무의식계는 사건이 일어나기 전에 전체 맥락을 통해 사건을 예상해 패턴을 인식한다. 또한 서로 연결되지 않은 과거의 경험들을 연결해 그 사람 개인의 완전한 서사를 만들어냄으로써 이야기의 구멍을 메운다. 무의식계는 꿈의 얼개를 한데 묶어 엮거나 직감을 만들어낼 때 이런 작업을 벌인다. 기억장애가 있는 사람의 무의식계는 기억의 구멍을 메우고 이야기를 만들어내기 위해 뇌에 저장된 지식에서 관련된 일화를 가져오기도 한다. 심지어 조현병 환자의 무의식계는 정교한 이야기까지 만들어내는 과감성도 보인다. 이를테면 정부 음모나 초자연적 존재의 침투 등으로 정신 내부의 자기인식 결함을 은폐하려 한다. 최면이나 잠재의식 메시지, 광고 등 외부 영향이 행동의 원인일지라도 무의식계는 우리가 그런 생각과 행동을 합리화하도록 도와준다.

뇌의 무의식계는 빈틈을 메우고, 비합리적인 행동을 합리화시키고, 매우 비논리적인 상황을 논리적으로 그럴듯하게 설명하기 위해 어떤 노력도 마다하지 않는다. 앞에서 살펴본 여러 사례와 연구들은 그 사실을 입증해주었다. 여기서 궁금한 점이 생긴다. 왜인가? 왜 무의식계는 완전한 서사를 유지하려 하는가? 왜 무의식계는 혼란스럽거나 모순된 경험을 억지로 이어 붙이는 해석을 만들어내는가? 이유는 우리의 자아의식을 지키기 위해서다.

우리는 인간으로서 주변 세상의 질서와 체계를, 그리고 그 세상 안에서 우리가 처한 위치를 이해하려는 욕구가 있다. 욕구와 욕망을 고민하고, 목표를 세우고, 목표를 달성하기 위한 계획을 세우려면 자신의 개인사를 이해할 수 있어야 하며 그 개인사를 되돌아보면서 스스로를 통찰할 수 있어야 한다. 기억 상실, 인지나 사고의 빈틈, 모순된 경험, 외적 파괴 등은 뇌가 보호하려고 노력하는 우리 개인의 서사에 위협을 가한다. 무의식계는 자아의 통일성과 연속성을 유지해야 하고 그 목적을 달성하기 위해 극단적 행동도 일삼는다. 그러나 어떤 상황에서 뇌는 자아를 유지한다는 목표에 지나치게 충실한 나머지 자아를 분열시키기도 한다. 이제 에벌린을 만나야 할 시간이다.

8

인격,

트라우마,

자기방어

다중인격은 똑같은 안경을 공유하지 못한다?

나는 남자의 철저하면서도 원시적인
이중성을 알아보는 방법을 배웠다.
그러면서 나는 내 의식의 장에서 싸움을 벌인
그 두 개의 본성 모두가 나일 수 있다는 사실을 깨달았다.
왜냐하면 근본적으로 나는
양쪽 모두에 해당하기 때문이다.

– 로버트 루이스 스티븐슨

정신과 병동 입원이 결정되었을 때의 에벌린은 몸이 약해질 대로 약해진 상태였다.[2] 혼자 아이를 키우는 서른다섯 살의 그녀는 법적으로 시각장애인이었고 시내를 돌아다닐 때 안내견의 도움을 받았다. 그녀가 시각장애인이 된 원인은 알려지지 않았다. 예전 차트에는 "양쪽 눈의 시신경 손실로 인한 선천성 실명"이라고 적혀 있었지만 이를 뒷받침할 증거는 없었다. 서류상으로는 어떤 의학적 정밀 검사도 이루어지지 않았으며 에벌린도 시력 손상 원인을 알아내는 검사를 받은 적이 있다고 확실히 대답하지 못했다. 그러나 에벌린이 정신과 병동까지 오게 된 원인은 눈이 아니었다. 피부 때문이었다.

에벌린의 팔뚝에는 "뚱보 돼지", "너를 증오해"라는 말이 깊게 새겨져 있었다. 그녀는 그 말이 왜 새겨져 있는지 알지 못했다. 그리고 왜 자신의 피부에 오래된 화상 자국이 있는지도 설명하지 못했다. 병원의 이전 기록을 살펴보니 1년 전 병원에 왔을 때에도 피부에 "멍청이", "열받아"라는 말이 새겨져 있었다. 에벌린은 절대로 자기가 한 짓이 아니며 주위에도 그럴 만한 사람은 전혀 없다고 주장했다. 같이 사는 가족이라고는 어린 아들뿐이었기 때문이다.

에벌린은 왜 자신을 학대한 사람을 알지 못하는 것일까? 그 이유는 그녀 스스로 말하는 기억의 비정상적 부분과 관련이 있을 것이다. 에벌린은 자상을 처음 알아차리기 전 몇 시간 동안의 기억이 없었다. 그녀는 이처럼 기억에서 몇 시간이 사라지는 '블랙아웃'이나 '잃어버린 시간'을 평생 동안 경험했다. 에벌린의 설명은 이랬다. "나한테 잃어버린 시간이 존재한다는 것을 알게 되었어요.[3] 어릴 때에는 그게 너무 무서웠고 조금 커서는 불가사의했죠. 어느 누구에게도 말하기 힘들었어요. 그랬다가는 나를 가두고 열쇠를 던져버릴지도 모른다는 생각이 들었거든요."

그 사라진 시간 동안 무슨 일이 있었는지 정확히 알아본 적은 없었지만 가끔씩 실마리를 발견했다. "제정신이 돌아왔을 때[4] 장난감이 나올 수도 있어요. 아들이 유치원 때 갖고 놀던 장난감 같은 거요. 아니면 살 생각도 없었는데 식료품이 있다거나 쇼핑백 여러 개에 물건이 가득 담겨 있기도 해요."

에벌린의 이런 문제는 어린 시절까지 거슬러 올라간다. 어린 시절 그녀의 양육 환경은 끔찍했다. 그녀는 아기 때 신체적·성적으로 학대를 하는 친어머니와 강제로 떨어졌다. 아동보호기관은 벽장에 갇혀 있는 에벌린을 발견하고 즉시 그녀를 위탁기관에 맡겼다. 에벌린은 두 살 때 입양되었지만 양부모는 그녀의 열 살 생일 때 결국 이혼했다. 양아버지는 친어머니와 마찬가지로 에벌린을 신체적·성적으로 학대했다. 그녀보다 아홉 살 많은 양오빠는 걸핏하면 그녀를 꽁꽁 묶고 목을 졸라 죽이려 했다. 양부모의 가족은 에벌린의 시력 문제를 감당하기 힘들었다고 하면서 이혼의 원인을 그녀 탓으로 돌렸다.

에벌린이 여덟 살이 되었을 때 의사가 시각장애인학교 전학을 주선해주었다. 에벌린은 자신의 눈에 구조적 문제가 있을지도 모른다는 의사의 설명을 듣기 전까지만 해도 시력 손상과 학교생활의 어려움은 모두 자신의 잘못이라고 생각하고 있었다. 새로운 학교생활을 시작하고 머지않아 양부모가 이혼한 직후에 에벌린에게 첫 번째 '잃어버린 시간'이 찾아왔다. 그날 저녁 에벌린은 자신의 팔다리에 있는 멍과 작은 찰과상을 보았지만 어쩌다 그런 상처가 생겼는지 알 수 없었다. 그녀는 자신에게 무슨 일이 일어났는지, 마지막 기억의 순간부터 시간이 얼마나 지났는지 알 수 없었다.

에벌린에게 무슨 일이 벌어지고 있는 것인가? 누가 그녀의 팔에 칼로 메시지를 새겼는가? 그녀를 학대하는 사람이 있는데도 그녀가 기억하지 못하고 있는 것은 아닌가? 아니면 그녀 스스로 자해한 것인가? 얼마 지나지 않아 병원 의사들은 어떤 측면에서는 양쪽 모두 답일 수도 있다는 결론을 내렸다.

에벌린의 병명은 공식적으로는 다중인격장애라고 불리는 정신질환인 해리성정체감장애(dissociative identity disorder)였다. 이 질환으로 인해 그녀에게는 여러 개의 다른 인격이 생겼다. 성인 여자로서의 인격은 '프래니 F'였고 그녀에게는 신시아라는 아이가 있었다. 열 살 소녀 세라라는 인격도 있었다. '겁이 많게 생긴' 세라는 '부스스한 빨간 머리'에 갈색 눈, 주근깨가 있는 외모였다. 마지막 인격은 '천사처럼 생긴' 네 살 여자아이 키미로 파란 눈에 짧은 금발머리였다. 활동 중인 인격에 따라 에벌린의 행동도 바뀌었다. 에벌린일 때에는 똑똑하고 성숙하고 발음도 분명했다. 반대로 키미가 되면 갑자기 애 같은 목소리로 바뀌면서 보라색 같은 흔한 단어도 '뽀라색'이라고 발음했다. 키미는 사장님이 '내 아빠'라고 말하기도 했고 '오렌지'는 색 이름이기도 하지만 과일 이름이라는 것도 알게 되었다며 신이 나서 말하기도 했다. 키미는 오빠한테 이름을 새기는 방법을 배우는 중이라고도 말했다. 다음은 키미가 정신과 의사와 나눈 대화의 일부다.[5]

정신과 의사 : 몇 살이지?
키미 : 네 살이요.
정신과 의사 : 네 살? 우와, 다 컸구나. 그런데 키미, 지금 뭘 하는 중이지?
키미 : 음, 여기 앉아서 착한 아이가 되려고 하는 중이에요.
정신과 의사 : 착한 아이가 되는 게 중요한가보지?
키미 : 네.
정신과 의사 : 왜 중요하지?
키미 : 나쁜 아이가 되면 다치거든요.
정신과 의사 : 저런, 누가 다치게 하는데?
키미 : 엄마랑 아빠가요.

키미는 학대에 대해 말하면서 눈을 꼭 감고 테디베어를 꽉 끌어안았다. 다음은 조금 밝은 대화 부분이다.

정신과 의사 : 어떤 놀이를 하는 게 좋으니?
키미 : 빙빙 돌다가 신호를 받으면 얼른 웅크리고 앉는 거요. 그리고 다

리 놀이도 좋고, 열쇠를 빼앗아 그 사람들을 가두는 것도요. 거위 놀리는 것도 좋고, 곰이랑 노는 것도 좋아요.

정신과 의사: 진짜 곰?

키미: 아뇨. 그래도 걔네는 제 친구예요.

에벌린이 자아를 오갈 때마다 바뀌는 것은 인격만이 아니었다. 예를 들어 키미는 오른손으로 연필을 잡았지만 에벌린은 왼손잡이였다. 가장 충격적이었던 것은 정신과 의사들이 시력 검사를 했을 때였다. 일반적인 시력검사표로 측정한 에벌린의 시력은 법적 시각장애인의 자격이 주어지는 20/200(시력검사표 가장 위에 있는 숫자만 읽을 수 있는 수준으로 우리나라에서는 0.1에 해당한다. 흔히 말하는 마이너스 수치는 시력이 아니라 굴절률 등을 나타낸다 — 옮긴이)이었다. 프래니 F와 신시아의 시력도 20/200이었다. 반면 세라의 시력은 20/80(0.25)이었고 키미의 시력은 훨씬 좋은 20/60(0.33 정도)이었다. 20/60과 20/200의 차이는 안경만 써도 되는지, 법적 시각장애인에 해당하는지의 정도로 컸다. 에벌린에게는 안내견이 있었지만 그녀의 다른 자아 하나는 안경만으로도 충분했다. 어떻게 그럴 수 있는가? 어쨌거나 두 인격은 똑같은 눈을 공유하고 있지 않은가?

그것은 문제의 일부에 불과하다. 무엇보다도 한 사람에게 두 개 이상의 인격이 존재할 수 있는가? 단순히 감정과 기분의 극단적 변화로 보아야 하는가, 아니면 진짜로 분리되어 독립적으로 움직이는 인격으로 보아야 하는가? 후자에 해당해서 또 다른 자아가 정말로 별개의 의식을 가진 인격체라면 가장 먼저 답해야 할 질문이 무엇인지 확실해진다. 어느 쪽이 진짜 에벌린인가?

우리 모두는 풍부한 자아의식을 갖고 있다. 자아의식이란 단순히 자신을 이해하거나 자신의 성향을 잘 파악한다는 의미를 넘어선다. 우리는 머릿속 어딘가에 존재하는 우리가 세상을 보고 있다고 느낀다. 우리는 고통으로 무감각해지거나 흥분하면 몸을 떠는 내부의 본질을 갖고 있는 듯하다. 그 내부의 정체는 단순한 수동적 경험자가 아니라 능동적 행위자다. 우리가 생각을 되풀이하고 결정을 고민하고 행동을 할 때 이 모든 것은 우리 내부의 중앙통제센터에서 나오는 것이라고 할 수 있다. 우리 머릿속에는 '나'라는 단어를 의미하는 무언가가 존재하고, 그 무언가는 언제나 하나이며, 통일되어 있고, 일관적이다. 하지만 에벌린의 사례는 그 자아가 분열될 수 있다는 의미를 품고 있다. 자아가 부분 인격으로 분열되고 분리되고 나뉘어 제각기 성장하고 발달할 수 있다.

이 책에서 뇌의 의식계와 무의식계가 상호행동을 하고 함께 사고와 행동을 불러일으킨다는 증거를 다양하게 살펴보았다. 그 두 시스템이 상호행동을 하는 어느 부분에서 인간의 자아가 나오고, 우리는 '내 뇌에서 내 위치는 정확히 어디인가?'라는 답하기 힘든 질문을 하게 된다. 다원적 자아의 문제를 설명하기 전에 먼저 하나의 자아부터 설명해보자. 우리가 말하는 자아와 정체성의 개념은 정확히 무엇을 의미하는가? 그런 자아와 정체성의 느낌은 뇌의 어디에서 생겨나는가? 신경과학 최대의 난제인 이 질문에 답을 얻기는 쉽지 않지만 그래도 가능한 한 최상의 접근법을 택할 수 있다. 사실 이 책의 가장 첫 페이지부터 우리는 그런 답을 얻는 작업을 은연중에 해왔다. 그렇다면 우리는 어디에서 시작해야 하는가? 신경학과 마찬가지로 뇌가 작동하는 시스템을 살피는 첫 단계는 뇌가 분열되었을 때 어떤 일이 벌어지는지를 살펴보는 것이다.

하나의 자아 찾기

폴란드의 추운 11월 밤, 산부인과 의사 페테르[6]는 아내와 심한 말다툼을 벌인 후 차에 올라탔다. 화가 풀리지 않은 페테르는 어둠 속을 운전하면서도 집중하지 못했고 머릿속에는 아내와의 말다툼만이 계속 맴돌았다. 그는 제대로 운전을 할 수 없었다. 그러다 문득 페테르는 자신이 중앙선을 침범했다는 것을 깨달았다. 화물 트럭이 그의 차를 향해 곧장 달려오고 있었다. 그는 오른쪽으로 핸들을 급하게 꺾었고 방향을 돌린 자동차는 도로를 벗어나 나무를 들이받았다. 그리고 모든 것이 깜깜해졌다. 페테르는 63일 동안 혼수상태에 빠져 있었다.

페테르는 마침내 깨어났지만 이전의 그가 아니었다. 사고가 나기 전에는 유머러스하고 재치 있고 다정한 사람이었다. 마흔세 살의 그는 아내와 세 아이를 둔 가장이었고 애완견과도 잘 놀아주었다. 그러나 슬프게도 그는 자신이 누구인지 알지 못했다. 대중적인 유명 인사의 이름은 쉽게 기억하면서 정작 자신의 이름은 몰랐다. 이것은 시작에 불과했다. 이후 10년 동안 여러 심리학자가 페테르의 정신 상태를 감정했다. 그의 신경학적 결함은 다양한 양상을 보였고 그 모든 것은 그의 정체성 및 자아의식 손상과 관련 있었다.

가장 먼저 페테르는 자신의 외모조차 알아보지 못했다. 심리치료사 야체크는 페테르를 전신 거울 앞에 세운 뒤 대화를 나누었다.

야체크 : 저 사람이 누구죠, 페테르? 누가 보이나요?
페테르 : 모르겠습니다. 세상에! 저 괴물이 나를 보고 있어요!

야체크 : 거울에 또 누가 보이죠?

페테르 : 잘 모르겠지만 야체크 당신이겠죠. 당신이 그렇게 말한 거죠, 맞죠?

페테르는 거의 일면식도 없는 사람은 알아보면서 거울에 비친 자기 모습은 알아보지 못했다. 심지어 그는 자신과 가장 가까운 사람들도 알아보지 못했다.

페테르의 가족이 온 날 그는 소리를 질렀다. "나한테는 가족이 없어. 내 가족은 사고로 모두 죽었어. 모르는 사람들이야…… 다 가짜야. 저 사람들이 내 가족을 흉내내고 있어. 모르는 사람들이야!" 기억할지 모르겠지만 이것은 주변 모두가 똑같은 모습을 한 사기꾼으로 바뀌었다고 믿는 카프그라증후군의 증상이다. 5장에서 살펴본 카프그라증후군(이와 대응되는 현상은 자신이 죽었다고 믿는 코타르증후군이다)은 자신과 세상이 분리되어 있다고 믿는 것이다. 카프그라증후군 환자는 사랑하는 사람이 눈앞에 있어도 으레 느껴야 할 감정적 유대는 전혀 느끼지 못하며 뇌는 이런 단절감을 설명하는 이야기를 만들어낸다. 그런 점에서 카프그라증후군은 희미해진 자아의식의 발현인 셈이다.

페테르의 다음 증상은 기억의 빈틈이었다. 이 증상도 이미 살펴보았다. 그는 과거의 가장 기본적인 사실도 기억하지 못했다. 예를 들어 그는 자신이 개를 기른 적이 없다며 인정하지 않았다. 그렇지 않다는 것을 보여주기 위해 심리치료사가 개를 데려왔을 때 페테르는 소리를 질렀다. "저 털 덩어리! 나한테는 개가 없어요. 저런 지저분한 개는 기를 생각도 없어! 난 저 개가 무서워. 나를 물려고 하잖아!" 또한 그는 자신이 산부인과 의사였다는 사실도 기억하지 못하고 변명을 늘어놓았다. "나는 의사가 되기에는 너무 젊은걸요! 모두 내가 마흔이라고 생각하나본데, 난 스무 살이라고요." 페테르는 기억의 빈틈을 해명하기 위해 정부의 음모까지 언급했다.

> 내가 알아보지 못하게 정부가 화폐도 바꾸었고, 심지어는 연금 지급도 하지 않으려고 달력까지 바꾸었어요. 정부는 원래 달력에 30년을 추가했어요. 거기에 맞추면 난 마흔다섯 살이 되어야 하지만 실제로는 스물다섯 살입니다. 그들이 나를 없애려고 해요. 무서워 죽겠습니다.

페테르는 말짓기증을 보였다. 그의 뇌는 여러 결함을 가능한 한 논리적으로 설명하기 위해 기억의 빈틈을 무의식적으로 연결해 이야기를 꾸며냈다. 그는 자신에게 개가 있었다는 사실을 기억하지 못하자 그 "지저분한" 동물이 자신을 물려 한다는 변명을 했다. 그렇게 지저분하고 사나운 개를 키울 생각이 없으므로 그 개가 자신의 개일 리 없다는 것이었다. 자신의 직업을 기억하지 못할 때에는 정부가 달력을 조작했고 자신의 진짜 나이로는 의사가 되는 것이 불가능하다는 말을 만들어냈다.

페테르의 정체성에서 사라진 부분이 나올 때마다 그의 무의식은 그 빈틈을 감추려는 변명을 재빨리 만들어냈다. 페테르 개인의 정체성은 깨졌지만 뇌는 어떻게든 그 조각들을 끼워 맞추려 애를 썼다.

그러나 페테르의 뇌 손상이 너무 심했고 인격에서 사라진 부분이 많았기 때문에 이런 조각 맞추기로는 수습할 수 없었다. 메우기에는 구멍이 너무 컸다. 페테르의 뇌는 손실된 자아를 끼워 맞추기 위해 다른 곳을 찾아보아야 했다. 지금의 기억과 지식 창고에서는 정보를 충분히 가져올 수 없었고 페테르의 정체성도 언제 깨질지 모르는 불안정한 상태였기 때문에 뇌는 다른 사람의 기억과 지식을 빌려오기 시작했다.

페테르는 입원해 있는 동안 우레크라는 사람과 병실을 함께 썼다. 우레크는 얼마 전 무릎 수술을 받았다. 어느 날 아침 의료진이 병실 옆을 지나가는데 페테르가 휠체어를 가져다 달라고 했다. 무릎 수술을 받아서 걸을 수 없다는 것이었다. 또한 페테르는 자신의 진짜 이름이 우레크라고 했다. 나중에는 미술로 자기표현 하는 것을 도와주는 스물아홉 살의 미술치료사가 페테르에게 다가갔을 때 페테르는 미술치료사의 붓을 뺏듯이 낚아채고는 자기가 일하는 데 꼭 필요하다며 돌려주지 않으려 했다. 또한 그는 미술치료사의 이름을 훔쳤고 자신의 나이도 스물아홉 살이라고 주장했다.

페테르에게 일어난 모든 변화는 그의 자아의식과 관련 있었다. 그렇다면 자동차 사고로 그의 뇌에서 어떤 부분이 사라졌기에 이런 결함이 생긴 것일까?

뇌 MRI 결과 페테르는 이마엽과 관자엽이 손상되었다. 두 영역을 합쳐 이마관자 영역이라고 부르는데, 페테르는 그 가운데에서도 우뇌가 손상된 최악의 상황이었다.

거울에 비친 자기 모습을 알아보지 못하는 증상, 카프그라증후군, 말짓기증은 모두 우측 이마관자엽 손상과 관련이 있다.[7] 이런 뇌손상의 패턴은 정체성을 잃은 환자들에 대한 여러 신경학적 기록에서 일관되게 나타난다. 이를테면 마비된 팔이나 다리를 자기 팔다리라고 느끼지 못하는 자기신체실인증(asomatognosia)이 있다. 이 증상을 보이는 환자들은 움직이지 못하는 팔이나 다리가 자기 것이 아니라고 말한다. 다음은 알베르트 아인슈타인 의과대학의 신경학자이자 자기신체실인증 전문가인 토드 파인버그(Todd Feinberg)가 셜리라는 환자와 나눈 대화의 녹취록 일부다.[8] 그녀는 마비된 왼팔이 자기 팔이 아니라고 주장했다.

셜리 : 그것이 나한테는 휴가를 간다고 말하지도 않고 가버렸어요. 말도 없이 그냥 갔어요.

파인버그 : 뭐가 그랬다는 거죠?

셜리 : 내 애완바위요. [그녀는 움직이지 않는 왼팔을 오른팔로 들어올렸다. 그녀가 말하는 그것이란 왼팔을 가리켰다.]

파인버그 : 그것을 애완바위라고 부르나봐요?

셜리 : 네.

파인버그 : 왜 애완바위라고 부르죠?

셜리 : 아무것도 안 해서요. 그건 그냥 거기에 가만히 있기만 하거든요.

자기신체실인증을 가진 환자는 마비된 사지를 흔히 무생물 취급하면서 "녹슨 기계 조각", "뼈 주머니", "내 남편의 손"으로 부른다. 그들은 마비된 팔다리를 의사, 가족 등 다른 사람의 것이라고 주장할 때가 많다.

다른 사람과의 해리가 아니라 신체 일부와의 해리를 느낀다는 점만 빼면 자기신체실인증은 카프그라증후군과 매우 비슷하다. 하지만 그것은 '신경 논리'가 작동하는 또 다른 사례이기도 하다. 손상된 뇌는 마비된 팔다리를 자기 신체의 일부로 인식하지 못한다. 따라서 무의식계는 서로 충돌하는 두 개의 정보를 어우러지게 해야 한다. 첫째, 근처에 손처럼 생긴 물체가 매번 아주 가까이 있다. 둘째, 그 물체는 운동 명령에 반응하지 않는다. 이 상황에서 뇌가 지어낼 수 있는 논리적 해석은 무엇인가? 그 손은 다른 사람의 손이거나, 아니면 신체 한쪽에 항상 착 달라붙어 있는 무생물체라는 설명이다. 애완바위처럼 말이다.

자기신체실인증은 우뇌의 이마엽·관자엽·마루엽 겉질이 손상되었을 때 생긴다.[9] 이 장애도 우측 이마관자엽 네트워크와 관련이 있다고 할 수 있다.

자아정체성에 대한 연구도 임상 사례와 일치한다. fMRI를 이용한 연구에 따르면[10] 우측 이마앞엽겉질(이마관자 영역의 일부)은 우리가 자기숙고를 할 때 활성화되지만 다른 사람을 생각할 때는 활성화되지 않는다. 신경과 자아의 상관성을 찾는 연구만으로도 책 한 권을 채울 정도로 어마어마하지만 자아가 정확히 뇌의 어느 영역에 존재하는지는 아직 알지 못한다는 것이 일치된 의견이다.[11] 전반적으로 우측 이마엽에 자아가 존재한다고 생각하는데, 앞에서 살펴보았듯이 이 영역의 활동은 자아와 관련된 활동과 높은 상관성이 있기 때문이다. 하지만 다른 의견도 진지하게 고민해볼 필요가 있다. 정체성 등장에 관여하는 부분은 이마엽만이 아니기 때문이다.

그렇다 할지라도 페테르의 사례는 뇌 손상으로 인해 정체성의 여러 부분, 즉 자신과 사랑하는 주변 사람들을 알아보는 능력, 자신의 개인사에 대한 기억, 인격의 일관성, 자신과 다른 사람이 어떻게 다른지 알아보는 능력, 사고와 행동에 대한 통제감 등이 지워질 수 있다는 것을 보여준다. 페테르는 그림으로 자신을 표현해보라는 요청에 무당벌레를 그리고 이렇게 설명했다. "내 안의 것들이 나에게 무당벌레를 생각나게 합니다.

그녀는 무언가를 찾고 있어요. 그녀 안이 텅 비어 있어서죠. 내 안이 텅 빈 것처럼 말이에요."

자아의식이 뇌 손상으로 파괴될 수 있다면 자아분열은 왜 생기는가? 에벌린은 확연히 나타나는 뇌 손상이 없었지만 그녀의 신체는 여러 번이나 다른 인격의 지배를 받았다. 그것이 어떻게 가능한가? 우리는 대다수 신경학자가 생각하는 것처럼 인간의 정체성이 대략 어느 한 부위에 위치할 수 있다면 뇌를 분리하는 외과적 수술로도 자아를 부분으로 나누는 것이 가능할 수 있다고 생각한다. 만약 마취 상태인 누군가의 뇌를 반으로 나눈다면 수술 후 깨어나는 사람은 누구인가? 그는 한 사람인가, 아니면 두 사람인가?

분리된 뇌

약물로 제어가 되지 않는 뇌전증은 뇌의 좌우를 연결하는 두꺼운 신경다발인 뇌들보(뇌량)를 자르는 뇌들보 절제술(corpus callosum)을 하기도 한다. 뇌전증 발작은 뇌의 신경 다발을 통해 퍼지는 전기 폭풍이기 때문에 뇌의 좌우를 떼어놓으면 전기가 다른 쪽 뇌로도 건너가 양쪽 뇌 전체에 발작이 일어나는 것을 막을 수 있다. 이 최후의 수단은 제어 불능의 뇌전증 발작을 보이는 환자에게는 기적을 불러오지만 반대로 기이한 부작용을 일으킬 수 있다.

매우 널리 알려진 최고의 분리뇌증후군(split-train syndrome) 연구 사례가 있다. 1979년 6월에 분리뇌 수술을 받은 비키라는 여성에 대한 연구다.[12] 수술 후 몇 달 동안 비키의 양쪽 뇌는 서로 따로 움직였다. 예를 들어 슈퍼마켓에서 물건을 고를 때 한 손을 선반에 뻗었더니 다른 손이 끼어들어 방해했다. "나는 사려는 물건에 오른손을 뻗었죠. 그런데 왼손이 끼어들더니 두 손이 싸움 아닌 싸움을 벌이더라고요. 서로를 밀어내는 자석이 따로 없었어요."

매일 아침 옷을 입을 때에도 똑같은 일이 벌어졌다. 겉옷을 골라 꺼내려는데 반대쪽 손이 다른 옷을 꺼내려 했다. "옷이란 옷은 죄다 침대에 올려놓고 숨을 고른 후 다시 시작했어요." 한번은 어쩔 수 없이 포기하고 겉옷을 동시에 세 벌이나 입고 집을 나선 적도 있었다.

분리뇌증후군이란 서로 단절된 좌뇌와 우뇌가 독립적으로 행동하는 상태를 말한다. 비키는 2장에서 살펴본 이마엽의 기능 상실로 인해 일어나는 결과 가운데 하나인 외계인손증후군[13]을 겪고 있었다. 이 증상은 분리뇌증후군이 흔히 보이는 것으로 우뇌는 왼손을 제어하고 좌뇌는 오른손을 제어하기 때문이다. 교차 제어는 시각에도 적용된다. 우뇌는 왼쪽 시야에서 들어오는 시각 정보를 처리하고 좌뇌는 오른쪽 시야에서 들어오는 시각 정보를 처리한다. 더욱이 좌뇌(오른손잡이인 경우)는 언어 생산도 제어한다. 이런 대뇌의 기능 분화를 의미하는 편측화(lateralization)로 인해 뇌의 좌우는 서로 다른 능력과 지각을 담당하고 반대쪽 뇌와는 그 기능을 공유하지 않는다. 비키의 오른쪽 시야에 있는 글씨를 좌뇌가 읽으면[14] 그녀는 그 단어를 소리내어 읽을 수 있다. 말을 제어하는 것은 좌뇌의 역할이기 때문이다. 반대로 똑같은 글씨가 왼쪽 시야에 나타나면 우뇌만이 그것을 볼 수 있어서 비키는 단어를 말하지 못하지만 대신 펜을 쥐고 글씨를 쓸 수는 있다.

분리뇌 분야의 선두주자인 신경과학자 마이클 가자니가는 이 분야를 50년 동안 연구했다. 그는 다양한 인지 활동이 좌뇌와 우뇌에 어떻게 할당되는지 발견한 것과는 별도로 좌우의 뇌가 각기 자아의식을 갖고 있지 않은지에 대한 의문을 연구 활동 내내 가졌다. 양쪽 뇌는 각각 다른 쪽 뇌가 접근하지 못하는 감각이나 지각, 능력에 접근할 수 있다. 그렇다면 자기를 숙고하고 결정을 내리는 의식도 각자 갖고 있지 않을까?

이는 마이클 가자니가가 1960년대에 연구를 시작하면서 품어온 의문이었다.[15] 신체의 좌우가 슈퍼마켓 통로에서 서로 싸움을 벌일 때 그 결정은 전적으로 합리적인 것으로 보인다. 그러나 그는 연구 초반부터 좌우의 뇌가 하나의 자아의식을 공유하는 것이 확실하다고 생각했다. 반대쪽 뇌가 가진 지식이나 기능에는 접근하지 못하지만 좌우의 뇌는 서로 협력을 하며 그 하나의 정체성을 유지하기 위해 노력하는 듯했다.

한 실험에서 마이클 가자니가는 분리뇌 환자의 왼쪽 시야에 "걸으세요"라는 단어가 적힌 종이를 두었다.[16] 환자의 우뇌가 그 단어를 보았고 환자는 일어나서 걷기 시작했다. 왜 걸었는지 이유를 묻는 질문에 환자는 이렇게 답했다. "코카콜라를 가지러 가고 싶었거든요." 좌뇌가(언어 생산 담당) 걸은 이유를 설명했지만 좌뇌는 "걸으세요"라고 적힌 종이를 보았다는 사실을 알지 못한 상태에서 그런 설명을 만들어냈다. 우뇌만 종이를 보았다. 좌뇌는 이유를 만들어내기만 했을 뿐이다.

다른 실험에서 마이클 가자니가는 한 여성의 우뇌에 사과 사진을 아주 잠깐 보여주었다.[17] 여성은 사진을 보자마자 웃기 시작했다. 왜 웃었는지 이유를 묻자 여성은 사진을 보여준 기계를 가리키며 "저 기계인지

뭔지가 우스꽝스러워서요"라고 대답했다. 마이클 가자니가가 똑같은 사진을 그녀의 좌뇌에 보여주었을 때도 그녀는 웃으면서 사과 사이에 숨겨진 여자 누드 그림을 재빨리 가리켰다.

마지막으로 마이클 가자니가가 즐겨 하는 실험의 하나로, 그는 분리뇌 환자의 우뇌에는 '미소'라는 단어를 보여주고[18] 좌뇌에는 '얼굴'이라는 단어를 보여준다. 그러고 나서 환자에게 방금 본 단어를 그림으로 그리라고 한다. 환자들은 웃는 얼굴을 그렸다. 마이클 가자니가가 이유를 물었을 때 환자는 "뭘 원하는 거죠? 슬픈 얼굴이요? 슬픈 얼굴을 원하는 사람도 있습니까?"라고 대꾸했다. 좌뇌는 '미소'라는 단어를 보지 못했기 때문에 웃는 얼굴을 그린 이유를 나름대로 지어내서 설명해야 했다.

이 모든 연구 사례에서 좌뇌(말과 관련된 모든 기능 담당)는 우뇌가 무엇을 보았는지 알지 못했지만 걷거나 웃거나 미소짓는 얼굴을 그린 이유에 대해 논리적 설명을 만들어내려는 것을 보여주었다. 좌뇌는 매우 당혹스러운 상황을 만나 빈틈을 메웠다. 뇌의 좌우가 서로 별개의 의식적 자아라면 이런 식으로 서로 협력하는 이유는 무엇인가? 그냥 무시하면 되지 않는가?

심지어 외과적 수술로 분리되었을 때에도 뇌의 좌우는 별개로 행동하지 않는다. 좌우의 뇌는 서로의 행동에 조화를 이루려 노력하면서 어떻게든 통일된 자아의식을 유지할 방법을 찾아낸다. 마이클 가자니가는 자신의 실험에서 모든 설명을 만들어낸 것은 좌뇌이고, 따라서 이런 공조 현상이 일어난 이유는 좌뇌의 노력 덕분이라고 말한다. 마이클 가자니가가 세운 가설에 의하면 좌뇌에는 일상의 경험을 한데 끌어모아 하나의 논리적이고 통일적인 이야기를 구성하는 이른바 '좌뇌 해석기(left hemisphere interpreter)'[19]가 있다. 그는 자아의식이 우뇌(구체적으로 말하면 오른쪽 이마관자 영역)에서 나온다고 시사하는 여러 연구 결과를 인정하면서도 사실 자아의식은 뇌 전체에서 두루 처리되며 그 가운데에서도 좌뇌가 결정적 역할을 한다고 주장한다. 특히 좌뇌의 해석이 결정적 역할을 한다고 주장한다. 좌뇌가 경험을 결합해 자신만의 이야기를, 다시 말해 이 책에서 '신경 논리'라고 부르는 내부의 무의식적 합리화를 만들어낸다는 것이다. 적어도 분리뇌 실험에서만큼은 빈틈을 메우는 것은 좌뇌다.

좌뇌 해석기가 있는지, 있다면 어떻게 작동하는지는 계속 연구 중이다. 그런데도 뇌에는 무의식계가 존재하고, 무의식계는 정보가 서로 충돌했을 때 그것을 상쇄시키는 이야기를 만들어낸다고 분명히 말할 수 있다. 이는 이 책 전체에서 잇따라 나온 시나리오이기도 하다. 그런 이야기가 자기신체실인증과 카프그라증후군을 만들어낸다. 아니면 코타르증후군과 외계인 납치설을 만들기도 한다. 조현병을 앓는 사람들이 자신이 FBI에 감시당하고 있다거나 초자연적 힘에 의해 제어당하고 있다고 믿는 것도 그런 이유에서다. 무의식계가 만드는 이야기는 말짓기증과 가짜 기억이 원인이다. 꿈의 서사도 구성한다.

뇌는 불완전한 사고와 인식의 빈틈을 메우려는 습성이 있다. 뇌는 그 빈틈을 메울 때마다 자아의식 유지라는 목적에 충실한다. 무의식계는 개인의 이야기를, 인간으로서 갖는 안정된 정체성을 보호하는 데 철저히 중점을 둔다. 그리고 그런 무의식계의 노력은 감정적 트라우마를 입었을 때 가장 여실히 발휘된다.

나쁜 것은 보지 마라

애커만 부부에게는 잊게 해달라고 기도해야 하는 날이었다.[20] 상상할 수 없는 최악의 교통사고가 났고 애커만 부부는 아수라장 한복판에 있었다. 100중 이상의 추돌 사고였다. 사방에 부상자가 누워 있었고 여러 사람이 죽었다. 앞 차와 세게 충돌한 후 애커만 부부는 잠시 차 안에 갇혀 있었다. 창문 밖으로 누군가 불에 타 죽는 모습이 보였다. 조금 있으면 자신들도 죽을지 모른다는 깨달음이 밀려왔다.

그러나 애커만 부부는 살아남았다. 순간 몸에 아드레날린이 치솟은 남편은 창문을 깨뜨렸고 산산조각 난 차창을 넘어 기어오른 후에는 아내도 차 밖으로 꺼내 안전한 곳까지 무사히 대피시켰다. 부서진 차에서 빠져 나온 애커만 부부는 신속하게 병원으로 이송되어 진찰을 받았다. 다행히 부부는 다친 곳이 없었다. 적어도 신체적으로는 그랬다. 그러나 그들은 정신적 트라우마를 입었다. 사고로 인한 심리적 후유증이 매우 컸지만 남편과 아내에게 나타나는 증상은 서로 달랐다.

차가 충돌했을 때 애커만 씨는 자신이 과다 각성 상태에 빠졌음을 느꼈다. 초조함과 두려움이 밀려왔다. 필사적으로 탈출구를 찾았다. 머릿속 혼돈은 차창 너머의 혼란과 비슷했다. 그는 사고 며칠 뒤부터 끔찍한 회상에 시달리기 시작했다. 악몽을 꾸다 식은땀을 흘리며 깰 때가 허다했다. 직장에서는 과민 상태가 되어 집중을 잘 하지 못했다. 큰 소음만 들려도 쉽게 놀랐고 운전할 때에도 극도로 긴장하고 예민해졌다.

한편, 애커만 부인이 보인 반응은 정반대였다. 사고가 났을 때 그녀는 차 안에 갇혀 차창 밖의 세상을 멍하니 바라보기만 했다. 주변에서 벌어지는 일이 마치 다른 나라 일만 같았다. 애커만 부인은 '쇼크 상태'였다. 그녀는 큰 사고가 났고 자신도 곧 위험해질 것임을 알았지만 감정적 트라우마가 정신 상태에는 별 영향을 미치지 않은 것처럼 보였다.

애커만 부부의 반응은 트라우마 반응을 분류할 때 사용하는 양극단을 대표한다. 애커만 씨가 보인 스트레스 반응은 외상 후 스트레스장애(PTSD)의 특징인 과다각성(hyperarousal)이었다. 반대로 애커만 부인은 지금의 감정과 경험이 자신과 분리되어 있다고 느끼는 해리 증상을 보였다. 두 사람, 정신적 트라우마 사건 하나, 전혀 다른 두 개의 심리적 반응. 부부의 뇌에서 어떤 일이 생겼기에 이런 양극단의 반응이 나타난 것일까?

애커만 부부의 동의 아래 사고 당일을 떠올리는 그들의 뇌를 스캔하는 간단한 fMRI 연구를 했다.[21] 촬영 결과 두 사람의 뇌 활동은 크게 달랐다. 애커만 씨는 다른 영역보다 이마엽, 관자엽, 마루엽이 두드러지게 활성화되었다. 더욱이 그의 심박수가 크게 증가했고 그는 사고를 기억하는 내내 초조하고 가슴이 "조마조마했다"고 말했다.

이와 대조적으로 애커만 부인은 실험 내내 초조함을 느끼지 않았다. 심박수는 안정적이었고 사고를 기억하는 동안에도 그냥 "멍"하고 "무감각"했다고 말했다. fMRI 촬영에서 뇌 조직이 볼드 신호를 통해 밝게 빛나며 활성화되었던 남편과 달리 아내의 뇌 조직은 빛나지 않았다. 그녀가 머릿속으로 사고를 구체적으로 떠올리는 동안 fMRI에서는 뒤통수엽의 아주 작은 일부만 빛났다. 뇌가 과다각성 반응을 차단하고 감정적 반응을 마비시키고 있었다.

어쩌면 심리적 트라우마가 인간으로서의 자아의식에 가장 큰 위협이 될지도 모른다. 심리적 트라우마는 행동 의지를 파괴할 수 있다. 신체적으로 멀쩡한 사람을 우울감이나 슬픔 같은 심리적 마비 상태에 빠뜨려 이불 속에서만 파묻혀 지내게 만들 수 있다. 심리적 트라우마는 퇴역 군인들을 외상 후 스트레스장애에 시달리게 한다. 심지어는 살아갈 의지마저 없애고 자살이라는 비극적 선택을 하게 만들기도 한다.

한편, 심리적 트라우마 때문에 자아와의 해리를 느낄 수 있다. 정신과 질병 가운데 해리장애로 분류되는 환자들은 정도의 차이는 있지만 주변 세상과의 분리를 느끼며 정체성 상실을 경험한다. 예를 들어 이인장애(depersonalization disorder) 환자는 세상은 물론 자신과도 분리되어 경험자가 아닌 관찰자의 입장에서 세상을 바라본다. 좀더 심한 해리장애인 해리성 둔주(dissociative fugue) 환자는 자신이 누구이며 어디 사는지도 완전히 잊고(보통 멀리 여행을 갔다 온 후 이런 일이 생긴다) 새로운 정체성을 받아들이려 한다. 에벌린이 앓고 있는 질병이며 해리장애 가운데에서도 가장 심각한 해리성정체감장애는 인격과 자아의식이 분열되어 마치 복수의 인격과 정체성을 지닌 듯한 모습을 보인다.

해리장애는 일반적으로 감정적 트라우마에서 비롯된다.[22] 원인이 된 트라우마도 감당하기 힘들지만 해리 상태도 감당하기 매우 힘들다. 자신이 세상과 분리되어 있다는 느낌, 저 멀리서 세상을 바라보는 듯한 느낌이 지속되는 것은 잔인한 저주다. 그러나 이런 해리장애에도 나름의 목적이 있다. 트라우마의 고통이 재연되는 것으로부터 자신을 보호하기 위해서다. 해리는 결국 무의식이 발동하는 방어기제다. 해리장애는 오랫동안 학대를 당한 피해자[23]에게서 가장 흔하게 나타나며 연약한 정신을 차단해 과거의 감정적 고통이 지속되는 것을 막아준다.

뇌는 심리적 트라우마의 파괴적 잠재력에 맞서는 방어 장비를 갖추고 있다. 기억억제에 대해 살펴보았지만(4장 참조) 정신은 너무 고통스러워 감당할 수 없는 기억이나 감정과는 거리를 유지할 수 있다. 해리는 뇌의 자기방어기제에서 비롯되는 부작용이다. 신체가 박테리아 감염에 반응하는 방식에 비유할 수 있다. 면역계는 외부 감염원이 확산되는 것을 막기 위해 감염 부위 주위로 담을 세우고 고름을 만든다. 담장 안에 갇힌 박테리아는 근처 조직과 격리된다. 그러나 이런 방어기제에도 부작용이 있다. 고름은 언제 터질지 모를 정도로 곪을 만큼 곪아 있기 때문이다.

해리도 이런 방식으로 심리적 트라우마를 입은 정신 부분을 격리시킨다. 해리는 끔찍한 기억과 생각을 의식적 자아와 격리시켜 고통스러운 일에는 아예 관심을 갖지 않게 막는다. 하지만 그렇다고 해도 감정적 손상이 없어지는 것은 아니다. 단지 정신 어딘가의 깊은 동굴에 갇혀 있을 뿐이다. 연구자들은 마치 고름처럼 생각과 기억이 갇혀 존재하는 부분을 뇌의 '감정 격리부(emotional part)'[24]라고 부른다. 이는 심리적 트라우마를 입은 채 뇌에 깊이 파묻힌 자아의 일부를 뜻한다. 반대로 심리적 트라우마를 입지 않는 부분은 '외견상 정상부(apparently normal part)'[25]라고 한다. 고름이 터지면 안 되는 것처럼 감정 격리부와 외견상 정상부도 분리되어 있어야 하며 서로 접촉해서는 안 된다. 그러나 항상 그렇게 되는 것은 아니다. 손상 부위가 나머지 정신과 분리된다 해도 그 부위가 활동 중단 상태를 유지하지 않을 위험은 항상 존재한다. 갇혀 있던 자아가 유배지에서 탈출해 다른 인격으로 나타날 수 있다. 지킬 박사에게 나타나는 하이드처럼 말이다.

해리성정체감장애를 생각해보자. 이 장애는 과거에 단절된 인격의 부분을 오간다. 한쪽에는 일상적인 중립의 자아('외견상 정상부')가 존재하고 사회적 기능을 별 탈 없이 수행하지만 자신이나 세상과의 해리를 느낀다. 다른 한쪽에는 갇힌 자아('감정 격리부')가 존재한다. 이 자아는 감정적 트라우마에 의해 왜곡되어 있다. 한 사람에게서 애커만 부부의 트라우마 반응이 번갈아 나타난다고 생각하면 된다. 과다각성 증상을 보이는 애커만 씨의 반응은 감정 격리부라고 생각할 수 있다. 그는 자동차 사고로 악몽, 심각한 불안감, 감정 통제 능력 상실이 생기면서 자기 역할도 제대로 하기 힘들었다. 애커만 부인의 반응은 감정적으로 둔하고 해리되어 있다는 점에서 외견상 정상부에 비유할 수 있다. 사고 동안에는 차분했지만 정작 그녀의 정신에서는 감정적 경계막이 생기고 있었다.

사고를 기억하는 동안 애커만 부부가 보인 스트레스 수준은 사고 당시에 보인 반응만큼이나 극에서 극으로 나뉘었다. 3장에서 살펴보았듯이 심상 시뮬레이션은 현실과 매우 비슷한 편이다. 연구 결과에 따르면 다중인격 환자들은 트라우마 사건을 떠올릴 때 실험에 참가한 애커만 부부처럼 인격마다 스트레스 반응도 다르다. 한 인격[26]은 트라우마 사건을 떠올리는 동안 애커만 씨처럼 심박수와 호흡이 빨라지는 반면, 다른 인격은 애커만 부인처럼 바이털(활력 징후)에 아무 변화가 없다. 이런 관점에서 해리성정체감장애는 해리와 과다각성의 결합이라고 생각할 수 있다. 해리된 자아가 기본 자아(평상시)라면, 과다각성의 불안정한 자아는 산발적으로 가끔씩 등장하는 교체 자아(alter ego)인 셈이다.

에벌린이 팔에 욕설을 새긴 채 병원에 왔을 때[27] 가장 급선무는 가해자가 누구인지 찾는 것이었다. 가해자가 그녀 자신, 다시 말해 그녀의 일부인 것은 분명해 보였다. 그녀의 해리성정체감장애는 일종의 적응기제로서 발달한 것이었다. 그 장애의 목표는? 수년 동안 학대를 받으며 정신에 피해를 입힌 심리적 파괴로부터 자아의식을 보호하는 것이었다. 에벌린이 가진 각각의 교체 자아는 오래전 격리되었다가 갑자기 다시 깨어나는 인격의 파편이자 개인사의 일부를 뜻했다.

설명은 그럴듯하지만 신경학적으로 증명할 수 있는 것인가? 자아가 분열되는 것이 얼마나 어려운지는 앞에서 이미 살펴보았다. 외과 의사가 뇌를 반으로 갈라 좌우의 대뇌반구가 각각 활동한다 해도 그 사람의 자아의식까지 분리되는 것은 아니다. 심지어 분리뇌가 되었다 하더라도 무의식계는 연속된 정체성을 유지할 방법을 찾아내려 고민을 거듭한다. 무의식계는 생각과 행동 사이에 연결해야 할 괴리가 생겼다는 것만 알 뿐 뇌들보가 절제되었다는 사실은 알지 못한다.

하지만 해리성정체감장애를 가진 사람은 뚜렷한 뇌 손상이 없다. 에벌린은 머리를 찧은 적도, 차 사고가 난 적도, 뇌를 좌우로 분리하는 수술을 받은 적도 없었다. 그런데도 그녀의 정체성은 여러 개의 교체 자아로 조각조각 분열되었고, 그 자아들은 다른 자아에 대한 정보는 갖고 있지 않았다. 이처럼 외견상 분리된 인격들은 기억을 공유하지 않았으며, 시력검사 결과마저도 극명하게 달랐다. 이런 일이 왜 가능한가? 물리적으로 뇌를 분리한 것도 아닌데 정신이 분열된 이유는 무엇인가?

조각조각 분열된 정신

한 사람이 다중인격을 오가면 뇌에는 무슨 일이 생길까? 이 질문의 답을 얻기 위해 네덜란드 연구팀[28]은 신경 촬영 연구에 참가할 해리성정체감장애 환자 11명을 모집했다. 연구팀은 환자가 여러 인격을 오가도록 유도했고 그때 나타나는 뇌의 변화를 PET 스캔으로 관찰한다는 계획을 세웠다. 연구팀은 환자들과 철저히 개별 상담을 한 후 그들이 트라우마 사건을 쉽게 떠올릴 수 있도록 환자 개개인에 맞는 11개의 각본을 짰다. 스트레스가 해리성정체감장애 환자의 여러 인격 전환 촉매제가 된다는 것은 기정사실이었다.[29] 그리고 솔직히 말해 이 질병을 일으킨 고통스러운 사건을 다시 떠올리는 것보다 더 스트레스를 주는 일도 없지 않겠는가?

연구팀은 피험자들이 PET 스캔에 연결되어 있는 동안 개별 각본을 이용해 그들의 인격 전환을 자극했다. 각본은 대다수 자원자에게 효과가 있었다. 심박수가 갑자기 빨라졌고 혈압이 올라갔다. 피험자 안에 교체 자아가 존재하고 있는 것이 느껴졌다. 그렇다면 PET 결과는 어떻게 나타났을까?

피험자가 중립 자아일 때[30] 그들의 뇌 활동은 해리 상태를 경험하는 사람의 뇌 활동과 비슷했다. 그들은 자동차 사고 후 해리성 반응을 보인 애커만 부인과 비슷하게 뇌 활동이 둔화되어 있었다. 그러나 인격이 바뀌자 뇌의 여러 영역이 점화되는 것이 PET 스캔에 나타났는데, 특히 뇌의 감정 중추인 편도에 환하게 불이 켜졌다. 이 반응은 교통사고 후 과다각성 상태였던 애커만 씨와 비슷했다. 뇌의 감정 시스템은 격리된 자아가 활동하는 동안은 환하게 빛났고, 반대로 중립 자아가 활동할 때는 잠잠했다. 이는 해리성정체감장애 환자는 중립 자아일 때에는 고통을 주는 감정이 차단되어 보호를 받고, 심지어는 별다른 문제없이 과거를 마주할 수 있다는 것도 포함한다. 그러나 방어막이 무너져 격리된 자아가 다시 나타나면 감정 시스템이 나약해지고 고통스러운 감정이 그를 지배할 수 있다.

하지만 앞의 연구팀이 눈여겨본 부분은 이것이 전부가 아니었다. 뇌에는 인격 전환과는 별도로 움직이는 부분이 있다. 바로 사건기억(살면서 겪은 중요한 사건에 대한 기억)의 중심인 해마다. 활동 중인 정체성이 무엇인지에 따라 해마에서 PET 신호가 환하게 빛나는 영역도 달랐다. 교체 자아는 어떤 기억에는 접근할 수 있지만 어떤 기억에는 접근할 수 없다.

에벌린은 이런 뇌 촬영을 해본 적이 없기 때문에 앞의 결과가 그녀에게도 해당되는지는 알 수 없다. 그래서 의료진은 그녀의 인격 분리가 신경 활동에 반영되어 있을지 모른다는 가정을 세우는 데 만족했다. 에벌린, 프래니 F, 세라, 키미는 한 사람 안에서 독립적 구획을 갖고 있는 것이 분명했다. 네 인격은 각자 고유한 행동 패턴을 갖고 있었으며 다른 인격의 기억에는 접근하지 못했다. 키미는 아직 자기 이름 쓰는 것도 다 배우지 못한 아이였지만 에벌린은 이미 성인이었다. 네 인격 가운데 하나가 에벌린의 팔뚝에 욕설을 새겼지만 그녀는 그 시간에 대해서는 전혀 기억하지 못했다. 에벌린의 해마가 물리적으로 네 구역으로 나뉘어 별도로 분리된 네 개의 기억 창고가 존재하는 것은 아니었다. 따라서 이 네 명의 인격이 한 개의 기억 은행에서 각자 다른 부분을 사용하고 있다고 짐작할 뿐이었다. 에벌린의 중립 자아는 평소 오염되지 않은 기억에는 접근할 수 있지만 트라우마가 된 기억에는 접근하지 못했다. 접근 권한이 막혀 있었다. 스트레스든 다른 계기에 의해서든 해마에서 비활성화 상태였던 부분(그리고 격리되어 있던 뇌 영역)이 갑자기 활동하는 순간 교체 자아가 다시 나타났다.

사실 교체 인격은 위협이 되는 '무의식적' 자극에 대해서도 다른 반응을 보인다. 2013년 실험에서[31] 신경과학자팀은 해리성정체감장애 환자들에게 화난 얼굴 사진을 백워드 마스킹 기법으로 보여주었다. 앞에서도 살펴보았듯이 백워드 마스킹 실험에서는 이미지가 아주 잠깐 보이기 때문에 그 이미지를 의식적으로는 인식하지 못하지만 무의식에는 영향을 미친다. 연구팀이 피험자의 숨은 인격에 분노한 얼굴을 보여주자 자전적 기억을 떠올릴 때[32] 해마와 함께 활성화되는 영역인 해마곁이랑의 활동이 크게 늘어나는 것이 fMRI에서 드러났다. 같은 이미지를 중립 인격에 보여주었을 때에는 아무 일도 일어나지 않았다. 신경과학자들은 이런 차이를 설명하기 위해 숨어 있던 자아가 드러날 때 위협적 표정의 얼굴이 무의식을 자극해 트라우마 기억이 생각나게 되는 것이라는 가설을 세웠다. 이와 대조적으로 중립적 정체성이 활동할 동안에는 기억에 접근하지 못했다. 뇌는 그런 중립적 정체성을 백워드 마스킹 실험의 얼굴과 연관이 있는 무언가로부터 보호하고 있었다.

각각의 교체 인격이 접근하는 고유의 감정과 기억이 다른 것이라면 이는 다중인격이 발달하는 신경학적 근거가 될 수 있다. 정신이 일부를 격리한다는 것은 단순히 추상적 의미만은 아니다. 그보다는 불안한 감정과 기억이 자기숙고적 인지와 겹치는 것을 막기 위해 뇌가 신경 처리방식을 분리하는 것이라고 할 수 있다.

더욱이 해리성정체감장애 환자들은 그들만의 독특한 기억과 감정 처리방식에 따라 뇌의 해부학적 구조가 형성되는 것으로 보인다. 뇌 가소성 법칙에 따르면 사용이 빈번한 영역은 신경이 늘어나고 커진다. 사용이 뜸한 뇌 영역은 신경이 위축되고 줄어든다. 이론적으로는 기억과 감정의 일부를 격리하고 해마와 편도에 있는 해당 신경세포에 접근을 막을 수 있다면 이 부분은 사용이 부진해 점차 줄어들게 된다. 연구자들은 MRI를 이용해 실제로 그런 일이 일어난다는 것을 입증했다. 해리성정체감장애 환자들을 대조군과 비교한 결과 해마는 평균 19.2퍼센트가,[33] 편도는 31.6퍼센트가 더 작았다. 그러므로 교체 인격들은 뇌의 기억과 감정 영역에서 활동이 줄어들 뿐 아니라 이런 활동 패턴은 뇌의 물리적 구조에도 반영된다. 감정적 트라우마가 된 기억에는 좀처럼 나타나지 않는 격리 인격만 접근할 수 있으므로 그 기억을 저장한 영역은 방치되고 크기도 줄어드는 것이다.

이미 살펴보았듯이 기억은 억제되기도 하고[34] 잊히기도 하고 거짓 기억으로 존재하기도 한다. 그러므로 기억이 쪼개져 어느 특정 인격에만 접근을 허용하고 다른 인격의 접근은 막을 수 있는지 여부가 궁금하다. 실제로 그런 일이 가능한가? 앞에서 살펴본 연구[35] 외에도 여러 차례 독립적 사례에 대한[36] 신경 촬영에서 환자가 다른 인격을 드러낼 때마다 해마, 관자엽겉질, 이마앞엽겉질 고유의 활동 패턴도 동시에 변한다는 것이 밝혀졌다. 그리고 해리성정체감장애를 가진 사람들은 눈확이마엽겉질(안와전두엽피질)의 활동도 축소되어 있었다.[37] 3장에서 살펴보았지만 이곳은 감정적 기억과 직감을 명령하는 신체표지가 존재하는 영역이다. 다시 말해 다중인격인 사람의 기억 시스템이 다르게 활동한다는 사실은 그들 각각의 인격이 부분적 접근 권한만 갖고 있다는 생각을 뒷받침한다.

하나의 뇌 안에 있는 다중 시스템이 서로 다른 기억에 접근할 수 있다는 개념은 새로운 것이 아니다. 2장에서 살펴본 습관·비습관 체계 정도로도 충분하다. 뇌의 습관·비습관 체계는 이용하는 기억 형태가 다르고(절차기억과 사건기억) 이런 기억의 저장과 접근도 다른 영역에서 이루어진다(줄무늬체와 해마). 부주의한 운전자가 습관 체계에 지배되어 운전할 때 그는 운전방법을 잘 기억한다. 습관 체계는 절차기억을 이용하기 때문이다. 그러나 습관 체계는 사건기억에 접근하지 못하므로 부주의한 운전자는 퇴근길에 우유 한 병을 사가야 한다는 사실은 잊고 만다. 과거의 트라우마가 없는 사람일지라도 뇌의 습관·비습관 체계가 특정 기억을 공유하지 못한다면 이론적으로는 에벌린의 교체 자아와 같은 일이 그에게도 일어날 수 있다.

이 문제에 대한 연구는 아직 걸음마 단계다. 구체적인 자료가 많지 않고 연구 결과도 명확하지 않으며 정신과 의사들 사이에서도 해리성정체감장애 진단의 세세한 부분에 대해서는 의견이 분분하다. 하지만 신경학 연구의 도움으로 조심스럽게 말하면 해리성정체감장애는 지난날 숨어 있던 기억과 감정 회로 영역이 다시 활동을 시작하고 활동이 중단되어 있던 신경세포가 다시 깨어날 때 나타난다. 뇌는 과거의 고통과 괴로움으로부터 자아를 보호하기 위해 그 영역을 차단하고 격리했지만 무언가 새로운 감정적 스트레스 요인이 그 영역을 다시 활성화시킨다. 스트레스로 인해 뇌가 내부에서부터 바뀌면서 신경이 고립되어 컴컴한 납골당에 갇혀 숨어 있어야 하는 교체 자아가 다시 나타나는 결과가 생긴다.

하지만 다른 방법으로도 교체 자아를 이해할 수 있다. 스트레스를 유도하지 않고 외부에서 자극을 주어 숨은 인격을 끄집어낼 수 있다면?

입원해 있는 동안 에벌린에게 무슨 일이 일어났다. 언뜻 보기에는 다중 인격의 개념 자체에 문제를 제기할 만한 사건이었다. 에벌린의 개인사에서 2막이 시작되었다.

내면의 최면술사

정신과 병동으로 돌아온 에벌린과 그녀의 교체 자아[38]는 시력 검사를 받는 중이었다. 각 인격마다 시력이 서로 달랐고 그 결과는 매번 똑같았다. 하지만 연구자들은 시력 검사를 하면서 가만히 앉아 다른 인격이 나타나기만을 기다리지 않았다. 그들은 최면으로 인격을 한 번에 하나씩 불러냈다.

연구자는 키미와 대화하고 시력 검사를 한 후 물었다. "이제 들어가렴. 그리고 세라와 잠시 이야기를 나누게 해주겠니?"

키미가 망설였다. "세라가 무섭대요." 걱정 말라고 용기를 주자 키미 목소리 대신에 조금 어른스러운 세라의 목소리가 들리기 시작했다.

"있잖아요"라며 세라가 말문을 열었다. "키미가 이제 내 친구가 되어서 기분이 좋아요. 예전에는 한 번 포옹하는 것도 힘들었어요. 조금 겁이 났었거든요."

무슨 일이 일어났는지 알아차렸는가? 키미와 세라가 서로의 존재를 인정했다. 그들은 서로의 존재를 어떻게 알 수 있었는가? 그들이 의식적으로 서로 분리된 정체성을 갖고 있어 생각이나 기억을 공유하지 못한다면 키미도 세라가 겁먹고 있다는 사실을 알 수 없어야 했다. 키미는 어떻게 세라라는 존재를 알게 되었을까?

에벌린의 해리성정체감장애의 결정적 특징 가운데 하나는[39] 교체 인격들이 서로의 존재를 알지 못하고 기억도 공유하지 않는다는 것이었다. 그런데 어떤 이유에서인지 최면이 이 장벽을 무너뜨리면서 그녀의 인격들은 서로의 생각과 의도에 접근할 수 있었다. 심지어는 상호행동도 할 수 있게 되었다. 이런 이유에서 최면은 해리성정체감장애의 중요한 치료법 가운데 하나다. 최면은 트라우마가 있는 교체 자아가 제어된 환경에서 다시 나타날 수 있게 해준다. 최면은 환자의 심리를 안정시키고[40] 트라우마의 근원에 다가가게 해주며 교체 자아를 합쳐 하나의 통일된 인격을 다시 구축하는 데 도움을 준다. 이 치료법은 에벌린에게도 효과가 있었다. 최면요법 후에 에벌린은 이렇게 말했다. "한결 나아졌어요.[41] 지그소 퍼즐의 조각 맞추기를 하는 기분이에요. 첫 조각이 저기 있었구나 싶어요."

그러나 최면으로 해리성정체감장애의 증상이 심해져 다중인격 체계가 공고해지는 부작용이 생길 수 있다. 그런 이유로 일부 정신과 의사들은[42] 해리성정체감장애가 내부에서 생기는 질병이라기보다는 심리치료사가 이끌어낸 것이라고 믿는다. 그들이 환자로 하여금 교체 자아를 인정하고 서로 엇갈리는 감정을 말하도록 이끌어내므로 환자는 자신에게 교체 자아가 존재한다는 이상한 생각을 믿게 된다는 것이다. 또 다른 해석에 따르면 해리성정체감장애는 내부에서 생기는 질병이기는 하되, 신경학적으로 최면과 비슷한 기제 때문에 발병한다는 주장도 있다.

앞 장에서 살펴보았듯이 최면의 작용방식은 대상자로 하여금 특정 생각이나 상상에 주의를 집중하게 만드는 것이다. 최면술사의 최면에 걸린 대상자는 하나의 생각에 지나치게 몰두한 나머지 다른 감각 지각은 일체 무시한다. 칵테일파티에서 어느 한 대화에만 집중하는 사람처럼 최면에 걸린 사람은 주변에서 벌어지는 다른 일에는 신경을 끈다. 또한 행동을 세심하게 살펴보는 능력도 줄어든다. 이를테면 최면 무대에 올라온 대상자는 관중 앞에서 춤을 추거나 상상의 매와 사투를 벌이는 등 자신의 행동이 이상하다는 것을 인식하지 못한다.

최면의 본질은 일련의 생각이나 지각에만 초점을 맞추고 다른 지각과 생각은 배제시키는 데 있다. 똑같은 일이 해리에서도 일어난다고 할 수 있지 않을까? 해리장애가 있는 뇌는 트라우마 기억과 감정은 집중적인 조명으로부터 멀찌감치 떨어뜨리고 대신에 더 즐거운 일에 초점을 맞춘다. 최면과 해리장애는 프로세스가 비슷해 보인다. 이 짐작이 맞다면 최면이 해리성정체감장애에 강한 영향을 미치는 이유에 대해 설명할 수 있다. 하지만 뇌에서 어떤 증거를 발견할 수 있는가?

fMRI로 촬영했을 때[43] 해리 상태의 뇌에서는 앞대상겉질의 활동이 활발해졌다. 최면에서도 같은 영역의 활동이 지나치게 활발했다. 앞대상겉질은 스트루프 과제나 "모세는 방주에 같은 종류의 동물을 몇 마리씩 실었는가?"라는 왜곡된 질문처럼 서로 어긋나는 정보를 분류하는 작업에 관여한다. 앞대상겉질은 자동조종 상태로 생각하는 것을 막아주고 상황을 있는 그대로 받아들이게 해준다. 이 영역은 주위의 결함이나 착오를 알아차리고 개념의 모순을 깨닫게 도와준다.

최면 대상자는 최면 상태에 빠진 순간 이런 정신적 명민함을 포기한다. 이론적으로 최면에 걸린 사람의 앞대상겉질은 이마엽과의 소통에 실패하면서 메시지를 보내려 더 열심히 노력한다. 주위의 모순을 알리기 위해 두 배로 노력하지만 소용이 없다. 어쩌면 앞대상걸질의 이런 지나친 활동 탓에 최면에 걸린 사람은 민망한 행동을 스스럼없이 하면서도 그 행동이 일반적 행동과 상충된다는 사실은 깨닫지 못하는 것일 수 있다. 또한 자신의 다른 생각과 감정은 무시한 채 최면술사의 명령을 아무 저항 없이 받아들이게 되는 것일 수도 있다.

똑같은 신경학적 패턴[44]이 해리 상태에서도 나타난다고 할 수 있는데, 해리 상태일 때에도 마찬가지로 한 종류의 생각에만 집중하고 다른 생각은 배제하는 식으로 세상에 대한 시각을 받아들이기 때문이다. 바로 이런 점이 해리성정체감장애를 최면과 비교했을 때 더욱 신빙성을 높여준다. 어떤 면에서 해리 상태인 사람들은 트라우마 기억으로부터 스스로를 보호하기 위해 최면 상태에 빠지는 것이다. 최면 상태가 깨지고 정신의 벽이 무너질 때 트라우마 기억은 되살아난다. 뇌에서 과거의 가혹한 현실이 되살아나면서 앞대상걸질의 활동은 사라진다.

최면은 교체 자아의 분리를 강조함으로써 해리성정체감장애를 유도할 수 있다. 바꾸어 말하면 최면을 통해 분리된 정체성을 다시 통합하고 자아를 다시 구축함으로써 이 질병을 치료할 수 있다. 게다가 최면과 해리가 비슷한 신경학적 활동을 보인다는 사실도 알게 되었다. 이런 증거는 해리성정체감장애가 그 자체로 또 다른 형태의 최면임을 시사한다.

차이점이 있다면 최면은 최면술사가 말하는 외적 암시에 이끌려 대상자가 특정 상상에 초점을 맞추고 집중하는 반면, 해리성정체감장애는 내부의 무의식계에서 일어난다. 많은 심리학자는 앞에서 거론한 모든 이유를 고려해 해리성정체감장애가 자기최면 증상인 '자기암시(auto-suggestive)'[45] 질환이라고 결론내렸다. 에벌린에 빗대어 말하면 최면술사는 그녀 자신의 잠재의식이다.

오랫동안 트라우마에 시달린 그녀의 뇌는 자신의 정체성을 온전히 보호하려는 노력으로 문젯거리가 될 만한 것에는 관심을 두지 않았다. 아마도 이런 프로세스를 가동한 기제는 최면이었을 것이다. 그녀는 과도하게 집중할 부분과 무시할 부분을 나누는 정신 상태에 빠진 뒤 정신적 경험을 의식과 만나지 못하게 차단했다.

에벌린의 사례에서 확실해졌듯이 트라우마 후에 생기는 정신의 구획화는 초정밀 프로세스가 아니다. 부작용이 만만치 않다. 뇌가 고통스러운 감정이나 기억을 격리할 때 자아의 일부도 함께 격리한다. 그렇기 때문에 해리감이 불쾌할 수밖에 없는 것이다. 무의식계는 정체성의 더 큰 덩어리를 보호하기 위해 자아의 한 조각을 성공적으로 분리시켰다. 다행히 이렇게 분리시킨 조각은 크기가 작다. 그래서 번갈아 나타나는 인격이 종종 미성숙하거나 어릴 수 있다. 에벌린의 교체 자아인 키미와 세라의 나이는 네 살과 열 살이었다. 두 자아는 뇌의 고차적인 인지 능력이나 수년간 쌓아온 지혜에 접근하지 못한다.

에벌린의 주치의들은 최면을 통해 그녀의 모든 교체 자아를 불러낼 수 있었다. 각각의 정체성이 나타날 때마다 인격과 행동이 달라졌고, 심지어는 시력마저도 달랐다. 에벌린은 법적맹이었다. 그녀는 안내견 없이는 돌아다니지 못했다. 그때까지 의사들은 그녀의 시신경에 해부학적 문제가 있다는 결론을 내린 상태였다. 그런데 교체 자아가 등장했을 때 안경만으로도 돌아다닐 수 있게 된 이유는 도대체 무엇인가?

해리과정에서 배제되는 것은 단순히 의식과 분리된 트라우마 기억만이 아니다. 일부 자아도 함께 격리된다. 하지만 무의식이 한 단계 더 나아가 뇌의 훨씬 넓은 부위에 접근을 금지시킬 수 있다면? 그러면 지각 능력 자체도 유예될 수 있지 않을까?

나 하나에 눈 하나[46]

의사들이 병원에서 가끔씩 볼 때마다 원인을 몰라 쩔쩔매는 불가사의한 증상이 있다. 갑작스러운 마비, 감각 둔화, 실명 등 신경학적 증상을 호소하는 환자들이 찾아오는데, 그들은 원인을 알 수 없는 심각한 증상에도 나름 태평하다. 그들의 태도는 보는 사람이 당황할 정도로 느긋하다. 의사들은 다양한 검사를 하면서 가능한 병명의 범위를 좁히려 하지만 검사 결과는 번번이 실패다. 근본이 되는 의학적 원인이나 물리적 증거를 찾아내지 못한다. 하지만 환자의 증상은 명확하다. 오히려 환자가 거짓말을 하고 있나 싶을 정도다.

하지만 그렇지 않다. 그들의 병명은 전환장애(conversion disorder)다. 이 질병은 심리적 스트레스가 신경학적 질병으로 위장해 신체 증상을 일으킨다.

에벌린은 평생을 자신이 장님이라고 생각했지만 교체 자아인 키미가 등장하자 즉시 시력이 회복되었다. 실명 원인이 시각 경로 손상에 있다면 이런 일은 불가능하다. 눈이나 뇌의 구조적 결함은 외과 수술로도 곧바로 치유되지 못한다. 그보다는 에벌린이 그동안 겪은 감정적인 트

라우마의 병력을 고려해볼 때 전환장애가 가장 가능성 높은 원인이라고 할 수 있다. 그렇기 때문에 의사들도 그녀가 시력을 잃은 의학적 원인을 찾아내지 못한 것이다. 그녀가 시력을 잃은 이유는 심리적 원인에 있었다. 그렇다고 그녀가 시각장애인 행세를 했다는 말은 아니다. 전환장애는 고의적으로 거짓 증상을 호소하는 뮌하우젠증후군(Munchausen syndrome)과 다르다. 전환장애 환자들은 일부러 가짜 증상을 말하지 않는다. 심리적 스트레스가 신체 증상으로 바뀌는 것은 무의식에서 일어나기 때문이다.

전환장애는 어떻게 생기는가? 정확한 원인은 아직 밝혀지지 않았지만 런던 연구팀은 뇌 이미지 촬영으로 그 답을 알아내려 노력했다. 그들은 전환장애로 시각장애인이 된 환자들과 시력이 온전한 자원자들을 모집했다. 연구팀의 목표는 두 집단의 뇌 활동을 비교하고 현격한 차이가 있는지 알아내는 것이었다. 차이가 있었다.

건강한 대조군에 비해 전환장애로 시각장애인이 된 사람들은[47] 이마앞엽 활동이 활발한 반면에 시각겉질의 활동은 둔화되어 있었다. 뇌에서 고차적 처리 센터가 시각계를 억누르고 있는 것 같았다. 눈은 제 기능을 했고 시각 회로도 멀쩡했다. 그러나 정신의 눈은 접근이 차단되었다. 뇌가 의식적 시각을 막았기 때문에 피험자에게는 2장에서 살펴본 맹시와 비슷한 무의식적 시각 탐지만 남게 되었다.

그런데 신경과학자 집단은 전환장애 환자들의 앞대상겉질이 지나치게 활동하고 있다는 다른 사실도 알게 되었다.[48] 이 영역은 최면과 해리 상태일 때 혹사당하는 부분이기도 하다. 최면 상태에서는 메시지가 이마엽에 전달되지 않기 때문에 앞대상겉질이 부지런히 활동한다고 여겨진다. 그 결과 뇌는 정보 충돌을 검사할 능력을 잃고 최면에 걸린 사람은 자신의 행동이 이상하다는 사실에도 아랑곳하지 않고 바보 같은 행동을 할 수 있다.

전환장애 환자도 자신의 증상에 비슷하게 무관심한 태도를 보인다. 환자는 뇌가 자신의 지각이나 운동 제어를 차단하는 무서운 증상에도 크게 동요하지 않는다. 전환장애 환자가 공통적으로 보이는 이런 태도를 '아름다운 무관심(la belle indifférence)'이라고 한다. 전환장애 환자는 왜 자신의 증상에 무관심한 것인가? 최면에 걸린 사람이 아무렇지 않게 무대에서 황당하고 익살맞은 행동을 하는 것과 비슷한 이유라고 여겨진다. 앞대상겉질이 열심히 활동하지만 효과가 없기 때문이다. 최면에 걸린 사람이 자신의 행동이 이상하다는 사실을 깨닫지 못하듯이 전환장애 환자도 자신의 상태가 이상하다는 것을 알지 못한다. 최면에 걸린 내 친구를 향해 날아온 상상의 매처럼 그들의 실명도 '머릿속에서 만들어진' 실명이다. 두 경우 모두 의식계가 (무의식계에) 설득당했다. 전환장애 자체는 일종의 최면 상태와 비슷하다. 다만 제3자가 아닌 심리적 스트레스로 인해 내부에서부터 일어난 최면 상태라는 점이 다를 뿐이다.

이 가설은 프랑스의 위대한 신경학자이며 현대 신경학의 토대를 마련했다고 여겨지는 장 마르탱 샤르코(Jean-Martin Charcot)[49]가 19세기 후반에 처음으로 제기했다. 그는 전환장애(과거에는 히스테리라고 불렀다)가 최면과 매우 깊이 얽혀 있다는 점에 주목하고 그것이 해리처럼 자기암시성 질병일지도 모른다고 의문을 품었다. 이를 해결하기 위해 장 마르탱 샤르코는 최면으로 전환 마비를 유도하는 대중 시연회[50]를 벌였다.

오늘날 신경과학자들은 최면이 전환마비 증상을 이끌어낼 수 있다는 것을 보여주었다.[51] 연구자들은 최면으로 스물다섯 살 피험자의 왼쪽 다리 마비를 유도했다.[52] 그리고 연구팀의 요청에 따라 피험자가 한 번에 한 다리씩 움직임을 시도하는 동안 그의 뇌 활동을 PET 스캔으로 촬영했다. 남자가 오른쪽 다리를(최면에 영향을 받지 않은 다리) 움직일 때 운동겉질은 PET 스캔에서 밝게 빛났다. 일반 건강한 피험자에게 기대할 수 있는 장면이었다. 반대로 다른 쪽 다리, 즉 최면에 영향을 받은 왼쪽 다리를 움직이려 했지만 움직일 수 없었고 운동겉질도 잠잠했다. 전환장애로 실명이 된 에벌린의 시각겉질이 억눌려 있던 것처럼 최면 마비된 남자의 운동겉질도 침묵을 지켰다. 그러나 이 피험자의 앞대상겉질은 전환장애 환자와 마찬가지로 활동이 지나친 상태였다. 따라서 최면은 단순히 전환장애 증상을 일으키는 것은 물론 뇌 활동 패턴마저도 똑같았다. 해리와 같은 결과가 나온 것이다.

하지만 문제가 하나 생긴다. 최면으로 교체 자아를 불러내 에벌린이 치료 효과를 보았듯이 전환장애도 최면으로 치료 효과를 볼 수 있을까? 텍사스에 사는 20대 청년 브렛의 사례[53]를 살펴보자. 그는 자신이 2년 전 권투시합을 하다가 머리를 세게 맞은 후 조금씩 시력을 잃었다고 믿었다. 하지만 여러 정밀 검사에도 브렛의 증상에 대한 특별한 의학적 원인은 발견되지 않았다. 의사들은 브렛의 감정 상태와 심리적 병력을 알아내기 위해 질문을 시작했다. 브렛은 과거의 두 사건에 대해 죄책감을 털어내지 못하고 있었다. 첫 번째 사건은 그가 열네 살 때였다. 부모님이 브렛에게 어린 여동생을 돌보라고 했지만 그는 여동생을 혼자 두고 친구들과 놀러 나갔다. 브렛이 놀러 나간 사이 불량배들이 총알이 담긴 상자를 우편물 수취 구멍에 떨어뜨린 후 불을 붙였다. 브렛의 여동생이 불을 끄려는데 총알 하나가 튀어나와 그녀의 왼쪽 눈에 박혔다. 그 눈은 영구히 실명되었다. 브렛은 여동생이 다친 것이 자기 탓이라고 생각했고 죄책감을 떨쳐내지 못했다.

두 번째 사건은 브렛이 권투를 그만두기로 하면서 아버지를 크게 실망시킨 일이었다. 생각해보면 실명이 된 것도 권투를 그만두는 죄책감을 덜어주는 괜찮은 변명거리였다. 여동생에 대한 죄책감과 의학적 증거 부족까지 더해지면서 의사들은 브렛의 실명 원인이 전환장애일 가능성이 높다고 결론내렸다. 그는 심리학자를 소개받아 몇 번의 심리 치료를 받은 후 시력을 회복했다. 최면이 에벌린의 다중인격을 치료했듯이 브렛의 실명도 치료해주었다.

전환장애의 유형과 상관없이 최면은 다른 사례에서도 치료 효과를 보였다. 시각장애인이 시력을 되찾거나 사지마비 환자가 근력을 회복하거나 감각마비 환자가 감각을 되찾았다. 최면 치료시간에[54] 환자들은 과거의 트라우마 사건을 설명하고 손상된 능력을 회복하는 데 집중한다. 그리고 효과가 있다.

임상적 관점에서 설명하면 최면은 해리성정체감장애를 일으키거나 치료하는 것과 똑같은 방법으로 전환장애를 일으키고 치료할 수 있다. 신경학적 관점에서 두 질병이 보이는 뇌 활동은 앞대상겉질이 지나치게 활동하는 최면 상태를 떠올리게 한다. 최면처럼 전환장애와 해리성정체감장애도 뇌의 주의집중에 초점을 맞추고 특정 정보가 의식에 이르지 못하게 막는다는 것이 이를 뒷받침하는 이론적 증거다.[55] 앞대상겉질이 맡은 역할에는 충돌 정보 탐지도 있지만 감정 처리와 주의집중을 돕는 역할도 있다. 따라서 학대로 인한 감정적 영향이 앞대상겉질을 간섭해 주의집중 방식과 충돌 정보 간파 시스템의 작동방식을 바꿀 수 있다. 감정적 트라우마가 해리를 일으키는 것처럼 이 트라우마는 특정 감각 정보로부터 주의집중의 방향을 바꾸어[56] 실명이나 무감각을 불러올 수 있고 운동 정보를 무시해 전환마비를 일으킬 수 있다. 두 질병 모두 뇌 활동을 무의식적으로 조절하고, 다른 방향은 무시하고 한 방향으로만 정신을 집중하게 함으로써 의식적 경험을 조작한다.

에벌린은 오랫동안 감정적 트라우마에 시달리면서 전환장애가 왔고 그로 인해 시력을 잃었다. 그녀가 다중인격을 갖게 된 것도 학대받은 과거 때문이었다. 교체 자아가 바뀔 때마다 시력도 함께 바뀌었다. 서로 다른 정체성마다 시력도 제각각이었다. 다시 말해 '나' 하나에 '눈' 하나였다. 연구자들은 최면으로 모든 것에 접근할 수 있었다. 그녀의 여러 정체성을 유도해 전부 불러내고, 정체성 사이의 장벽을 부수고, 전환장애로 인한 시력 상실도 치료할 수 있었다.

앞의 두 진단을 동시에 받은 사람은 에벌린만이 아니다. 해리성정체감장애 환자는 전환장애의 요소도 일부 갖고 있는 경우가 많은데, 두 질환 모두 원인이 같기 때문이다. 게다가 해리성정체감장애의 교체 자아와 전환장애의 시력이나 운동 능력 변화는 나타나는 방식도 똑같다. 자기암시, 다시 말해 자기최면을 통해서다.[57] 뇌는 트라우마 기억과 감정으로부터 정체성을 보호하기 위해 그런 기억과 감정에 주의를 집중하지 않으려 하고 의식과도 멀리 떨어뜨려놓으려 애를 쓴다.

그러나 무의식계는 위험한 기억을 격리하려다가 도를 넘기도 한다. 당사자로 하여금 세상과 자신이 단절되어 있다는 해리감을 느끼게 할 때가 많다. 에벌린을 비롯해 해리성정체감장애 환자들은 트라우마 격리와 함께 자신들의 일부도 사라진 듯한 느낌을 받는다. 게다가 무의식계는 의식과 감각 회로나 운동 회로의 연결을 끊을 수 있다. 뇌의 자아 보호 시도 때문에 에벌린은 시력을 잃었고, 어떤 이는 마비나 무감각을 경험했고, 또 어떤 이는 다른 부위에 장애가 생기기도 했다. 하지만 교체 자아가 등장하고 격리당한 과거의 기억이 다시 활동할 때에는 원래의 능력을 되찾을 수 있다. 감각과 의식의 접근 경로가 다시 마련되었기 때문이다.

이런 이유에서 해리성정체감장애의 교체 자아들은 각각 시력이 다를 수 있다. 뇌의 무의식계는 자아를 보호하기 위해 어쩔 수 없이 자아를 분열시켜야 했다. 하지만 그러면서 에벌린은 그 후의 비극적 결과에 무방비 상태가 되고 말았다.

뇌들보 절제술을 받은 분리뇌 환자들의 자아가 두 개로 나뉘지 않은 이유와 뇌 손상이 전혀 없는 에벌린의 인격이 조각조각 분열된 이유를 알게 되었다. 답은 두 사례에서 무의식계가 맡은 역할이 다르다는 데서 찾을 수 있다. 분리뇌 환자들의 무의식계는 빈틈을 메우려 노력한다. 그들의 무의식계는 자아의 완전성을 유지하기 위해 모든 경험 조각을 뭉뚱그려 하나의 통일된 이야기를 만들어내려 노력한다. 그 정보 조각이 반대편 대뇌반구에서 온 것일지라도 마찬가지다. 하지만 해리성정체감장애 환자들의 무의식계는 목표가 다르다. 무엇보다도 그들의 무의식계는 하나로 통일된 이야기를 원하지 않는다. 하나로 뭉쳐진 이야기는 위험하다. 혹시라도 고통스러운 정보에 노출될 수 있기 때문이다. 따라서 해리성정체감장애 환자들의 뇌는 일부러 이야기를 분리한다. 고통스럽고 해로운 감정을 자아와 격리시켜 그들의 자아를 지킨다. 그들의 뇌는 빈틈 메우기를 하지 않는다.

자아. 과학에서 이것만큼 설명하기 어렵고 모호한 개념도 없다. 모두가 동의하는 정의가 존재하지 않기 때문이다. 기억에 대해 말해야 하는가? 감정과 정서에 대한 경험을 말해야 하는가? 자기통제는? 자기숙고는? 이런 요소들이 반드시 하나의 프로세스에 속한 것은 아닐지라도 인간의 정체성을 이야기할 때에는 이 모두를 하나로 뭉뚱그린다. 그렇기 때문에 신경학적으로 엄밀히 분석해 자아의 위치를 찾으려 할 때마다 결국에는 자아를 부분으로 쪼갤 수밖에 없는 것일지도 모른다. 인간의 정체성은 뇌의 어느 특정 영역에 존재하지 않는다. 자아는 뇌의 여러 영역과 프로세스가 협력한 결과 나타난다. 그리고 그 프로세스는 크게 두 개의 시스템으로 나뉜다. 하나는 이미 잘 아는 의식계이고, 다른 하나는 신비에 싸인 프로그래밍을 통해 독자적으로 운영되는 무의식계다. 이 무의식계에는 신경 논리라는 애칭을 붙였다.

신경 논리

이 책의 끝과 시작 부분에서는 비슷한 사례를 다루고 있다. 어밀리아와 에벌린 모두 실명했다는 점은 똑같다. 그러나 그들의 신경학적 이야기는 완전히 다르다. 어밀리아가 실명한 원인은 시각 회로의 결함 때문이었다. 그녀의 무의식계는 광자를 세상 그림으로 전환하지 못했다. 이와 대조적으로 에벌린의 시각 경로는 온전했다. 그녀가 시각장애인이 된 이유는 의식이 그녀의 세상 그림에 접근할 수 없었기 때문이다. 평행 시스템도 두 개, 실명 원인도 두 개였다.

뇌의 시야 구축 프로세스는[58] 정체성 구축 프로세스와 매우 비슷하다. 일단 시각적 경험을 이루는 구성 요소는 거리, 형태, 색, 크기, 속도 등 여러 가지다. 뇌는 각기 다른 영역에서 그 모든 것을 계산해 초정밀과정으로 융합해야 한다. 자아의식 경험도 자전적 기억, 감정, 감흥, 생각과 행동에 대한 제어 등 여러 구성 요소로 이루어진다. 이 요소들도 각기 다른 영역의 관리를 받다가 마지막에 합쳐져 하나로 통합된 세상 경험을 만들어낸다.

시각과 정체성은 뇌를 구성하는 두 기본 시스템의 협력에 따라 좌우된다. 무의식의 시각계가 존재하지 않으면 뇌가 빛을 처리해 이미지로 바꾸지 못하므로 앞을 볼 수 없게 된다. 반대로 의식의 시각계가 도와주지 않으면 주변 세상을 제대로 경험하지 못한다. 부지불식간에 맹시를 통해 세상을 감지할 수 있을 뿐이다.

정체성도 의식계와 무의식계의 공조에 의존한다. 의식계는 자아의식을 경험하게 해준다. 고통과 기쁨을 느끼게 해준다. 행동할 의지를 갖게 되며 의지대로 정신과 신체를 제어할 수 있게 된다. 우리는 의식계 덕분에 뇌가 만드는 이야기를 실행에 옮길 수 있다.

그러면 무의식계는 어떤 역할을 하는가? 무의식계는 그런 이야기를 만든다. 무의식계는 단편으로 끊어진 경험 조각들을 끌어와 필요하면 빈틈을 메우고 우리의 인생사를 순서대로 배열한다. 무의식계는 우리의 자아의식을 구축한다. 또한 자아의식을 보호하고 유지하며, 심지어는 분열까지 이용해 나쁜 생각과 기억을 몰아낸다.

왜 그러는가? 정체성을 그토록 신성시하는 이유는 무엇인가? 진화적 관점에서 말하면 자기숙고를 하는 유기체일수록 생존 확률이 높다. 우리는 생존을 중요시하며, 자신과 후손을 보호하는 데 투자를 마다하지 않는다. 뇌가 개인적인 이야기를 온전히 유지해주기에 우리는 자신의 생각을 통찰할 수 있다. 뇌의 도움으로 자신의 의도를 이해하고, 곰곰이 추론하고, 결정을 심사숙고하고, 목표와 욕구에 딱 들어맞는 행동방식을 선택할 수 있다. 정체성을 파악할 때 자신의 본성을 더 잘 이해하고 세상으로 한 걸음 더 나아갈 수 있다.

그러므로 뇌가 건강한 개인적인 이야기를 유지하는 일에 특히 중점을 두는 것도 이상한 일이 아니다. 우리가 깨어 있는 매 순간마다 뇌의 바탕에 깔린 논리 회로는 쌓아온 경험을 흡수하고 빈틈없이 조사한다. 인간의 정체성을 성숙하게 만들고 개선하기 위해서다. 깨어 있는 시간이 아니라 매일 밤 꿈을 꾸는 동안에도 무의식이 골몰하는 목표는 같을 수 있다. 일부 신경학자들은 꿈에 자아의식 발달을 돕는 기능이 있다는 가설을 말한다.[59] 어쩌면 그렇기 때문에 꿈이 항상 1인칭 시점인 것일지도 모른다. 꿈은 행동을 하고 직접 관찰을 하고 이야기의 주인공이 되는 것이 어떤 느낌인지 미리 알아보는 예행연습이다. 꿈은 자아의식 발달에 결정적 역할을 할 수 있다. 그리고 그것은 눈이 보이지 않는 사람들에게도 마찬가지다.

뇌를 의식계와 무의식계라는 두 개의 평행 시스템으로 바라보는 개념은 사실 신경과학에서 논란의 여지가 많다. 과학자들은 의식이 존재하거나 의식의 문턱 아래에서 뇌의 프로세스가 작동한다는 것은 인정한다. 그러나 뇌의 이런 병렬 처리 구조를 인정하면서 설계된 연구는 거의 찾아보기 힘들다. 과학자들은 뇌에 존재하는 두 행동 제어 시스템이 어떻게 상호작용하는지 밝히는 연구는 좀처럼 하지 않는다. 의식은 엄밀한 정량 분석을 적용해 설명할 만한 개념이 아니라는 믿음이 바탕에 깔려 있기 때문일 수도 있다. 의식을 조사하기 어려운 것은 사실이다. 그러나 신경과학 연구에서 하나의 신경세포에 존재하는 효소의 자세한 구조까지 정확히 파악하는 것도 중요하지만 큰 그림에서 시스템 지향적으로 뇌를 연구하는 것도 필요하다. 의식에 대한 연구를 기피하는 이유는 정복하기 불가능해 보일 정도로 산이 너무 높아서일지도 모른다.

과학의 역사에서는 블랙박스 취급을 하며 미스터리라고 선포하는 것들이 종종 있다. 연구자들이 알맞은 연구 틀을 마련하지 못했기 때문이다. 획기적 돌파구를 마련하려면 올바른 질문을 해야 한다. 발견으로 향하는 길은 무엇을 찾아보아야 하는지를 아는 것에서 시작한다. 뇌가 의식계와 무의식계로 되어 있다는 생각은 의식의 신비를 밝히는 답이 되지 못한다. 단지 여정의 시작에 불과할 뿐이다. 이 생각은 답을 얻기 막막한 신경과학의 수많은 난제에 접근하기 위한 발판이다. 누군가가 이미 알려진 지식의 연장선을 연구하는 데 매진하는 동안 다른 누군가는 블랙박스를 열어보려 애를 쓸 수도 있다. 그는 정해진 틀을 벗어나 생각하고 언뜻 듣기에는 괴상한 질문도 서슴없이 할 것이다.

이 책도 그런 접근법을 택하고 한 발 뒤로 물러나 과거와 현대의 가장 위대한 신경과학자들이 수행한 연구를 폭넓게 관찰했다. 이 책은 서로 관련이 없어 보이는 연구와 사례 들을 신경과학 구석구석에서 수집하려는 노력이었고, 그 모든 것을 연결하는 기본 논리를 발견하려는 시도였으며, 그것들을 체계적으로 묶어 하나의 이야기로 만들려는 노력이었다.

뇌 연구가 발전할수록 블랙박스를 파헤치는 여정도 계속되어야 한다. 집단 아이디어를 충분히 활용해 사고와 행동 패턴이 신경과학 메커니즘에 꼭 맞는 지점을 찾아야 한다. 증거는 거기에 있다. 이제 빈틈을 채우는 것은 우리의 몫이다.

감사의 글

많은 사람의 도움과 성원이 없었다면 이 책은 출간되지 못했을 것이다. 가장 초기 단계부터 원고에 통찰력과 경험을 제공해주었으며 집필과정 내내 나를 응원해준 내 대리인 커비 킴에게 감사의 말을 전한다. 단순한 텍스트에 불과했던 글을 지금의 세련된 문장으로 만들어준 편집자 댄 프랭크에게도 고마움을 전한다. 세부 사항에 대해 관심을 가져준 벳시 샐에게도 고마움을 표한다. 원고를 읽고 조언을 아끼지 않은 신경과 의사, 정신과 의사, 신경과학자 들에게도 감사한다. 차야 부바네스와르, 할 블루먼펠드, 조지프 번스, 존 리스먼, 모리스 모스코비치에게 고마움을 전한다. 《인지신경과학저널》에 발표한 논문을 공동으로 저술해준 존 리스먼에게 특별한 고마움을 전하고 싶다. 그 논문은 2장과 6장을 쓰는 데 많은 영감을 주었다. 아낌없이 지원해준 제프 알렉산더, 레이철 걸, 린지 하키미, 비타 누리아니, 데이비드 스피걸에게도 감사한다. 현명한 조언을 해준 나의 아버지와 든든한 버팀목이 되어준 가족에게도 고마움을 전한다. 그리고 나에게 자신들의 이야기를 들려주면서 새로 눈을 뜨게 해준 모든 환자에게 가장 큰 감사의 마음을 전한다.

저절로 감탄이 나올 정도로 놀라운 능력을 보여준 나의 아내 샤로나에게 그 누구보다도 고마움을 전한다. 그녀는 가족에게 사랑을 베풀면서도 셀 수 없이 원고를 읽으면서 전문가 못지않은 지혜와 날카롭고 명료한 생각으로 나를 이끌어주었다. 그녀는 진정한 파트너로서 책으로 결실을 맺을 수 있게 도와주었다. 내 인생의 모든 것에 그녀가 함께한다.

부록

본문의 주

서문

1 Krieger 2002, 102.
2 Kondziella and Frahm-Falkenberg 2011.
3 Avillac et al. 2005.
4 Stone, Halligan, and Greenwood 993; Heilman 1991.
5 Ackerman, Nocera, and Bargh 2010.
6 Mercer 2012.
7 Heilman 1991; Kaski 2002.

1. 시각장애인은 꿈속에서 무엇을 보는가?

1 Dalí 1993, 303.
2 Lessard et al. 1998.
3 Riddoch 1917a; Riddoch 1917b.
4 Zeki and Ffytche 1998.
5 Rudolph and Pasternak 1999.
6 Baker, Hess, and Zihl 1991.
7 Davis, Meunier, and Marslen-Wilson 2004.
8 Choi and Gordon 2014.
9 Erickson and Mattson 1981.
10 Reder and Kusbit 1991.
11 Raposo and Marques 2013.
12 Wright et al. 2013.
13 Kan et al. 2010.
14 Dement and Wolpert 1958.
15 Domhoff 2015.

16 Peigneux et al. 2004.
17 McCarley, Benoit, and Barrionuevo 1983.
18 Hobson, Pace-Schott, and Stickgold 2000; Hong et al. 2008.
19 물론 이런 꿈 모델은 종합적인 이론이 아니다. 이는 꿈 경로의 이론적 근거이며, 이 경로에는 뇌의 수많은 다른 영역이 관련되어 있을 가능성이 높다.
20 Hobson and Friston 2012.
21 Hobson and McCarley 1977; Franklin and Zyphur 2005.
22 Hobson 2009.
23 Dresler et al. 2012.
24 Spoormaker and van den Bout 2006.
25 Fosse et al. 2003.
26 Wagner et al. 2004.
27 Murphy et al. 2011. 실제로 토노니는 다른 실험에서 피험자의 팔을 묶어 잠시 움직이지 못하게 한 다음 그날 밤 피험자의 뇌 활동을 기록했다. 가설대로 밤사이 EEG 기록에서는 팔 동작을 통제하는 뇌 영역의 활동 둔화가 나타나지 않았다. Huber et al. 2006. Miller 2007 참조.
28 Kew, Wright, and Halligan 1998.
29 Carroll 2013, 11.
30 Lippman 1952.
31 Drysdale 2009.
32 Podoll and Robinson 1999.
33 Brumm et al. 2010.
34 Cohen et al. 1994.
35 J. Lhermitte 1922.
36 Vita et al. 2008.
37 앞의 책.
38 Manford and Andermann 1998.
39 Jacob et al. 2004.
40 Ricard 2009.
41 Kumar 2013.
42 Teunisse et al. 1995.
43 Burke 2002.
44 Kleiter et al. 2007.
45 신경과학자들은 이 가설을 동물을 통해 증명하기 위해 고양이 망막의 한 부위를 잠시 비활성화시켜 부분적으로 시력을 잃게 만들었다. 고양이의 눈이 보이지 않게 되자 망막의 그 부분과 소통하는 시각겉질 영역이 즉시 활성화되기 시작했다. Eysel et al. 1999.

46 앞의 책.
47 Heilman 1991.
48 Colon - Rivera and Oldham 2013.
49 앞의 책.
50 Kreiman, Koch, and Fried 2000.
51 Adapted from Quian et al. 2005.
52 Quian et al. 2009; Quian 2012.
53 앞의 책.
54 Suzuki 1996; Saleem and Tanaka 1996.
55 Head 2006.
56 Hanson - Vaux, Crisinel, and Spence 2013.
57 McGurk and MacDonald 1976.
58 Spence and Deroy 2012.
59 Kremer 2012.
60 Thaler, Arnott, and Goodale 2011.
61 Kupers et al. 2010.
62 Bértolo et al. 2003.
63 알파 감쇠(alpha attenuation)라고도 불린다.
64 Stinson and Arthur 2013.
65 Barrett and Ehrlichman 1982.
66 Cantero et al. 1999.
67 Bértolo et al. 2003.
68 Kerr and Domhoff 2004.
69 Hurovitz et al. 1999.

2. 좀비도 차를 몰고 출퇴근할 수 있는가?

1 Proust 1982, 781.
2 "Driving You Crazy," 2012.
3 Chalmers 1995, 96.
4 Strayer et al.2003.
5 Parton, Malhotra, and Husain 2004.
6 Prasad and Berkowitz 2014.
7 Mark, Kooestra, and Heilman 1988.
8 Weiskrantz et al. 1974.
9 Cowey 2010.
10 Weiskrantz, Barbur, and Sahraie 1995.
11 Poppel et al. 1973.

12 de Gelder et al. 2008.
13 Packard and McGaugh 1996.
14 Yin and Knowlton 2006.
15 앞의 책 ; Packard and McGaugh 1996.
16 Yin et al. 2004.
17 Twersky 2011.
18 Beilock et al. 2004.
19 Duchenne 1990.
20 Lisman and Sternberg 2013.
21 십자형 미로를 탐험하는 쥐를 대상으로 절차기억과 사건기억에 대한 연구가 진행되었다. 쥐는 미로 훈련을 받아 습관적으로 좌회전을 하게 되기 전까지 길을 찾을 때 사건기억을 이용해야 했다. 사건기억에는 목표가 무엇이고(음식 찾기), 이전에 어느 방향에서 그것을 보았는지(막다른 길), 아직 조사해볼 길은 어느 방향인지가 기억되어 있다. 훈련되지 않은 상태에서 미로를 둘러보는 쥐의 뇌 활동을 관찰하면 해마의 신경이 활성화되는 것을 볼 수 있다. 실제로 해마는 쥐가 미로의 어느 위치에 있는지에 따라 각기 다른 신호 활동을 보여주는데, 이런 결과는 '장소세포(place cell)'에 대한 연구를 이끄는 계기가 되었다. 장소세포라는 용어는 조금 어색한 면이 있다. 사실 이 세포는 생물학적 세포가 아니기 때문이다. 이 세포는 뇌신경의 특정한 활성화 패턴으로 환경에서 어떤 위치에 있는지 알려줌으로써 조금씩 확장하는 정신 지도와 관련해 우리의 세상 속 위치를 시각화할 수 있게 해주는 세포다(O'Keefe 1979). 신경과학자는 쥐가 미로 속을 돌아다닐 때 이 장소세포들이 순차적으로 활성화되는 것을 확인할 수 있다. 즉 쥐는 미로를 돌아다니면서 길을 시각화하고 있다는 뜻이다. 더욱이 쥐가 교차로에 서서 어느 방향으로 갈지 고민하는 동안 장소세포는 다시 활성화된다. 쥐가 이전의 미로 여행 기억을 되살려 방향 정보를 얻고 있다는 의미가 된다. Johnson and Redish 2007.
22 Packard and McGaugh 1996.
23 Tataranni, Gautier, and Chen 1999.
24 Tricomi et al. 2009. 또 다른 실험에서 쥐들은 쇠사슬을 당기는 훈련을 받았다. 쥐들은 쇠사슬을 당겨 나온 음식을 먹었다. 훈련 초기에 아직 습관이 형성되지 않았을 때 연구팀은 먹이를 준 직후 쥐들을 쇠사슬 앞으로 옮겨놓았다. 배가 부른 쥐들이 어떤 행동을 하는지 관찰하기 위해서였다. 쥐들은 쇠사슬을 잡아당길까? 그렇지 않았다. 배부른 쥐들은 쇠사슬을 당길 필요가 없었다. 그러나 훈련을 계속해 같은 과제를 충분히 여러 번 반복한 결과 쥐들의 행동이 달라졌다. 배불리 먹은 쥐들을 쇠사슬 앞에 두자 쥐들은 조금의 망설임도 없이 쇠사슬을 잡아당겼다. 다음에도, 그 다음에도 마찬가지였다. 분명 쥐들은 배가 고프지 않았다. 먹이를 더 주어도 먹지 않을 만큼 충분히 먹은 상태였다. 그런데도 쥐들은 쇠사슬을 계속 잡아당기면서 딸려 나오는 음식을 먹어치웠다. 전폭적인 훈련 탓에 쥐들은 가까이 있는 쇠사슬을 잡아당기는 습관이 생겼기 때문이다. 배가 고프지 않은데도 쥐들은 습관 때문에 먹었다(Balleine and Dickinson

1998).
25 Goldberg 2001, 119 - 20.
26 Spence and Frith 1997.
27 Y. W. Park et al. 2012.
28 F. Lhermitte 1983.
29 F. Lherrnitte et al. 1986.
30 F. Lhermitte 1983.
31 여기에 대한 설명은 Broughton et al. 1994에서 가져왔다.
32 *Rabey v. R* [1980].
33 과거에는 3단계와 4단계로 나뉘어 있던 것이 현재는 3단계로 통합되었다.
34 *International Classification of Sleep Disorders*, 2005.
35 Béjot et al. 2010.
36 Chellappa et al. 20 l 1.
37 Cicogna et al. 2000.
38 피험자들 가운데 다섯 명은 몽유병이 아니라 야경증이었다. 야경증도 서파 수면 단계에서 나타난다.
39 Oudiette et al. 2009.
40 Joel 2012. 이후 나오는 인용구는 모두 이 인터뷰에서 따왔다.
41 Lisman and Sternberg 2013.
42 Maclin, Mathewson, and Low 2011.
43 Lewis 2012.

3. 상상만으로도 운동 실력이 좋아질 수 있는가?

1 Ross 2008, 222.
2 "Tiger's Daily Routine", 2014.
3 Diaz 1998.
4 Nicklaus 1976, 45.
5 Price and Price 2011.
6 Downing 2011, 166.
7 「The 10 Most Interesting Rituals in Sports」, 2011.
8 Decety, Jeannerod, and Prablanc 1989.
9 Decety and Michel 1989.
10 Lacourse et al. 2005.
11 Barr and Hall 1992; Decery, Jeannerod, and Prablanc 1989; MacIntyre and Moran 1996; Oishi, Kasai, and Maeshima 2000.
12 Gentili, Papaxanthis, and Pozzo 2006.
13 Ranganathan et al. 2004.

14 앞의 책.
15 Holmes and Collins 2001.
16 Smith, Wright, and Cantwell 2008.
17 Guillot et al. 2013.
18 Seif-Barghi et al. 2012.
19 Hemayattalab and Movahedi 2010.
20 Chang et al. 2011.
21 Schuster et al. 2011.
22 Pascual-Leone et al. 1995.
23 Bernardi et al. 2013; Brown and Palmer 2013.
24 J. B. Taylor 2006, 35.
25 앞의 책, 128.
26 Hamson-Utley, Martin, and Walters 2008.
27 Driediger, Hall, and Callow 2006.
28 Butler and Page 2006; Zimmermann-Schlatter et al. 2008.
29 Ietswaart et al. 2011.
30 Mast, Merfeld, and Kosslyn 2006.
31 Van Elk et al. 2010.
32 Henderson and Smyth 1948.
33 Sherman, Sherman, and Parker 1984.
34 Jacome 1978.
35 Ramachandran and Rogers-Ramachandran 1996.
36 Ramachandran and Brang 2009.
37 Goller et al. 2013.
38 Gallese et al. 1996; Di Pellegrino et al. 1992.
39 Shmuelof and Zohary 2008.
40 Gangitano, Mottaghy, and Pascual-Leone 2001.
41 Kilner, Paulignan, and Blakemore 2003.
42 Buccino et al. 2001; Sakreida et al. 2005; Filimon et al. 2007; Lui et al. 2008.
43 Kim et al. 2011.
44 Jarrett 2013.
45 Arnott, Singhal, and Goodale 2009.
46 Anderson, Myowa-Yamakoshi, and Matsuzawa 2004; Massen, Vermunt, and Sterck 2012.
47 Joly-Mascheroni, Senju, and Shepherd 2008.
48 Provine 2005.
49 Haker et al. 2013.

50 Platek 2010.
51 Palagi et al. 2009.
52 Silk, Cheney, and Seyfarth 2013; Sakamaki 2013.
53 최근의 연구는 하품과 감정적 친밀함 또는 공감 사이에 연관이 있다는 연구 결과에 의심을 갖는다. Bartholomew and Cirulli 2014 참조.
54 Hutchison et al. 1999.
55 Singer et al. 2004; Jackson, Meltzoff, and Decety 2005; Morrison et al. 2004.
56 Avenanti et al. 2005.
57 앞의 책.
58 Dimberg, Thunberg, and Elmehed 2000.
59 Niedenthal et al. 2005.
60 Cole 2001.
61 Chartrand and Bargh 1999.
62 Schulte-Rüther et al. 2007.
63 Pfeiffer et al. 2008.
64 Ackman 2001.
65 Mouras et al. 2008.
66 Ramachandran and Oberman 2006.
67 Sigman, Spence, and Wang 2006.
68 Kanner 1943.
69 Baron-Cohen and Wheelwright 2004; Baron-Cohen 2010.
70 Minio-Paluello et al. 2009.
71 Marhersul, McDonald, and Rushby 2013.
72 Helt et al. 2010.
73 Senju et al. 2009; Usui et al. 2013.
74 Martineau et al. 2010.
75 Dinstein et al. 2010.
76 Damasio 1994, 173-75.
77 슬픔, 기쁨, 화를 비롯해 그 밖의 감정과 연관된 신체 경험이 존재한다.
78 피니어스 게이지의 사고와 회복에 대한 설명은 다음 자료를 참고했다. Damasio 1994, chap. 1, and Gazzaniga, Ivry, and Mangun 2002, 537-38.
79 Damasio 1994, 35-44.
80 Bechara et al. 1994; Bechara, Damasio, and Damasio 2000.
81 Damasio 1994, 214-16.

4. 일어나지도 않은 일을 기억할 수 있을까?

1 García Márquez 1985.

2 Bliss and Collingridge 1993.
3 Bliss and Lømo 1973.
4 Schwärzel and Müuller 2006.
5 Loftus and Pickrell 1995; Loftus 1993.
6 Mendelson et al. 2009.
7 Botzung et al. 2010.
8 Craik et al. 1999; Kelley et al. 2002.
9 Rankin 2009.
10 Kvavilashvili et al. 2010.
11 Sharot et al. 2007.
12 Schmidt 2004.
13 Cunningham et al. 2013.
14 Anderson 1990.
15 *Franklin v. Duncan*, 1995.
16 Ritchie et al. 2006.
17 Sedikides and Green 2004.
18 Gazzaniga 2000.
19 Kopelman 1987.
20 Schnider, von Däniken, and Gutbrod 1996.
21 Metcalf, Langdon, and Coltheart 2007.
22 Dalla and Boisse 2010.
23 이런 견해에 대해 반박해 모리스 모스코비치(Moscovitch 1995) 박사는 말짓기증이 정말로 자아를 보호하는 신념과 맞지 않는 의견을 서로 어울리게 하려는 시도라면 뇌 손상과 상관없이 모든 사람에게 말짓기증이 나타나야 한다는 전문가로서의 의견을 피력했다. 어쩌면 우리가 살펴본 정신역학적 해석으로는 이 증상을 온전히 설명하기 힘들 수 있다. 말짓기증이 생길 가능성은 모두에게 있지만 뇌 손상을 입은 사람은 뇌가 건강한 사람에 비해 훨씬 더 쉽게 나타날 수 있다.
24 Schnider 2003.
25 Images from Schnider 2013.
26 AsafGilboa et al. 2006.
27 Turner et al. 2008.
28 Schnider, von Däniken, and Gutbrod 1996; Mercer et al. 1977.
29 Moscovitch 1989.

5. 왜 사람들은 외계인 납치설을 믿는가?

1 Myhrvold 1996.
2 Gallup and Newport 1991.

3 "Poll: U.S. Hiding Knowledge of Aliens", 1997.
4 Chequers, Joseph, and Diduca 1997.
5 Mitchell 1876.
6 Simons and Hughes 1985.
7 Sharpless and Barber 2011.
8 Solomonova 2008.
9 Arzy 2006.
10 Carrazana and Cheng 2011.
11 Teresa of Ávila 1565.
12 Carrazana and Cheng 2011.
13 Gazzaniga 2005, 156-57.
14 Hill and Persinger 2003.
15 Young et al. 1992.
16 Ramirez-Bermudez et al. 2010.
17 Gerrans 2002.
18 Corlett, D'Souza, and Krystal 2010.
19 Thomas-Antérion et al. 2008.
20 McKay and Cipolotti 2007.
21 Kinderman and Bentall 1997.
22 Peterson et al. 1982.
23 Facco and Agrillo 2012.
24 van Lommel et al. 2001.
25 Facco and Agrillo 2012.
26 Fulgham 2006.
27 Rickards and Newman 2005.
28 Carter 2010; Whinnery 1997.
29 Lambert and Wood 1946.
30 Nelson et al. 2007; Blackmore and Troscianko 1989.
31 Nelson et al. 2006.
32 앞의 책.
33 앞의 책.
34 Siegel 1984.
35 앞의 책.
36 Clancy 2005, 50.
37 Quotations all taken from Ness 1978.
38 앞의 책.
39 jiménez-Genchi et al. 2009.

40 Dahlitz and Parkes 1993.
41 De Jong 2005.
42 앞의 책.

6. 조현병 환자에게 환청이 들리는 이유는?

1 Szasz 1973, 101.
2 Guenther, Ghosh, and Tourville 2006; Simonyan and Horwitz 2011.
3 Watson 1913.
4 Smith et al. 1947.
5 Garrity 1977.
6 Gould 1948.
7 Gould 1949.
8 Green and Preston 1981.
9 Green and Kinsbourne 1990.
10 Nelson, Thrasher, and Barnes 1991.
11 Johns et al. 2006.
12 Frith 1995.
13 Feulner et al. 2009b.
14 Feulner et al. 2009a.
15 "Russell and Bell", 1978을 개작하다.
16 앞의 책.
17 Bell 1981; Bell and Grant 1989.
18 Caputi and Nogueira 2012; Bell and Grant 1989.
19 Crapse and Sommer 2008.
20 Nowak and Hermsdörfer 2003.
21 Herdman, Schubert, and Tusa 2001; Davidson and Wolpert 2005.
22 Zago et al. 2004.
23 Gentili et al. 2004.
24 Ford et al. 2001.
25 Heinks-Maldonado et al. 2007; Shergill et al. 2000.
26 Altshuler and Rainer 1958; Evans and Elliott 1981.
27 du Feu and McKenna 1999; Critchley et al. 1981.
28 Thacker 1994.
29 MacSweeney et al. 2002.
30 McGuire et al. 1997.
31 Schaffner 2005, 106.
32 앞의 책, 77.

33 Greene 2006.
34 Schaffner 2005, 99.
35 Mellor 1970.
36 Spence and Frith 1997.
37 Mellor 1970.
38 앞의 책. (작은따옴표(' ') 강조는 저자 추가)
39 앞의 책. (작은따옴표(' ') 강조는 저자 추가)
40 Blakemore, Frith, and Wolpert 1999.
41 통화 연결이 좋지 않은 상태에서 통화를 하면 자신의 목소리가 시간차를 두고 메아리처럼 울릴 때에도 뇌에서 비슷한 현상이 일어난다고 할 수 있다. 그러면 뇌는 혼란에 빠진다. 시간차가 있은 후에 간지럼을 느끼는 것과 비슷하다. 이런 이유에서 전화 통화가 윙윙 울리면 짜증이 나는 것일 수도 있다.
42 Blakemore et al. 2000.
43 Lisman and Sternberg 2013.

7. 최면 살인은 가능한가?

1 Freud 1913.
2 Streatfeild 2007, 135-39.
3 Patterson, Goldberg, and Ehde 1996.
4 Syrjala, Cummings, and Donaldson 1992.
5 유튜브에서 직접 확인할 수 있다.
6 "Messing Calls on Hypnosis to Help Her with Underwater Scenes", 2005.
7 Watkins 1947.
8 Braid 1843.
9 Chabris and Simons 2009, 6-8.
10 Simons and Levin 1998.
11 Haykin and Chen 2005.
12 Narayan et al. 2007.
13 Stroop 1935.
14 MacLeod 1991.
15 Raz et al. 2002.
16 Botvinick et al. 2001; Kerns, Cohen, and MacDonald 2004.
17 Lane et al. 1998; Posner and Petersen 1990.
18 Botvinick, Cohen, and Carter 2004; Barch et al. 2000. 하지만 일부 신경학자들은 앞대상겉질의 역할이 훨씬 중요하다고 주장한다. 독일의 연구팀은 피험자가 세 가지 상황에서 통증을 경험하는 동안 그들의 뇌 활동을 관찰했다. 첫 번째 상황에서 피험자는 뜨거운 탐침을 자신의 손에 올렸다. 두 번째 상황에서는 자신이 아니라 다른 사람이

탐침을 대신 올렸다. 세 번째 상황에서 피험자는 기계를 이용했다. 피험자가 한 손으로 줄을 당기는 동안 다른 손에 재빨리 탐침을 올려놓게 만든 기계였다. 처음은 자기주도 통증이었고, 두 번째는 다른 사람이 주도한 통증이었으며, 세 번째는 그 중간으로 간접적 자기주도 통증에 대한 실험이었다. 연구팀이 fMRI 자료를 종합한 결과 각 실험마다 앞대상겉질에서 활성화되는 영역이 달랐다. 연구팀은 앞대상겉질이 갈등 관찰뿐 아니라 자신이 만든 자극과 외부에서 만들어진 자극을 구분하는 일도 담당한다고 결론내렸다(Mohr et al. 2005).

19 Egner, Jamieson, and Gruzelier 2005.
20 Gosline 2004에서 인용.
21 Pratkanis 1992.
22 Streatfeild 2007, 185.
23 Cousins 1957.
24 Aldous Huxley to Humphry Osmond, April 8, 1957, in Huxley 1970.
25 Streatfeild 2007, 181.
26 앞의 책, 204, Bill Peterson, March 29, 1990의 교차 검사 인용.
27 Pratkanis 1992.
28 Streatfeild 2007, 194.
29 Higgins and Bargh 1987; Kihlstrom, 1987.
30 Baldwin, Carrell, and Lopez 1990.
31 Lee et al. 2011.
32 Yang and Tong 2010.
33 Fahrenfort et al. 2008.
34 Whalen et al. 1998.
35 Mayer and Merckelbach 1999.
36 Paraskevas-Thadani 1997.
37 Arrington 1982.
38 Heath 2012, 92-93.
39 Yapko 1995, 38.
40 Kaplan 2007.
41 앞의 책.
42 Schaefer and Rotte 2007.
43 Koenigs and Tranel 2008.
44 D'Altorio 2012.
45 Koenigs and Tranel 2008.
46 Searle 2004, 157.
47 Dalrymple 2001, 6.

8. 다중인격은 똑같은 안경을 공유하지 못한다?

1 Stevenson 1991, 43.
2 에벌린의 사례는 Bhuvaneswar and Spiegel 2013을 참조했다.
3 이 인용문은 에벌린이 의과대 학생들 앞에서 한 면담에서 가져온 것이다. 그녀를 면담 한 사람은 스탠퍼드대학의 데이비드 스피걸(David Spiegel) 박사였다.
4 앞의 책.
5 앞의 책.
6 Pachalska et al. 2011.
7 Feinberg and Shapiro 1989; Moscovitch 1995.
8 Feinberg 2001, 18.
9 Feinberg et al. 2010.
10 Herwig et al. 2012; Keenan et al. 2000.
11 Keenan, Gallup, and Falk 2003, 204.
12 Wolman 2012.
13 Verleger et al. 2011.
14 Baynes et al. 1998.
15 Gazzaniga 1972.
16 Gazzaniga 2005, 148-49.
17 Gazzaniga 1970, 106.
18 Wolman 2012.
19 Gazzaniga 1989; Turk et al. 2003.
20 Lanius, Hopper, and Menon 2003.
21 앞의 책.
22 Armstrong 1991.
23 Watkins and Watkins 1998.
24 Reis 1993.
25 Nijenhuis, Van der Hart, and Steele, 2002; Reis 1993.
26 Miller and Triggiano 1992; Putnam, Zahn, and Post 1990.
27 Stankiewicz and Golczyńska 2006.
28 Reinders et al. 2006.
29 Barlow and Chu 2014.
30 Simeon et al. 2000.
31 Schlumpf et al. 2013.
32 Fink et al. 1996.
33 Vermetten et al. 2006.
34 하지만 4장에서 논의했듯이 여기에는 찬반 의견이 분분하다.
35 Van der Kolk and Fisler 1995 참조.

36 Tsai et al. 1999; Saxe et al. 1992; Savoy et al. 2012.
37 Sar, Unal, and Ozrurk 2007.
38 Bhuvaneswar and Spiegel 2013.
39 Howell 2011, 148.
40 Smith 1993; Howland 1975.
41 이 말은 스탠퍼드대학 의료센터에 보관된 병세 차도 기록표에서 가져왔다. 환자의 주치의 데이비드 스피걸 박사가 허락해 사용했음을 밝힌다. 기록표에는 보안을 위해 파일 암호가 걸려 있었고 이름과 날짜도 삭제되어 있었다.
42 Gleaves 1996.
43 Kas et al. 2014.
44 Thomaes et al. 2013; Bremner 2007.
45 Oakley 1999; Bell et al. 2011.
46 이 부분의 제목은 Bhuvaneswar and Spiegel 2013에서 차용했다.
47 Werring et al. 2004.
48 Becker et al. 2013; Bell et al. 2011.
49 Bogousslavsky, Walusinski, and Veyrunes 2009.
50 Goetz, Bonduelle, and Gelfand 1995, 203.
51 Vaudreuil and Trieu 2013; Bell et al. 2011; Pyka et al. 2011.
52 Halligan et al. 2000.
53 Patterson 1980.
54 Stonnington, Barry, and Fisher 2006; Bühler and Heim 2011.
55 Lane et al. 1998; Posner and Petersen 1990.
56 Vuilleumier 2005.
57 Oakley 1999; Halligan, Bass, and Wade 2000.
58 Manning and Manning 2009.
59 Staunton 2001.

참고문헌

Ackerman, J.M., C. C. Nocera, and J. A. Bargh. "Incidental Haptic Sensations Influence Social Judgments and Decisions." *Science* 328, no. 5986 (2010): 1712-15.

Ackman, D. "How Big Is Porn?" Forbes.com, May 25, 2001. http://www.forbes.com/2001/05/25/0524porn.html.

Altshuler, K. Z., and M. B. Rainer. "Patterns and Course of Schizophrenia in the Deaf." *Journal of Nervous and Mental Disease* 127, no. 1 (1958): 77-83.

Anderson, D. "Recollections." *New York Times*, April 14, 1990, B9.

Anderson, J. R., M. Myowa-Yamakoshi, and T. Matsuzawa. "Contagious Yawning in Chimpanzees." *Proceedings of the Royal Society Biological Sciences* 271, no. 6 (2004): 68-70.

Armstrong, J. "The Psychological Organization of Multiple Personality Disordered Patients." *Psychiatric Clinics of North America* 14, no. 3 (1991): 533-46.

Arnott, S. R., A. Singhal, and M. A. Goodale. "An Investigation of Auditory Contagious Yawning." *Cognitive, Affective, and Behavioral Neuroscience* 9, no. 3 (2009): 335-42.

Arrington, R. L. "Advertising and Behavior Control." *Journal of Business Ethics* 1 (1982): 3-12.

Arzy, S., et al. ""Induction of an Illusory Shadow Person." *Nature* 443, no. 7109 (2006): 287.

Asaf Gilboa, C. A., et al. "Mechanisms of Spontaneous Confabulations: A Strategic Retrieval Account." *Brain* 129 (2006): 1399-414.

Atkinson, J. R. "The Perceptual Characteristics of Voice-Hallucinations in Deaf People: Insights into the Nature of Subvocal Thought and Sensory Feedback Loops." *Schizophrenia Bulletin* 32, no. 4 (2006): 701-8.

Avenanti, A., et al. "Transcranial Magnetic Stimulation Highlights the Sensorimotor Side of Empathy for Pain." *Nature Neuroscience* 8, no. 7 (2005): 955-60.

Avillac, M., et al. "Reference Frames for Representing Visual and Tactile Locations in Parietal Cortex." *Nature Neuroscience* 8, no. 7 (2005): 941-49.

Baker, C. L., R. F. Hess, and J. Zihl. "Residual Motion Perception in a 'Motion-Blind' Patient, Assessed with Limited-Lifetime Random Dot Stimuli." *Journal of Neuroscience* 11, no. 2 (1991): 454-61.

Baldwin, M. W., S. E. Carrell, and D. F. Lopez. "Priming Relationship Schemas: My Advisor and the Pope Are Watching Me from the Back of My Mind." *Journal of Experimental Social*

Psychology 26, no. 5 (1990): 435 - 54.

Balleine, B. W., and A. Dickinson. "Goal - Directed Instrumental Action: Contingency and Incentive Learning and Their Cortical Substrates." *Neuropharmacology* 37, no. 4 - 5 (1998): 407 - 19.

Barch, D. M., et al. "Anterior Cingulate and the Monitoring of Response Conflict: Evidence from an fMRI Study of Overt Verb Generation." *Journal of Cognitive Neuroscience* 12, no. 2 (2000): 298 - 309.

Barlow, M. R., and J. A. Chu. "Measuring Fragmentation in Dissociative Identity Disorder: The Integration Measure and Relationship to Switching and Time in Therapy." *European Journal of Psychotraumatology* 5 (2014): 22250.

Baron - Cohen, S. "Empathizing, Systemizing, and the Extreme Male Brain Theory of Autism." *Progress in Brain Research* 186 (2010): 167 - 75.

Baron - Cohen, S., and S. Wheelwright. "The Empathy Quotient: An Investigation of Adults with Asperger Syndrome or High Functioning Autism, and Normal Sex Differences." *Journal of Autism and Developmental Disorders* 34, no. 2 (2004): 163 - 75.

Barr, K., and C. Hall. "The Use of Imagery by Rowers." *International Journal of Sport Psychology* 23, no. 3 (1992): 243 - 61.

Barrett, J ., and H. Ehrlichman. "Bilateral Hemispheric Alpha Activity During Visual Imagery." *Neuropsychologia* 20, no. 6 (1982): 703 - 8.

Bartholomew, A. J., and E. T. Cirulli. "Individual Variation in Contagious Yawning Susceptibility Is Highly Stable and Largely Unexplained by Empathy or Other Known Factors." *PLOS ONE* 9, no. 3 (2014).

Baynes, K., et al. "Modular Organization of Cognitive Systems Masked by Interhemispheric Integration." *Science* 280 (1998): 902 - 5.

Bechara, A., H. Damasio, and A. R. Damasio. "Emotion, Decision Making, and the Orbitofrontal Cortex." *Cerebral Cortex*10, no. 3 (2000): 295 - 307.

Bechara A., et al. "Insensitivity to Future Consequences Following Damage to Human Prefrontal Cortex." *Cognition* 50, no. 1 - 3 (1994): 7 - 15.

Becker, B., et al. "Deciphering the Neural Signature of Conversion Blindness." *American Journal of Psychiatry* 170, no. l (2013): 121 - 22.

Beilock, S. L., et al. "Haste Does Not Always Make Waste: Expertise, Direction of Attention, and Speed Versus Accuracy in Performing Sensorimotor Skills." *Psychonomic Bulletin and Review* 11 (2004): 373 - 79.

Béjot, Y., et al. "Sexsomnia: An Uncommon Variety of Parasomnia." *Clinical Neurology and Neurosurgery* 112, no. 1 (2010): 72 - 75.

Bell, C. C. "An Efference Copy Which Is Modified by Reafferent Input." *Science* 214, no. 23 (1981): 50 - 53.

Bell, C. C., and K. Grant. "Corollary Discharge Inhibition and Preservation of Temporal Information in a Sensory Nucleus of Mormyrid Electric Fish." *Journal of Neuroscience* 9, no. 3 (1989): 1029 - 44.

Bell, V., et al. "Dissociation in Hysteria and Hypnosis: Evidence from Cognitive Neuroscience." *Journal of Neurology, Neurosurgery, and Psychiatry* 82, no. 3 (2011): 332 - 39.

Berkowitz, A. L., and D. Ansari. "Generation of Novel Motor Sequences: The Neural Correlates of

Musical Improvisation." *Neuroimage* 41, no. 2 (2008): 535-43.

Bernardi, N. F ., et al. "Mental Practice Promotes Motor Anticipation: Evidence from Skilled Music Performance." *Frontiers in Human Neuroscience* 7, no. 451 (2013): 1-14.

Bértolo, H., et al. "Visual Dream Content, Graphical Representation, and EEG Alpha Activity in Congenitally Blind Subjects." *Cognitive Brain Research* 15, no. 3 (2003): 277-84.

Bhuvaneswar, C., and D. Spiegel. "An Eye for an I: A 35-Year-Old Woman with Fluctuating Oculomotor Deficits and Dissociative Identity Disorder." *International Journal of Clinical and Experimental Hypnosis* 61, no. 3 (2013): 351-70.

Bischof, M., and C. L. Bassetti. "Total Dream Loss: A Distinct Neuropsychological Dysfunction After Bilateral PCA Stroke." *Annals of Neurology* 56, no. 4 (2004): 583-86.

Blakemore, S. J., C. D. Frith, and D. M. Wolpert. "Spatio-temporal Prediction Modulates the Perception of Self-Produced Stimuli." *Journal of Cognitive Neuroscience* 11, no. 5 (1999): 551-59.

Blackmore, S. J., and T. S. Troscianko. "The Physiology of the Tunnel." *Journal of Near-Death Studies* 8, no. 1 (1989): 15-28.

Blakemore, S. J., et al. "The Perception of Self-Produced Sensory Stimuli in Patients with Auditory Hallucinations and Passivity Experiences: Evidence for a Breakdown in Self-Monitoring." *Psychological Medicine* 30, no. 5 (2000): 1131-39.

Bliss, T. V., and G. L. Collingridge. "A Synaptic Model of Memory: Long-Term Potentiation in the Hippocampus." *Nature* 361 (1993): 31-39.

Bliss, T. V., and T. Lømo. "Long-Lasting Potentiation of Synaptic Transmission in the Dentare Area of the Anaesthetized Rabbit Following Stimulation of the Perforant Path." *Journal of Physiology* 232, no. 2 (1973): 331-56.

Blythe, W. *To Hate Like This Is to Be Happy Forever: A Thoroughly Obsessive, Intermittently Uplifting, and Occasionally Unbiased Account of the Duke-North Carolina Basketball Rivalry*. New York: HarperCollins, 2006.

Bogousslavsky, J., O. Walusinski, and D. Veyrunes. "Crime, Hysteria, and Belle Epoque Hypnotism: The Path Traced by Jean-Martin Charcot and Georges Gilles de la Tourette." *European Neurology* 62, no. 4 (2009): 193-99.

Botvinick, M. M., J. D. Cohen, and C. S. Carter. "Conflict Monitoring and Anterior Cingulate Cortex: An Update." *Trends in Cognitive Sciences* 8, no. 12 (2004): 539-46.

Botvinick, M. M., et al. "Conflict Monitoring and Cognitive Control." *Psychological Review* 108, no. 3 (2001): 624-52.

Botzung, A., et al. "Mental Hoop Diaries: Emotional Memories of a College Basketball Game in Rival Fans." *Journal of Neuroscience* 30, no. 6 (2010): 2130-37.

Braid, J. *Neurypnology; or The Rationale of Nervous Sleep Considered in Relation to Animal Magnetism*. London: John Churchill, 1843.

Bremner, J. D. "Neuroimaging in Posttraumatic Stress Disorder and Other Stress-Related Disorders." *Neuroimaging Clinics of North America* 17, no. 4 (2007): 523-43.

Brooks, S. J., et al. "Exposure to Subliminal Arousing Stimuli Induces Robust Activation in the Amygdala, Hippocampus, Anterior Cingulate, Insular Cortex, and Primary Visual Cortex: A Systematic Meta-analysis of fMRI Studies." *Neuroimage* 59, no. 3 (2012): 2962-73.

Broughton, R., et al. "Homicidal Somnambulism: A Case Report." *Sleep* 17, no. 3 (1994): 253-64.

Brown, R. M., and C. Palmer. "Auditory and Motor Imagery Modulate Learning in Music Performance." *Frontiers in Human Neuroscience* 7, no. 320 (2013): 1-13.

Brumm, K., et al. "Functional MRI of a Child with Alice in Wonderland Syndrome During an Episode of Micropsia." *Journal of American Association for Pediatric Ophthalmology* 14, no. 4 (2010): 317-22.

Buccino, G., et al. "Action Observation Activates Premotor and Parietal Areas in a Somatotopic Manner: An fMRI Study." *European Journal of Neuroscience* 13, no. 2 (2001): 400-404.

Bühler, K. E., and G. Heim. "Etiology, Pathogenesis, and Therapy According to Pierre Janet Concerning Conversion Disorders and Dissociative Disorders." *American Journal of Psychotherapy* 65, no. 4 (2011): 281-309.

Burke, W. "The Neural Basis of Charles Bonnet Hallucinations: A Hypothesis." *Journal of Neurology, Neurosurgery, and Psychiatry* 73, no. 5 (2002): 535-41.

Butler, A. J., and S. J. Page. "Mental Practice with Motor Imagery: Evidence for Motor Recovery and Cortical Reorganization After Stroke." *Archives of Physical Medicine and Rehabilitation* 87, no. 12, S2 (2006): S2-S11.

Cahill, C. "Psychotic Experiences Induced in Deluded Patients Using Distorted Auditory Feedback." *Cognitive Neuropsychiatry* 1, no. 3 (1996): 201-11.

Cantero, J. L., et al. "Alpha Power Modulation During Periods with Rapid Oculomotor Activity in Human REM Sleep." *Neuroreport* 10, no. 9 (1999): 1817-20.

Caputi, A. A., and J. Nogueira. "Identifying Self-and Nonself-Generated Signals: Lessons from Electrosensory Systems." In *Sensing in Nature*, edited by C. López-Larrea, 1-19. New York: Landes Bioscience and Springer Science and Business Media, 2012.

Carrazana, E., and J. Cheng. "St. Theresa's Dart and a Case of Religious Ecstatic Epilepsy." *Cognitive and Behavioral Neurology* 24, no. 3 (2011): 152-55.

Carroll, L. *Alice in Wonderland*. New York: Tribeca Books, 2013.

Carter, C. *Science and the Near-Death Experience: How Consciousness Survives Death*. Rochester, Vt.: Inner Traditions, 2010.

Chabris, C., and D. Simons. *The Invisible Gorilla: How Our Intuitions Deceive Us*. New York: Random House, 2009.

Chalmers, D. *The Conscious Mind: In Search of a Fundamental Theory*. Oxford: Oxford University Press, 1995.

Chang, Y., et al. "Neural Correlates of Motor Imagery for Elite Archers." *NMR in Biomedicine* 24, no. 4 (2011): 366-72.

Chartrand, T. L., and J. A. Bargh. "The Chameleon Effect: The Perception-Behavior Link and Social Interaction." *Journal of Personality and Social Psychology* 76, no. 6 (1999): 893-910.

Chellappa, S. L., et al. "Cortical Activation Patterns Herald Successful Dream Recall After NREM and REM Sleep." *Biological Psychology* 87, no. 2 (2011): 251-56.

Chequers, J., S. Joseph, and D. Diduca. "Belief in Extraterrestrial Life, UFO-Related Beliefs, and Schizotypal Personality." *Perconality and Individual Differences* 23, no. 3 (1997): 519-52.

Choi, W., and P. C. Gordon. "Word Skipping During Sentence Reading: Effects of Lexicality on Parafoveal Processing." *Attention, Perception, and Psychophysics* 76, no. 1 (2004): 201-13.

Cicogna, P., et al. "Slow-Wave and REM Sleep Mentation." *Sleep Research Online* 3 (2000): 67-

72.
Clancy, S. A. *Abducted: How People Come to Believe They Were Kidnapped by Aliens*. Cambridge, Mass.: Harvard University Press, 2005.
Cohen, L., et al. "Selective Deficit of Visual Size Perception: Two Cases of Hemimicropsia." *Journal of Neurology, Neurosurgery, and Psychiatry* 57, no. 1 (1994): 73-78.
Cole, J. "Empathy Needs a Face." *Journal of Consciousness Studies* 8, no. 5-7 (2001): 51-68.
Colon-Rivera, H. A., and M. A. Oldham. "The Mind with a Radio of Its Own: A Case Report and Review of the Literature on the Treatment of Musical Hallucinations." *General Hospital Psychiatry* 36, no. 2 (2013): 220-24.
Corlett, P. R., D. C. D'Souza, and J. H. Krystal. "Capgras Syndrome Induced by Ketamine in a Healthy Subject." *Biological Psychiatry* 68, no. 1 (2010): el-e2.
Corradini, A., and A. Antonietti. " Mirror Neurons and Their Function in Cognitively Understood Empathy." *Consciousness and Cognition* 22, no. 3 (2013): 1152-61.
Cousins, N. "Smudging the Subconscious." *Saturday Review*, Oct. 5, 1957.
Cowey, A. "The Blindsight Saga." *Experimental Brain Research* 200 (2010): 3-24.
Craik, F. I. M., et al. "In Search of the Self: A Positron Emission Tomography Study." *Psychological Science* 10, no. 1 (1999): 26-34.
Crapse, T. B., and M. A. Sommer. "Corollary Discharge Across the Animal Kingdom." *Nature Reviews Neuroscience* 9 (2008): 587-600.
Creutzfeldt, O., G. Ojeman, and E. Lettich. "Neuronal Activity in the Human Lateral Temporal Lobe: II. Responses to the Subject's Own Voice." *Experimental Brain Research* 77 (1989): 476-89.
Critchley, E. M., et al. "Hallucinatory Experiences of Prelingually Profoundly Deaf Schizophrenics." *British Journal of Psychiatry* 138 (1981): 30-32.
Cunningham, S., et al. "Survival of the Selfish: Contrasting Self-Referential and Survival-Based Encoding." *Consciousness and Cognition* 22, no. 1 (2013): 237-44.

Dahlitz, M., and J. D. Parkes. "Sleep Paralysis." *Lancet* 341, no. 8842 (1993): 406-7.
Dalí, S. *The Secret Life of Salvadore Dalí*. New York: Dover, 1993.
Dalla, B. G., and M. F. Boisse. "Temporal Consciousness and Confabulation: Is the Medial Temporal Lobe 'Temporal'?" *Cognitive Neuropsychiatry* 15, no. 1 (2010): 95-117.
Dalrymple, T. *Life at the Bottom: The Worldview That Makes the Underclass*. Chicago: Ivan R. Dee, 2001.
D'Alrorio, T. "Coke vs. Pepsi ... Are the Cola Wars Finally Over?" Accessed July 3, 2012. http://www.investmentu.com/2012/February/are-the-coke-vs-pepsi-cola-wars-over.html.
Damasio, A. *Decartes' Error: Emotion, Reason, and the Human Brain*. New York: Avon Books, 1994 .
Davidson, P. R., and D. M. Wolpert. "Widespread Access to Predictive Models in the Motor System: A Short Review." *Journal of Neural Engineering* 2, no. 3 (2005): S313-Sl9.
Davis, M. H., F. Meunier, and W. D. Marslen-Wilson. "Neural Responses to Morphological, Syntactic, and Semantic Properties of Single Words: An fMRI Study." *Brain and Language* 89, no. 3 (2004): 439-49.
Decety, J., J. Jeannerod, and C. Prablanc. "The Timing of Mentally Represented Actions."

Behavioural Brain Research 34, no. 1-2 (1989): 35-42.

Decety, J., and F. Michel. "Comparative Analysis of Actual and Mental Movement Times in Two Graphic Tasks." *Brain and Cognition* 11, no. 1 (1989): 87-97.

de Gelder, B., et al. "Intact Navigation Skills After Bilateral Loss of Striate Cortex." *Current Biology* 18, no. 24 (2008): Rll28-R29.

De Jong, J. T. V. "Cultural Variation in the Clinical Presentation of Sleep Paralysis." *Transcultural Psychiatry* 42, no. 1 (2005): 78-92.

Dement, W., and F. A. Wolpert. "The Relation of Eye Movements, Body Motility, and External Stimuli to Dream Content." *Journal of Experimental Psychology* 55, no. 6 (1958): 543-53.

D'Esposito, M., et al. "A Functional MRI Study of Mental Imagery Generation." *Neuropsychologia* 35, no. 5 (1997): 724-30.

Diaz, J. "Masters Plan." *Sports Illustrated*, April 13, 1998. http:// /sportsillustrated.cnn.com/vault/article/magazine/MAG1012553/2/index.htm.

Dimberg, U., M. Thunberg, and K. Elmehed. "Unconscious Facial Reactions to Emotional Facial Expressions." *Psychological Science* 11, no. 1 (2000): 86-89.

Dinstein, I., et al. "Normal Movement Selectivity in Autism." *Neuron* 66, no. 3 (2010): 461-69.

Di Pellegrino, G., et al. "Understanding Motor Events: A Neurophysiological Study." *Experimental Brain Research* 91, no. 1 (1992): 176-80.

Domhoff, G. W. "The Dreams of Men and Women: Patterns of Gender Similarity and Difference" (2005). Accessed Dec. 31, 2013. http://dreamresearch.net/Library/domhoff_2005c.html.

Donnay, G. F., et al. "Neural Substrates of Interactive Musical Improvisation: An fMRI Study of 'Trading Fours' in Jazz." *PLOS ONE* 9, no. 2 (2014): e88665.

Downing, S. *On Course: Study Skills Plus Edition*. Boston: Wadsworth, 2011.

Dresler, M., et al. "Neural Correlates of Dream Lucidity Obtained from Contrasting Lucid Versus Non-Lucid REM Sleep: A Combined EEG/fMRI Case Study." *Sleep* 35, no. 7 (2012): 1017-20.

Driediger, M., C. Hall, and N. Callow. "Imagery Use by Injured Athletes: A Qualitative Analysis." *Journal of Sports Sciences* 24, no. 3 (2006): 261-71.

"Driving You Crazy." WHNT News 19, Huntsville, Ala. Accessed Dec. 10, 2012. http:// www.dailymotion.com/video/xfz183_driving-out-of-habit-becoming-dangerous_news#.UOCNQW_edJ6.

Drysdale, G. "Kaethe Kollwitz (1867-1945): The Artist Who May Have Suffered from Alice in Wonderland Syndrome." *Journal of Medical Biography* 17, no. 2 (2009): 106-10.

Duchenne, G.-B. *The Mechanism of Human Facial Expression*. New York: Cambridge University Press, 1990.

du Feu, M., and P. J. McKenna. "Prelingually, Profoundly Deaf Schizophrenic Patients Who Hear Voices: A Phenomenological Analysis." *Acta Psychiatrica Scandinavica* 99, no. 6 (1999): 453-59.

Egner, T., G. Jamieson, and J. Gruzelier. "Hypnosis Decouples Cognitive Control from Conflict Monitoring Processes of the Frontal Lobe." *Neuroimage* 27, no. 4 (2005): 969-78.

Eiser, A. S. "Physiology and Psychology of Dreams." *Seminars in Neurology* 25, no. 1 (2005): 97-105.

Erickson, T. D., and M. E. Mattson. "From Words to Meaning: A Semantic Illusion." *Journal of*

Verbal Learning and Verbal Behavior 20, no. 5 (1981): 540 - 51.

Evans, J., and H. Elliott. "Screening Criteria for the Diagnosis of Schizophrenia in Deaf Patients." *Archives of General Psychiatry* 38, no. 7 (1981): 787 - 90.

Eysel, U. T., et al. "Reorganization in the Visual Cortex After Retinal and Cortical Damage." *Restorative Neurology and Neuroscience* 15, no. 2 - 3 (1999): 153 - 64.

Facco, E., and C. Agrillo. "Near - Death - Like Experiences Without Life - Threatening Conditions or Brain Disorders: A Hypothesis from a Case Report." *Frontiers in Psychology* 3, no. 490 (2012): 1 - 6.

Fahrenfort, J. J., et al. "The Spatiotemporal Profile of Cortical Processing Leading Up to Visual Perception." *Journal of Vision* 8, no. 1 (2008): 11 - 12.

Feinberg, T. E. *Altered Egos: How the Brain Creates the Self.* New York: Oxford University Press, 2001.

Feinberg, T. E., and R. M. Shapiro. "Misidentification - Reduplication and the Right Hemisphere." *Cognitive and Behavioral Neurology* 2, no. 1 (1989): 39 - 48.

Feinberg, T. E., et al. "The Neuroanatomy of Asomatognosia and Somatoparaphrenia." *Journal of Neurology, Neurosurgery, and Psychiatry* 81, no. 3 (2010): 276 - 81.

Feulner, P. G., et al. "Electrifying Love: Electric Fish Use Species - Specific Discharge for Mate Recognition." *Biology Letters*, no. 2 (2009a): 225 - 28.

Feulner, P. G., et al. "Magic Trait Electric Organ Discharge (EOD): Dual Function of Electric Signals Promotes Speciation in African Weakly Electric Fish." *Communitive and Integrative Biology* 2, no. 4 (2009b): 329 - 31.

Ffytche, D. H., et al. "The Anatomy of Conscious Vision: An fMRI Study of Visual Hallucinations." *Nature Neuroscience* 1, no. 8 (1998): 738 - 42.

Filimon, F., et al. "Human Cortical Representations for Reaching: Mirror Neurons for Execution, Observation, and Imagery." *Neuroimage* 37, no. 4 (2007): 1315 - 28.

Fink, G. R., et al. "Cerebral Representation of One's Own Past: Neural Networks Involved in Autobiographical Memory." *Journal of Neuroscience* 16, no. 13 (1996): 4275 - 82.

Flanagan, J. R., and A. M. Wing. "The Role of Internal Models in Motion Planning and Control: Evidence from Grip Force Adjustments During Movements of Hand - Held Loads." *Journal of Neuroscience* 17, no. 4 (1997): 1519 - 28.

Ford, J. M., and D. H. Mathalon. "Electrophysiological Evidence of Corollary Discharge Dysfunction in Schizophrenia During Talking and Thinking." *Journal of Psychiatric Research* 38, no. 1 (2004): 37 - 46.

Ford, J. M., et al. "Neurophysiological Evidence of Corollary Discharge Dysfunction in Schizophrenia." *American Journal of Psychiatry* 158, no. 12 (2001): 2069 - 71.

Fosse, M. J., et al. "Dreaming and Episodic Memory: A Functional Dissociation?" *Journal of Cognitive Neuroscience* 15, no. 1 (2003): 1 - 9.

Franklin v. Duncan, 884 F. Supp. 1435 (N.D. Cal. 1995).

Franklin, M., and M. Zyphur. "The Role of Dreams in the Evolution of the Human Mind." *Evolutionary Psychology* 3 (2005): 59 - 78.

Freud, S. *The Interpretation of Dreams*. London: Macmillan, 1913.

Frith, C. D. "The Cognitive Abnormalities Underlying the Symptomatology and the Disability of

Patients with Schizophrenia." *International Clinical Psychopharmacology* 10, no. 3 (1995): 87-98.
Fulgham, D. Interview with Jad Abumrad. "Out of Body, Roger." *Radiolab*, May 5, 2006.

Gallese, V., et al. "Action Recognition in the Premotor Cortex." *Brain* 119, no. 2 (1996): 593-609.
Gallup, G. H., and F. Newport Jr. "Belief in Paranormal Phenomena Among Adult Americans." *Skeptical Inquirer* 15, no. 2 (1991): 137-46.
Gangitano, M., F. M. Mottaghy, and A. Pascual-Leone. "Phase-Specific Modulation of Cortical Motor Output During Movement Observation." *Neuroreport* 12, no. 7 (2001): 1489-92.
García Márquez, G. *Love in the Time of Cholera*. New York: Alfred A. Knopf, 1985.
Garrity, L. I. "Electromyography: A Review of the Current Status of Subvocal Speech Research." *Memory and Cognition* 5, no. 6 (1977): 615-22.
Gazzaniga, M. S. *The Bisected Brain*. New York: Appleton-Century-Crofts, 1970.
_____. "Cerebral Specialization and Interhemispheric Communication: Does the Corpus Callosum Enable the Human Condition?" *Brain* 123 (2000): 1293-326.
_____. *The Ethical Brain*. New York: Dana Press, 2005.
_____. "One Brain-Two Minds?" *American Scientist* 60 (1972): 311-17.
_____. "Organization of the Human Brain." *Science* 245, no. 4921 (1989): 947-52.
Gazzaniga, M. S., R. Ivry, and G. R. Mangun. *Cognitive Neuroscience: The Biology of the Mind*. New York: W. W. Norton, 2002.
Gentili, R., C. Papaxanthis, and T. Pozzo. "Improvement and Generalization of Arm Motor Performance Through Motor Imagery Practice." *Neuroscience* 137, no. 3 (2006): 761-72.
Gentili, R., et al. "Inertial Properties of the Arm Are Accurately Predicted During Motor Imagery." *Behavioral Brain Research* 155, no. 2 (2004): 231-39.
Gerrans, P. "A One-Stage Explanation of the Cotard Delusion." *Philosophy, Psychiatry, and Psychology* 9, no. 1 (2002): 47-53.
Gleaves, D. H. "The Sociocognitive Model of Dissociative Identity Disorder: A Reexamination of the Evidence." *Psychological Bulletin* 120, no. 1 (1996): 42-59.
Goetz, C. G., M. Bonduelle, and T. Gelfand. *Charcot: Constructing Neurology*. New York: Oxford University Press, 1995.
Goldberg, E. *The Executive Brain: The Frontal Lobes and the Civilized Mind*. Oxford: Oxford University Press, 2001.
Goller, A. I., et al. ""Mirror-Touch Synaesthesia in the Phantom Limbs of Amputees." *Cortex* 49, no. 1 (2013): 243-51.
Gosline, A. "Hypnosis Really Changes Your Mind." *New Scientist*, Sept. 10, 2004.
Gould, L. N. "Auditory Hallucinations and Subvocal Speech." *Journal of Nervous and Mental Disease* 109, no. 5 (1949): 418-27.
_____. "Verbal Hallucinations and the Activity of the Vocal Musculature." *American Journal of Psychiatry* 105, no. 5 (1948): 367-72.
Grant, K., et al. "Neural Command of Electromotor Output in Mormyrids." *Journal of Experimental Biology* 202 (1999): 1399-407.
Green, M. F., and M. Kinsbourne. "Subvocal Activity and Auditory Hallucinations: Clues for Behavioral Treatments?" *Psychological Bulletin* 16, no. 4 (1990): 617-25.

Green, P., and M. Preston. "Reinforcement of Vocal Correlate of Auditory Hallucinations by Auditory Feedback: A Case Study." *British Journal of Psychiatry* 139 (1981): 204-8.

Greene, A. "Syd Barrett (1946-2006): Founding Frontman and Songwriter for Pink Floyd Dead at 60." *Rolling Stone*, July 11, 2006. http://www.rollingstone.com/music/news/syd-barrett-1946-2006-20060711.

Guenther, F. H., S. S. Ghosh, and J. A. Tourville. "Neural Modeling and Imaging of the Cortical Interactions Underlying Syllable Production." *Brain and Language* 96, no. 3 (2006): 280-301.

Guillot, A., et al. "Motor Imagery and Tennis Serve Performance: The External Focus Efficacy" *Journal of Sports Science Medicine* 12, no. 2 (2013): 332-38

Haker, H., et al. "Mirror Neuron Activity During Contagious Yawning-an fMRI Study." *Brain Imaging and Behavior* 7, no. 1 (2013): 28-34.

Halligan, P. W., C. Bass, and D. T. Wade. "New Approaches to Conversion Hysteria." *British Medical Journal* 320, no. 7248 (2000): 1488-89.

Halligan, P. W., et al. "Imaging Hypnotic Paralysis: Implications for Conversion Hysteria." *Lancet* 355, no. 9208 (2000): 986-87.

Hamson-Utley, J. J., S. Martin, and J. Walters. "Athletic Trainers' and Physical Therapists' Perceptions of the Effectiveness of Psychological Skills Within Sport Injury Rehabilitation Programs." *Journal of Athletic Training* 43, no. 3 (2008): 258-64.

Hanson-Vaux, G., A. S. Crisinel, and C. Spence. "Smelling Shapes: Crossmodal Correspondences Between Odors and Shapes." *Chemical Senses* 38, no. 2 (2013): 161-66.

Haykin, S., and Z. Chen. "The Cocktail Party Problem." *Neural Computation* 17, no. 9 (2005): 1875-902.

Head, P. D. "Synaesthesia: Pitch-Color Isomorphism in RGB-Space?" *Cortex* 42, no. 2 (2006): 164-74.

Heath, R. *Seducing the Subconscious: The Psychology of Emotional Influence in Advertising*. West Sussex, U.K.: Wiley-Blackwell, 2012.

Heilman, K. M. "Anosognosia: Possible Neuropsychological Mechanisms." *In Awareness of Deficit After Brain Injury: Clinical and Theoretical Issues*, edited by G. P. Prigatano and D. L. Schacter. New York: Oxford University Press, 1991.

Heinks-Maldonado, T. H., et al. "Relationship of Imprecise Corollary Discharge in Schizophrenia to Auditory Hallucinations." *Archives of General Psychiatry* 64, no. 3 (2007): 286-96.

Helt, M. S., et al. "Contagious Yawning in Autistic and Typical Development." *Child Development* 81, no. 5 (2010): 1620-31.

Hemayattalab, R., and A. Movahedi. "Effects of Different Variations of Mental and Physical Practice on Sport Skill Learning in Adolescents with Mental Retardation." *Research in Developmental Disabilities* 31, no. 1 (2010): 81-86.

Henderson, W.R., and G. E. Smyth. "Phantom Limbs." *Journal of Neurology, Neurosurgery, and Psychiatry* 11, no. 2 (1948): 88-112.

Herdman, S. J., M. C. Schubert, and R. J. Tusa. "Role of Central Preprogramming in Dynamic Visual Acuity with Vestibular Loss." *Archives of Otolaryngology-Head and Neck Surgery* 127, no. 10 (2001): 1205-10.

Herwig, U., et al. "Neural Activity Associated with Self-Reflection." *BMC Neuroscience* 13, no. 52 (2012): 1-12.

Higgins, E. T., and J. A. Bargh. "Social Cognition and Social Perception." *Annual Review of Psychology* 38 (1987): 369-425.

Hill, D. R., and M. A. Persinger. "Application of Transcerebral, Weak (1 microT) Complex Magnetic Fields and Mystical Experiences: Are They Generated by Field-Induced Dimethyltryptamine Release from the Pineal Organ?" *Perceptual and Motor Skills* 97 (2003): 1049-50.

Hobson, J. A. "REM Sleep and Dreaming: Towards a Theory of Protoconsciousness." *Nature Reviews Neuroscience* 10 (2009): 803-13.

_____. "Sleep and Dream Suppression Following a Lateral Medullary Infarct: A First-Person Account." *Consciousness and Cognition* 11, no. 3 (2002): 377-90.

Hobson, J. A., and K. J. Friston. "Waking and Dreaming Consciousness: Neurobiological and Functional Considerations." *Progress in Neurobiology* 98, no. 1 (2012): 82-98.

Hobson, J. A., and R. W. McCarley. "The Brain as a Dream State Generator: An Activation-Synthesis Hypothesis of the Dream Process." *American Journal of Psychiatry* 134, no. 12 (1977): 1335-48.

Hobson, J. A., E. F. Pace-Schott, and R. Stickgold. "Dreaming and the Brain: Toward a Cognitive Neuroscience of Conscious States." *Behavioral and Brain Sciences* 23, no. 6 (2000): 793-842.

Hofle, N., et al. "Regional Cerebral Blood Flow Changes as a Function of Delta and Spindle Activity During Slow Wave Sleep in Humans." *Journal of Neuroscience* 17, no. 12 (1997): 4800-4808.

Holmes, P. S., and D. J. Collins. "The PETTLEP Approach to Motor Imagery: A Functional Equivalence Model for Sport Psychologists." *Journal of Applied Sport Psychology* 13, no. 1 (2001): 60-83.

Hong, C. C., et al. "fMRI Evidence for Multisensory Recruitment Associated with Rapid Eye Movements During Sleep." *Human Brain Mapping* 30, no. 5 (2008): 1705-22.

Howell, E. *Understanding and Treating Dissociative Identity Disorder*. New York: Routledge, 2011.

Howland, J. S. "The Use of Hypnosis in the Treatment of a Case of Multiple Personality." *Journal of Nervous and Mental Disease* 161, no. 2 (1975): 138-42.

Huber, R., et al. "Arm Immobilization Causes Cortical Plastic Changes and Locally Decreases Sleep Slow Wave Activity." *Nature Neuroscience* 9, no. 9 (2006): 1169-76.

Hurovitz, C., et al. "The Dreams of Blind Men and Women: A Replication and Extension of Previous Findings." *Dreaming* 9, no. 2-3 (1999): 183-93.

Hutchison, W., et al. "Pain-Related Neurons in the Human Cingulate Cortex." *Nature Neuroscience* 2 (1999): 403-5.

Huxley, *A. Letters of Aldous Huxley*. Ed. Grover Smith. New York: Harper & Row, 1970.

Ibáñez, A., et al. "Subliminal Presentation of Other Faces (but Not Own Face) Primes Behavioral and Evoked Cortical Processing of Empathy for Pain." *Brain Research* 1398 (2011): 72-85.

Ietswaart, M., et al. "Mental Practice with Motor Imagery in Stroke Recovery: Randomized Controlled Trial of Efficacy." *Brain* 134, no. 5 (2011): 1373-86.

The International Classification of Sleep Disorders: Diagnostic and Coding Manual. 2nd ed. Westchester, Ill.: American Academy of Sleep Medicine, 2005.

Jackson, P. L., A. N. Meltzoff, and J. Decety. "How Do We Perceive the Pain of Others? A Window into the Neural Processes Involved in Empathy." *Neuroimage* 24, no. 3 (2005): 771-79.

Jacob, A., et al. "Charles Bonnet Syndrome—Elderly People and Visual Hallucinations." *British Medical* Journal 328, no. 7455 (2004): 1552-54.

Jacome, D. "Phantom Itching Relieved by Scratching Phantom Feet." *Journal of the American Medical Association* 240, no. 22 (1978): 2432.

Jarrett, C. "A Calm Look at the Most Hyped Concept in Neuroscience—Mirror Neurons." Wired.com. Accessed Dec. 13, 2013. http://www.wired.com/wiredscience/2013/12/a-calm-look-at-the-most-hyped-concept-in-neuroscience-mirror-neurons/.

Jiménez-Genchi, A., et al. "Sleep Paralysis in Adolescents: The 'A Dead Body Climbed on Top of Me' Phenomenon in Mexico." *Psychiatry and Clinical Neurosciences* 63, no. 4 (2009): 546-49.

Joel, B. Interview with Alec Baldwin. *Here's the Thing.* Produced by Emily Botein and Kathie Russo. New York: WNYC. July 30, 2012.

Johns, L. C., et al. "Impaired Verbal Self-Monitoring in Psychosis: Effects of State, Trait, and Diagnosis." *Psychological Medicine* 36, no. 4 (2006): 465-74.

Johnson, A., and A. D. Redish. "Neural Ensembles in CA3 Transiently Encode Paths Forward of the Animal at a Decision Point." *Journal of Neuroscience* 27, no. 45 (2007): 12176-89.

Joly-Mascheroni, R. M., A. Senju, and A. J. Shepherd. "Dogs Catch Human Yawns." *Biology Letters* 4, no. 5 (2008): 446-48.

Jung, C. G. *The Archetypes and the Collective Unconscious.* Princeton, NJ: Princeton University Press, 1959.

Kan, I. P., et al. "Memory Monitoring Failure in Confabulation: Evidence from the Semantic Illusion Paradigm." *Journal of the International Neuropsychological Society* 16, no. 6 (2010): 1006-17.

Kanner, L. "Autistic Disturbances of Affective Contact." *Nervous Child* 2 (1943): 217-50.

Kaplan, O. "The Effect of the Hypnotic-Suggestive Communication Level of Advertisements on Their Effectiveness." *Contemporary Hypnosis* 24, no. 2 (2007): 53-63.

Kas, A., et al. "Feeling Unreal: A Functional Imaging Study in Patients with Kleine-Levin Syndrome." *Brain* 37, pt. 7 (2014): 2077-87.

Kaski, D. "Revision: Is Visual Perception a Requisite for Visual Imagery?" *Perception* 31, no. 6 (2002): 717-31.

Keenan, J. P., G. Gallup Jr., and D. Falk. *The Face in the Mirror: How We Know Who We Are.* New York: Ecco, 2003.

Keenan, J. P., et al. "Self-Recognition and the Right Prefrontal Cortex." *Trends in Cognitive Sciences* 4, no. 9 (2000): 338-44.

Kelley, W. M., et al. "Finding the Self? An Event-Related fMRI Study." *Journal of Cognitive Neuroscience* 15, no. 5 (2002): 785-94.

Kerns, J. G., J. D. Cohen, and A. W. MacDonald. "Anterior Cingulate Conflict Monitoring and Adjustments in Control." *Science* 303, no. 5660 (2004): 1023-26.

Kerr, N. H., and G. W. Domhoff "Do the Blind Literally 'See' in Their Dreams? A Critique of a Recent Claim That They Do." *Dreaming* 14, no. 4 (2004): 230-33.

Kerr, N. H., et al. "The Structure of Laboratory Dream Reports in Blind and Sighted Subjects." *Journal of Nervous and Mental Disease* 170, no. 5 (1982): 247-64.

Kew, J., A. Wright, and P. W. Halligan. "Somesthetic Aura: The Experience of 'Alice in Wonderland.'" *Lancet* 351, no. 9120 (1998): 1934.

Kihlstrom, J. F. "The Cognitive Unconscious." *Science* 237, no. 4821 (1987): 1445-52.

Kilner, J. M., Y. Paulignan, and S. J. Blakemore. "An Interference Effect of Observed Biological Movement on Action." *Current Biology* 13, no. 6 (2003): 522-25.

Kim, Y. T., et al. "Neural Correlates Related to Action Observation in Expert Archers." *Behavioral Brain Research* 223, no. 2 (2011): 342-47.

Kinderman, P., and R. P. Bentall. "Causal Attributions in Paranoia and Depression: Internal, Personal, and Situational Attributions for Negative Events." *Journal of Abnormal Psychology* 106, no. 2 (1997): 341-45.

Kleiter, I., et al. "A Lightning Strike to the Head Causing a Visual Cortex Defect with Simple and Complex Visual Hallucinations." *Journal of Neurology, Neurosurgery, and Psychiatry* 78, no. 4 (2007): 423-26

Koelsch, S. "Towards a Neural Basis of Music-Evoked Emotions." *Trends in Cognitive Sciences* 14, no. 3 (2010): 131-37.

Koenigs, M., and D. Tranel. "Prefrontal Cortex Damage Abolishes Brand-Cued Changes in Cola Preference." *Social, Cognitive, and Affective Neuroscience* 3, no. 1 (2008): 1-6.

Kondziella, D., and S. Frahm-Falkenberg. "Anton's Syndrome and Eugenics." *Journal of Clinical Neurology* 7, no. 2 (2011): 96-98.

Kopelman, M. D. "Two Types of Confabulation." *Journal of Neurology, Neurosurgery, and Psychiatry* 50, no. 11 (1987): 1482-87.

Kosslyn, S. M., et al. "Neural Systems Shared by Visual Imagery and Visual Perception: A Positron Emission Tomography Study." *Neuroimage* 6, no. 4 (1997): 320-34.

Kosslyn, S. M., et al. "Visual Mental Imagery Activates Topographically Organized Visual Cortex: PET Investigations." *Journal of Cognitive Neuroscience* 5, no. 3 (1993): 263-87.

Kreiman, G., C. Koch, and I. Fried. "Category-Specific Visual Responses of Single Neurons in the Human Medial Temporal Lobe." *Nature Neuroscience* 3 (2000): 946-53.

Kremer, W. "Human Echolocation: Using Tongue-Clicks co Navigate the World." *BBC World Service*, Sept. 12, 2012. http://www.bbc.co.uk/news/magazine-19524962.

Krieger, R. A. *Civilization's Quotations: Life's Ideal.* New York: Algora, 2002.

Krosnick, J. A., et al. "Subliminal Conditioning of Attitudes." *Personality and Social Psychology Bulletin* 18, no. 2 (1992): 152.

Kumar, B. "Complex Visual Hallucinations in a Patient with Macular Degeneration: A Case of the Charles Bonnet Syndrome." *Age and Ageing* 42, no. 3 (2013): 411.

Kupers, R., et al. "Neural Correlates of Virtual Route Recognition in Congenital Blindness." *Proceedings of the National Academy of Sciences* 107, no. 28 (2010): 12716-21.

Kvavilashvili, L., et al. "Effects of Age on Phenomenology and Consistency of Flashbulb Memories of September 11 and a Staged Control Event." *Psychology and Aging* 25, no. 2 (2010): 391-404.

Lacourse, M. G., et al. "Brain Activation During Execution and Motor Imagery of Novel and Skilled Sequential Hand Movements." *Neuroimage* 27, no. 3 (2005): 505 - 19.

Lambert, E. H., and E. H. Wood. "Direct Determination of Man's Blood Pressure on the Human Centrifuge During Positive Acceleration." *Federation Proceedings* 5, no. 1, pt. 2 (1946): 59.

Lane, R. D., et al. "Neural Correlates of Levels of Emotional Awareness: Evidence of an Interaction Between Emotion and Attention in the Anterior Cingulate Cortex." *Journal of Cognitive Neuroscience* 10, no. 4 (1998): 525 - 35.

Lanius, R. A., J. W. Hopper, and R. S. Menon. "Individual Differences in a Husband and Wife Who Developed PTSD After a Motor Vehicle Accident: A Functional MRI Case Study." *American Journal of Psychiatry* 160, no. 4 (2003): 667 - 69.

"Leading Causes of Blindness in the U.S." National Eye Institute. Accessed Dec. 30, 2013. http://www.nei.nih.gov/healch/facc_sheet.asp.

Lee, S. Y., et al. "Differential Priming Effect for Subliminal Fear and Disgust Facial Expressions." Attention, *Perception, and Psychophysics* 2, no. 73 (2011): 473 - 81.

Lessard, N., et al. "Early - Blind Human Subjects Localize Sound Sources Better Than Sighted Subjects." *Nature* 395, no. 6699 (1998): 278 - 80.

Lewis, M. "Obarna's Way." *Vanity Fair*, Oct. 2012.

Lhermitte, F., et al. "Human Autonomy and the Frontal Lobes. Part I: Imitation and Utilization Behavior: A Neuropsychological Study of 75 Patients." *Annals of Neurology* 19, no. 4 (1986): 326 - 34.

_____. "'Utilization Behavior' and Its Relation to Lesions of the Frontal Lobes." *Brain* 106, no. 2 (1983): 237 - 55.

Lhermitte, J. "Syndrome de la calotte du pédoncule cérébral: Les troubles psychosensoriels dans les lésions du mésocéphale." *Revue Neorologique* 38 (1922): 1359 - 65.

Lippman, C. W. "Certain Hallucinations Peculiar to Migraine." *Journal of Nervous and Mental Disease* 116, no. 4 (1952): 346 - 51.

Lisman, J., and E. J. Sternberg. "Habit and Nonhabit Systems for Unconscious and Conscious Behavior: Implications for Multitasking." *Journal of Cognitive Neuroscience* 25, no. 2 (2013): 273 - 83.

Litke, J. "If Duke Played the Taliban, I'd Pull for Taliban." Associated Press, *Yahoo! News*, March 23, 2012. sports.yahoo.com/blogs/ncaab - the - dagger/us - rep - brad - miller - duke - playing - taliban - d - 191910616.hcml.

Lockhart, J. G ., trans. and ed. *Ancient Spanish Ballads: Historical and Romantic*. New York: Wiley and Putnam, 1842.

Loftus, E. F. "The Reality of Repressed Memories." *American Psychologist* 48, no. 5 (1993): 518 - 37.

Loftus, E. F., and J. E. Pickrell. "The Formation of False Memories." *Psychiatric Annals* 15, no. 12 (1995): 720 - 25.

Lui, F., et al. "Neural Substrates for Observing and Imagining Non - Object - Directed Actions." *Society for Neuroscience* 3, no. 3 - 4 (2008): 261 - 75.

MacDonald, K., and T. MacDonald. "Peas, Please: A Case Report and Neuroscientific Review of Dissociative Amnesia and Fugue." *Journal of Trauma and Dissociation* 10, no. 4 (2009):

420-35.
MacIntyre, T., and A. Moran. "Imagery Use Among Canoeists: A Worldwide Survey of Novice, Intermediate, and Elite Slalomists." *Journal of Applied Sport Psychology* 8 (1996): S132.
MacLeod, C. M. "Half a Century of Research on the Stroop Effect: An Integrative Review." *Psychological Bulletin* 109, no. 2 (1991): 163-203.
Maclin, E. L., K. E. Mathewson, and K. A. Low. "Learning to Multitask: Effects of Video Game Practice on Electrophysiological Indices of Attention and Resource Allocation." *Psychophysiology* 48, no. 9 (2011): 1173-83.
MacSweeney, M., et al. "Neural Systems Underlying British Sign Language and Audio Visual English Processing in Native Users." *Brain* 125 (2002): 1583-93.
Maggin, D. L. *Stan Getz: A Life in Jazz* New York: William Morrow, 1996.
Manford, M., and F. Andermann. "Complex Visual Hallucinations: Clinical and Neurobiological Insights." *Brain* 121, no. 10 (1998): 1819-40.
Manning, M. L., and R. L. Manning. "Convergent Paradigms for Visual Neuroscience and Dissociative Identity Disorder." *Journal of Trauma and Dissociation* 10, no. 4 (2009): 405-19.
Mark, V. W., C. A. Kooistra, and K. M. Heilman. "Hemispatial Neglect Affected by Non-Neglected Stimuli." *Neurology* 38, no. 8 (1988): 1207-11.
Martineau, J., et al. "Atypical Activation of the Mirror Neuron System During Perception of Hand Motion in Autism." *Brain Research* 1320 (2010): 168-75.
Massen, J. J., D. A. Vermunt, and E. H. Sterck. "Male Yawning ls More Contagious Than Female Yawning Among Chimpanzees (*Pan troglodytes*)" *PLoS ONE* 7, no. 7 (2012).
Mast, F. W., D. M. Merfeld, and S. M. Kosslyn. "Visual Mental Imagery During Caloric Vestibular Stimulation." *Neuropsychologia* 44, no. l (2006): 101-19.
Mathalon, D. H., and J. M. Ford. "Corollary Discharge Dysfunction in Schizophrenia: Evidence for an Elemental Deficit." *Clinical EEG and Neuroscience* 39, no. 2 (2008): 82-86.
Mathersul, D., S. McDonald, and J. A. Rushby. "Automatic Facial Responses to Affective Stimuli in High-Functioning Adults with Autism Spectrum Disorder." *Physiology and Behavior* 109 (2013): 14-22.
Mayer, B., and H. Merckelbach. "Do Subliminal Priming Effects on Emotion Have Clinical Potential?" *Anxiety, Stress and Coping* 2, no. 2 (1999): 217-29.
McCarley, R. W., O. Benoit, and G. Barrionuevo. "Lateral Geniculate Nucleus Unitary Discharge in Sleep and Waking: State- and Rate-Specific Aspects." *Journal of Neurophysiology* 50, no. 4 (1983): 798-818.
McGuire, P. K., et al. "Neural Correlates of Thinking in Sign Language." Neuroreport 8, no. 3 (1997): 695-98.
McGurk, H., and L. MacDonald. "Hearing Lips and Seeing Voices." *Nature* 264, no. 5588 (1976): 746-48.
McKay, R., and L. Cipolotti. "Attributional Style in a Case of Cotard Delusion." *Consciousness and Cognition* 16, no. 2 (2007): 349-59.
Mellor, C. S. "First Rank Symptoms of Schizophrenia. I. The Frequency in Schizophrenics on Admission to Hospital. II. Differences Between Individual First Rank Symptoms." *British Journal of Psychiatry* 117, no. 536 (1970): 15-23.

Mendelsohn, A., et al. "Subjective vs. Documented Reality: A Case Study of Long-Term Real-Life Autobiographical Memory." *Learning and Memory* 16, no. 2 (2009): 142-46.

Mercer, B., et al. "A Study of Confabulation." *Archives of Neurology* 34, no. 7 (1977): 429-33.

Mercer, J. "Hidden Persuaders." *Ode*, May/June 2012.

"Messing Calls on Hypnosis to Help Her with Underwater Scenes." ContactMusic.com, Oct. 21, 2005. Accessed Oct. 28, 2012. http://www.contactmusic.com/news-article/messing-calls-on-hypnosis-to-help-her-with-underwater-scenes.

Metcalf, K., R. Langdon, and M. Coltheart. "Models of Confabulation: A Critical Review and a New Framework." *Cognitive Neuropsychology* 24, no. 1 (2007): 23-47.

Miller, G. "Hunting for Meaning After Midnight." *Science* 315, no. 5817 (2007): 1360-63.

Miller, S. D., and P. J. Triggiano. "The Psychophysiological Investigation of Multiple Personality Disorder: Review and Update Review." *American Journal of Clinical Hypnosis* 35, no. 1 (1992): 47-61.

Minio-Paluello, I., et al. "Absence of Embodied Empathy During Pain Observation in Asperger Syndrome." *Biological Psychiatry* 65, no. 1 (2009): 55-62.

Mitchell, S. W. "On Some of the Disorders of Sleep." *Virginia Medical Monthly* 2 (1876): 769-81. In *Handbook of Clinical Neurology*. Vol. 15. Edited by D. D. Daly et al. Amsterdam: North Holland Publishing Company, 1974.

Mohr, C., et al., "The Anterior Cingulate Cortex Contains Distinct Areas Disassociating External from Self-Administered Painful Stimulation: A Parametric fMRI Study." *Pain* 114, no. 3 (2005): 347-57.

Morrison, I., et al. "Vicarious Response to Pain in Anterior Cingulate Cortex: Is Empathy a Multisensory Issue?" *Cognitive, Affective, and Behavioral Neuroscience* 4, no. 2 (2004): 270-78.

Moscovitch, M. "Confabulation." In Memory Distortion, edited by D. L. Schacter, J. T. Coyle, G. D. Fischbach, M. M. Mesulam, and L. E. Sullivan, 226-51. Cambridge, Mass.: Harvard University Press, 1995.

_____. "Confabulation and the Frontal Systems: Strategic Versus Associative Retrieval in Neuropsychological Theories of Memory." In *Varieties of Memory and Consciousness: Essays in Honour of Endel Tulving*, edited by H. L. Roediger and F. I. M. Craik, 133-60. Hillsdale, N.J.: Erlbaum, 1989.

Mouras, H., et al. "Activation of Mirror-Neuron System by Erotic Video Clips Predicts Degree of Induced Erection: An fMRI Study." *NeuroImage* 42, no. 3 (2008): 1142-50.

Mullins, S., and S. A. Spence. "Re-examining Thought Insertion: Semi-Structured Literature Review and Conceptual Analysis." *British Journal of Psychiatry* 182 (2003): 293-98.

Murphy, M., et al. "The Cortical Topography of Local Sleep." *Current Topics in Medical Chemistry* 11, no. 19 (2011): 2438-46.

Myhrvold, N. "Mars to Humanity: Get Over Yourself." Slate.corn, Aug. 15, 1996. http://www.slate.com/articles/briefing/articles/1996/08/mars_to_humanity_get_over_yourself.html.

Narayan, R., et al. "Cortical Interference Effects in the Cocktail Party Problem." *Nature Neuroscience* 10, no. 12 (2007): 1601-7.

Nelson, H. E., S. Thrasher, and T. R. Barnes. "Practical Ways of Alleviating Auditory Hallucinations." *British Medical Journal* 302, no. 6772 (1991): 327.

Nelson, K. R., et al. "Does the Arousal System Contribute to Near Death Experience?" *Neurology* 66, no. 7 (2006): 1003-9.

Nelson, K. R., et al. "Out-of-Body Experience and Arousal." *Neurology* 68, no. 10 (2007): 794-95.

Ness, R. C. "The Old Hag Phenomenon as Sleep Paralysis: A Biocultural Interpretation." *Culture, Medicine, and Psychiatry* 2, no. 1 (1978): 15-39.

Nicklaus, Jack. *Play Better Golf.* New York: King Features, 1976.

Niedenthal, P. M., et al. "Embodiment in Attitudes, Social Perception, and Emotion." *Personality and Social Psychology Review* 9, no. 3 (2005): 184-211.

Nijenhuis, E. R. S., O. Van der Hart, and K. Steele. "The Emerging Psychobiology of Trauma-Related Dissociation and Dissociative Disorders." In *Biological Psychiatry*, edited by H. D'Haenen, J. A. den Boer, and P. Willner, 1079-80. London: Wiley, 2002.

Nowak, D. A., and J. Herrnsdörfer. "Sensorimotor Memory and Grip Force Control: Does Grip Force Anticipate a Self-Produced Weight Change When Drinking with a Straw from a Cup?" *European Journal of Neuroscience* 18, no. 10 (2003): 2883-92.

Oakley, D. A. "Hypnosis and Conversion Hysteria: A Unifying Model." *Cognitive Neuropsychiatry* 4, no. 3 (1999): 243-65.

Oishi, K., T. Kasai, and T. Maeshima. "Autonomic Response Specificity During Motor Imagery." *Journal of Physiology and Anthropology of Applied Human Science* 19, no. 6 (2000): 255-61.

O'Keefe, J. "A Review of the Hippocampal Place Cells." *Progress in Neurobiology* 13, no. 4 (1979): 419-39.

Oudiette, D., et al. "Dreamlike Mentations During Sleepwalking and Sleep Terrors in Adults." *Sleep* 32, no. 12 (2009): 1621-27

Pachalska, M., et al. "A Case of 'Borrowed Identity Syndrome' After Severe Traumatic Brain Injury." *Medical Science Monitor* 17, no. 2 (2011): 18-28.

Packard, M. G., and J. L. McGaugh. "Inactivation of Hippocampus or Caudate Nucleus with Lidocaine Differentially Affects Expression of Place and Response Learning." *Neurobiology of Learning and Memory* 65, no. 1 (1996): 65-72.

Palagi, E., et al. "Contagious Yawning in Gelada Baboons as a Possible Expression of Empathy." *Proceedings of the National Academy of Sciences* 106, no. 46 (2009): 19262-67.

Paraskevas-Thadani, E. "Banning the Thought: Saving the Lungs of Children by Banning Subliminal Messages in Tobacco Advertisements." *Syracuse Journal of Legislation and Policy* 2 (1997): 133-63.

Park, M., et al. "Differences Between Musicians and Non-Musicians in Neuro-Affective Processing of Sadness and Fear Expressed in Music." *Neuroscience Letters* 566 (2014): 120-24.

Park, Y. W., et al. "Alien Hand Syndrome in Stroke—Case Report and Neurophysiologic Study." *Annals of Rehabilitation Medicine* 36, no. 4 (2012): 556-60.

Parton, A., P. Malhotra, and M. Husain. "Hemispatial Neglect." *Journal of Neurology, Neurosurgery, and Psychiatry* 75 (2004): 13-21.

Pascual-Leone, A., et al. "Modulation of Muscle Responses Evoked by Transcranial Magnetic Stimulation During the Acquisition of New Fine Motor Skills." *Journal of Neurophysiology* 74, no. 3 (1995): 1037-45.

Patterson, D.R., M. L. Goldberg, and D. M. Ehde. "Hypnosis in the Treatment of Patients with Severe Burns." *American Journal of Clinical Hypnosis* 38, no. 3 (1996): 200-212.

Patterson, R. B. "Hypnotherapy of Hysterical Monocular Blindness: A Case Report." *American Journal of Clinical Hypnosis* 23, no. 2 (1980): 119-21.

Pavlides, C., and J. Winson. "Influences of Hippocampal Place Cell Firing in the Awake State on the Activity of These Cells During Subsequent Sleep Episodes." *Journal of Neuroscience* 9, no. 8 (1989): 2907-18.

Pehrs, C., et al. "How Music Alters a Kiss: Superior Temporal Gyrus Controls FusiformAmygdalar Effective Connectivity." *Social Cognitive and Affective Neuroscience* 9, no. 11 (2014): 1-9.

Peigneux, P., et al. "Are Spatial Memories Strengthened in the Human Hippocampus During Slow Wave Sleep?" *Neuron* 44, no. 3 (2004): 535-45.

Petterson, C., et al. "The Attributional Style Questionnaire." *Cognitive Therapy and Research* 6, no. 3 (1982): 287-300.

Pfeiffer, J. H., et al. "Mirroring Others' Emotions Relates to Empathy and Interpersonal Competence in Children." *NeuroImage* 39, no. 4 (2008): 2076-85.

Platek, S. M. "Yawn, Yawn, Yawn, Yawn; Yawn, Yawn, Yawn! The Social, Evolutionary, and Neuroscientific Facets of Contagious Yawning." *Frontiers of Neurology and Neuroscience* 28 (2010): 107-12.

Podoll, K., and D. Robinson. "Lewis Carroll's Migraine Experiences." *Lancet* 353, no. 9161 (1999): 1366.

"Poll: U.S. Hiding Knowledge of Aliens." CNN.com, June 15, 1997. http://articles.cnn.com/1997-06-15/us/9706_15_ufo.poll.

Poppel, E., et al. "Residual Visual Function After Brain Wounds Involving the Central Visual Pathways in Man." *Nature* 243, no. 5405 (1973): 295-96.

Posner, M. I., and S. E. Petersen. "The Attention System of the Human Brain." *Annual Review of Neuroscience* 13 (1990): 25-42.

Powell, L. J., et al. "Dissociable Neural Substrates for Agentic Versus Conceptual Representations of Self" *Journal of Cognitive Neuroscience* 22, no. 10 (2010): 2186-97.

Prasad, S., and A. L. Berkowitz. "Modified Target Cancellation in Hemispatial Neglect." *Practical Neurology* 14, no. 4 (2014): 277.

Pratkanis, A. R. "The Cargo-Cult Science of Subliminal Persuasion." *Skeptical Inquirer* 16, no. 3 (1992).

Price, A., and D. Price. *Introducing Psychology of Success: A Practical Guide*. London: Icon Books, 2011.

Prigatano, G. P., and D. L. Schacter. *Awareness of Deficit After Brain Injury: Clinical and Theoretical Issues*. Oxford: Oxford University Press, 1991.

Proust, M. *Remembrance of Things Past: Swann's Way*. New York: Vintage Books, 1982.

Provine, R. R. "Yawning." *American Science* 93, no. 6 (2005): 532-39.

Putnam, F. W., T. P. Zahn, and R. M. Post. "Differential Autonomic Nervous System Activity in Multiple Personality Disorder." *Physical Review* 31, no. 3 (1990): 251-60.

Pyka, M., et al. "Brain Correlates of Hypnotic Paralysis - a Resting-State fMRI Study." *NeuroImage* 56, no. 4 (2011): 2173-82.

Quian Quiroga, R. "Concept Cells: The Building Blocks of Declarative Memory Functions." *Nature Reviews Neuroscience* 13, no. 8 (2012): 587-97.

Quian Quiroga, R., et al. "Explicit Encoding of Multimodal Percepts by Single Neurons in the Human Brain." *Current Biology* 19, no. 15 (2009): 1308-13.

Quian Quiroga, R., et al. "Invariant Visual Representation by Single Neurons in the Human Brain." *Nature* 435 (2005): 1102-7.

Rabey v. R., [1980] 2 S.C.R. 513 (Can.) (Dickson, J. dissenting).

Ramachandran, V. S., and D. Brang. "Sensations Evoked in Patients with Amputation from Watching an Individual Whose Corresponding Intact Limb Is Being Touched." *Archives of Neurology* 66, no. 10 (2009): 1281-84.

Ramachandran, V. S., and L. M. Oberman. "Broken Mirrors: A Theory of Autism." *Scientific American* 295, no. 5 (2006): 62-69.

Ramachandran, V. S., and D. Rogers-Ramachandran. "Synaesthesia in Phantom Limbs Induced with Mirrors." *Proceedings of the Royal Society B: Biological Sciences* 263, no. 1369 (1996): 377-86.

Ramakonar, H., E. A. Franz, and C. R. Lind. "The Rubber Hand Illusion and Its Application to Clinical Neuroscience." *Journal of Clinical Neuroscience* 18, no. 12 (2011): 1596-601.

Ramirez-Bermudez, J., et al. "Cotard Syndrome in Neurological and Psychiatric Patients." *Journal of Neuropsychiatry and Clinical Neuroscience* 22, no. 4 (2010): 409-16.

Ranganathan, V. K., et al. "From Mental Power to Muscle Power—Gaining Strength by Using the Mind." *Neuropsychologia* 42, no. 7 (2004): 944-56.

Rankin, K. P. "Detecting Sarcasm from Paralinguistic Cues: Anatomic and Cognitive Correlates in Neurodegenerative Disease." *NeuroImage* 47, no. 4 (2009): 2005-15.

Raposo, A., and J. F. Marques. "The Contribution of Fronto-parietal Regions to Sentence Comprehension: Insights from the Moses Illusion." *NeuroImage* 83 (2013): 431-37.

Raz, A., et al. "Hypnotic Suggestion and the Modulation of Stroop Interference." *Archives of General Psychiatry* 59, no. 12 (2002): 1155-61.

Reder, L. M., and G. W. Kusbit. "Locus of the Moses Illusion: Imperfect Encoding, Retrieval, or Match?" *Journal of Memory and Language* 30 (1991): 385-406.

Reinders, A. A., et al. "Psychobiological Characteristics of Dissociative Identity Disorder: A Symptom Provocation Study." *Biological Psychiatry* 60, no. 7 (2006): 730-40.

Reis, B. E. "Toward a Psychoanalytic Understanding of Multiple Personality Disorder." *Bulletin of the Menninger Clinic* 57, no. 3 (1993): 309-18.

Ricard, P. "Vision Loss and Visual Hallucinations: The Charles Bonnet Syndrome." *Community Eye Health* 22, no. 69 (2009): 14.

Rickards, C. A., and D. G. Newman. "G-induced Visual and Cognitive Disturbances in a Survey of 65 Operational Fighter Pilots." *Aviation, Space, and Environmental Medicine* 76, no. 5 (2005): 496-500.

Riddoch, G. "Dissociation of Visual Perceptions due to Occipital Injuries, with Especial Reference to Appreciation of Movement." *Brain* 40, no. 1 (1917a): 15-57.

_____. "On the Relative Perceptions of Movement and a Stationary Object in Certain Visual Disturbances due to Occipital Injuries." *Proceedings of the Royal Society of Medicine* 10 (1917b): 13-34.

Ritchie, T. D., et al. "Event Self-Importance, Event Rehearsal, and the Fading Affect Bias in Autobiographical Memory." *Self and Identity* 5 (2006): 172-95.

Roland, P. E., and B. Gulyas. "Visual Memory, Visual Imagery, and Visual Recognition of Large Field Patterns by the Human Brain: Functional Anatomy by Positron Emission Tomography." *Cerebral Cortex* 5, no. 1 (1995): 79-93.

Ross, S. *Higher, Further, Faster: Is Technology Improving Sport?* Chichester, U.K.: John Wiley and Sons, 2008.

Rudolph, K., and T. Pasternak. "Transient and Permanent Deficits in Motion Perception After Lesions of Cortical Areas MT and MST in the Macaque Monkey." *Cerebral Cortex* 9, no. 1 (1999): 90-100.

Russell, C. J., and C. C. Bell. "Neuronal Responses to Electrosensory Input in Mormyrid Valvula Cerebelli." *Journal of Neurophysiology* 41, no. 6 (1978): 1495-510.

Sakamaki, T. "Social Grooming Among Wild Bonobos (*Pan paniscus*) at Wamba in the Luo Scientific Reserve, DR Congo, with Special Reference to the Formation of Grooming Gatherings." *Primates* 54, no. 4 (2013): 349-59.

Sakreida, K., et al. "Motion Class Dependency in Observers' Motor Areas Revealed by Functional Magnetic Resonance Imaging." *Journal of Neuroscience* 25, no. 6 (2005): 1335-42.

Saleem, K. S., and K. Tanaka. "Divergent Projections from the Anterior Inferotemporal Area TE to the Perirhinal and Entorhinal Cortices in the Macaque Monkey." *Journal of Neuroscience* 16, no. 15 (1996): 4757-75.

Sar, V., S. N. Unal, and E. Ozturk. "Frontal and Occipital Perfusion Changes in Dissociative Identity Disorder." *Psychiatry Research* 156, no. 3 (2007): 217-23.

Savoy, R. L., et al. "Voluntary Switching Between Identities in Dissociative Identity Disorder: A Functional MRI Case Study." *Cognitive Neuroscience* 3, no. 2 (2012): 112-19.

Saxe, G. N., et al. "SPECT Imaging and Multiple Personality Disorder." *Journal of Nervous and Mental Disease* 180, no. 10 (1992): 662-63.

Schaefer, M., and M. Rotte. "Thinking on Luxury or Pragmatic Brand Products: Brain Responses to Different Categories of Culturally Based Brands." *Brain Research* 1165 (2007): 98-104.

Schaffner, N. *Saucerful of Secrets: The Pink Floyd Odyssey*. London: Helter Skelter, 2005.

Schlumpf, Y. R., et al. "Dissociative Part-Dependent Biopsychosocial Reactions to Backward Masked Angry and Neutral Faces: An fMRI Study of Dissociative Identity Disorder." *NeuroImage: Clinical* 3 (2013): 54-64.

Schmidt, S. R. "Autobiographical Memories for the September 11th Attacks: Reconstructive Errors and Emotional Impairment of Memory." *Memory and Cognition* 32, no. 3 (2004): 443-54.

Schnider, A. "Orbirofrontal Reality Filtering." *Frontiers in Behavioral Neuroscience* 7, no. 67 (2013): 1-8.

_____. "Spontaneous Confabulation and the Adaptation of Thought to Ongoing Reality." *Nature Review of Neuroscience* 4, no. 8 (2003): 662-71.

Schnider, A., C. von Däniken, and K. Gutbrod. "The Mechanisms of Spontaneous and Provoked Confabulations." *Brain* 119 (1996): 1365-75.

Schulte-Rüther, M., et al. "Mirror Neuron and Theory of Mind Mechanisms Involved in Face-to-Face Interactions: A Functional Magnetic Resonance Imaging Approach to Empathy." *Journal of Cognitive Neuroscience* 19, no. 8 (2007): 1354-72.

Schuster, C., et al. "Best Practice for Motor Imagery: A Systematic Literature Review on Motor Imagery Training Elements in Five Different Disciplines." *BMC Medicine* 9, no. 75 (2011): 1-35.

Schwärzel, M., and U. Müller. "Dynamic Memory Networks: Dissecting Molecular Mechanisms Underlying Associative Memory in the Temporal Domain." *Celluar and Molecular Life Sciences* 63, no. 9 (2006): 989-98.

Searle, J. R. *Mind: A Brief Introduction*. New York: Oxford University Press, 2004.

Sedikides, C., and J. D. Green. "What I Don't Recall Can't Hurt Me: Information Negativity Versus Information Inconsistency as Determinants of Memorial Self-Defense." *Social Cognition* 22, no. 1 (2004): 4-29.

Seif-Barghi, T., et al. "The Effect of an Ecological Imagery Program on Soccer Performance of Elite Players." *Asian Journal of Sports Medicine* 3, no. 2 (2012): 81-89.

Senju, A., et al. "Brief Report: Does Eye Contact Induce Contagious Yawning in Children with Autism Spectrum Disorder?" *Journal of Autism and Developmental Disorders* 39, no. 11 (2009): 1598-602.

Shahar, A., et al. "Induction of an Illusory Shadow Person." *Nature* 443 (2006): 287.

Sharot, T., et al. "How Personal Experience Modulates the Neural Circuitry of Memories of September 11." *Proceedings of the National Academy of Science* 104, no. 1 (2007): 389-94.

Sharpless, B. A., and J. P. Barber. "Lifetime Prevalence Rates of Sleep Paralysis: A Systematic Review." *Sleep Medicine Review* 15, no. 5 (2011): 311-15.

Shergill, S. S., et al. "Mapping Auditory Hallucinations in Schizophrenia Using Functional Magnetic Resonance Imaging." *Archives of General Psychiatry* 57, no. 11 (2000): 1033-38.

Sherman, R. A., C. J. Sherman, and L. Parker. "Chronic Phantom and Stump Pain Among American Veterans: Results of a Survey." *Pain* 18, no. 1 (1984): 83-95.

Shmuelof, L., and E. Zohary. "Mirror-Image Representation of Action in the Anterior Parietal Cortex." *Nature Neuroscience* 11, no. 11 (2008): 1267-69.

Siegel, R. K. "Hostage Hallucinations: Visual Imagery Induced by Isolation and LifeThreatening Stress." *Journal of Nervous and Mental Disease* 172, no. 5 (1984): 264-72.

Sigman, M., S. J. Spence, and A. T. Wang. "Autism from Developmental and Neuropsychological Perspectives." *Annual Review of Clinical Psychology* 2 (2006): 327-55.

Silk, J., D. Cheney, and R. Seyfarth. "A Practical Guide to the Study of Social Relationships." *Evolutionary Anthropology* 22, no. 5 (2013): 213-25.

Simeon, D., et al. "Feeling Unreal: A PET Study of Depersonalization Disorder." *American Journal of Psychiatry* 157, no. 11 (2000): 1782-88.

Simons, D. J., and D. T. Levin. "Failure to Detect Changes to People During a Real-World Interaction." *Psychonomic Bulletin and Review* 5, no. 4 (1998): 644-49.

Simons, R. C., and C. C. Hughes. *The Culture-Bound Syndromes: Folk Illnesses of Psychiatric and Anthropological Interest(Culture, Ilness, and Healing)*. Dordrecht: Reidel, 1985.

Simonyan, K., and B. Horwitz. "Laryngeal Motor Cortex and Control of Speech in Humans." *Neuroscientist* 17, no. 2 (2011): 197-208.

Singer, T., et al. "Empathy for Pain Involves the Affective but Not Sensory Components of Pain." *Science* 303, no. 5661 (2004): 1157-62.

Smith, D., C. J. Wright, and C. Cantwell. "Beating the Bunker: The Effect of PETTLEP Imagery on Golf Bunker Shot Performance." *Research Quarterly for Exercise and Sport* 79, no. 3 (2008): 385-91.

Smith, S. M., et al. "The Lack of Cerebral Effects of *d*-Tubocurarine." *Anesthesiology* 8, no. 1 (1947): 1-14.

Smith, W. H. "Incorporating Hypnosis into the Psychotherapy of Patients with Multiple Personality Disorder." *Bulletin of the Menninger Clinic* 57, no. 3 (1993): 344-54.

Solomonova, E., et al. "Sensed Presence as a Correlate of Sleep Paralysis Distress, Social Anxiety, and Waking State Social Imagery." *Consciousness and Cognition* 17, no. 1 (2008): 49-63.

Spence, C., and O. Deroy. "Hearing Mouth Shapes: Sound Symbolism and the Reverse McGurk Effect." *Iperception* 3, no. 8 (2012): 550-52.

Spence, S. A., and C. Frith. "A PET Study of Voluntary Movement in Schizophrenic Patients Experiencing Passivity Phenomena." *Brain* 120, no. 11 (1997): 1997-2011.

Spoormaker, V., and J. van den Bout. "Lucid Dreaming Treatment for Nightmares: A Pilot Study." *Psychotherapy and Psychosomatics* 75, no. 6 (2006): 389-94.

Stankiewicz, S., and M. Golczyńska, "Dispute over the Multiple Personality Disorder: Theoretical or Practical Dilemma?" *Psychiatria Polska* 40, no. 2 (2006): 233-43.

Staunton, H. "The Function of Dreaming." *Reviews in the Neuroscience* 12, no. 4 (2001): 365-71.

Stephan, K. E., et al. "Dysconnection in Schizophrenia: From Abnormal Synaptic Plasticity to Failures of Self-Monitoring." *Schizophrenia Bulletin* 35, no. 3 (2009): 509-27.

Stevenson, R. L. *The Strange Case of Dr. Jekyll and Mr. Hyde*. New York: Dover, 1991.

Stinson, B., and D. Arthur. "A Novel EEG for Alpha Brain State Training, Neurobiofeedback and Behavior Change." *Complementary Therapies in Clinical Practice* 19, no. 3 (2013): 114-18.

Stone, S. P., P. W. Halligan, and R. J. Greenwood. "The Incidence of Neglect Phenomena and Related Disorders in Patients with an Acute Right or Left Hemisphere Stroke." *Age and Ageing* 22, no. 1 (1993): 46-52.

Stonnington, C. M., J. J. Barry, and R. S. Fisher. "Conversion Disorder." *American Journal of Psychiatry* 163, no. 9 (2006): 1510-17.

Strayer, D. L., et al. "Cell Phone-Induced Failures of Visual Attention During Simulated Driving," *Journal of Experimental Psychology: Applied* 9, no. 1 (2003): 23-32.

Streatfeild, D. *Brainwash: The Secret History of Mind Control*. New York: St. Martin's Press, 2007.

Stroop, J. R. "Studies of Interference in Serial Verbal Reactions." *Journal of Experimental Psychology* 18, no. 16 (1935): 643-62.

Suzuki, W. A. "Neuroanatomy of the Monkey Entorhinal, Perirhinal, and Parahippocampal Cortices: Organization of Cortical Inputs and Interconnections with Amygdala and Striatum." *Seminars in Neuroscience* 8, no. 1 (1996): 3-12.

Syrjala, K. L., C. Cummings, and G. W. Donaldson. "Hypnosis or Cognitive Behavioral Training for the Reduction of Pain and Nausea During Cancer Treatment: A Controlled Clinical Trial." *Pain* 48, no. 2 (1992): 137-46.

Szasz, T. *The Second Sin*. New York: Doubleday, 1973.

Tataranni, P.A., J.-F. Gautier, and K. Chen. "Neuroanatomical Correlates of Hunger and Satiation in Humans Using Positron Emission Tomography." *Proceedings of the National Academy of Sciences* 96, no. 8 (1999): 4569-74.

Taylor, J. *Prime Golf: Triumph of the Mental Game*. Lincoln, Neb.: Writers Club Press, 2001.

Taylor, J. B. *My Stroke of Insight: A Brain Scientist's Personal Journey*. New York: Viking, 2006.

"The 10 Most Interesting Rituals in Sports." ExactSports.com, Oct. 6, 2011. http://exactsports.com/blog/the-10-most-interesting-rituals-in-sports/2011/10/06/.

Teresa of Ávila. *The Life of St. Teresa of Jesus, of the Order of Our Lady of Carmel* (ca. 1565). Translated by David Lewis (1904), chap. 29. Reproduced by BiblioLife, 2007.

Teunisse, R. J., et al. "The Charles Bonnet Syndrome: A Large Prospective Study in the Netherlands: A Study of the Prevalence of the Charles Bonnet Syndrome and Associated Factors in 500 Patients Attending the University Department of Ophthalmology at Nijmegen." *British Journal of Psychiatry* 166, no. 2 (1995): 254-57.

Thacker, A. J. "Formal Communication Disorder: Sign Language in Deaf People with Schizophrenia." *British Journal of Psychiatry* 165, no. 6 (1994): 818-23.

Thaler, L., S. R. Arnott, and M. A. Goodale. "Neural Correlates of Natural Human Echolocation in Early and Late Blind Echolocation Experts." *PLoS ONE* 6, no. 5 (2011): e20162.

Thomaes, K., et al. "Increased Anterior Cingulate Cortex and Hippocampus Activation in Complex PTSD During Encoding of Negative Words." *Social Cognitive and Affective Neuroscience* 8, no. 2 (2013): 190-200.

Thomas-Antérion, C., et al. "An Odd Manifestation of the Capgras Syndrome: Loss of Familiarity Even with the Sexual Partner." *Clinical Neurophysiology* 38, no. 3 (2008): 177-82.

"Tiger's Daily Routine." Accessed Feb. 6, 2014. http://www.tigerwoods.com/fitness/tigerDailyRoutine.

Toiviainen, P., et al. "Capturing the Musical Brain with Lasso: Dynamic Decoding of Musical Features from fMRI Data." *NeuroImage* SSC (2013): 170-80.

Travis, K. E., et al. "Spatiotemporal Neural Dynamics of Word Understanding in 12- to 18-Month-Old-Infants." *Cerebral Cortex* 21, no. 8 (2011): 1832-39.

Tricomi, E., B. W. Balleine, et al. "A Specific Role for Posterior Dorsolateral Striatum in Human Habit Learning." *European Journal of Neuroscience* 29, no. 11 (2009): 2225-32.

Tsai, Guochuan, E., et al. "Functional Magnetic Resonance Imaging of Personality Switches in a Woman with Dissociative Identity Disorder." *Harvard Review of Psychiatry* 7, no. 2 (1999): 119-22.

Turk, D. J., et al. "Mike or Me? Self-Recognition in a Split-Brain Patient." *Nature Neuroscience* 5, no. 9 (2002): 841-42.

Turk, D. J., et al. "Our of Contact, out of Mind: The Distributed Nature of the Self." *Annals of the New York Academy of Sciences* 1001 (2003): 65-78.

Turner, M. S., et al. "Confabulation: Damage to a Specific Inferior Medial Prefrontal System." *Cortex* 44 (2008): 637-48.

Twersky, T. "Ray Allen Q + A." *Slam* Online. Feb. 10, 2011. http://www.slamonline.com/online/nba/2011/02/ray-allen-qa/.

Usui, S., et al. "Presence of Contagious Yawning in Children with Autism Spectrum Disorder." *Autism Research and Treatment* 2013 (2013).

Van der Kolk, B. A., and R. Fisler. "Dissociation and the Fragmentary Nature of Traumatic Memories: Overview and Exploratory Study." *Journal of Traumatic Stress* 8, no. 4 (1995): 505-25.

van Elk, M., et al. "Neural Evidence for Compromised Motor Imagery in Right Hemiparetie Cerebral Palsy." *Frontiers in Neurology* 1, no. 150 (2010): 1-7.

van Lommel, P., et al. "Near-Death Experiences in Survivors of Cardiac Arrest: A Prospective Study in the Netherlands." *Lancet* 358, no. 9298 (2001): 2039-45.

van Veluw, S. J., and S. A. Chance. "Differentiating Between Self and Others: An ALE Meta-analysis of fMRI Studies of Self-Recognition and Theory of Mind." *Brain Imaging in Behavioral Medicine and Clinical Neuroscience* 8, no. 1 (2014): 24-38.

Vaudreuil, C., and M. Trieu. "Symptom-Inducibility in a Case of Conversion Disorder." *Psychosomatics* 54, no. 5 (2013): 505-6.

Verleger, R., et al. "Anarchic-Hand Syndrome: ERP Reflections of Lost Control over the Right Hemisphere." *Brain and Cognition* 77, no. 1 (2011): 138-50.

Vermetten, E., et al. "Hippocampal and Amygdalar Volumes in Dissociative Identity Disorder." *American Journal of Psychiatry* 163, no. 4 (2006): 630-36.

Vignal, J. P., et al. "The Dreamy State: Hallucinations of Autobiographic Memory Evoked by Temporal Lobe Stimulations and Seizures." *Brain* 130, no. 1 (2007): 88-99.

Vita, M. G., et al. "Visual Hallucinations and Pontine Demyelination in a Child: Possible REM Dissociation?" *Journal of Clinical Sleep Medicine* 4, no. 6 (2008): 588-90.

Vuilleumier, P. "Hysterical Conversion and Brain Function." *Progress in Brain Research* 150 (2005): 309-29.

Wagner, U., et al. "Sleep Inspires Insight." *Nature* 427 (2004): 352-55.

Watkins, J. G. "Antisocial Compulsions Induced Under Hypnotic Trance." *Journal of Abnormal and Social Psychology* 42, no. 2 (1947): 256-59.

Watkins, J. G., and H. H. Watkins. "The Management of Malevolent Ego States in Multiple Personality Disorder." *Dissociation* 1, no. 1 (1998): 67-71.

Watson, J. B. "Psychology as the Behaviorist Views It." *Psychological Review* 20 (1913): 158-77.

Weiskrantz, L., J. L. Barbur, and A. Sahraie. "Parameters Affecting Conscious Versus Unconscious Visual Discrimination with Damage to the Visual Cortex (VI)." *Proceedings of the National Academy of Science* 92, no. 13 (1995): 6122-26.

Weiskrantz, L., et al. "Visual Capacity in the Hemianopic Field Following a Restricted Occipital Ablation." *Brain* 97, no. 4 (1974): 709-28.

Werring, D. J., et al. "Functional Magnetic Resonance Imaging of the Cerebral Response to Visual Stimulation in Medically Unexplained Visual Loss." *Psychological Medicine* 34, no. 4 (2004): 583-89.

Whalen, P. J., et al. "Masked Presentations of Emotional Facial Expressions Modulate Amygdala Activity Without Explicit Knowledge." *Journal of Neuroscience* 18, no. 1 (1998): 411-18.

Whinnery, J. E. "Psychophysiologic Correlates of Unconsciousness and Near-Death Experiences." *Journal of Near-Death Studies* 15, no. 4 (1997): 231-58.

Williams, L. M., et al. "Amygdala-Prefrontal Dissociation of Subliminal and Supraliminal Fear." *Human Brain Mapping* 27, no. 8 (2006): 652-61.

Wolman, D. "The Split Brain: A Tale of Two Halves." *Nature* 483, no. 7389 (2012): 260-63.

Wright, M. J., et al. "Brain Regions Concerned with the Identification of Deceptive Soccer Moves by Higher-Skilled and Lower-Skilled Players." *Frontiers in Human Neuroscience* 7 (2013): 851.

Yang, Z., and E. M. Tong. "The Effects of Subliminal Anger and Sadness Primes on Agency Appraisals." *Emotion* 10, no. 6 (2010): 915-22.

Yapko, M. D. *Essentials of Hypnosis*. New York: Brunner/Mazel, 1995.

Yin, H. H., and B. J. Knowlton. "The Role of the Basal Ganglia in Habit Formation." *Nature Reviews Neuroscience* 7, no. 6 (2006): 464-76.

Yin, H. H., et al. "Lesions of Dorsolateral Striatum Preserve Outcome Expectancy but Disrupt Habit Formation in Instrumental Learning." *European Journal of Neuroscience* 9, no. 1 (2004): 181-89.

Young, A. W., et al. "Cotard Delusion After Brain Injury." *Psychological Medicine* 22, no. 3 (1992): 799-804.

Zago, M., et al. "Internal Models of Target Motion: Expected Dynamics Overrides Measured Kinematics in Timing Manual Interceptions." *Journal of Neurophysiology* 91, no. 4 (2004): 1620-34.

Zeki, S., and D. H. Ffytche. "The Riddoch Syndrome: Insights into the Neurobiology of Conscious Vision." *Brain* 121 (1998): 25-45.

Zimmermann-Schlatter, A., et al. "Efficacy of Motor Imagery in Post-Stroke Rehabilitation: A Systematic Review." *Journal of Neuroengineering and Rehabilitation* 5 (2008): 1-10.

이미지 출처

030쪽 Copyright © OpenStax College, Anatomy&Physiology. OpenStax CNX. Jul 30, 2014. 크리에이티브 커먼즈 저작자표시 라이선스 약관에 따름.

038쪽 *Dream Caused by the Flight of a Bee Around a Pomegranate a Second Before Waking Up*, 1944, by Salvador Dalí. Oil on panel. Copyright © 2014, Museo Thyssen - Bornemisza/Scala, Florence.

047쪽 *Seeds for Sowing Must Not be Ground*, 1941, by Käthe Kollowitz (Knesebeck 274). Copyright © 2014 Artists Rights Society(ARS), New York/VG Bild - Kunst, Bonn. Photo courtesy of Galerie St. Etienne, New York.

053쪽 From "Complex Visual Hallucinations in a Patient with Macular Degeneration: A Case of the Charles Bonnet Syndrome," by B. Kumar, in *Age and Ageing* 42, no. 3(2013): 411. Oxford University Press의 사용허락을 받음.

067쪽 From "Neural Correlates of Natural Human Echolocation in Early and Late Blind Echolocation Experts," by L. Thaler, S. R. Arnott, and M. A. Goodale, *PLoS ONE* 6, no. 5. 크리에이티브 커먼즈 약관에 따름.

070, 071쪽 From "Visual Dream Content, Graphical Representation, and EEG Alpha Activity in Congenitally Blind Subjects," by H. Bértolo et al., in *Cognitive Brain Research* 15, no. 3: 277 - 84. Copyright © 2003. Elsevier의 사용허락을 받음.

085쪽 From "Hemispatial Neglect," by A. Parton, P. Malhotra, and M. Husain, in *Journal of Neurology, Neurosurgery, and Psychiatry* 75: 13 - 21. Copyright © 2004. BMJ Publishing Group Ltd의 사용허락을 받음.

087쪽 From "Modified Target Cancellation in Hemispatial Neglect," by S. Prasad and A. L. Berkowitz, in *Practical Neurology* 14, no. 4 (2014): 277. Modern Neurology LLC의 사용허락을 받음.

092, 093쪽 From "The Role of Basal Ganglia in Habit Formation," by H. H. Yin and B. J. Knowlton, in *Nature Reviews Neuroscience* 7, no. 6: 464-76. Copyright © 2006. Macmillian Publishers Ltd의 사용허락을 받아 재수록.

099쪽 From *The Mechanism of Human Facial Expression*, by B. Duchenne, R. A. Cuthbertson, New York: Cambridge University Press의 영문 번역판(1990년 출간).

131쪽 From "Improvement and Generalization of Arm Motor Performance Through Motor Imagery Practice," by R. Gentili, C. Papaxanthis, and T. Pozzo, in *Neuroscience* 137, no. 3: 761-72. Copyright © 2006. Elsevier의 사용허락을 받음.

135쪽 From "Beating the Bunker: The Effect of PETTLEP Imagery on Golf Bunker Shot Performance," by D. Smith, C. J. Wright, and C. Cantwell, in *Research Quarterly for Exercise and Sport* 79, no. 3 (2008): 385-91. Taylor & Francis Ltd의 사용허락을 받아 재수록.

201, 202쪽 From "Spontaneous Confabulation and the Adaptation of Thought to Ongoing Reality," by A. Schnider, in *Nature Reviews Neuroscience* 4, no. 8: 662-72. Copyright © 2003. Macmillan Publishers Ltd의 사용허락을 받아 재수록.

255쪽 Adapted from "Subvocal Activity and Auditory Hallucinations: Clues for Behavioral Treatments," by M. F. Green and M. Kinsbourne, in *Psychological Bulletin* 16, no. 4 (1990): 617-25.

259쪽 Daiju Azuma 사진.

260, 261쪽 From "Neuronal Responses to Electrosensory Input in Mormyrid Valvula Cerebelli," by C. J. Russell and C. C. Bell, in *Journal of Neurophysiology* 41, no. 6 (1978): 1495-1510. Copyright © The American Physiological Society (APS).

찾아보기

ㅇ

ㅈ

ㅊ

ㅋ

ㅌ

ㅍ

ㅎ

촉망받는 젊은 신경과학자가 쓴 『뇌가 지어낸 모든 세계』에는 프로이트에 대한 언급은 없지만, 그의 정체성, 무의식, 뇌와 마음의 '자아'에 대한 큰 문제를 이야기의 힘으로 다루려는 그의 시도가 엿보인다. 이는 심리학자, 정신과 의사, 신경과학자들로 붐비는 서적 분야에서 더욱 두드러진다. 스턴버그는 신경학이라는 자신의 안락한 전문 분야에 머무는 것에 만족하지 않는다. 이는 그의 엄청난 지성뿐 아니라 그의 탐구 주제를 단지 신체 기관에 한정하기를 거부하며 자신도 그저 신경과학자로 남기를 거부한 데서 명백히 드러난다. …… "대담하고 현명하고 설득력 있는 책." –메리엔 세게디, 《워싱턴포스트》 수석편집장

우리가 세상을 이해할 때 사용하는 '이야기'의 이면, 즉 신경회로에 대한 풍부한 연구가 담긴 책. 스턴버그는 뇌의 블랙박스를 열어 의식과 무의식이라는 평행시스템을 조사하고, 꿈속으로 들어가 사람들의 상태를 탐색하며, 멀티태스킹의 전제가 되는 자동조종기억은 물론, 트라우마의 영역까지 탐험을 떠난다. –《네이처》

저자의 열정과 활력으로 가득한 매혹적인 여행……. 이 책은 경험과 허구 속에서 우리 삶의 이야기를 그려내는 뇌의 능력에 대한 이야기다.

–《키커스 리뷰》

신경의학 전문의 스턴버그는 뇌의 차트 사진에서 볼 수 있는 대략의 청사진을 포함하여 현재의 신경과학에 대한 재치 있고 지식이 넘쳐나는 대중서를 만들어 냈다. 스턴버그의 야심 찬 목표는 왜 우리가 이상한 행동을 하는지를 밝히는 것이다. 이와 관련된 연구에 대한 그의 평가는 철저하고 매력적이며, 중간 중간 포함된 삽화와 사진들이 혹여 있을지 모를 이야기의 빈틈을 메꾼다. –《퍼블리셔스 위클리》

꼬리에 꼬리를 무는 전개는 마치 탐정소설처럼 페이지를 넘기게 만들고 모든 페이지에서 신경과학에 대한 그의 열정이 반짝인다. 지금까지의 많은 두뇌 서적과는 달리, 이 책은 독보적이다. 다루는 범위는 백과사전에 가깝고, 전문적인 의학 지식을 다루면서도 일반인이 읽기 쉽다. 또한 많은 철학자와 심리학자들이 설명하려 시도했던 뇌의 비밀을 대신 파헤쳐 준 귀중한 해독제이기도 하다. –V. S. 라마찬드란, 『명령하는 뇌, 착각하는 뇌』 저자

우리 뇌에 대해 알면 알수록 인간의 판단과 행동이 비논리적이라고 느끼게 된다. 우리의 두개골을 열고 뇌를 내부 관점에서 살펴보는 시점에서야 특정 신경-논리가 보인다. 엘리에저 스턴버그의 탐구는 겉보기에는 불합리해 보이는 우리의 신념과 행동에 대한 많은 이유를 보여준다. 사람들이 왜 그렇게 충동적이고 비이성적으로 행동하는지 합리적인 해답을 찾고 싶다면 가장 먼저 읽어야 할 책이다. –마이클 셔머, 《스켑틱》 창립자, 『왜 사람들은 이상한 것을 믿는가』 저자

스턴버그는 뇌의 기이한 행동에 숨은 논리를 설명하며 신경과학계의 새로운 주자로 떠올랐다. –서배스천 승, 프린스턴대 교수, 『커넥톰, 뇌의 지도』 저자

『뇌가 지어낸 모든 세계』는 눈을 뜨게 해주는 책이다. 우리의 뇌가 어떻게 작동하는지, 우리가 왜 그런 이상한 행동을 하는지 재미있게 풀면서 생각할 거리도 함께 안겨준다. 스턴버그는 우리의 정신을 파헤쳐 뇌의 작동방식을 드러내고, 감각 지각부터 습관, 최면, 언어, 학습에 이르기까지 다양한 주제에 대한 통찰을 제공한다. 그렇게 이 책은 무의식적 논리의 세계로 독자를

안내한다. 이 책을 다 읽은 후 나는 인간으로서 내가 누구인지 한층 더 이해하게 되었다. —레오나르드 믈로디노프, 『새로운 무의식』 저자, 『위대한 설계』 공저자

스턴버그가 이끄는 매혹적인 여행에서 우리는 우리가 인간이게 하는 온갖 충동과 기벽을 만난다. 정신이라는 블랙박스 안을 엿보는 혁신적이고 놀라운 책이다. —마리아 코니코바, 『생각의 재구성』 『뒤통수의 심리학』 저자

신경과학에 대한 스턴버그의 열정이 모든 페이지에서 '분출'한다. 명쾌한 언어로 풀어낸 그의 매력적인 신경학적 호기심은 뇌의 경이로움으로 향하는 창문이기도 하다. —샐리 새틀, 『세뇌』 공저자

『뇌가 지어낸 모든 세계』는 짜릿한 모험이다. 정신의 가장 매혹적인 신비를 경험과 감정, 그리고 판단이라는 인간적 차원에서 끄집어낸다. 어느 페이지를 펼치든 흥미진진하고, 독자로 하여금 생각하게 만들며 무엇보다 재미있다. 스턴버그는 올리버 색스의 발자취를 좇으면서도 그만의 새롭고 참신한 호소력으로 새로운 신경과학 교양서의 지평을 열었다.

—할 블루먼펠드, 예일의과대학 교수, 『신경해부학(Neuroanatomy through Clinical Cases)』 저자

뇌가 지어낸 모든 세계

초판 1쇄 발행 2019년 12월 11일
초판 4쇄 발행 2023년 2월 14일

지은이 엘리에저 스턴버그
옮긴이 조성숙
펴낸이 김선식

경영총괄 김은영
기획편집 이수정 **책임마케터** 권장규
마케팅본부장 이주화
채널마케팅팀 최혜령, 권장규, 이고은, 박태준, 박지수, 기명리
미디어홍보팀 정명찬, 최두영, 허지호, 김은지, 박재연, 배시영
저작권팀 한승빈, 이시은
경영관리본부 허대우, 하미선, 박상민, 윤이경, 권송이, 김재경, 최완규, 이우철
외부스태프 **교정교열** 박민영 **표지 및 본문디자인** DESIGN MOMENT **본문조판** 아울미디어

펴낸곳 다산북스 **출판등록** 2005년 12월 23일 제313-2005-00277호
주소 경기도 파주시 회동길 490 다산북스 파주사옥 3층
전화 02-702-1724 **팩스** 02-703-2219 **이메일** dasanbooks@dasanbooks.com
홈페이지 www.dasanbooks.com **블로그** blog.naver.com/dasan_books
종이·인쇄·제본 상림문화인쇄

ISBN 979-11-306-2756-4 (03400)

• 이 도서의 국립중앙도서관 출판시도서목록(CIP)은 서지정보유통지원시스템 홈페이지(http://seoji.nl.go.kr)와 국가자료공동목록시스템(http://www.nl.go.kr/kolisnet)에서 이용하실 수 있습니다. (CIP제어번호 : CIP2019048564)